偏微分方程中的
分析学基础

钟学秀　张建军　王友军　著

华中科技大学出版社
http://press.hust.edu.cn
中国·武汉

图书在版编目（CIP）数据

偏微分方程中的分析学基础 / 钟学秀, 张建军, 王友军著. -- 武汉 : 华中科技大学出版社, 2024. 6.
ISBN 978-7-5772-0742-1

Ⅰ . O175.2

中国国家版本馆 CIP 数据核字第 2024SW0491 号

偏微分方程中的分析学基础　　　　　　　　　　钟学秀　张建军　王友军　著
PIANWEIFEN FANGCHENG ZHONG DE FENXIXUE JICHU

出版发行：华中科技大学出版社（中国·武汉）　　　　　　电话：（027）81321913
地　　址：武汉市东湖新技术开发区华工科技园　　　　　　邮编：430223

策划编辑：王　娜　　　　　　　　　　　　　　　　　　封面设计：王　娜
责任编辑：赵　萌　　　　　　　　　　　　　　　　　　责任监印：朱　玢

印　　刷：武汉精一佳印刷有限公司
开　　本：787 mm×1092 mm　1/16
印　　张：21.75
字　　数：345千字
版　　次：2024年6月第1版 第1次印刷
定　　价：88.00 元

投稿邮箱：wangn@hustp.com
本书若有印装质量问题，请向出版社营销中心调换
全国免费服务热线：400-6679-118 竭诚为您服务
版权所有　侵权必究

内 容 提 要

　　偏微分方程属于分析学，是用来分析物理科学中模型的主要方式，也是很多数学分支发展的重要工具，其不仅是一门学科，更是应用数学的一个有力工具。本书根据作者为研究生讲授"Sobolev空间和偏微分方程的L^2理论"课程的讲稿，结合多年的学习、科研心得编写而成。本书共10章，内容覆盖实分析、泛函分析、点集拓扑和偏微分方程的L^2理论等，可作为科研院所研究生、教师和研究人员泛函分析、偏微分方程等课程的教材或参考书籍。

目 录

第 1 章　预备知识

1.1　偏微分方程的历史

1.1.1　简述偏微分方程发展史

偏微分方程（简称PDE）属于分析学，它是微积分出现不久后兴起的一门学科. 它最早起源于18世纪，是用来分析物理科学中模型的主要方式. 偏微分方程中的三个基本方程分别为：

（1）一维线性波动方程$u_{tt} - u_{xx} = 0$ （1746, d'Alembert）.

（2）研究重力场提出的位势方程，也称Laplace 方程：$-\Delta u = 0$ （1780，Laplace）.

（3）热传导方程 $u_t - u_{xx} = 0$ （1807， Fourier）.

这三个基本方程形成了二阶偏微分方程的基本分类：双曲、椭圆和抛物型偏微分方程.

到了19世纪，随着物理科学的广度和深度的发展，PDE理论和应用变成数学的中心. 到了19 世纪中期，它成为很多其他数学分支发展的重要工具，比如极小曲面方程和Monge-Ampére方程的研究及其几何意义的研究，促进了几何学的发展. 尤其是2006年世纪难题Poincaré猜想的解决更是充分显示了PDE 这个分析工具的重要性. 除了几何学、拓扑学的应用，PDE还与金融数学、生物数学、概率理论和统计分析（比如Brown 运动、多粒子流体动力学）及其动力系统，尤其是Hamilton系统等数学其他领域紧密相关. 因此，现在的PDE不仅是一门学科，还是应用数学的一个有力工具. 科学、技术、工程及工业发展也促进了PDE 的不断发展. 因此，有些学校在学科设置上会把PDE列为应用数学方向. 如果把PDE作为一门学科，由于它在分析学中的核心地位，本身就具备很多理论和重要课题，因此发展PDE理论也属于基础数学的范畴.

历史上有代表性至今影响深远的伟大方程主要有下面几个：

（1）Euler(1755) 不可压流体的不可压Euler方程；

（2）Lagrange(1760)几何学中的极小曲面方程；

（3）Navier(1821)-Stokes(1845) 方程（100万美元奖金难题之一）；

（4）Maxwell(1864) 电磁学理论中的Maxwell方程组（19世纪基础科学转化科技最成功的案例）；

（5）Boltzmann(1872) 气体动力学中的Boltzmann方程；

（6）Korteweg de Vries(1896) 孤立波的KdV方程；

（7）Einstein(1915) 广义相对论中的Einstein方程（20世纪最伟大的科学成就，也是数学应用的伟大例子之一）；

（8）Schrödinger (1926)、Dirac（1928）量子力学中的Schrödinger方程和Dirac方程（Schrödinger方程被称为世界上十大伟大公式之一）；

（9）杨振宁和Mills(1954) 物理学Yang-Mills理论和质量缺口假设中的Yang-Mills方程（100万美元奖金难题之一）.

1.1.2 Maxwell方程组

电场和磁场是真实存在的物质，而不是虚拟的东西，它们的提出者是法拉第. 最早人们并不清楚为什么两个电荷之间有相互作用力，有人认为这两个电荷之间就是有作用力，不需要考虑时间和空间. 但是法拉第并不认同这种观点，他认为：其中一个电荷会在周围空间产生一种名为电场的物质，然后这个电场传播到另外一个电荷处，因此就有力的作用了；反之第二个电荷也会产生电场并传播，对第一个电荷产生反作用力. 电场看不见摸不着，但是它确实存在. 法拉第还发明了一种描述电场的方法：给定空间中一个正电荷，通过改变另一个电荷的位置，可以测试出电场的方向是由近到远，并且近大远小，即用有向线段来描述电场，箭头表示电场方向，疏密程度表示电场大小这一方法. 人们用类似的概念来描述磁场，用有向线段来描述磁感线，可以看出磁体的两极磁场比较强。最早丹麦的物理学家奥斯特发现了电流能产生磁场。不久法拉第知道了这个结果，他反过来想：磁场能不能产生电流呢？通过各种尝试之后，法拉第发现运动变化的磁场能产生电流. 他利用这个发现发明了发电机，但是他并不知道背后的原理是什么. 后来比法拉第年轻四十岁的麦克斯韦找到法拉第，表示他可以用数学来解释为什么磁铁垂直于磁场运动的时候，能产生涡流。法拉第鼓励他不应当局限于解释这一发现，而应当有所创新. 在法拉第的鼓励下，麦克斯韦后来提出了自己的方程组：**Maxwell方程组**，被称为最美物理公式之一，分别记电场为$\vec{E}$，磁场为$\vec{B}$，有向面为$\vec{S}$. 通常把垂直穿过这个面的电场分量称为通量ϕ，并记作

$$\phi := \iint\limits_{S} \vec{E} \cdot \mathrm{d}\vec{S}.$$

电场是谁产生的呢？是电荷产生的，电荷越多，产生的电场越强. 所以我们可以考虑一个闭合曲面，里面包含的电荷越多就意味着电场越强，也就是电通量越大。假设里面没有电荷，则电场从一个面穿进去又会从另外一个面穿出去，整体的通量就会是零.

$$\oiint \vec{E} \cdot \mathrm{d}\vec{S} = \frac{q}{\varepsilon_0}, \tag{1-1}$$

其中，q为包围的总电荷，ε_0称为真空介电常数，所以电场是有源场.

磁场不同于电场，磁感线都是闭合曲线，所以

$$\oiint \vec{B} \cdot \mathrm{d}\vec{S} = 0, \tag{1-2}$$

从而磁场是无源场.

在磁体靠近的过程中，磁场变强，产生电流. 电流是由于电荷运动产生的，电荷为什么运动？是因为有电场的产生. 也就是说，磁场的变化产生了电场. 下面的方程可解释法拉第电磁感应定律.

$$\oint \vec{E} \cdot \mathrm{d}\vec{\ell} = -\frac{\partial}{\partial t} \iint \vec{B} \cdot \mathrm{d}\vec{S}, \tag{1-3}$$

$\vec{E} \cdot \mathrm{d}\vec{\ell}$也就是所谓的电动势.

麦克斯韦接着就通过自己的创新去猜想是不是类似变化的电场也能产生磁场，于是有

$$\oint \vec{B} \cdot \mathrm{d}\vec{\ell} = \mu_0 I + \mu_0 \varepsilon_0 \frac{\partial}{\partial t} \iint \vec{E} \cdot \mathrm{d}\vec{S}, \tag{1-4}$$

其中，μ_0称为真空磁导率. 上面式(1-1)~(1-4) 称为Maxwell 方程组.

微分形式版本：

$$\begin{cases} \nabla \cdot \vec{E} = \dfrac{\rho}{\varepsilon_0}, & （\rho为电荷密度） \\[2mm] \nabla \cdot \vec{B} = 0, \\[2mm] \nabla \times \vec{E} = -\dfrac{\partial \vec{B}}{\partial t}, \\[2mm] \nabla \times \vec{B} = \mu_0(J + \varepsilon_0 \dfrac{\partial \vec{E}}{\partial t}), & （J为电流密度） \end{cases}$$

应用：比如在真空中，$q = 0$，$I = 0$。由式(1-3)和式(1-4)可以看出此时电场和磁场可以相互激发，并可以推导出下面公式

$$\left(\nabla^2 - \mu_0 \varepsilon_0 \frac{\partial^2}{\partial t^2} \right) \vec{E} = 0, \tag{1-5}$$

由此可以解出

$$\vec{E} = \vec{E}_0 \cos(\omega t - kx),$$

这表明了电场是一种行波，以余弦波的形式进行传播. 类似可以解出磁场跟电场恰好垂直，

$$\vec{B} = \frac{\mathrm{d}}{\mathrm{d}t} \vec{E}.$$

最后可以计算出波速

$$v = \frac{1}{\sqrt{\mu_0 \varepsilon_0}} = 3 \times 10^8,$$

所以麦克斯韦预言电磁波的存在，并预测光是一种电磁波. 在他去世之后，赫兹验证了电磁波的存在，并测量出电磁波的速度刚好就是光速，正式证实了光确实是电磁波.

注释 1.1：

（1）最开始牛顿等人认为光是一种粒子，也有像惠更斯一般认为光是一种波的，后来人们逐渐偏向于光是一种波的观点，但是不知道这种波到底是什么，直到麦克斯韦提出电磁波，人们才真正弄清楚原来光是一种电磁波，是电场磁场相互激发向前传播的一种物质.

（2）Maxwell方程组统一了电场和磁场后，物理学家们信心极度膨胀，有人就认为物理学大厦已经基本建成了，后世只要做一些修修补补的工作就可以了．我们知道在麦克斯韦之前最伟大的物理学家是牛顿，因为他的三大定律和万有引力定律统一了天上和地下．在麦克斯韦之后，最伟大的物理学家是爱因斯坦，因为他的相对论统一了时间和空间．而在牛顿和爱因斯坦之间最伟大的人其实就是麦克斯韦，因为他的Maxwell方程组统一了电场和磁场，使我们能够使用无线电进行通信．现代物理学的量子力学和相对论，无一不是在Maxwell方程组基础之上建立起来的．所以Maxwell方程组对现代物理学的开拓做出了重要的贡献．

（3）人们已经统一认识到光是一种电磁波了，直到爱因斯坦出现之后才发现光还具有粒子性，于是再次提出了光的波粒二象性．

1.1.3 Schrödinger方程

20世纪科学界最璀璨的两颗双子星，无疑就是量子力学与相对论，而爱因斯坦与玻尔的四次大论战让量子力学与相对论碰撞出了激烈的火花．

我们简单回顾一下双方阵营，量子力学这边以哥本哈根学派创始人玻尔为首，包括了海森堡、泡利等人，而爱因斯坦这边的支持者包括德布罗意、薛定谔等人．有趣的是，无论是爱因斯坦、德布罗意还是薛定谔都在有意无意中对量子力学的发展做出了卓越的贡献。例如，作为爱因斯坦忠实支持者的薛定谔，他的两项最为重要的成果，薛定谔方程与薛定谔的猫，促进了量子力学的大发展．

在量子力学建立之初，1913年，玻尔（Bohr）、克莱默（Kramers）和斯雷特（Slater）曾经发表了BKS 理论并提出"波子"及"几率波"模型，尝试说明光的波粒二象性，并用统计方法重新解释能量及质量守恒．可惜这个BKS 理论大错特错，玻尔在其中提出的氢原子理论虽然引用了普朗克的量子化概念，却仍旧没有跳出经典力学的范围．电子的运动并不遵循经典物理学的力学定律，而是具有微观粒子所特有的规律性——波粒二象性，这种特殊的规律性是玻尔在当时还没有认识到的．玻尔的支持者海森堡则意识到，在当时物理学的研究对象应该只是能够被观察和实践的事物，物理学只能从这些事物出发，而不是建立在观察不到或者纯粹是推论的事物上．也就是说，物理学的研究领域还只处于宏观领域，而不涉及微观领域.海森堡决定将自己的研究深入微观领域，从而提出了矩阵力学，认为电子是量子化的，像粒子一样在不同轨道上跃迁。海森堡提出矩阵力学其实也是为了论证电子具有粒子特性，因为在那个时候，还没有提出波粒二象性的观点，大家都在争执电子是波还是粒子。我们知道，薛定谔是爱因斯坦的忠实支持者，同时他认为电子应该是波.所以，为了反击海森堡，1926年，薛定谔从经典力学的Hamilton-Jacobi方程出发，利用变分法和德布罗意方程，最后求出了一个非相对论的方程，用希腊字母ψ来代表波的函数，最终形式是：

$$\hat{H}\psi = E\psi.$$

这就是名震20世纪物理界的薛定谔波动方程.薛定谔认为电子是一种波，就像云彩一般（电子云说法的由来），放大来看，就好像在空间里融化开来，变成无数振动的叠加，平常表现出量子的状态，是因为它蜷缩得太过厉害，看起来就像一个小球.函数ψ就是电子电荷在空间中的实际分布.而海森堡撰写的矩阵力学论文，由于计算方式太奇怪，被人纷纷地改写成"共轭"的波动方程形式.

薛定谔方程的诞生首先就论证了氢原子的离散能量谱.在玻尔的原子模型中，电子被限制在某些能量级上，薛定谔将他的方程用于氢原子，发现他的解精确地重现了玻尔的能量级.薛定谔方程可以说在物理史上具有极重大的意义，被誉为"十大经典公式"之一，是世界原子物理学文献中应用最广泛、影响最大的公式.他本意是为了反击海森堡，然而这个公式成为量子力学的基本方程之一.

一维的薛定谔方程：

$$-\frac{\hbar^2}{2\mu}\frac{\partial^2\psi(x,t)}{\partial x^2} + U(x,t)\psi(x,t) = i\hbar\frac{\partial\psi(x,t)}{\partial t}$$

三维的薛定谔方程：

$$-\frac{\hbar_1^2}{2\mu}\left(\frac{\partial^2\psi}{\partial x^2} + \frac{\partial^2\psi}{\partial y^2} + \frac{\partial^2\psi}{\partial z^2}\right) + U(x,y,z)\psi = i\hbar\frac{\partial\psi}{\partial t}$$

稳态的薛定谔方程:

$$-\frac{\hbar^2}{2\mu}\nabla^2\psi + U\psi = E\psi$$

而量子力学的核心方程就是薛定谔方程,它就好比牛顿第二定律在经典力学中的地位.正是基于薛定谔方程的建立,之后才有了关于量子力学的诠释、波函数坍缩、量子纠缠、多重世界等的激烈讨论.可以说,薛定谔方程敲开了微观世界大门,帮助量子力学颠覆了整个物理世界.

在量子力学中,体系的状态不能用力学量(例如x)的值来确定,而是要用力学量的函数$\psi(x,t)$,即波函数来确定,因此波函数成为量子力学研究的主要对象.力学量取值的概率分布如何,这个分布随时间如何变化,这些问题都可以通过求解波函数的薛定谔方程得到解答.

薛定谔方程揭示了微观物理世界物质运动的基本规律,是原子物理学中处理一切非相对论问题的有力工具,在原子、分子、固体物理、核物理、化学等领域中被广泛应用.

玻尔后来解释:"电子的真身,或者电子的原型,本来面目,都是毫无意义的单词,对我们来说,唯一知道的只是我们每次看到的电子是什么.我们看到电子呈现出粒子性,又看到电子呈波动性,那么当然我们就假设它是粒子和波的混合体.我们无须关心它'本来'是什么,也无须担心大自然'本来'是什么,我只关心我们能'观测'到大自然是什么.电子既是粒子又是波,但每次我们观察它,它只展现出其中一面,这里的关键是我们'如何'观察它,而不是它'究竟'是什么."

玻尔的这段话其实阐释了量子力学的一个重要观点,那就是人类并不能获得现实世界的确定的结果,他称自己只能由这次测量推测下一次测量的各种结果的分布概率,而拒绝对事物在两次测量之间的行为作出具体描述.

而这恰恰也是爱因斯坦的相对论所无法接受的,相对论虽然推翻了牛顿的绝对时空观,却仍保留了严格的因果性和决定论.

后来玻恩更是提出概率幅的概念,成功地解释了薛定谔方程中波函数的物理意义.可是,薛定谔本人不赞同这种统计或概率方法,以及它所伴随的非连续性波函数坍缩. 薛定谔更加无法容忍, 自己提出的薛定谔方程居然为量子力学做了嫁衣.

当然, 爱因斯坦更加不同意这样的解释, 它明显和他提出的相对论相悖, 为此他说了一句非常经典的话: "上帝并不是跟宇宙玩掷骰子游戏."

1.2 为什么要学Sobolev空间和学Sobolev空间中的什么内容?

1.2.1 为什么要学习Sobolev空间?

S. L. Sobolev 是苏联科学院院士, 同时还是欧美多国外籍院士, 他在偏微分方程、数学物理问题、泛函分析、计算数学等领域都有很大的贡献. 考虑通常的函数方程

$$f(x) = 0, x \in [a, b].$$

若 f 在 $[a, b]$ 上连续并且 $f(a) \cdot f(b) < 0$, 则根据介值定理可知在 $[a, b]$ 上必有 $f(x) = 0$的根. 同时还可以根据这个性质设置一些合理的算法, 比如说二分法去数值计算逼近方程的解. 如果我们考虑它的原函数 $F(x) := \int_a^x f(t)\mathrm{d}t$, 则 $f(x) = 0$ 可转化成求解 $F(x)$ 的临界点 (极值点), 此时假设已知 $F(x)$ 在端点 a, b 处取不到极大值 (或者极小值), 则可得它在内部有临界点. 特别地, 比如在 $(-\infty, +\infty)$ 上考虑方程

$$x^3 - \sin x = 0, x \in \mathbb{R}.$$

它对应的原函数为 $F(x) = \dfrac{1}{4} x^4 + \cos x$, 此时有

$$\lim_{x \to +\infty} F(x) = +\infty, \lim_{x \to -\infty} F(x) = +\infty,$$

所以 $F(x)$ 的极小值在内部达到, 这个极小值点就对应了原来方程的一个解. 这个也可以说是变分法、临界点理论的最原始的想法来源. 这个例子考虑的变元 $x \in \mathbb{R}$, 将来学习到泛函所考虑的变元会是某些函数空间中的元素, 近代变分法是由 "最速下降曲线" 的求解问题发展起来的.

现实中, 很多偏微分方程问题最后都可以转换成某种形式

$$Au = 0.$$

其中，A 可能是线性的也可能是非线性的，可能是齐次的也可能是非齐次的. u 也不再是以往简单的一个实数或者复数了，而是一个函数. 此时的 A 类似于上面的 f，可以被看作规定了某种规则作用在函数 u 上，我们称之为泛函，A 就称为算子. 因此我们要清楚了解：这个作用 A 的定义域是什么？作用之后值域又是什么？

我们不宜把定义域定义得过大或者过小，过大的话大海捞针不容易寻找到目标，过小的话对象中元素之间没有什么联系，我们也不容易操作。注意我们学习微积分的时候，思维是从一个有限到无限的飞跃，极限是核心概念，不管是微分还是积分都离不开这个极限. 这个极限，简单来讲就是用一个序列来逼近，这才具备可操作性. 因此，如果选择的定义域过大，我们无法用一个序列操作去逼近里面的元素，在操作上无从下手. 因此我们考虑的对象：

（1）最好是一个赋范空间，有了范数我们才容易从分析的角度谈收敛、谈逼近；

（2）应该完备，否则逼近的极限都不再属于这个对象，这种逼近就违背了我们的初衷.

由此我们优先选择在一个 Banach 空间中处理问题。

另外，我们选择的对象应当具备**可分性**，也就是它有一个可数的稠密子集. 回想我们学习实变实分析课程中的 $L^p(\Omega)$ 空间，它就具备了可分性质（$1 \leqslant p < +\infty$ 时），同时它还有对偶空间 $L^q(\Omega)$，其中，$\dfrac{1}{p} + \dfrac{1}{q} = 1$，因此它具备了很好的分析性质. 那为什么不直接选择 $L^p(\Omega)$ 空间作为研究对象呢？因为 $L^p(\Omega)$ 空间虽然有很好的空间结构，但是里面的元素可能很不好. 比如不连续、不可导等，这样定义域就是过大了.

那我们选择连续函数空间 $C^m(\Omega)$ 作为研究对象不行吗？它里面的元素有各阶连续导数. 但是，它虽然包含了好的元素，但并没有具备很好的空间结构，这会让我们在分析上无从下手. 比如 $C^1([0,1])' = V_0([0,1])$，即 $[0,1]$ 上的在 0 处的取值为 0 且右连续的全体有界变差函数.

因此，人们采取折中的情形，即马上要接触到的 Sobolev 空间. Sobolev 空间不仅保留了我们想要的一些好的函数元素，而且具备一些好的空间结构，这是它的优越性所在. 总体来说，Sobolev 空间是 $L^p(\Omega)$ 更小的一个子空间，而且它尽可能继续**保持可分性、自反性和一致凸性**（当 $1 < p < \infty$ 时这是可以做到的），同时在某种程度上又尽量满足我们所需要的导数.

那为什么要提到对偶空间的概念呢？这是因为在求解偏微分方程的时候通常定义两种形式的解，一种是**经典解**，即出现在方程中的所有导数都是连续的且在经典意义下满足定解条件的解，在18和19世纪本质上都是在研究这种解. 另外一种就是所谓的**弱解或广义解**，即导数可以不存在的解. 后面我们将会对其进行严格定义. 研究弱解其实是很重要和必要的，首先，对于一些非线性的方程，它可能真的不存在经典解；其次是方法上的原因，我们可以通过泛函分析、实变函数、调和分析等一些手段得到弱解，然后再通过现代分析的工具，获得适当的光滑性，进而得到经典解，这就是弱解的适定性和正则性理论.

1.2.2 学Sobolev空间中的什么内容?

我们学习Sobolev空间的最终目的是将其应用到PDE中去研究问题，如前面PDE与我们的实分析、泛函分析等有很大的关系，其中谈到的子空间的自反性等性质.

1. 我们将首先复习线性泛函分析基础知识[1]；

2. 接着复习实分析中的 L^p 空间[2]、Hölder 空间、Banach 空间的一些基本性质定理，以及线性泛函分析中的一些知识；

3. 最后系统学习Sobolev空间的基本性质和基本理论，如逼近理论、延拓理论、迹理论、嵌入理论、单位分解理论等.

第 2 章　线性泛函分析

2.1　拓扑空间

定义 2.1：　（拓扑）设 $X \neq \emptyset, \tau \subset 2^X$，若满足

（1）$\emptyset, X \in \tau$；

（2）任意多个 τ 中的元素的并还在 τ 中；

（3）有限多个 τ 中的元素的交还在 τ 中，则称 (X, τ) 为一个 τ 拓扑空间. $u \in \tau$，则称 u 为 X 的开集.

例 2.1：　比如平凡拓扑 $\tau = \{\emptyset, X\}$；又如离散拓扑 $\tau = 2^X$.

定义 2.2：　（度量）$X \neq \emptyset, d : X^2 \to \mathbb{R}$，设

（1）$d(x, y) \geq 0$（非负性）；

（2）$d(x, y) = 0 \Leftrightarrow x = y$（非退化性）；

（3）$d(x, y) = d(y, x)$（对称性）；

（4）$d(x, y) \leqslant d(x, z) + d(z, y)$（三角不等式），

则称 d 为 X 上的一个度量 (X, d). X 为一个度量空间，$U \subset X$ 为一个开集，若对任意的 $x \in U$，$\exists \varepsilon > 0$ s.t. $B(x, \varepsilon) \subset U$，其中

$$B(x, \varepsilon) := \{y \in X | d(x, y) < \varepsilon\}.$$

例 2.2：　(X, d) 为一个度量空间，记 $\tau := \{U | U$ 为开集$\}$，则 τ 为 X 上的一个拓扑，此时拓扑空间 (X, τ) 也成为了由度量 d 诱导出来的拓扑空间.

定义 2.3：　（闭集）(X, τ) 为一个拓扑空间，$F \subset X$，若 $F^c \in \tau$，则称 F 为闭集.

闭集的性质：

（1）$\emptyset, X$ 为闭集；

（2）任意交为闭集；

（3）有限并为闭集.

定义 2.4: （邻域）(X, τ)为一个拓扑空间，$x_0 \in X, U \subset X$，若存在$V \in \tau$使得 $x_0 \in V \subset U$，则称U为x_0的一个邻域. 特别地，V称为开邻域.

定义 2.5: （邻域基）$\mathscr{P}$为x_0的一族邻域，称$\mathscr{P}$为x_0的一个邻域基，若$\forall U$为x_0的邻域，则$\exists V \in \mathscr{P}, V \subset U$.

例 2.3:

（1）(X, d)为度量空间，$x_0 \in X, \mathscr{P} = \{B(x_0, \frac{1}{n}) : n \geq 1\}$为$x_0$处的一个邻域基.

（2）(X, τ)为拓扑空间，$x_0 \in X$. $\mathscr{P}$为所有包含x_0的开集，则 $\mathscr{P}$为x_0处的一个邻域基.

定义 2.6: （内点）$x_0 \in E$，若$\exists U$为x_0的邻域使得$U \subset E$，则称x_0为E的内点，E的所有内点之集记为E^o，称为E的内部.

定义 2.7: （聚点和闭包）$x_0 \in E$，若x_0的任一邻域V，$V \cap E$都有异于x_0的点，则称x_0为E的聚点，E的所有聚点之集记为E'，称为E的导集. 包含E的最小的闭集称为E的闭包$\overline{E}$.

定理 2.1: 考虑拓扑空间(X, τ)，以及集合$E \subset X$.

（1）E为开集 $\Leftrightarrow E = E^o$;

（2）E为闭集$\Leftrightarrow E = \overline{E}$;

（3）$\overline{E} = E \cup E'$;

（4）$(E^o)^c = \overline{E^c}$;

（5）$(\overline{E})^c = (E^c)^o$.

例 2.4: (X, d)为度量空间, 取 $E \subset X$.

$$x_0 \in \overline{E} \Leftrightarrow \exists x_n \in E, x_n \to x_0, \text{i.e.}, d(x_n, x_0) \to 0.$$

定义 2.8: （**Hausdorff** 空间）(X, τ) 称 为T_2空间 （或Hausdorff 空间），若$\forall x, y \in X, x \neq y$，都存在$x$的开邻域$V_x$ 和y的开邻域V_y 使得$V_x \cap V_y = \emptyset$.

定理 2.2: Hausdorff 空间中的任何一个收敛序列只有一个极限点.

证明 反证法: 假设既有 $\lim\limits_{n\to\infty} x_n = y_1$, 又有 $\lim\limits_{n\to\infty} x_n = y_2$, 其中 $y_1 \neq y_2$, 根据 Hausdorff 空间的定义可知存在开集 V_1, V_2, 使得 $y_1 \in V_1, y_2 \in V_2, V_1 \cap V_2 = \emptyset$。那对于 $V_j, j = 1, 2$ 来说, 由极限定义可知存在 $N_j > 0$ 使得当 $n > \max\{N_1, N_2\}$ 时有 $x_n \in V_j, j = 1, 2 \Rightarrow V_1 \cap V_2 \neq \emptyset$, 矛盾. □

例 2.5: (X, d) 为度量空间, 任意的 $x, y \in X, x \neq y$, 记 $\varepsilon = d(x, y) > 0$, 则 $B(x, \frac{\varepsilon}{4}) \cap B(y, \frac{\varepsilon}{4}) = \emptyset$, 所以度量空间都是 T_2 的.

定义 2.9: $X \neq \emptyset, \tau_1, \tau_2$ 都是 X 上的拓扑, 若 $\tau_1 \subset \tau_2$, 则称 τ_1 比 τ_2 弱.

定理 2.3: (强收敛推出弱收敛) (X, τ_1) 是比 (X, τ_2) 弱的拓扑, 假设在拓扑空间 (X, τ_2) 有 $\lim\limits_{n\to\infty} x_n = x_0$, 则在拓扑空间 (X, τ_1) 中同样有 $\lim\limits_{n\to\infty} x_n = x_0$.

证明 要证明 $x_n \xrightarrow{\tau_1} x_0$, 即对 x_0 的任意一个开邻域 V_{x_0}, 我们要证明存在某个 N_0 使得当 $n > N_0$ 时都有 $x_n \in V_{x_0}$. 事实上由于 τ_1 是比 τ_2 弱的拓扑, V_{x_0} 也是 τ_2 中 x_0 的一个开邻域, 因此由 $\lim\limits_{n\to\infty} x_n = x_0$ in τ_2 可知存在 $N_0 > 0$ 使得当 $n > N_0$ 时都有 $x_n \in V_{x_0}$. 因此有 $\lim\limits_{n\to\infty} x_n = x_0$ in τ_1. □

定义 2.10: (半序集) $D \neq \emptyset, \leq$ 是 D 上的二元关系, 满足

（1） $x \leq x, \forall x \in D$ （自反性）;

（2） 若 $x \leq y, y \leq x$, 则 $x = y$ （有关系前提下的确定性）;

（3） 若 $x \leq y, y \leq z$, 则 $x \leq z$ （传递性）,

则称 $\leq$ 为 D 中的半序, 称 D 按 $\leq$ 成一个半序集.

如果 $D_1 \subset D, \forall x, y \in D_1$, 都有 $x \leq y$ 或者 $y \leq x$ 成立, 则称 D_1 为 D 的全序子集.

例 2.6: 比如集合之间的 $\subset$ 就是一个半序.

定义 2.11: 设 D 按 $\leq$ 是一个半序集, 如果 $D_1 \subset D, y \in D$ 使得

$$x \leq y, \forall x \in D_1,$$

则称 y 是 D_1 的一个上界. 如果 $y \in D$ 且对任意的 $x \in D$, x 与 y 有关系时必定满足 $x \leq y$, 则 y 称为 D 的极大元（等价描述: 如果有某个 $x \in D, y \leq x$, 则 $x = y$）.

引理 2.1: （**Zorn 引理**） 设 D 是一个半序集，如果 D 的任何全序子集均有上界，则 D 必有极大元.

证明 这个虽然叫作引理，但实际上它是一个公理，本质上跟 Zermelo 选择公理等价. □

定义 2.12: （**有向集**） $I \neq \emptyset$，设 I 的某些元素间有一个关系"$\leq$"，若
（1） $i \leq i$;
（2） $\alpha \leq \beta, \beta \leq \gamma \Rightarrow \alpha \leq \gamma$;
（3） $\forall \alpha, \beta \in I, \exists \gamma \in I$ s.t. $\alpha \leq \gamma, \beta \leq \gamma$,
则称 I 为有向集.

例 2.7: $I = \mathbb{N}$，$\mathbb{N}$ 上的大小关系 $\geq, \leqslant$ 都是一种关系 $\leq$.

定义 2.13: （**网**） 设 (X, τ) 为拓扑空间，I 为有向集，$(x_\alpha)_{\alpha \in I} \subset X$ 称为 X 中的一个网. $x_0 \in X$, 称 $x_\alpha \to x_0$, 若 V 为 x_0 的一个邻域，则存在 $\alpha_0 \in I$，使得对于任意的 $\alpha \in I, \alpha_0 \leq \alpha$，都有 $x_\alpha \in V$.

定理 2.4: $x_0 \in \overline{E} \Leftrightarrow \exists x_\alpha \in E$ 为 E 中的一个网，$x_\alpha \to x_0$.

例 2.8: （**Riemann 积分**） $f: [a, b] \to \mathbb{R}$，有界，$[a, b]$ 上的一个分划是指

$$a = t_0 < t_1 < \cdots < t_n = b.$$

$\mathscr{D}$ 为 $[a, b]$ 所有分划之集，对 $D_1, D_2 \in \mathscr{D}$，若 D_2 为 D_1 的加细，则称 $D_1 \leq D_2$。可以验证这样定义的关系，$(\mathscr{D}, \leq)$ 为一个有向集.

$\forall D \in \mathscr{D}, D = \{a = t_0 < t_1 < \cdots < t_n = b\}$，记 $M_i = \sup_{t \in [t_i, t_{i+1}]} f(t)$，并令 $S_D(f) = \sum_{i=0}^{n-1} M_i \cdot (t_{i+1} - t_i)$，称之为 f 关于 D 的 Darboux 上和. $(S_D(f))_{D \in \mathscr{D}}$ 总是收敛的（根据单调有界必有极限），我们记极限为 $\overline{\int_a^b} f(t) \mathrm{d}t$. 类似地我们定义 $m_i = \inf_{t \in [t_i, t_{i+1}]} f(t)$，以及 $s_D(f) = \sum_{i=0}^{n-1} m_i \cdot (t_{i+1} - t_i)$，称之为 f 关于 D 的 Darboux 下和. 同样这样定义出来的 $(s_D(f))_{D \in \mathscr{D}}$ 总是收敛的，记为 $\underline{\int_a^b} f(t) \mathrm{d}t$。 f 是 Riemann 可积的，当且仅当 $\overline{\int_a^b} f(t) \mathrm{d}t = \underline{\int_a^b} f(t) \mathrm{d}t$。

定义 2.14：　（连续映射）$f : (X_1, \tau_1) \mapsto (X_2, \tau_2)$ 的一个映射，$x_0 \in X_1$，称 f 在 x_0 处连续，若 $\forall V$ 为 $f(x_0)$ 的邻域，$\exists U$ 为 x_0 的邻域使得 $f(U) \subset V$. 若 f 处处连续，则称 f 为连续映射。

注释 2.1：

（1）根据连续的定义可以看出，$f(x_0)$ 是内点必然导出 x_0 是内点，因此 f 连续，当且仅当开集的原象是开集.

（2）f 在 x_0 处连续，设 $\mathscr{P}$ 为 $f(x_0)$ 的一个邻域基，则 f 在 x_0 处连续 $\Leftrightarrow \forall V \in \mathscr{P}, \exists U$ 为 x_0 的邻域使得 $f(U) \subset V$.

定理 2.5：　$f : (X_1, \tau_1) \mapsto (X_2, \tau_2)$ 的一个映射，$x_0 \in X_1$，则

（1）f 在 x_0 处连续 $\Leftrightarrow \forall x_\alpha$ 为 X_1 中的网，设 $x_\alpha \to x_0$ 则 $f(x_\alpha)$ 在 X_2 中收敛到 $f(x_0)$（相当于微积分中的海涅定理）；

（2）f 为连续映射 $\Leftrightarrow \forall G \in \tau_2, f^{-1}(G) \in \tau_1$；

（3）f 为连续映射 $\Leftrightarrow \forall F \subset X_2$ 闭，$f^{-1}(F)$ 为 X_1 中的闭集.

定义 2.15：　（拓扑基）设 (X, τ) 为拓扑空间，称 $\mathscr{P} \subset \tau$ 为 X 的一个拓扑基，若 $\forall U \in \tau$，U 为 $\mathscr{P}$ 中某些元的并.

注释 2.2：　$f : X_1 \to X_2, \mathscr{P}$ 为 X_2 中的一个拓扑基，则 f 连续 $\Leftrightarrow \forall E \in \mathscr{P}, f^{-1}(E)$ 为开集.

例 2.9：　(X, d) 为度量空间，$\mathscr{P} := \{B(x, \frac{1}{n}) : x \in X, n \geq 1\}$ 为 X 的一个拓扑基.

注释 2.3：　$X \neq \emptyset, \tau_1, \tau_2$ 为 X 上的拓扑.

（1）τ_1 弱于 $\tau_2 \Leftrightarrow \tau_2$ 强于 τ_1

$\Leftrightarrow f : (X, \tau_2) \to (X, \tau_1)$，恒等映射 $x \mapsto x$ 连续（**这个跟将来接触到的嵌入概念有关**）；

（2）$\tau_1 = \tau_2 \Leftrightarrow f : (X, \tau_2) \to (X, \tau_1), x \mapsto x$ 为同胚

$\Leftrightarrow \forall x_\alpha \in X$ 为网，"$x_\alpha \xrightarrow{\tau_1} x_0 \Leftrightarrow x_\alpha \xrightarrow{\tau_2} x_0$".

（3）$X \neq \emptyset, \mathscr{P} \subset 2^X$，则存在 X 上的最弱的拓扑 τ 使得 $\mathscr{P} \subset \tau$，此拓扑称为由 $\mathscr{P}$ 生成的拓扑.

定理 2.6：　$X \neq \emptyset, \mathscr{P} \subset 2^X$, 设 $\bigcup_{A \in \mathscr{P}} A = X$, 则形如 $S_1 \cap S_2 \cap \cdots \cap S_n$ $(S_i \in \mathscr{P})$ 的集合构成由 $\mathscr{P}$ 生成拓扑的拓扑基，由 $\mathscr{P}$ 生成的拓扑的开集有下面的形式

$$\bigcup_{\alpha \in I} U_1^{(\alpha)} \cap U_2^{(\alpha)} \cap \cdots \cap U_{n_\alpha}^{(\alpha)}.$$

证明　显然由这种有限交作为拓扑基生成的拓扑包含了 $\mathscr{P}$。反过来，根据拓扑的性质可知 $\mathscr{P}$ 生成的拓扑必定又包含了一切形如 $S_1 \cap S_2 \cap \cdots \cap S_n$ 的集，其中，$S_i \in \mathscr{P}$, 从而它就是由 $\mathscr{P}$ 生成的拓扑. □

乘积拓扑：

(X_α, τ_α) 为拓扑空间，$\alpha \in I$.

$$X := \prod_{\alpha \in I} X_\alpha = \{(x_\alpha)_{\alpha \in I} : x_\alpha \in X_\alpha\}.$$

$$P_\alpha : X \to X_\alpha, (x_\beta)_{\beta \in I} \mapsto x_\alpha.$$

X 上的乘积拓扑是由 $\mathscr{P}$ 生成的拓扑，其中 $\mathscr{P} = \{P_\alpha^{-1}(O_\alpha) : O_\alpha \in \tau_\alpha, \alpha \in I\}$ 以及 $P_\alpha^{-1}(O_\alpha) = \{(x_\beta)_{\beta \in I} : \forall \beta \neq \alpha, x_\beta \in X_\beta, x_\alpha \in O_\alpha\}$. 由定理 2.6 可知形如 $P_{\alpha_1}^{-1}(O_{\alpha_1}) \cap P_{\alpha_2}^{-1}(O_{\alpha_2}) \cap \cdots \cap P_{\alpha_n}^{-1}(O_{\alpha_n})$ 为乘积拓扑的拓扑基.

$$P_{\alpha_1}^{-1}(O_{\alpha_1}) \cap P_{\alpha_2}^{-1}(O_{\alpha_2}) \cap \cdots \cap P_{\alpha_n}^{-1}(O_{\alpha_n}) = \prod_{\alpha \in I} G_\alpha$$

其中除有限个 $\alpha \in I$ 外，$G_\alpha = X_\alpha$.

注释 2.4：　X 上的乘积拓扑是使得上述每一个 P_α 为连续的最弱的拓扑.

定义 2.16：　(X, d) 为度量空间，$\{x_n\} \subset X$, 若 $\forall \varepsilon > 0, \exists N$, 对于 $\forall m, n \geq N$, 都有 $d(x_m, x_n) < \varepsilon$, 则称 $\{x_n\}$ 为 Cauchy 列.

注释 2.5：

（1）$\{收敛列\} \subset \{Cauchy列\}$;

（2）$\{收敛列\} \supset \{Cauchy列\} \Leftrightarrow X$ 完备.

例 2.10：

（1）$1 \leqslant p < \infty$, $\ell^p = \{(x_n)_{n \geq 1} : x_n \in K, \sum_{n=1}^{\infty} |x_n|^p < \infty\}$, 其中度量为

$$d_p((x_n)_{n \geq 1}, (y_n)_{n \geq 1}) = \left(\sum_{n=1}^{\infty} |x_n - y_n|^p \right)^{\frac{1}{p}},$$

则 (ℓ^p, d_p) 为完备度量空间.

（2）$\ell^\infty = \{(x_n)_{n \geq 1}, x_n \in K, \sup_{n \geq 1} |x_n| < \infty\}$, 其中度量为

$$d_\infty((x_n)_{n \geq 1}, (y_n)_{n \geq 1}) = \sup_{n \geq 1} |x_n - y_n|,$$

则 (ℓ^∞, d_∞) 为完备度量空间.

（3）$1 \leqslant p < \infty$,

$$L^p(\mathbb{R}) = \{f : \mathbb{R} \to K \text{ 可测}, \int_{\mathbb{R}} |f(t)|^p \mathrm{d}m(t) < \infty\}.$$

这里的 $m(t)$ 是 $\mathbb{R}$ 上的一个测度, $L^p(\mathbb{R})$ 中几乎处处相等的函数视为一个函数, 定义度量

$$d_p(f, g) = \left(\int_{\mathbb{R}} |f(t) - g(t)|^p \mathrm{d}m(t) \right)^{\frac{1}{p}},$$

则 $(L^p(\mathbb{R}), d_p)$ 完备.

（4）$L^\infty(\mathbb{R})$, $f : \mathbb{R} \to K$ 可测, f 本性有界 $\Leftrightarrow \exists E \subset \mathbb{R}, m(E) = 0, \sup_{t \in \mathbb{R} \setminus E} |f(t)| < \infty$. $L^\infty(\mathbb{R})$ 为所有本性有界函数, $f = g$ a.e. 视为一个函数,

$$d_\infty(f, g) = \inf_{m(E)=0} \sup_{t \in \mathbb{R} \setminus E} |f(t) - g(t)|,$$

则 $(L^\infty(\mathbb{R}), d_\infty)$ 完备.

（5）$C[a, b]$ 为所有 $[a, b]$ 上的连续函数. $\forall x \in C[a, b], \exists t_0 \in [a, b], |x(t_0)| \geq |x(t)|$ 对任意的 $x, y \in [a, b]$ 成立. 对任意的 $x, y \in C[a, b]$, 显然有 $x - y \in C[a, b]$, 定义度量

$$d(x, y) := \max_{t \in [a, b]} |x(t) - y(t)|,$$

则 $(C[a,b], d)$ 为完备的. 如果定义

$$d_p(x,y) = \left(\int_a^b |x(t) - y(t)|^p \mathrm{d}t \right)^{\frac{1}{p}}, p \geq 1$$

则 $C[a,b]$ 装备距离 d_p 同样也是一个距离空间，但是 $(C[a,b], d_p)$ 不完备. 也就是说 $\{x_n\} \subset C[a,b], x_n \to x_0$ in $L^p([a,b])$，但 $x_0(t)$ 可能不再是一个连续函数.

定义 2.17： (X, τ) 是一个拓扑空间，$M \subset X$ 称为疏朗的，若 $(\overline{M})^o = \emptyset$；$M$ 称为第一纲的，$M = \bigcup_{n=1}^{\infty} M_n, (\overline{M_n})^o = \emptyset$；否则，$M$ 称为第二纲的.

定理 2.7： 非空完备度量空间均为第二纲的.

证明 $(X, d) \neq \emptyset$ 是一个完备度量空间. 使用反证法，先假设 $X = \bigcup_{n=1}^{\infty} M_n, (\overline{M_n})^o = \emptyset$，再任取 X 中的一个闭球 $B(a, r)$，由于 M_1 是疏朗集，故我们可以找到闭球 $B(x_1, r_1)$ 使得

$$B(x_1, r_1) \subset B(a, r), \text{ 并且 } B(x_1, r_1) \cap M_1 = \emptyset;$$

同理又由于 M_2 为疏朗集，我们可以找到闭球 $B(x_2, r_2)$ 使得

$$B(x_2, r_2) \subset B(x_1, r_1), \text{ 并且 } B(x_2, r_2) \cap M_2 = \emptyset;$$

以此类推，不妨要求 $0 < r_n < \frac{1}{n}$. 最后我们可以得到闭球序列 $\{B(x_n, r_n)\}$ 满足

$$B(x_1, r_1) \supset B(x_2, r_2) \supset \cdots \supset B(x_n, r_n) \supset B(x_{n+1}, r_{n+1}) \supset \cdots; \quad B(x_n, r_n) \cap M_n = \emptyset,$$

并且 $0 < r_n < \frac{1}{n}$. 因此可得当 $n > m$ 时有 $x_n \in B(x_n, r_n) \subset B(x_m, r_m)$，于是 $d(x_n, x_m) < r_m$. 因此 $\{x_n\}$ 是 X 中的一个 Cauchy 列，利用完备性可得存在 $x \in X$ 使得 $\lim_{n \to \infty} x_n = x$. 根据闭区间套定理 $x \in \cap_{m=1}^{\infty} B(x_m, r_m)$，再根据 $B(x_n, r_n) \cap M_n = \emptyset$，可得 $x \notin M_n$ 对于 $\forall n$ 成立，从而 $x \notin \bigcup_{n=1}^{\infty} M_n = X$，矛盾. $\quad\square$

定理 2.8： （完备化） (X, d) 是一个度量空间，则存在它的完备度量空间 (X', d')，即存在 $M \subset X'$ 使得 (X, d) 与 (M, d') 为等距同构的，亦即 $\exists T : X \to M$ 双射，$d'(Tx, Ty) = d(x, y)$ 且 $\overline{M} = X'$. 若 (X', d') 和 (X'', d'') 都是 (X, d) 完备化，则 (X', d') 与 (X'', d'') 等距同构.

2.2　拓扑线性空间

2.2.1　基本概念和性质

设X为线性空间，τ 为 X上的拓扑，若映射

$$X \times X \to X, (x,y) \mapsto x + y, K \times X \to X, (\lambda, x) \mapsto \lambda x$$

都是连续的，则称(X, τ) 为一个拓扑线性空间.

例 2.11：　$L^p, \ell^p, C[a,b]$ 均为拓扑线性空间.

注释 2.6：

（1）$\lambda_0 \in K$ 固定，$\begin{array}{c} X \to X \\ x \mapsto \lambda_0 x \end{array}$ 连续. 设 U为$\lambda_0 x_0$ 处邻域，存在x_0的邻域V_2 使得 $\forall x \in V_2, \lambda_0 x \in U$，则$\lambda_0 x \in U$.

（2）$x_0 \in X$ 固定，$\begin{array}{c} K \to X \\ \lambda \mapsto \lambda x_0 \end{array}$ 连续. 设 U 为$\lambda_0 x_0$ 处邻域，存在λ_0的邻域V_1 使得 $\forall \lambda \in V_1, \lambda x_0 \in U$，则$\lambda_0 x \in U$.

（3）$\begin{array}{c} X \to X \\ x \mapsto x + x_0 \end{array}$ 连续.

（4）$\begin{array}{c} X^2 \to X \\ (x,y) \mapsto x - y \end{array}$ 连续. 我们只需取$\lambda = -1$, 数乘连续，复合上加法仍旧连续.

（5）$x_0 \in X, U$为$x = 0$处邻域$\Leftrightarrow x_0 + U$为x_0处的邻域.

（6）U为开集$\Leftrightarrow x_0 + U$为开集.

（7）U为$x = 0$处邻域，$\lambda_0 \neq 0$, 则 $\lambda_0 U$ 还为$x = 0$处邻域.

（8）$\mathscr{P}$为$x = 0$ 处的一个邻域基$\Leftrightarrow x_0 + \mathscr{P}$ 为x_0处的邻域基.

定义 2.18：　（半范）X为线性空间，$p : X \to \mathbb{R}_+$ 为半范，若

$$p(x + y) \leqslant p(x) + p(y), \quad p(\lambda x) = |\lambda| p(x), p(0) = 0.$$

注意可能存在$x \neq 0$ 使得 $p(x) = 0$ （即非退化性不保证）.

注释 2.7:

（1）由于半范定义中要求的值域落在 $\mathbb{R}_+$ 中，所以非负性自然满足. 相对于范数来说，半范不同之处在于它不一定满足非退化性，即可能存在非零元 x 使得 $p(x) = 0$.

（2）一个常用半范就是 $f \in X'$, $p(x) := |f(x)|$，则 p 是半范. 可能存在非零元 x 使得 $f(x) = 0$ （即 f 的核空间非零时）.

定义 2.19: （凸集）$S \subset X$ 为凸集，若 $\forall x, y \in S, 0 < \lambda < 1$，则 $\lambda x + (1 - \lambda)y \in S$.

定义 2.20: (均衡的) S 是均衡的，若 $\forall x \in S, \forall \lambda \in K, |\lambda| \leqslant 1$，则 $\lambda x \in S$ （注意定义中暗含了 $0 \in S$）.

定义 2.21: （吸收的）S 为吸收的，若 $\forall x \in X, \exists \alpha > 0$ 使得 $\dfrac{x}{\alpha} \in S$ （注意定义中暗含了 $0 \in S$，另外这里的 $\alpha = \alpha_x$ 依赖于 x）.

例 2.12:

（1）p 为半范，$r > 0$，则集合 $U(p, r) := \{x \in X : p(x) \leqslant r\}$ 为凸均衡吸收的（注意半范的定义蕴含了 $0 \in U(p, r)$）.

（2）设 X 为拓扑线性空间，U 为 $x = 0$ 处的邻域，则 U 为吸收的.

$\forall x_0 \in X, x_0 \neq 0$，利用 $\begin{array}{c} K \to X \\ \lambda \mapsto \lambda x_0 \end{array}$ 连续可得存在 $\varepsilon > 0$ 使得当 $|\lambda| < \varepsilon$ 时均有 $\lambda x_0 \in U$. 特别地，取 $\lambda = \varepsilon$，则 $\lambda x_0 = \dfrac{x_0}{1/\varepsilon} \in U$，所以 U 是吸收的.

（3）X 为拓扑线性空间，则 $x = 0$ 处有一个均衡的邻域基.

设 V 为 $x = 0$ 处邻域，$\begin{array}{c} K \times X \to X \\ (\lambda, x) \mapsto \lambda x \end{array}$ 连续，所以存在 $\varepsilon > 0$，以及 0 点的邻域 W 使得 $\forall |\lambda| \leqslant \varepsilon, \forall x \in W$，都有 $\lambda x \in V$. 记 $W' = \varepsilon W$，则对 $\forall |\lambda| \leqslant 1, \forall x \in W'$ 都有 $\lambda x \in V$. 记 $U = \bigcup_{0 \leqslant \delta \leqslant 1} \bigcap_{|\lambda| = \delta} \lambda W' \subset V$.

首先说 U 是 0 点的一个邻域. 事实上对任意的 W'' 为 0 点邻域，存在 $\varepsilon > 0$ 使得对 $\forall |\lambda| \leqslant \varepsilon, \forall x \in W'' \Rightarrow \lambda x \in W'$. 记 $W''' = \varepsilon W''$，则对任意的 $|\lambda| \leqslant 1, x \in W''' \Rightarrow \lambda x \in W'$. 换句话说就是 $\forall x \in W''', \forall |\lambda| = 1$，有 $x \in \lambda W'$，即 $W''' \subset \bigcap_{|\lambda|=1} \lambda W'$，这样就得到了 $W''' \subset U$，故 U 为 0 点邻域.

其次说U是均衡的. 这是因为对任意的$x \in U$, 肯定存在某个$0 \leqslant \delta \leqslant 1$使得 $x \in \bigcap_{|\mu|=\delta} \mu W'$, 那么有$\lambda x \in \bigcap_{|\mu|=\delta|\lambda|} \mu W' \subset U$.

根据V的选取, 我们可以对V取遍0点的邻域基, 从而上面构造出来的U对应着也是0点的邻域基.

注释 2.8: 综合上面例2.12(2)和例2.12(3)这两个例子, 可知对于拓扑线性空间来说, $x = 0$处一定有均衡的、吸收的邻域基（不一定凸）.

定义 2.22: （**Minkowski泛函**） 设X为线性空间, $S \subset X$为凸的吸收的, $\forall x \in X$,

$$p_S(x) := \inf\left\{\lambda > 0 : \frac{x}{\lambda} \in S\right\}.$$

定理 2.9: 上面定义的Minkowski泛函满足性质

（1）$p_S(x + y) \leqslant p_S(x) + p_S(y)$;

（2）$p_S(\lambda x) = \lambda p_S(x), \quad \lambda \geq 0$.

且若S还是均衡的, 则p_S为半范.

证明 $\forall \varepsilon > 0$, 根据定义存在$0 < \lambda < p_S(x) + \varepsilon, 0 < \mu < p_S(y) + \varepsilon$使得 $\frac{x}{\lambda} \in S, \frac{y}{\mu} \in S$. 根据$S$为凸的, 我们有

$$\frac{x}{p_S(x) + \varepsilon} = \frac{\lambda}{p_S(x) + \varepsilon} \cdot \frac{x}{\lambda} + \left(1 - \frac{\lambda}{p_S(x) + \varepsilon}\right) \cdot 0 \Rightarrow \frac{x}{p_S(x) + \varepsilon} \in S,$$

类似可得$\dfrac{y}{p_S(y) + \varepsilon} \in S$. 因此再次利用$S$是凸的, 我们可得

$$\frac{x + y}{p_S(x) + p_S(y) + 2\varepsilon} = \frac{p_S(x) + \varepsilon}{p_S(x) + p_S(y) + 2\varepsilon} \cdot \frac{x}{p_S(x) + \varepsilon} +$$
$$\frac{p_S(y) + \varepsilon}{p_S(x) + p_S(y) + 2\varepsilon} \cdot \frac{y}{p_S(y) + \varepsilon} \in S.$$

因此根据定义可得$p_S(x + y) \leqslant p_S(x) + p_S(y) + 2\varepsilon$, 再根据$\varepsilon$的任意性最后可得 $p_S(x + y) \leqslant p_S(x) + p_S(y)$.

首先由于$0 \in S, \forall \lambda > 0$有$\frac{0}{\lambda} \in S$, 所以根据定义我们有$p_S(0) = 0$. 因此 当$\lambda = 0$时有$p_S(\lambda x) = \lambda p_S(x)$. 下面考虑$\lambda > 0$, 此时根据定义可得

$$p_S(x) = \inf\{\mu > 0 : \frac{x}{\mu} \in S\} = \frac{1}{\lambda} \inf\{\lambda\mu : \frac{\lambda x}{\lambda\mu} \in S\}$$

$$=\frac{1}{\lambda}\inf\{\mu'>0:\frac{\lambda x}{\mu'}\in S\}=\frac{1}{\lambda}p_S(\lambda x).$$

从而 $p_S(\lambda x)=\lambda p_S(x),\forall\lambda\geq 0$. 特别地，如果 S 还是均衡的，则对任意的 $x\in X,\lambda\neq 0$，可证明 $p_S(\lambda x)=|\lambda|p_S(x)$. 首先对于任意的 $\mu>0$ 满足 $\frac{x}{\mu}\in S$，加之 S 是均衡的，有 $\frac{\lambda}{|\lambda|}\frac{x}{\mu}\in S$，即 $\frac{\lambda x}{|\lambda|\mu}\in S$. 因此根据定义有 $p_S(\lambda x)\leq|\lambda|\mu$，再根据 μ 的任意性可得 $p_S(\lambda x)\leq|\lambda|p_S(x)$. 反之 $p_S(x)=p_S(\frac{\lambda x}{\lambda})\leq\frac{1}{|\lambda|}p_S(\lambda x)$，即 $p_S(\lambda x)\geq|\lambda|p_S(x)$. 由此我们可得 $p_S(\lambda x)=|\lambda|p_S(x)$，所以 p_S 是半范. □

定理 2.10:　设 X 是线性空间，$(p_\gamma)_{\gamma\in I}$ 为 X 上的一族半范并且满足分离性，即 $\forall x\neq 0,\exists\gamma\in I,p_\gamma(x)\neq 0$，则我们有下面结论.

（1）$\gamma_1,\cdots,\gamma_n\in I,\varepsilon_1,\cdots,\varepsilon_n>0$,

$$U(\gamma_1,\cdots,\gamma_n,\varepsilon_1,\cdots,\varepsilon_n):=\{x\in X:p_{\gamma_i}(x)<\varepsilon_i,1\leq i\leq n\}$$

在 X 中是凸的，均衡的，吸收的.

（2）$\mathscr{P}=\{U(\gamma_1,\cdots,\gamma_n,\varepsilon_1,\cdots,\varepsilon_n):n\geq 1,\gamma_i\in I,\varepsilon_i>0\}$, $\mathscr{P}'=\{x+U:x\in X,U\in\mathscr{P}\}$, 令 τ 为由 $\mathscr{P}'$ 生成的拓扑，则它是 T_2 的并且 $x+\mathscr{P}$ 为 x 处的一个邻域基.

（3）上述的拓扑 (X,τ) 为拓扑线性空间.

（4）每个半范数 p_γ 均是连续的，并且上面的 τ 是使得 p_γ 均连续的最弱的拓扑.

证明

（1）固定 $\gamma_1,\cdots,\gamma_n\in I$ 和 $\varepsilon_1,\cdots,\varepsilon_n>0$, 再考虑

$$\forall x\in U(\gamma_1,\cdots,\gamma_n,\varepsilon_1,\cdots,\varepsilon_n),\forall|\lambda|\leq 1,$$

则有 $p_{\gamma_i}(\lambda x)=|\lambda|p_{\gamma_i}(x)<|\lambda|\varepsilon_i\leq\varepsilon_i,\forall 1\leq i\leq n$, 所以 $\lambda x\in U(\gamma_1,\cdots,\gamma_n,\varepsilon_1,\cdots,\varepsilon_n)$，它是均衡的。对任意的 $x\in X$, 由于 p_{γ_i} 为半范，有 $p_{\gamma_i}(\lambda x)=|\lambda|p_{\gamma_i}(x)$，因此可取 $c_i>0$ 使得当 $|\lambda|<c_i$ 时可保证 $p_{\gamma_i}(\lambda x)<\varepsilon_i$. 若取 $\alpha>\frac{1}{\min\{c_1,\cdots,c_n\}}$, 则有 $p_{\gamma_i}(\frac{x}{\alpha})<\varepsilon_i,1\leq i\leq n$, 从而 $\frac{x}{\alpha}\in U(\gamma_1,\cdots,\gamma_n,\varepsilon_1,\cdots,\varepsilon_n)$, 故它是吸收的.

$\forall x, y \in U(\gamma_1, \cdots, \gamma_n, \varepsilon_1, \cdots, \varepsilon_n), \forall \lambda \in (0, 1)$, 则有

$$p_{\gamma_i}(\lambda x + (1 - \lambda)y) \leqslant p_{\gamma_i}(\lambda x) + p_{\gamma_i}((1 - \lambda)y) = \lambda p_{\gamma_i}(x) + (1 - \lambda)p_{\gamma_i}(y)$$

$$< \lambda \varepsilon_i + (1 - \lambda)\varepsilon_i = \varepsilon_i, \quad 1 \leqslant i \leqslant n,$$

从而有 $\lambda x + (1 - \lambda)y \in U(\gamma_1, \cdots, \gamma_n, \varepsilon_1, \cdots, \varepsilon_n)$, 故它是凸的.

（2）考虑 $x = 0$, 设 U 为 0 点的邻域, 不妨设 U 为开的, 根据开集的定义

$$0 \in U = \bigcup_{\alpha \in J}[u_1^{(\alpha)} \cap \cdots \cap u_{n(\alpha)}^{(\alpha)}],$$

其中 $u_i^{(\alpha)} \in \mathscr{P}'$, 于是存在 $u_1, \cdots, u_n \in \mathscr{P}', 0 \in u_1 \cap \cdots \cap u_n$, 这里的 $u_i = x_i + U(\gamma_1^{(i)}, \cdots, \gamma_{n(i)}^{(i)}, \varepsilon_1^{(i)}, \cdots, \varepsilon_{n(i)}^{(i)})$, 则有

$$0 \in x + U(\gamma_1, \cdots, \gamma_n, \varepsilon_1, \cdots, \varepsilon_n) \Rightarrow -x \in U(\gamma_1, \cdots, \gamma_n, \varepsilon_1, \cdots, \varepsilon_n),$$

所以 $p_{\gamma_i}(x) < \varepsilon_i$. 令 $\delta_i := \dfrac{\varepsilon_i - p_{\gamma_i}(x)}{2} > 0$, 则 $\forall z \in U(\gamma_1, \cdots, \gamma_n, \delta_1, \cdots, \delta_n)$, 可得

$$p_{\gamma_i}(-x + z) \leqslant p_{\gamma_i}(-x) + p_{\gamma_i}(z) = p_{\gamma_i}(x) + p_{\gamma_i}(z) < p_{\gamma_i}(x) + \delta_i < \varepsilon_i, \ 1 \leqslant i \leqslant n,$$

可见 $-x + z \in U(\gamma_1, \cdots, \gamma_n, \varepsilon_1, \cdots, \varepsilon_n)$, 从而 $-x + U(\gamma_1, \cdots, \gamma_n, \delta_1, \cdots, \delta_n) \subset U(\gamma_1, \cdots, \gamma_n, \varepsilon_1, \cdots, \varepsilon_n)$ 或者说 $U(\gamma_1, \cdots, \gamma_n, \delta_1, \cdots, \delta_n) \subset x + U(\gamma_1, \cdots, \gamma_n, \varepsilon_1, \cdots, \varepsilon_n) \subset U$, 因此 $\mathscr{P}$ 为 0 点的邻域基.

下面说这个拓扑是 T_2 的. 事实上利用分离性质可得对任意的 $x \neq y$, 存在某个 $\gamma \in I$ 使得 $p_\gamma(x-y) := \varepsilon > 0$. 于是我们可得 $[x+U(\gamma, \frac{\varepsilon}{4})] \cap [y+U(\gamma, \frac{\varepsilon}{4})] = \emptyset$. 否则存在 $z \in X$ 使得 $x + (-x + z) = y + (-y + z) = z, -x + z \in U(\gamma, \frac{\varepsilon}{4}), -y + z \in U(\gamma, \frac{\varepsilon}{4})$, 于是有 $\varepsilon = p_\gamma(x - y) \leqslant p_\gamma(-x + z) + p_\gamma(-y + z) < \frac{\varepsilon}{2}$, 矛盾.

（3）先考虑 $X \times X \to X, (x, y) \mapsto x+y$. 假设 $x_0, y_0 \in X$ 以及 U 为 x_0+y_0 的一个邻域, 则根据邻域基的性质可知存在 $\gamma_1, \cdots, \gamma_n \in I, \varepsilon_1, \cdots, \varepsilon_n > 0$ 使得 $x_0 + y_0 + U(\gamma_1, \cdots, \gamma_n, \varepsilon_1, \cdots, \varepsilon_n) \subset U$. 现在令 $V_1 = x_0 + U(\gamma_1, \cdots, \gamma_n, \varepsilon_1/2, \cdots, \varepsilon_n/2)$ 以及 $V_2 = y_0 + U(\gamma_1, \cdots, \gamma_n, \varepsilon_1/2, \cdots, \varepsilon_n/2)$, 则对 $\forall x \in V_1, \forall y \in V_2$, 都有 $x + y \in x_0 + y_0 + U(\gamma_1, \cdots, \gamma_n, \varepsilon_1, \cdots, \varepsilon_n) \subset U$.

接下来再考虑 $K \times X \to X, (\lambda, x) \mapsto \lambda x$. 假设 $\lambda_0 \in K, x_0 \in X$ 以及 U 为 $\lambda_0 x_0$ 的一个邻域, 则同样由邻域基的性质可知存在 $\gamma_1, \cdots, \gamma_n \in$

$I, \varepsilon_1, \cdots, \varepsilon_n > 0$ 使得 $\lambda_0 x_0 + U(\gamma_1, \cdots, \gamma_n, \varepsilon_1, \cdots, \varepsilon_n) \subset U$. 现在令 $V_1 = \{\lambda : |\lambda| \leqslant |\lambda_0| + \frac{\varepsilon_i}{2(1 + P_{\gamma_i}(x_0))}\}$, 并记 $C = |\lambda_0| + \frac{\varepsilon_i}{2(1 + p_{\gamma_i}(x_0))}$, 然后取 $V_2 = x_0 + U(\gamma_1, \cdots, \gamma_n, \frac{\varepsilon_1}{2(C+1)}, \cdots, \frac{\varepsilon_n}{2(C+1)})$, 则对 $\forall \lambda \in V_1, \forall x \in V_2$, 有

$$p_{\gamma_i}(\lambda x - \lambda_0 x_0) = p_{\gamma_i}(\lambda x - \lambda x_0 + \lambda x_0 - \lambda_0 x_0) \leqslant p_{\gamma_i}(\lambda(x - x_0)) + p_{\gamma_i}((\lambda - \lambda_0)x_0)$$

$$= |\lambda| p_{\gamma_i}(x - x_0) + |\lambda - \lambda_0| p_{\gamma_i}(x_0) < \frac{\varepsilon_i}{2} + \frac{\varepsilon_i}{2} = \varepsilon_i,$$

因此 (X, τ) 是拓扑线性空间.

（4）$\forall \gamma \in I, p_\gamma : X \to \mathbb{R}_+$ 连续, $x_0 \in X, \forall x \in X$, 有 $|p_\gamma(x) - p_\gamma(x_0)| \leqslant p_\gamma(x - x_0)$. 因此对任意的 $\varepsilon > 0, \forall x \in x_0 + U(\gamma, \varepsilon)$, 可得 $|p_\gamma(x) - p_\gamma(x_0)| \leqslant p_\gamma(x - x_0) < \varepsilon$. 我们断言 τ 是使得每一个 p_γ 都连续的最弱的拓扑。事实上假设 τ' 也是 X 上的拓扑，使得 (X, τ') 为拓扑线性空间，$p_\gamma : X \to \mathbb{R}_+$ 连续，则对任意的 $\varepsilon > 0$, $U(\gamma, \varepsilon) = p_\gamma^{-1}([0, \varepsilon)) \in \tau'$, 因此 $\mathscr{P} \subset \tau', \mathscr{P}' \subset \tau'$. 故前面提到的 τ 是最弱的拓扑线性空间. $\square$

定义 2.23:　（局部凸空间）设 (X, τ) 为拓扑线性空间，又设 τ 为 T_2 的，若 $x = 0$ 处有一个均衡凸邻域基，则称 (X, τ) 为局部凸空间.

定理 2.11:　任何一个 (X, τ) 局部凸空间，均存在着 $(p_i)_{i \in I}$ 为 X 上的一族半范使得由 $(p_i)_{i \in I}$ 生成的拓扑与 τ 重合.

证明　设 $(u_i)_{i \in I}$ 为 $x = 0$ 处的一个邻域基，u_i 为均衡凸的. 现在对任意的 $x \in X$, 定义 $p_i(x) = \inf\{\lambda : \frac{x}{\lambda} \in u_i\}$, 则 p_i 为半范（因为此时 u_i 也是吸收的）. 设 $(p_i)_{i \in I}$ 生成的拓扑为 τ', 前面已经证明过 τ' 是保证 p_i 均连续的最弱的拓扑了. 对任意的 $x \in u_i$, 由于 $x = \frac{x}{1} \in u_i$, 根据定义有 $p_i(x) \leqslant 1 \Rightarrow u_i \subset \{p_i \leqslant 1\}$. 反过来对任意的 $x \in \{p_i \leqslant 1\}, p_i(x) \leqslant 1$, 于是由定义可知对任意的 $\varepsilon > 0$, 存在 $0 < \lambda < 1 + \varepsilon$ 使得 $\frac{x}{\lambda} \in u_i$. 于是由于 $0 \in u_i$ 可得 $\frac{x}{1 + \varepsilon} = \frac{\lambda}{1 + \varepsilon} \cdot \frac{x}{\lambda} + (1 - \frac{\lambda}{1 + \varepsilon}) \cdot 0 \in u_i$, 这表明了 $x \in (1 + \varepsilon)u_i \Rightarrow \{p_i \leqslant 1\} \subset (1 + \varepsilon)u_i$. 利用半范的性质可得 $\frac{1}{1 + \varepsilon} u_i \subset \{p_i \leqslant \frac{1}{1 + \varepsilon}\} \subset u_i$. 当证明了两个拓扑基之间有相互包含的关系之后，自然这两个拓扑基生成的拓扑是同一个拓扑. $\square$

定理 2.12: （收敛的等价刻画） 设 (X, τ) 是由 $(p_i)_{i \in I}$ 生成的局部凸拓扑，设 $(x_\alpha)_{\alpha \in J}$ 为 X 中的一个网，$x \in X$，则

$$x_\alpha \xrightarrow{\tau} x \Leftrightarrow \forall i \in I, p_i(x_\alpha - x) \to 0.$$

证明 "$\Rightarrow$:" 设 $x_\alpha \xrightarrow{\tau} x$，对任意的 $i \in I$ 以及 $\varepsilon > 0$，$x + U(i, \varepsilon)$ 为 x 处的邻域. 根据收敛的定义可知存在 α_0，$\forall \alpha_0 \le \alpha$，均有 $x_\alpha \in x + U(i, \varepsilon)$，即 $p_i(x_\alpha - x) < \varepsilon$. 因此 $p_i(x_\alpha - x) \to 0$.

"$\Leftarrow$:" 设 $\forall i \in I, p_i(x_\alpha - x) \to 0$. 现在考虑 U 为 x 的邻域，则存在 $i_1, \cdots, i_n \in I, \varepsilon_1, \cdots, \varepsilon_n > 0$ 使得 $x + U(i_1, \cdots, i_n, \varepsilon_1, \cdots, \varepsilon_n) \subset U$. 对任意的 $1 \le j \le n$，都有 $p_{i_j}(x_\alpha - x) \to 0$，这意味着存在 $\alpha_j \in J$，使得对 $\forall \alpha_j \le \alpha$ 都有 $p_{i_j}(x_\alpha - x) < \varepsilon_j$，于是 $x_\alpha \in x + U(i_j, \varepsilon_j)$. 取 α_0 使得 $\alpha_j \le \alpha_0$ 对所有的 $1 \le j \le n$ 都成立，于是对 $\forall \alpha_0 \le \alpha$ 都有 $x_\alpha \in x + U(i_j, \varepsilon_j)$，即 $x_\alpha \in x + U(i_1, \cdots, i_n, \varepsilon_1, \cdots, \varepsilon_n) \subset U$. 因此 $x_\alpha \xrightarrow{\tau} x$. $\square$

定理 2.13: 设 (X, τ) 为局部凸空间，$(p_i)_{i \in I}, (q_j)_{j \in J}$ 为 X 上两族半范且生成相同的拓扑 τ，则对任意的 $i \in I$，都存在 $j_1, \cdots, j_n \in J$ 以及 $c \ge 0$ 使得 $p_i(x) \le c(q_{j_1}(x) \vee q_{j_2}(x) \vee \cdots \vee q_{j_n}(x))$.

证明 $U(i, 1) := \{x \in X : p_i(x) < 1\}$ 为 $x = 0$ 处的邻域. 根据邻域基的性质可知 $\exists j_1, \cdots, j_n \in J, \exists \varepsilon_j > 0$ 使得 $U(j_1, \cdots, j_n, \varepsilon_1, \cdots, \varepsilon_n) \subset U(i, 1)$.

若 $x \in X$ 满足 $q_{j_i}(x) = 0, 1 \le i \le n$，则意味着 $\forall \lambda > 0, q_{j_i}(\frac{x}{\lambda}) = 0, 1 \le i \le n$，因此 $\forall \lambda > 0, p_i(\frac{x}{\lambda}) < 1$，从而 $p_i(x) = 0$.

若存在某个 j_i 使得 $q_{j_i}(x) \ne 0$. 首先利用 $U(j_1, \cdots, j_n, \varepsilon_1, \cdots, \varepsilon_n)$ 是吸收的，可找到最大的 $\lambda > 0$ 使得对任意的 $\delta \in \mathbb{K}, |\delta| < \lambda$，都有 $\delta x \in U(j_1, \cdots, j_n, \varepsilon_1, \cdots, \varepsilon_n) \subset U(i, 1)$. 根据定义有 $p_i(x) \le \frac{1}{\delta}, \forall |\delta| < \lambda$，从而 $p_i(x) \le \frac{1}{\lambda}$. 而根据 λ 的选取可知，对于 2λ 来说，$2\lambda \notin U(j_1, \cdots, j_n, \varepsilon_1, \cdots, \varepsilon_n)$，从而必定存在某个 $j_i, i \in \{1, \cdots, n\}$ 使得 $q_{j_i}(2\lambda x) \ge \varepsilon_i \Rightarrow q_{j_i}(x) \ge \frac{\varepsilon_i}{2\lambda}$. 故可取 $c = \frac{2}{\varepsilon}, \varepsilon := \min\{\varepsilon_1, \cdots, \varepsilon_n\}$，则 $c(q_{j_1}(x) \vee q_{j_2}(x) \vee \cdots \vee q_{j_n}(x)) \ge c\frac{\varepsilon_i}{2\lambda} \ge \frac{2}{\varepsilon}\frac{\varepsilon_i}{2\lambda} = \frac{1}{\lambda} \ge p_i(x)$. $\square$

定理 2.14: 考虑 $(p_i)_{i \in I}, (q_j)_{j \in J}$ 为 X 上的两族半范，若

$$\forall i \in I, \exists j_1, \cdots, j_n \in J, \exists c \geq 0, p_i(x) \leqslant c(q_{j_1}(x) \vee q_{j_2}(x) \vee \cdots \vee q_{j_n}(x)),$$

且

$$\forall j \in J, \exists i_1, \cdots, i_m \in I, \exists c' \geq 0, q_j(x) \leqslant c'(p_{i_1}(x) \vee p_{i_2}(x) \vee \cdots \vee p_{i_m}(x)),$$

则 $(p_i)_{i \in I}, (q_j)_{j \in J}$ 定义了相同的拓扑.

证明 由假设知 $\forall i_1, \cdots, i_n \in I, \exists j_1, \cdots, j_m \in J, \exists c > 0$ 使得 $p_{i_1}(x) \vee \cdots \vee p_{i_n}(x) \leqslant$ $c(q_{j_1}(x) \vee \cdots \vee q_{j_m}(x))$，这表明了 $U(j_1, \cdots, j_m, \frac{\varepsilon}{c}, \cdots, \frac{\varepsilon}{c}) \subset U(i_1, \cdots, i_m, \varepsilon, \cdots, \varepsilon)$. 反过来道理也一样，因此它们定义的拓扑相同. □

定理 2.15: 设 (X, τ) 由 $(p_i)_{i \in I}$ 生成，设 J 为所有 I 的有限子集之集，即 $\forall \mathscr{A} \in J, \mathscr{A} \subset I$ 且 $\mathscr{A}$ 有限. 令 $q_{\mathscr{A}}(x) = \max_{j \in \mathscr{A}} q_j(x)$，则 $(q_{\mathscr{A}})_{\mathscr{A} \in J}$ 定义的拓扑与原拓扑一致（注意这里的 J 是有向的）.

证明 我们这里不妨以 $I = \mathbb{N}$ 为例子证明，即 $(p_i)_{i \geq 1}, q_n(x) = p_1(x) \vee \cdots \vee p_n(x)$，则 $(p_i)_{i \geq 1}$ 与 $(q_n)_{n \geq 1}$ 定义了相同的拓扑. □

定理 2.16: （可度量化）设 (X, τ) 为 $(p_i)_{i \geq 1}$ 定义的拓扑，τ 为 T_2 的 $(\Leftrightarrow \forall x \in X, x \neq 0, \exists i, p_i(x) \neq 0)$，则 τ 是可度量化的.

证明 考虑

$$d(x, y) = \sum_{n=1}^{\infty} \frac{1}{2^n} \frac{p_n(x - y)}{1 + p_n(x - y)},$$

可以验证 d 为 X 上的度量. 并且

$$x_\alpha, x \in X, x_\alpha \to x \Leftrightarrow \forall n \geq 1, p_n(x_\alpha - x) \to 0 \Leftrightarrow d(x_\alpha, x) \to 0. \qquad \square$$

定理 2.17: 设 (X, τ) 为局部凸空间且可度量化，则 $\exists (p_n)_{n \geq 1}$ 为 X 上的半范族使得 $(p_n)_{n \geq 1}$ 定义的拓扑与原拓扑一致.

证明　d 为度量，$B(0, \frac{1}{n}), n \geq 1$ 为0点处的一个邻域基. $\exists U_n$ 为均衡凸的0的邻域使得 $U_n \subset B(0, \frac{1}{n})$. 定义 $p_n(x) = \inf\{\lambda > 0 : \frac{x}{\lambda} \in U_n\}$，由前面知识可知这个Minkowski 泛函是 X 上的半范数. 特别地，有 $\frac{U_n}{4(1+\varepsilon)} \subset \left\{ p_n < \frac{1}{2(1+\varepsilon)} \right\} \subset U_n$. $\qquad \square$

定义 2.24：　设 X 为拓扑线性空间，$f : X \to \mathbb{K}$ 为线性泛函，$f \in X^*, X'$ 为所有 X 上的连续线性泛函之集.

定理 2.18：　设 $(p_i)_{i \in I}$ 为 X 上的一族半范，且其定义的拓扑 τ 为 T_2 的. 考虑任意的 $\forall f \in X^*$，

$$f \in X' \Leftrightarrow \exists c \geq 0, \exists i_1, \cdots, i_n \in I,$$

$$|f(x)| \leq c \left(p_{i_1}(x) \vee \cdots \vee p_{i_n}(x) \right).$$

证明　"$\Leftarrow$:" $x_0 \in X, \forall \varepsilon > 0, c > 0$，有

$$\forall x \in x_0 + U(i_1, \cdots, i_n, \frac{\varepsilon}{c}, \cdots, \frac{\varepsilon}{c}) \Rightarrow p_{i_1}(x - x_0) \vee \cdots \vee p_{i_n}(x - x_0) < \frac{\varepsilon}{c}$$

$$\Rightarrow |f(x) - f(x_0)| = |f(x - x_0)| \leq c \cdot \frac{\varepsilon}{c} = \varepsilon,$$

所以 $f \in X'$.

"$\Rightarrow$:" 现在设 $f \in X'$，首先取 $\varepsilon = 1$，由连续性可知 $\exists 0$ 点的邻域 U 使得 $\forall x \in U, |f(x)| < 1$. 由于 U 为 0 点邻域，根据拓扑基的性质可知 $\exists i_1, \cdots, i_n \in I, \varepsilon_1, \cdots, \varepsilon_n > 0$ 使得 $U(i_1, \cdots, i_n, \varepsilon_1, \cdots, \varepsilon_n) \subset U$. 于是根据 U 的选取有 $\forall x \in U(i_1, \cdots, i_n, \varepsilon_1, \cdots, \varepsilon_n) \Rightarrow |f(x)| \leq 1$，即 $p_{i_j}(x) < \varepsilon_j, 1 \leq j \leq n \Rightarrow |f(x)| < 1$. 任取 $x \in X$，先考虑 $p_{i_j}(x) = 0, 1 \leq j \leq n$ 的情形，此时有 $p_{i_j}(\lambda x) = 0, \forall \lambda > 0$. 因此有 $|f(\lambda x)| < 1 \Rightarrow |f(x)| < \frac{1}{\lambda}, \forall \lambda > 0$，于是同样有 $f(x) = 0$. 再考虑 $p_{i_1}(x) \vee \cdots \vee p_{i_n}(x) = \delta > 0$ 的情形. 不妨设 $\varepsilon_1 = \cdots = \varepsilon_n = \varepsilon > 0$，于是有 $p_{i_j}(\frac{\varepsilon x}{2\delta}) = \frac{\varepsilon}{2\delta} p_{i_j}(x) \leq \frac{\varepsilon}{2} < \varepsilon, 1 \leq j \leq n$，可知 $|f(\frac{\varepsilon x}{2\delta})| < 1$. 根据线性运算性质可得 $|f(x)| < \frac{2}{\varepsilon}\delta = \frac{2}{\varepsilon} p_{i_1}(x) \vee \cdots \vee p_{i_n}(x)$. $\qquad \square$

定理 2.19：　(X, τ) 为拓扑线性空间，$f \in X^*$，则下面几条等价：

（1）$f \in X'$；

（2）f 在 $x = 0$ 处连续；

（3）f 在某点连续.

证明　（2）$\Rightarrow$（1）：设 $x_0 \in X$, 对 $\forall \varepsilon > 0$, 由 f 在 $x = 0$ 处连续知存在 0 点的邻域 U 使得 $\forall x \in U, |f(x)| < \varepsilon$. 于是对应地可得 $x_0 + U$ 为 x_0 处的邻域，并且对任意的 $x \in x_0 + U$, 我们有 $x - x_0 \in U$, 从而 $|f(x) - f(x_0)| = |f(x - x_0)| < \varepsilon$.

（3）$\Rightarrow$（2）：设 f 在 x_0 处连续，则对 $\forall \varepsilon > 0$, 存在 x_0 处的邻域 V 使得 $\forall x \in V, |f(x) - f(x_0)| < \varepsilon$. 此时注意到 $-x_0 + V$ 为 0 点处的一个邻域，并且 $\forall x \in -x_0 + V$, 我们都有 $x + x_0 \in V$, 根据 V 的选取我们有 $|f(x + x_0) - f(x_0)| < \varepsilon$. 最后利用 f 的线性性质，我们可得 $|f(x)| < \varepsilon, \forall x \in -x_0 + V$, 故 f 在 0 点处连续.

（1）$\Rightarrow$（3）：由定义可得. □

定义 2.25：　X 线性空间，$\| \cdot \| : X \to \mathbb{R}$ 满足下面几条：

（1）$\|\lambda x\| = |\lambda| \, \|x\|$;

（2）$\|x + y\| \leqslant \|x\| + \|y\|$;

（3）$\|x\| = 0 \Leftrightarrow x = 0$. 则称 $\| \cdot \|$ 为 X 上的范数，$(X, \| \cdot \|)$ 为赋范空间.

注释 2.9：

（1）范数可以诱导出距离 $\rho(x, y) := \|x - y\|$. 但距离 ρ 并不保证能定义出范数来. 事实上总的来说它是一个二元函数，如果它能诱导出一个范数，也只能是定义 $\|x\| = \rho(x, 0)$. 但是距离的定义中并不要求满足齐次性条件，从而上面范数定义中要求的条件（1）可能不满足.

（2）范数定义的度量诱导的拓扑是一个局部凸空间.

定理 2.20：　设 X 是局部凸空间，$X \neq \{0\}$, 则 $X' \neq \{0\}$（后面将举例说明当 $0 < p < 1$ 时，$(L^p(\mathbb{R}))' = \{0\}$）。

证明　回顾前面学习过的知识，X 局部凸空间 $\Leftrightarrow$ 由一族半范 $(p_i)_{i \in I}$ 生成，特别地，局部凸空间本身定义中就要求它是 T_2 的. 因此现在考虑 $X \neq \{0\}$, 则存在点 $x_0 \in X$, 根据分离性质可知存在某个 $i_0 \in I$ 使得 $p_{i_0}(x_0) \neq 0$. 考虑 $Y = Kx_0, \forall \lambda x_0 \in Y, f(\lambda x_0) = \lambda p_{i_0}(x_0)$, 可知它满足线性性质 $|f(\lambda x_0)| = |\lambda| p_{i_0}(x_0) = p_{i_0}(\lambda x_0)$. 由 Hahn-Banach 定理，$\exists f_0 \in X^*, \forall x \in X, |f_0(x)| \leqslant p_{i_0}(x)$, $f_0|_Y = f, f_0 \in X'$, 此时 $f_0(x_0) = f(x_0) = p_{i_0}(x_0) \neq 0$, 故 $f_0 \neq 0$. □

例 2.13:　$X = L^p(\mathbb{R}), 0 < p < 1$.

$$L^p(\mathbb{R}) = \{f : \mathbb{R} \to K \text{ 可测}, \int_{\mathbb{R}} |f(t)|^p \mathrm{d}t < \infty\}.$$

记 $\|f\|_p = (\int_{\mathbb{R}} |f(t)|^p \mathrm{d}t)^{\frac{1}{p}}$，并考虑任意的 $f, g \in L^p(\mathbb{R})$，

$$\int_{\mathbb{R}} |f(t) + g(t)|^p \mathrm{d}t \leqslant \int_{\mathbb{R}} (|f(t)| + |g(t)|)^p \mathrm{d}t \leqslant 2^p \int_{\mathbb{R}} |f(t)|^p \vee |g(t)|^p \mathrm{d}t$$

$$\leqslant 2^p \int_{\mathbb{R}} (|f(t)|^p + |g(t)|^p) \mathrm{d}t < \infty,$$

可见 $f + g \in L^p(\mathbb{R})$. 另外对任意的 $\lambda \in K, f \in L^p(\mathbb{R})$ 可得 $\lambda f \in L^p(\mathbb{R})$，因此 $L^p(\mathbb{R})$ 是一个线性空间. 但是注意这里的 $\|\cdot\|$ 并不是一个范数，甚至都不能类似去定义一个度量. 这是因为

$$\|f + g\|_p \leqslant 2(\|f\|_p^p + \|g\|_p^p)^{\frac{1}{p}} \leqslant 2(\|f\|_p + \|g\|_p) 2^{\frac{1-p}{p}} = 2^{\frac{1}{p}}(\|f\|_p + \|g\|_p),$$

满足不了三角不等式.

另外，在 f_0 点处取 $\{f \in L^p : \|f - f_0\|_p < \frac{1}{n}\} =: B_n$，则它们构成 f_0 点处的一个邻域基. 设其定义的拓扑为 τ，下面我们证明 (L^p, τ) 为拓扑线性空间. 令 $f_0, g_0 \in L^p$，先验证

$$L^p \times L^p \to L^p$$
$$(f, g) \mapsto f + g \text{ 连续}.$$

这个只需利用 $\|(f + g) - (f_0 + g_0)\|_p \leqslant 2^{\frac{1}{p}}(\|f - f_0\|_p + \|g - g_0\|)$ 便可容易得出. 另一方面我们接着验证

$$K \times L^p \to L^p$$
$$(\lambda, f) \mapsto \lambda f \text{ 连续}.$$

这时利用

$$\|\lambda f - \lambda_0 f_0\|_p = \|\lambda f - \lambda f_0 + \lambda f_0 - \lambda_0 f_0\|_p$$

$$\leqslant 2^{\frac{1}{p}}[\|\lambda f - \lambda f_0\|_p + \|\lambda f_0 - \lambda_0 f_0\|_p] = 2^{\frac{1}{p}}[|\lambda| \|f - f_0\|_p + |\lambda - \lambda_0| \|f_0\|_p],$$

可见对任意的 $\varepsilon > 0$，首先可取 $\delta_1 > 0$ 使得 $\delta_1 2^{\frac{1}{p}} \|f_0\|_p < \frac{\varepsilon}{2}$. 另外，此时记 $C := |\lambda_0| + \delta_1$，并再取 $\delta_2 > 0$ 使得 $2^{\frac{1}{p}} C \delta_2 < \frac{\varepsilon}{2}$. 这样对于 $\lambda \in \{\lambda \in K : |\lambda - \lambda_0| < \delta_1\}$

以及 $f \in \{f \in L^p : \|f - f_0\|_p < \delta_2\}$, 可保证 $\|\lambda f - \lambda_0 f_0\|_p < \varepsilon$. 因此 (L^p, τ) 为拓扑线性空间.

继续考虑 $u \in (L^p)', u \neq 0$, 则必然有: $\exists g_0 \in L^p, u(g_0) = 1$. 现在对于 $\forall s \in \mathbb{R}$, 定义

$$g_s^{(1)}(t) = \begin{cases} g_0(t), & t \leqslant s, \\ 0, & t > s, \end{cases}$$

以及

$$g_s^{(2)}(t) = \begin{cases} 0, & t \leqslant s, \\ g_0(t), & t > s, \end{cases}$$

则有关系 $g_0 = g_s^{(1)} + g_s^{(2)}$. 通过计算

$$\|g_s^{(1)}\|_p^p = \int_{\mathbb{R}} |g_s^{(1)}(t)|^p \mathrm{d}t = \int_{-\infty}^s |g_0(t)|^p \mathrm{d}t \uparrow \|g_0\|_p^p \text{ as } s \to +\infty.$$

因此必定存在某个 $s_0 \in \mathbb{R}$ 使得 $\|g_s^{(1)}\|_p^p = \frac{1}{2}\|g_0\|_p^p = \|g_s^{(2)}\|_p^p$. 这表明了必存在某个 $i = 1$ 或者 $i = 2$ 使得 $|u(g_{s_0}^{(i)})| \geq \frac{1}{2}$. 我们记 $g_1 = 2g_{s_0}^{(i)}$, 则 $|u(g_1)| \geq 1, \|g_1\|_p^p = 2^p \int_{\mathbb{R}} |g_{s_0}^{(i)}(t)|^p \mathrm{d}t = 2^{p-1}\|g_0\|_p^p$, 因此得到 $\|g_1\|_p = 2^{1-\frac{1}{p}}\|g_0\|_p =: \alpha\|g_0\|_p, 0 < \alpha < 1$. 类似地可以证明存在 $g_2 \in L^p, |u(g_2)| \geq 1, \|g_2\|_p = \alpha\|g_1\|_p$. 以此类推, 可得 $\|g_n\|_p = \alpha^n\|g_0\|_p \to 0 \Rightarrow g_n \to 0$, 又与 $|u(g_n)| \geq 1$ 矛盾.

注释 2.10:　注意上面的 $0 < p < 1$, 所以 $L^p(\mathbb{R})$ 并不是一个局部凸空间. 事实上对于 0 点处的邻域 $B_n := \{f \in L^p : \|f\|_p < \frac{1}{n}\}$, 考虑 $f, g \in B_n$, 此时对于某些 $\lambda \in (0, 1)$, $\lambda f + (1 - \lambda)g$ 可能不再属于 B_n. $\|\cdot\|_p$ 也不是一个范数, 同时我们还不能考虑它的对偶空间.

定义 2.26:　X 为线性空间, $F \subset X^*$ 为线性子空间, $f \in F, p_f(x) = |f(x)|, x \in X$, 则 p_f 为 X 上的半范. 由 $(p_f)_{f \in F}$ 定义的 X 上的局部凸拓扑记为 $\sigma(X, F)$, 则

$$x_\alpha \to x \Leftrightarrow \forall f \in F, f(x_\alpha) \to f(x).$$

定义 2.27：　X 为赋范空间，$F = X'$，则由赋范空间是局部凸的可知 $F \neq \emptyset$，此时，

$$x_\alpha \xrightarrow{\sigma(X,X')} x \Leftrightarrow \forall f \in X', f(x_\alpha) \to f(x), \text{ 即所谓的弱收敛.}$$

定义 2.28：　X 为赋范空间，在 X' 上定义一族半范 $\forall x \in X, p_x(f) = |f(x)|$，则 $(p_x)_{x \in X}$ 对应为 X' 上的一族半范，$\sigma(X', X)$ 为 X' 上的一个局部凸拓扑，

$$f_\alpha \xrightarrow{\sigma(X',X)} f \Leftrightarrow \forall x \in X, f_\alpha(x) \to f(x), \text{ 即所谓的} w^*\text{-收敛.}$$

定理 2.21：　X 线性空间，$F \subset X^*$ 为线性子空间（这里记号 X^* 表示为所有 X 上的线性泛函），X 上赋予 $\sigma(X, F)$ 拓扑，则 $X' = F$（注意有拓扑才能谈连续）.

证明　由拓扑 $\sigma(X, F)$ 的定义可知 $F \subset X'$ 显然成立，所以我们只需证明 $X' \subset F$. $\forall f \in X'$，由定理 2.18 可知 $\exists c \geq 0, \exists f_1, \cdots, f_n \in F$ 使得 $|f(x)| \leqslant c(p_{f_1}(x) \vee \cdots \vee p_{f_n}(x)) = c(|f_1(x)| \vee \cdots \vee |f_n(x)|)$. 不妨设 $f_1, \cdots, f_n$ 线性无关，定义 $N(f) = \{x \in X : f(x) = 0\}$，则 $\bigcap_{i=1}^n N(f_i) \subset N(f)$.

我们断言

$$\exists e_1, \cdots, e_n \in X, \text{ 使得 } f_i(e_j) = \delta_{ij}. \tag{2-1}$$

我们只需证明（根据排序的任意性，我们知道式 (2-1)$\Leftrightarrow$式 (2-2)）

$$\exists e_n \in X, f_n(e_n) = 1, f_i(e_n) = 0 \ (1 \leqslant i \leqslant n - 1). \tag{2-2}$$

下面我们采取数学归纳法来证明，当 $n = 1$ 时式 (2-2) 显然成立（根据线性无关的假设，$f_i \neq 0$）. 设当 $n = k - 1$ 时式 (2-2) 成立，由于 $f_1, \cdots, f_k \in F$ 线性无关，根据归纳假设存在 $e_1, \cdots, e_{k-1} \in X, f_i(e_j) = \delta_{ij}, 1 \leqslant i, j \leqslant k - 1$. 下面我们需要证明 $\exists x \in \bigcap_{i=1}^{k-1} N(f_i), f_k(x) \neq 0$. 若不然，$\forall x \in \bigcap_{i=1}^{k-1} N(f_i), f_k(x) = 0$. 由于 $\forall x \in X, x - \sum_{i=1}^{k-1} f_i(x)e_i \in \bigcap_{i=1}^{k-1} N(f_i)$，有 $0 = f_k(x - \sum_{i=1}^{k-1} f_i(x)e_i) = f_k(x) - \sum_{i=1}^{k-1} f_i(x)f_k(e_i)$，可得 $f_k = \sum_{i=1}^{k-1} f_k(e_i)f_i$，与线性无关的假设矛盾，至此完成归纳法的证明.

下面证明: X 为 $\cap_{i=1}^{n} N(f_i)$ 与 $\operatorname{span}\{e_1, \cdots, e_n\}$ 的直和.

一方面, 考虑任意的 $x \in \cap_{i=1}^{n} N(f_i) \cap \operatorname{span}\{e_1, \cdots, e_n\}$, 则存在 $\lambda_i \in K$ 使得 $x = \lambda_1 e_1 + \cdots + \lambda_n e_n$, 对任意的 $1 \leqslant i \leqslant n$, $0 = f_i(x) = \sum_{j=1}^{n} \lambda_j \delta_{ij} = \lambda_i$, 因此 $x = 0$. 另外, 对 $\forall x \in X$, 有 $x = \sum_{i=1}^{n} f_i(x) e_i + (x - \sum_{i=1}^{n} f_i(x) e_i)$, 同时 $\sum_{i=1}^{n} f_i(x) e_i \in \operatorname{span}\{e_1, \cdots, e_n\}$ 以及对任意的 $1 \leqslant j \leqslant n$, $f_j(x - \sum_{i=1}^{n} f_i(x) e_i) = f_j(x) - \sum_{i=1}^{n} f_i(x) \delta_{ij} = f_j(x) - f_j(x) = 0$, 从而 $x - \sum_{i=1}^{n} f_i(x) e_i \in \bigcap_{i=1}^{n} N(f_i)$. 故 $X = \operatorname{span}\{e_1, \cdots, e_n\} \oplus \cap_{i=1}^{n} N(f_i)$. 由 $\cap_{i=1}^{n} N(f_i) \subset N(f)$ 可得 $N(f)^{\perp} \subset \cap_{i=1}^{n} N(f_i)^{\perp} = \operatorname{span}\{e_1, \cdots, e_n\}$, 因此 $f = f(e_1) f_1 + \cdots + f(e_n) f_n \Rightarrow \sigma(X, F)' = X'$. □

例 2.14: $L_{\text{loc}}^1(\mathbb{R}) = \{f : \mathbb{R} \to K$ 可测, $\forall K \subset \mathbb{R}$ 紧, $\int_K |f(t)| dt < \infty\}$. $n \geqslant 1, p_n(f) = \int_{-n}^{n} |f(t)| dt$, 则 $(p_n)_{n \geqslant 1}$ 定义了 $L_{\text{loc}}^1(\mathbb{R})$ 上的局部凸拓扑.

$$f_\alpha \to f \Leftrightarrow \forall n, \int_{-n}^{n} |f_\alpha - f| dt \to 0.$$

上述拓扑可度量化. 因为只要 $f \neq 0$ a.e. in $\mathbb{R}$, 则总可找到某个充分大的 n 使得 $p_n(f) > 0$, 因此它是 T_2 的.

例 2.15: $\Omega \subset \mathbb{R}^n$ 为开集, $C^\infty(\Omega) = \{f : \Omega \to \mathbb{K}, f$ 为 $C^\infty\}$, 可以证明 $\exists K_m \subset \Omega$ 为紧集,

$$K_m \subset (K_{m+1})^o, \cup_m K_m = \Omega \quad \text{（由 Borel 测度的内正则性可得）}.$$

$\forall m \geqslant 1, f \in C^\infty(\Omega)$, $p_m(f) := \max_{\substack{t \in K_m \\ |\alpha| \leqslant m}} |\partial^\alpha f(t)|$, 其中 $\alpha = (\alpha_1, \cdots, \alpha_n), |\alpha| = \alpha_1 + \cdots + \alpha_n$. 则这族半范 $(p_m)_{m \geqslant 1}$ 定义了 $C^\infty(\Omega)$ 的一个局部凸拓扑.

$$f_k \to f \Leftrightarrow \forall K \Subset \Omega, \forall \alpha, \partial^\alpha f_k \rightrightarrows \partial^\alpha f.$$

（本质上就是 $\forall m, p_m(f_k - f) \to 0$）.

例 2.16: $\Omega \subset \mathbb{R}^n$ 为开集, $m \geqslant 1, C^m(\Omega), K_s$ 紧, $K_s \subset K_{s+1}, \bigcup_s K_s = \Omega$,

$$k \geqslant 1, p_k(f) = \max_{\substack{t \in K_k \\ |\alpha| \leqslant m}} |\partial^\alpha f(t)|.$$

则同样 $(p_k)_{k\geq 1}$ 定义了 $C^m(\Omega)$ 的一个局部凸拓扑,

$$f_s \to f \Leftrightarrow \forall K \subset \Omega \text{ 紧集上}, \forall \alpha, |\alpha| \leq m, \partial^\alpha f_s \rightrightarrows \partial^\alpha f.$$

(本质上就是 $\forall k, p_k(f_s - f) \to 0$).

例 2.17: $\Omega \subset \mathbb{R}^n$ 开集, $f : \Omega \to \mathbb{C}$ 连续,

$$\text{supp}(f) := \overline{\{x \in \Omega : f(x) \neq 0\}},$$

$K \Subset \Omega, \mathscr{D}_K(\Omega) = \{f : \Omega \to \mathbb{C}, C^\infty, \text{supp}(f) \subset K\},$

$$\forall m \geq 1, p_m(f) = \max_{\substack{t \in K \\ |\alpha| \leq m}} |\partial^\alpha f(t)|, \alpha = (\alpha_1, \cdots, \alpha_n), |\alpha| = \alpha_1 + \cdots + \alpha_n.$$

$(p_m)_{m\geq 1}$ 定义了 $\mathscr{D}_K(\Omega)$ 上的一个局部凸拓扑, 此时

$$f_k \to f \Leftrightarrow \text{在 } K \text{ 上 } \partial^\alpha f_k \rightrightarrows \partial^\alpha f.$$

$$\mathscr{D}(\Omega) = \{f : \Omega \to \mathbb{C}, f \in C^\infty, \text{supp}(f) \text{ 紧}\} = C_c^\infty(\Omega).$$

$\exists K_n \subset \Omega, K_n \subset K_{n+1}, \bigcup_n K_n = \Omega$ 并对应考虑映射

$$i_n : \mathscr{D}_{K_n}(\Omega) \to \mathscr{D}(\Omega),$$
$$f \mapsto f.$$

在 $\mathscr{D}(\Omega)$ 上赋予使得上述映射均连续的最强的局部凸拓扑 τ, 对于线性映射 $T : \mathscr{D}(\Omega) \to \mathbb{C}$, 可证:

$$T \text{连续} \Leftrightarrow \forall n \geq 1, T \circ i_n \text{ 为连续的}.$$

若 $T : \mathscr{D}(\Omega) \to \mathbb{C}$ 是连续的线性泛函, 则称 T 为 Ω 上的广义函数.
$T \in \mathscr{D}'(\Omega) \Leftrightarrow \forall n \geq 1, \exists c, \exists m \geq 1, \forall f \in \mathscr{D}_{K_n}(\Omega), |T(f)| \leq c p_m(f).$

注释 2.11: $\{p_m\}$ 这一族半范诱导了 $\mathscr{D}(\Omega)$ 上的拓扑, 所以 $\forall T \in \mathscr{D}'(\Omega)$, 由定理 2.18 可知存在 $c \geq 0$ 以及有限个 $p_{i_1}, \cdots, p_{i_k}$ 使得

$$|T(f)| \leq c \left(p_{i_1}(f) \vee p_{i_2}(f) \vee \cdots \vee p_{i_k}(f) \right).$$

由于 $p_m(f)$ 关于 $m \uparrow$，所以这里只用一个来刻画就够了. 另外根据 $\mathscr{D}(\Omega)$ 的定义，要求的是对任意的 $n \geq 1, T \circ i_n$ 连续，所以上面的 c 依赖于 n.

例 2.18：　$\delta_0(f) = f(0), (\Omega = \mathbb{R})$，它是一个广义函数。首先 $\delta_0(f + g) = \delta_0(f) + \delta_0(g), \delta_0(\lambda f) = \lambda \delta_0(f)$ 可知 $\delta_0 : \mathscr{D}(\Omega) \to \mathbb{C}$ 是线性的. 另外对任意的 $n \geq 1$，如果 $0 \notin K_n$ 则对任意的 $f \in \mathscr{D}_{K_n}(\Omega)$，有 $f(0) = 0$，从而 $\delta_0(f) = 0$，故 $\delta_0(f) \leqslant cp_m(f), \forall m \geq 1$。如果 $0 \in K_n$，对任意的 $f \in \mathscr{D}_{K_n}(\Omega)$，则有

$$\delta_0(f) = f(0) \leqslant \max_{t \in K_n} |f(t)| \leqslant p_m(f), \forall m \geq 1.$$

例 2.19：　$\varphi \in L^1_{\mathrm{loc}}(\Omega), \forall K \subset \Omega$ 紧，$\int_K |\varphi| < \infty$. $\forall f \in \mathscr{D}(\Omega)$，令 $T_\varphi(f) = \int_\Omega \varphi f$. $f \in \mathscr{D}(\Omega)$，记 $K = \mathrm{supp}(f)$ 紧，可找到充分大的 m 使得 $K \subset K_m$，

$$\int_\Omega |\varphi f| = \int_K |\varphi| |f| \leqslant (\int_K |\varphi|) \cdot \max_{t \in K_m} |f(t)|.$$

（这个例子告诉了我们 $T_\varphi \in \mathscr{D}'(\Omega)$）.

注释 2.12：　$1 \leqslant p \leqslant \infty, f \in L^p(\Omega) \subset L^1_{\mathrm{loc}}(\Omega)$. 首先，这一包含关系在 $p = 1, \infty$ 时显然成立. 其次，当 $1 < p < \infty$ 时，考虑 $\dfrac{1}{p} + \dfrac{1}{q} = 1$，则利用 Hölder 不等式

$$\int_K |f| \leqslant (\int_K |f|^p)^{\frac{1}{p}} (\int_K 1)^{\frac{1}{q}} < \infty,$$

可得这一包含关系同样成立.

上面例子表明了

$$T : L^1_{\mathrm{loc}}(\Omega) \to \mathscr{D}'(\Omega)$$
$$\varphi \mapsto T_\varphi$$

是一个好的映射，因为 T 显然是单的（这个观点可以让我们把 $L^1_{\mathrm{loc}}(\Omega)$ 视为广义函数. 此时的 T 相当于让我们把 φ 和 T_φ 等同于同一个函数，但是当我们用 T_φ 来表示时，则意味着我们把它当作广义函数来看待）.

现在考虑 $\varphi \in C^1(\mathbb{R}), T_\varphi(f) = \int \varphi f, f \in \mathscr{D}(\mathbb{R})$，则有 $\varphi' \in C(\mathbb{R}), T_{\varphi'} \in \mathscr{D}'(\mathbb{R})$，我们考虑

$$\int \varphi' f = - \int f' \varphi + (f\varphi)|_{-\infty}^{+\infty} = - \int f' \varphi,$$

因此有

$$\int \varphi' f = -\int \varphi f',$$

即 $T_{\varphi'}(f) = -T_{\varphi}(f')$.

$\forall A \in \mathscr{D}'(\Omega), A : \mathscr{D}(\Omega) \to \mathbb{C}$ 连续线性泛函. 根据例2.17, 可知

$$f \in \mathscr{D}_{K_n}(\Omega), |A(f)| \leqslant c \max_{\substack{t \in K_n \\ |\alpha| \leqslant m}} |\partial^\alpha(f)(t)|.$$

定义 A 的弱导数 $\partial^\alpha A$ 使得对于 $f \in \mathscr{D}(\Omega)$,

$$\langle \partial^\alpha A, f \rangle = (-1)^{|\alpha|} \langle A, \partial^\alpha f \rangle.$$

利用定理2.18 可知 A 的弱导数 $\partial^\alpha A \in \mathscr{D}'(\Omega)$, 它也是一个广义函数 （后面学习**Sobolev**空间定义时将会再次提到它，不是任何广义函数都有弱导数，只有能满足上面等式使得对任意的 $f \in \mathscr{D}(\Omega)$ 都成立，它才有广义导数）.

例 2.20:

$$\varphi(t) = \begin{cases} 1, & t \geq 0 \\ 0, & t < 0 \end{cases}, \varphi \in L^1_{\mathrm{loc}}, T_\varphi \in \mathscr{D}'(\mathbb{R}).$$

可以计算得出 $(T_\varphi)' = \delta_0$ （因为 φ 在0点处不连续，所以经典意义下它是不可导的，把它当作广义函数来看，它确实可导的，这个就是弱导数）.

$$\forall f \in \mathscr{D}(\mathbb{R}), (T_\varphi)'(f) = -T_\varphi(f') = -\int \varphi f' = -\int_0^\infty f' = -f \big|_0^{+\infty} = f(0) = \delta_0(f),$$

所以我们说 $(T_\varphi)' = \delta_0$.

2.2.2 商空间

我们通常接触到的 L^p 空间中，常将几乎处处相等的函数看作同一个函数，这实际上就涉及了赋范线性空间的商空间的概念.

X 为线性空间, Y 为 X 的线性子空间. $x, y \in X$, 若 $x - y \in Y$, 则称 $x \sim y$, 并记

$$X/Y = \{\hat{x} : \hat{x} = x + Y, x \in X\}.$$

设 X 为赋范空间，Y 为 X 的闭线性子空间，对 $x + Y \in X/Y$，令

$$\|x + Y\| = \inf_{y \in x+Y} \|y\|. \tag{2-3}$$

练习：证明此时式 **(2-3)** 定义了商空间上的一个范数. 这里简单验证一下非退化性. 若 $\|x + Y\| = 0 \Leftrightarrow \exists y_n \in x + Y$ 满足 $\|y_n\| \to 0 \xLeftrightarrow{x+Y 闭} 0 \in x + Y \Leftrightarrow x + Y = 0 + Y$，即 $\|\hat{x}\| = 0 \Leftrightarrow \hat{x} = \hat{0}$ 容易验证其他几条.

定义 2.29：（**Banach空间**）完备的赋范线性空间称为Banach空间.

注释 2.13：X 为Banach空间 $\Leftrightarrow \forall x_n \in X, \|x_n\| < \dfrac{1}{2^n}, \sum x_n$ 收敛.

证明

（1）"$\Rightarrow$"显然成立.

（2）"$\Leftarrow$" 假设 $\{x_n\}$ 为 X 中的Cauchy列，在子列的意义下我们可以取 x_{n_k} 使得 $\|x_{n_{k+1}} - x_{n_k}\| < \dfrac{1}{2^k}$，则根据假设有

$$\sum_k (x_{n_{k+1}} - x_{n_k}) \text{ 收敛},$$

若记收敛的极限为 $x_0 \in X$，则可见子列 $x_{n_k} \to x_0 \in X$. 再次结合 $\{x_n\}$ 为 X 中的Cauchy列，我们可进一步得到 $x_n \to x_0 \in X$，所以 X 完备. □

定理 2.22：当 X 为Banach空间时，上面定义出来的商空间 X/Y 也为Banach空间.

证明 设 $x_n + Y \in X/Y, \|x_n + Y\| < \dfrac{1}{2^n}$，则存在 $y_n \in x_n + Y, \|y_n\| < \dfrac{1}{2^n} \Rightarrow \sum y_n$ 在 X 中收敛. 于是 $(\sum_{n=1}^{N} y_n)_{N \geq 1}$ 在 X 中收敛. 记 $\sum_{n=1}^{N} y_n \to y \in X$. 下证 $\sum_{n=1}^{N}(x_n + Y) \to y + Y$.

$$\left\| \sum_{n=1}^{N}(x_n + Y) - (y + Y) \right\| \leqslant \left\| \sum_{n=1}^{N}\left(x_n - \frac{y}{N}\right) + Y \right\|$$

$$\leqslant \left\| \sum_{n=1}^{N}\left(y_n - \frac{y}{N}\right) \right\| = \left\| \sum_{n=1}^{N} y_n - y \right\| \to 0$$

as $N \to \infty$. □

定理 2.23: X 赋范空间，Y 为 X 的闭线性子空间，则

$$(X/Y)' \approx Y^{\perp} := \{f \in X' : f\big|_Y = 0\}.$$

证明 考虑映射

$$Y^{\perp} \to (X/Y)'$$
$$f \mapsto Tf,$$

其中 $(Tf)(x+Y) = f(x)$, 此时对任意的 $y \in x+Y, y-x \in Y, f(y-x) = 0, f(y) = f(x)$, 所以这个定义是一个好的定义，$Tf \in (X/Y)^*$. 可以验证 T 是单的、满的、线性的，以及保范数不变的，所以它是一个同构. 事实上，

$$(Tf)(x+Y) = |f(z)| \leqslant \|f\| \cdot \|z\|, \forall z \in x+Y$$
$$\Rightarrow |(Tf)(x+Y)| \leqslant \|f\| \cdot \|x+Y\|$$
$$\Rightarrow \|Tf\| \leqslant \|f\|.$$

反过来由于 $\|x+Y\| \leqslant \|x\|$, 对任意的 $x \in X, f \in Y^{\perp}$, 有

$$|f(x)| = |(Tf)(x+Y)| \leqslant \|Tf\| \cdot \|x+Y\| \leqslant \|Tf\| \cdot \|x\|,$$

所以也有 $\|f\| \leqslant \|Tf\|$. 因此最后得 $\|Tf\| = \|f\|$. 设 $f \in Y^{\perp}, Tf = 0$, 则对任意的 $x \in X$, 有

$$f(x) = Tf(x+Y) = 0 \Rightarrow f = 0,$$

因此 T 是单的.

对任意的 $\varphi \in (X/Y)', x \in X$, 定义

$$f(x) = \varphi(x+Y),$$

则可见 $f \in X'$ 且 $\varphi = Tf$. 特别地，对于 $x \in Y, f(x) = \varphi(x+Y) = \varphi(Y) = 0$, 所以 $f \in Y^{\perp}$, 因此 T 是满的. □

定理 2.24: $Y' \approx X'/Y^{\perp}$.

证明 考虑映射

$$T : X'/Y^\perp \to Y'$$
$$f + Y^\perp \mapsto f\big|_Y.$$

首先对于任意的 $g \in f + Y^\perp$, 有 $f - g \in Y^\perp$, 所以 $(f-g)\big|_Y = 0$, 即 $f\big|_Y = g\big|_Y$, 所以这是一个好的定义. 另外它是线性映射也显然成立.

下面证明它是单的、满的. 若 $T(f + Y^\perp) = 0$, 即对任意的 $g \in Y^\perp, \forall y \in Y$, 都有 $(f+g)(y) = 0$, 从而可得 $f(y) = 0, \forall y \in Y$, 则 $f \in Y^\perp$, i.e., $f + Y^\perp = 0 + Y^\perp$, 所以它是单的. 对任意的 $g \in Y'$, 由 Hahn-Banach 定理可知存在 $g' \in X', g'\big|_Y = g$ 且 $\|g'\| = \|g\|$, 则 $T(g' + Y^\perp) = g'\big|_Y = g$, 所以它是满的.

下面证明它是等距同构. 首先 $\|T(f + Y^\perp)\| = \|f\big|_Y\| \leqslant \|f\|, \forall f \in \hat{f} = f + Y^\perp$, 因此对右边取下确界可得 $\|T(f + Y^\perp)\| = \|f\big|_Y\| \leqslant \|f + Y^\perp\|$.

接下来证明反过来的方向 $\|f + Y^\perp\| \leqslant \|f\big|_Y\|$. 令 $g = f\big|_Y \in Y', \exists g' \in X', g'\big|_Y = g, \|g'\| = \|g\|$ 则有 $g'\big|_Y = f\big|_Y, f + Y^\perp = g' + Y^\perp$, 于是 $\|f + Y^\perp\| \leqslant \|g'\| = \|g\| = \|f\big|_Y\|$. $\qquad\square$

2.2.3 内积空间

定义 2.30: **（内积、内积空间）** $\langle \cdot, \cdot \rangle : X^2 \to \mathbb{K}$ 为内积, 若

（1）$\forall x \in X, \langle \cdot, x \rangle$ 线性的;

（2）$\langle x, y \rangle = \overline{\langle y, x \rangle}$;

（3）$\langle x, x \rangle \geqslant 0, \langle x, x \rangle = 0 \Leftrightarrow x = 0$.

带有内积的空间 X 称为内积空间.

定理 2.25: 设 X 为内积空间, $\langle \cdot, \cdot \rangle$ 为其上的内积, 定义 $\|x\| = \sqrt{\langle x, x \rangle}, \forall x \in X$, 则 $\|\cdot\|$ 是 X 上的一个范数.

证明 根据内积性质（3）可得 $\|x\| \geqslant 0$ 并且 $\|x\| = 0$ 当且仅当 $x = 0$; 根据内积线性性质（1）可得 $\|\lambda x\| = |\lambda| \|x\|$; 下面证明三角不等式成立:

$$\|x + y\| \leqslant \|x\| + \|y\| \Leftrightarrow \|x + y\|^2 \leqslant (\|x\| + \|y\|)^2$$
$$\Leftrightarrow \langle x + y, x + y \rangle \leqslant \|x\|^2 + \|y\|^2 + 2\|x\| \|y\|$$

$$\Leftrightarrow \langle x, y \rangle + \langle y, x \rangle \leqslant 2\sqrt{\langle x, x \rangle}\sqrt{\langle y, y \rangle}.$$

所以只需证明 $\mathrm{Re}\langle x, y \rangle \leqslant \sqrt{\langle x, x \rangle}\sqrt{\langle y, y \rangle}$ 或者证明 $(\mathrm{Re}\langle x, y \rangle)^2 \leqslant \langle x, x \rangle\langle y, y \rangle$. 引入参数 $\lambda \in \mathbb{R}$, 考虑事实 $0 \leqslant \langle x - \lambda y, x - \lambda y \rangle = \langle x, x \rangle - 2\mathrm{Re}\langle x, y \rangle\lambda + \langle y, y \rangle\lambda^2$, 因此对于这个二次函数有判别式 $\Delta = (-2\mathrm{Re}\langle x, y \rangle)^2 - 4\langle x, x \rangle\langle y, y \rangle \leqslant 0$, 进一步可得 $(\mathrm{Re}\langle x, y \rangle)^2 \leqslant \langle x, x \rangle\langle y, y \rangle$. □

事实上在内积空间中我们有更强的结论, 施瓦兹不等式成立.

定理 2.26:　设 X 为内积空间, $\langle \cdot, \cdot \rangle$ 为其上的内积, 则对任意的 $x, y \in X$ 都有 $|\langle x, y \rangle| \leqslant \|x\| \cdot \|y\|$, 并且等号成立当且仅当 x, y 线性相关.

证明　如果 $y = 0$ 则上面结论成立. 下面我们考虑 $y \neq 0$. 对任意的 $\lambda \in \mathbb{K}$, 有

$$0 \leqslant \langle x - \lambda y, x - \lambda y \rangle = \|x\|^2 - \bar{\lambda}\langle x, y \rangle - \lambda\left[\langle y, x \rangle - \bar{\lambda}\|y\|^2\right],$$

特别地, 可以取 $\bar{\lambda} = \dfrac{\langle y, x \rangle}{\|y\|^2}$, 此时 $0 \leqslant \|x\|^2 - \bar{\lambda}\langle x, y \rangle = \|x\|^2 - \dfrac{\langle y, x \rangle}{\|y\|^2}\langle x, y \rangle$, 整理可得 $\langle y, x \rangle\langle x, y \rangle \leqslant \|x\|^2\|y\|^2$, 开方后即得 $|\langle x, y \rangle| \leqslant \|x\|\|y\|$. 特别地, 等号成立时可得 $y = 0$ 或者 $x - \lambda y = 0, \lambda = \dfrac{\langle x, y \rangle}{\|y\|^2}$, 即 x, y 线性相关. 反之, 若 x, y 线性相关, 如果 $y = 0$, 则施瓦兹不等式成立. 若 $y \neq 0$, 则存在某个 $\lambda \in \mathbb{K}$ 使得 $x = \lambda y$, 此时, 有 $\langle x, y \rangle = \lambda\|y\|^2, \|x\|^2 = |\lambda|^2\|y\|^2$, 所以 $|\langle x, y \rangle|^2 = |\lambda|^2\|y\|^4 = \|x\|^2\|y\|^2$, 施瓦兹不等式也成立. □

定理 2.27:　赋范线性空间 X 的范数由某个内积导出的充要条件是平行四边形公式 $\|x + y\|^2 + \|x - y\|^2 = 2(\|x\|^2 + \|y\|^2)$ 成立.

证明

必要性:

$$\|x + y\|^2 + \|x - y\|^2 = [\|x\|^2 + \|y\|^2 + 2\mathrm{Re}\langle x, y \rangle] + [\|x\|^2 + \|y\|^2 - 2\mathrm{Re}\langle x, y \rangle]$$
$$= 2(\|x\|^2 + \|y\|^2).$$

充分性: 当平行四边形公式成立时, 内积可由范数按下述的"极化恒等式"给出, 即

$$\langle x, y \rangle = \frac{1}{4}\left(\|x + y\|^2 - \|x - y\|^2 + \mathrm{i}\|x + \mathrm{i}y\|^2 - \mathrm{i}\|x - \mathrm{i}y\|^2\right).$$

（留作练习）

（1）$\langle x, x \rangle = \|x\|^2 \geq 0$, 同时可知$\langle x, x \rangle = 0$ 当且仅当 $x = 0$;

（2）根据定义可得

$$\langle y, x \rangle = \frac{1}{4} \left(\|y + x\|^2 - \|y - x\|^2 + \mathrm{i}\|y + \mathrm{i}x\|^2 - \mathrm{i}\|y - \mathrm{i}x\|^2 \right),$$

所以

$$\overline{\langle y, x \rangle} = \frac{1}{4} \overline{\left(\|y + x\|^2 - \|y - x\|^2 - \mathrm{i}\|y + \mathrm{i}x\|^2 + \mathrm{i}\|y - \mathrm{i}x\|^2 \right)}$$

$$= \frac{1}{4} \left(\|x + y\|^2 - \|x - y\|^2 + \mathrm{i}\|y - \mathrm{i}x\|^2 - \mathrm{i}\|y + \mathrm{i}x\|^2 \right)$$

$$= \frac{1}{4} \left(\|x + y\|^2 - \|x - y\|^2 + \mathrm{i}\| - \mathrm{i}(y - \mathrm{i}x)\|^2 - \mathrm{i}\| - \mathrm{i}(y + \mathrm{i}x)\|^2 \right)$$

$$= \frac{1}{4} \left(\|x + y\|^2 - \|x - y\|^2 + \mathrm{i}\|x + \mathrm{i}y\|^2 - \mathrm{i}\|x - \mathrm{i}y\|^2 \right) = \langle x, y \rangle.$$

（3）验证线性性质. 首先证明下面恒等式成立

$$\|x_1 + x_2 + y\|^2 + \|x_1 - y\|^2 + \|x_2 - y\|^2 - \|x_1 + x_2 - y\|^2 - \|x_1 + y\|^2 - \|x_2 + y\|^2 = 0, \forall x_1, x_2, y \in X. \tag{2-4}$$

利用平行四边形公式可得

$$\begin{cases} \|x_1 + x_2 + y\|^2 + \|x_1 - x_2 + y\|^2 - 2\|x_1 + y\|^2 - 2\|x_2\|^2 = 0, \\ \|x_1 - x_2 + y\|^2 + \|x_1 + x_2 - y\|^2 - 2\|x_1\|^2 - 2\|x_2 - y\|^2 = 0, \\ \|x_1 + y\|^2 + \|x_1 - y\|^2 - 2\|x_1\|^2 - 2\|y\|^2 = 0, \\ \|x_2 + y\|^2 + \|x_2 - y\|^2 - 2\|x_2\|^2 - 2\|y\|^2 = 0, \end{cases} \tag{2-5}$$

从而可得上面要求的恒等式(2-4)。利用恒等式(2-4)可以证明

$$\mathrm{Re}(\langle x_1 + x_2, y \rangle - \langle x_1, y \rangle - \langle x_2, y \rangle) = 0.$$

在恒等式(2-4)中用$\mathrm{i}y$ 代替y, 又可得

$$\mathrm{Im}(\langle x_1 + x_2, y \rangle - \langle x_1, y \rangle - \langle x_2, y \rangle) = 0.$$

因此证明了

$$\langle x_1 + x_2, y \rangle = \langle x_1, y \rangle + \langle x_2, y \rangle. \tag{2-6}$$

另外直接利用极化恒等式的定义容易验证 $\langle -x, y \rangle = -\langle x, y \rangle$ 以及

$$
\begin{aligned}
\langle \mathrm{i}x, y \rangle &= \frac{1}{4} \left(\|\mathrm{i}x + y\|^2 - \|\mathrm{i}x - y\|^2 + \mathrm{i}\|\mathrm{i}x + \mathrm{i}y\|^2 - \mathrm{i}\|\mathrm{i}x - \mathrm{i}y\|^2 \right) \\
&= \frac{1}{4} \left(\|x - \mathrm{i}y\|^2 - \|x + \mathrm{i}y\|^2 + \mathrm{i}\|x + y\|^2 - \mathrm{i}\|x - y\|^2 \right) \\
&= \frac{i}{4} \left(-\mathrm{i}\|x - \mathrm{i}y\|^2 + \mathrm{i}\|x + \mathrm{i}y\|^2 + \|x + y\|^2 - \|x - y\|^2 \right) = \mathrm{i}\langle x, y \rangle.
\end{aligned}
$$

同时对于 $\lambda \in \mathbb{K}$, 给定 $x, y \in X$, 定义 $f(\lambda) := 4\langle \lambda x, y \rangle$. 利用上面的性质可以证明 $f(m\lambda) = mf(\lambda), m \in \mathbb{N}, \lambda \in \mathbb{K}$, 利用 λ 的任意性又可以证明 $f(\frac{m}{n}\lambda) = \frac{m}{n}f(\lambda), \frac{m}{n} \in \mathbb{Q}_+, \lambda \in \mathbb{K}$. 于是可得 $f(q\lambda) = qf(\lambda), \forall q \in \mathbb{Q}, \lambda \in \mathbb{K}$. 根据范数的性质可知 $f(\lambda)$ 关于参数 λ 连续, $f(\lambda) = \lambda f(1), \lambda \in \mathbb{R}$, 即 $\langle \lambda x, y \rangle = \lambda\langle x, y \rangle, \lambda \in \mathbb{R}$. 利用 x 的任意性, 用 $\mathrm{i}x$ 代替 x 讨论可得 $\langle \lambda \mathrm{i}x, y \rangle = \lambda\langle \mathrm{i}x, y \rangle, \lambda \in \mathbb{R}$. 结合前面已经证明的 $\langle \mathrm{i}x, y \rangle = \mathrm{i}\langle x, y \rangle$, 可得 $\langle \lambda \mathrm{i}x, y \rangle = \lambda \mathrm{i}\langle x, y \rangle, \lambda \in \mathbb{R}$. 于是结合式(2-6), 可得对任意的 $\lambda = \lambda_1 + \lambda_2 \mathrm{i} \in \mathbb{K}, \lambda_1, \lambda_2 \in \mathbb{R}$, 有 $\langle \lambda x, y \rangle = \langle (\lambda_1 + \lambda_2 \mathrm{i})x, y \rangle = \langle \lambda_1 x, y \rangle + \langle \lambda_2 \mathrm{i}x, y \rangle = \lambda_1\langle x, y \rangle + \lambda_2 \mathrm{i}\langle x, y \rangle = \lambda\langle x, y \rangle.$ □

例 2.21:

（1）前面举过的例子 ℓ^2 空间, 按照定义 $\langle \{x_n\}, \{y_n\} \rangle = \sum_{n=1}^{\infty} x_n \overline{y_n}$ 是一个内积空间.

（2）$L^2(\Omega)$ 按照 $\langle f, g \rangle = \int_{\Omega} f(x)\overline{g(x)}\mathrm{d}\mu(x)$ 是一个内积空间, 其中这里 $\mu(x)$ 是 Ω 上的一个测度.

定义 2.31:　若 $(X, \|\cdot\|)$ 为 Banach 空间, 则 X 称为 Hilbert 空间（**即完备的内积空间称为 Hilbert 空间**）.

定义 2.32:　（**正交/直交**）设 H 为内积空间, $x, y \in H$, 如果 $\langle x, y \rangle = 0$, 则称 x 与 y 正交, 记作 $x \perp y$; 如果 $x \in H, M \subset H$ 且 $\forall y \in M, x \perp y$, 则称 x 与 M 正交, 记作 $x \perp M$; 如果 $M, N \subset H, \forall x \in M, \forall y \in N, x \perp y$, 则称 M 与 N 正交, 记作 $M \perp N$; 与 H 中子集 M 正交的元素全体记为 M 的正交补, 记作 $M^{\perp}$.

定义 2.33:　（**投影**）M 是内积空间 H 的线性子空间, $x \in H$, 如果有 $x_0 \in M$ 使得 $x - x_0 \perp M$, 则称 x_0 是 x 在 M 上的正交投影, 简称为投影.

定理 2.28: （投影定理） M 是内积空间 H 的完备线性子空间， $x \in H$，则 x 在 M 上的投影必定存在且唯一.

证明 取一列 $\{x_n\} \subset M$ 使得 $\lim\limits_{n \to \infty} \|x_n - x\| = \inf\limits_{y \in M} \|x - y\| = d$. 由平行四边形公式可得

$$\|x_n - x_m\|^2 = 2(\|x_n - x\|^2 + \|x_m - x\|^2) - 4\|\frac{x_n + x_m}{2} - x\|^2$$
$$\leqslant 2(\|x_n - x\|^2 + \|x_m - x\|^2) - 4d^2 \to 0 \text{ as } n, m \to \infty.$$

因此 $\{x_n\}$ 是 M 中的一个 Cauchy 列，根据 M 完备，可知 $x_n \to x_0 \in M$, 此时 $\|x_0 - x\| = d = \inf_{y \in M} \|x - y\|$. 下面证明 $x - x_0 \perp M$. 事实上对任意的 $y \in M$, 有

$$d^2 \leqslant \|x - x_0 - \lambda y\|^2 = \|x - x_0\|^2 - 2\text{Re}[\bar{\lambda}\langle x - x_0, y \rangle] + |\lambda|^2 \|y\|^2, \ \forall \lambda \in \mathbb{K}$$

成立，特别地，取 $\lambda = \dfrac{\langle x - x_0, y \rangle}{\|y\|^2}$, 则有 $d^2 \leqslant d^2 - \dfrac{|\langle x - x_0, y \rangle|^2}{\|y\|^2}$, 可得 $\langle x - x_0, y \rangle = 0, \forall y \in M$. 因此 $x - x_0 \perp M$, 即 x_0 为投影.

最后证明唯一性，假设 $x_0, x_1 \in M$ 均为 x 的正交投影，则根据上面的分析可得 $x - x_0 \perp x_1 - x_0, x - x_1 \perp x_1 - x_0$, 从而可得

$$0 = \langle x - x_0, x_1 - x_0 \rangle = \langle x - x_1, x_1 - x_0 \rangle \Rightarrow \langle x_1 - x_0, x_1 - x_0 \rangle \Rightarrow x_1 - x_0 = 0, \text{i.e.}, x_0 = x_1,$$

唯一性得证. $\qquad\qquad\square$

注释 2.14: 从上面的证明过程可以看出，投影定理告诉了我们最佳逼近元即投影，它存在且唯一. 所谓的最佳逼近元指的是用线性子空间 M 中的元素 y 来逼近 x 时，当且仅当 y 等于 x 在 M 上的投影 x_0 时，逼近的程度最好. 因此在随机过程理论、逼近论、最优理论以及许多其他学科中，经常要用到投影这一个性质来研究最佳逼近. 在处理大数据时，有些时候研究对象是一个无穷维的东西，但是我们比较好处理的是有限的，至于如何用这个有限维空间中的元素最好地逼近一个无穷维的东西，就需要涉及最佳逼近元了.

2.3　紧性

2.3.1　基本概念和基本性质

定义 2.34：　（覆盖和有限交）X是非空集，$\{A_\alpha\}$是一族子集，$A \subset X$, 如果 $A \subset \bigcup_\alpha A_\alpha$, 则称集族$\{A_\alpha\}$覆盖$A$; 如果$\{A_\alpha\}$中任意有限个集合之交非空，则称$\{A_\alpha\}$具有有限交性质.

定义 2.35：　（紧集）(X, τ)为拓扑空间，A为X中的一个子集，$A_\alpha \in \tau$, 若

$$A \subset \bigcup_\alpha A_\alpha \Rightarrow \exists \alpha_1, \cdots, \alpha_n, A \subset \bigcup_{k=1}^n A_{\alpha_k},$$

则称A为紧集.

定理 2.29：　A是拓扑空间(X, τ)中的紧集的充要条件是对X中任何闭集族$\{F_\alpha\}$, 如果 $\{F_\alpha \cap A\}$ 具有有限交性质，则$(\bigcap_\alpha F_\alpha) \cap A \neq \emptyset$.

证明

必要性：现在假设A是紧集以及有闭集族$\{F_\alpha\}$ 使得 $\{F_\alpha \cap A\}$ 具有有限交性质. 如果$(\bigcap_\alpha F_\alpha) \cap A = \emptyset$, 则有 $\bigcup_\alpha F_\alpha^c = (\bigcap_\alpha F_\alpha)^c \supset A$. 于是由$A$为紧集，可得$\exists \alpha_1, \cdots, \alpha_n$ 使得 $A \subset \bigcup_{k=1}^n F_{\alpha_k}^c = (\bigcap_{k=1}^n F_{\alpha_k})^c$, 这表明了 $\emptyset = (\bigcap_{k=1}^n F_{\alpha_k}) \cap A = \bigcap_{k=1}^n (F_{\alpha_k} \cap A)$ 与$\{F_\alpha \cap A\}$ 具有有限交性质矛盾.

充分性：假设对任意的闭集族$\{F_\alpha\}$, 如果 $\{F_\alpha \cap A\}$ 具有有限交性质，则$(\bigcap_\alpha F_\alpha) \cap A \neq \emptyset$. 下面证明$A$为紧集. 采取反证法，若存在开覆盖 $A \subset \bigcup_\alpha A_\alpha$ 并不满足有限覆盖性质，那么相当$\{A_\alpha^c \cap A\}$满足了有限交性质。于是利用充分性的假设应该有 $(\bigcap_\alpha A_\alpha^c) \cap A \neq \emptyset \Rightarrow (\bigcup_\alpha A_\alpha)^c \cap A \neq \emptyset$, 这表明了$\{A_\alpha\}$并不能覆盖$A$, 矛盾.　$\square$

性质1：紧集的闭子集仍为紧集（留作练习，提示：利用上面定理）.

性质2：T_2空间中的紧集必为闭集.

证明　假设 A是Hausdorff空间X的一个紧集，往证$A = \bar{A}$. 若不然，则存在 x_0 为A的聚点但$x_0 \notin A$. 于是根据分离性质，对任意的$x \in A$, 存在x的邻域U_x 和x_0的邻域V_x 使得$U_x \cap V_x = \emptyset$ （由于这里V_x虽然是x_0的邻域，但这里讨论它

的选取依赖于 x 点的不同，所以采取 V_x 的记号）。由于 $\{U_x\}_{x \in A}$ 是 A 的一个开覆盖，利用 A 是紧集，可知存在有限子覆盖，不妨记为 $A \subset \bigcup_{k=1}^{n} U_k$. 此时记 $V = \bigcap_{k=1}^{n} V_k$, 则 V 是 x_0 的一个邻域，有 $V \cap A \subset V \cap (\bigcup_{k=1}^{n} U_k) = \bigcup_{k=1}^{n} (U_k \cap V) = \emptyset$, 与 x_0 为 A 的聚点矛盾． $\qquad\square$

性质3: $f : X_1 \to X_2$ 连续， $K \subset X_1$ 紧，则 $f(K) \subset X_2$ 紧．

证明　考虑 $f(K)$ 的任意一个开覆盖 $\{A_\alpha\}$, 由于 f 连续，所以 $f^{-1}(A_\alpha)$ 也是 K 的一个开覆盖，利用 K 是紧集可得存在有限子覆盖 $\bigcup_{k=1}^{n} f^{-1}(A_{\alpha_k}) \supset K$. 于是 $\bigcup_{k=1}^{n} A_{\alpha_k} = f(\bigcup_{k=1}^{n} f^{-1}(A_{\alpha_k})) \supset f(K)$. 因此 $f(K)$ 紧． $\qquad\square$

定义 2.36: 　（同胚） X_1, X_2 为两个拓扑空间， $f : X_1 \to X_2$ 是双射．若 f 和 f^{-1} 均连续，则称 f 为同胚映射，称 X_1 和 X_2 是同胚的．

性质4: 紧空间 X_1 到 Hausdorff 空间 X_2 的连续双射是同胚映射．

证明　现在假设 X_1 紧， X_2 是 T_2 的， $f : X_1 \to X_2$ 连续双射．所以要证明它是同胚映射，只需证明 f^{-1} 连续即可．因此要证明 f 是一个开映射，也等价于它是一个闭映射．现在考虑 X_1 中的任意闭集 A, 由于 X_1 紧，所以 A 紧，利用连续映射的性质1可得 $f(A)$ 是 X_2 中的紧集，再利用性质2可得 $f(A)$ 为 X_2 的闭集． $\qquad\square$

性质5: （**Dini定理**）　设 X 紧拓扑空间， $f_n \in C(X), f_n \downarrow f \in C(X)$, 则 $f_n \rightrightarrows f$.

证明　$\forall x \in X$ 由 $f_n(x) \downarrow f(x)$ 可得 $\forall \varepsilon > 0, \exists N_x \in \mathbb{N}$, 当 $n \geq N_x$ 时均有 $0 \leq f_n(x) - f(x) < \varepsilon$. 特别地，记 $O_x := \{y \in X : 0 \leq f_{N_x}(y) - f(x) < \varepsilon\}$, 则由 $f_n \in C(x)$ 可得 $x \in O_x \subset X$ 为开集．因此 $\{O_x\}_{x \in X}$ 构成了 X 的一个开覆盖，利用 X 紧可知存在有限子覆盖， $\exists x_1, \cdots, x_n \in X, \text{s.t. } O_{x_1} \cup \cdots \cup O_{x_n} = X$. 令 $N = \max\{N_{x_1}, \cdots, N_{x_n}\}$, 则对 $\forall n \geq N, \forall x \in X$, 必定存在某个 $N_{x_k}, k \in \{1, \cdots, n\}$ 使得 $x \in O_{N_{x_k}}$, 因此 $n \geq N \geq N_{x_k}$ 结合 $f_n(x)$ 的单调性质可得 $0 \leq f_n(x) - f(x) \leq f_{N_k}(x) - f(x) < \varepsilon$, 一致性得证． $\qquad\square$

记号: 　记紧空间 X 上的连续函数全体为 $C(X)$, 对 $f \in C(X)$ 记 $\|f\| = \max_x |f(x)|$, 则 $C(X)$ 按照这个范数 $\|\cdot\|$ 为一个 Banach 空间．

定理 2.30： （**Stone-Weierstrass 定理**）设X是紧拓扑空间，$\mathscr{A} \subset C(X)$且满足：

（1）$1 \in \mathscr{A}$；

（2）$\mathscr{A}$ 是一个闭的自伴代数，即对任意的$f, g \in \mathscr{A}, \alpha, \beta \in \mathbb{K}, \alpha f + \beta g \in \mathscr{A}, fg \in \mathscr{A}, \bar{f} \in \mathscr{A}$，而且当$\{f_n\} \subset \mathscr{A}, \{f_n\}$一致收敛于$f$时，$f \in \mathscr{A}$；

（3）$\mathscr{A}$分离X，即对任意的$x_1, x_2 \in X, x_1 \neq x_2$，存在$f \in \mathscr{A}$ 使得 $f(x_1) \neq f(x_2)$，则 $\mathscr{A} = C(X)$.

证明 略。参见参考文献[1]中的定理1.3.8. $\qquad\qquad\square$

注释 2.15： 我们在数学分析中学习过闭区间上的连续函数可以用多项式一致逼近，这个是基本的Weierstrass 定理. 上面定理是把它推广到了紧空间上的连续函数，即$C(X)$可以由$\{f_n\}$生成的子代数去一致逼近.

再看下面经常用到的一个一致逼近的例子.

例 2.22： $C_{\text{per}}[0, 2\pi] = \{f : [0, 2\pi] \to \mathbb{C} \text{ 连续}, f(0) = f(2\pi)\}$. 若考虑 $\mathscr{A} = \left\{\sum_{n=-N}^{N} \alpha_n \mathrm{e}^{int}, \alpha_n \in \mathbb{C}, N \in \mathbb{N}\right\}$，则 $\bar{\mathscr{A}} = C_{\text{per}}[0, 2\pi]$.

2.3.2　距离空间中的紧集

定义 2.37： (X, d) 为度量空间，$M \subset X$.

（1）若$\forall \{x_n\} \subset M, \exists n_k \uparrow \infty, \exists x \in M, \text{s.t. } x_{n_k} \to x$, M为自列紧的.

（2）若$\forall \{x_n\} \subset M, \exists n_k \uparrow \infty, \exists x \in X, \text{s.t. } x_{n_k} \to x$, M为列紧的.

（3）若$\forall \varepsilon > 0, \exists A \subset X$ 为有限集，使得 $M \subset \bigcup_{x \in A} B(x, \varepsilon)$，称$M$为完全有界的. 此时的$A$称为 M 的一个ε-网（**通常我们可以取$A \subset M$，这是因为$\forall y \in M \cap B(x, \varepsilon), B(x, \varepsilon) \subset B(y, 2\varepsilon)$结合$\varepsilon$的任意性**）.

定理 2.31： (X, d)为度量空间，$M \subset X$.

（1）M 紧$\Leftrightarrow M$为自列紧的$\Rightarrow M$ 为有界闭集（注意反之不对，比如无穷维空间的单位闭球，又如后面的例2.23）；

（2）M为列紧$\Leftrightarrow \bar{M}$紧（此时称M为相对紧的）；

（3）若M列紧，则M为完全有界；

（4）若(X, d)为完备的，且M为完全有界的，则M列紧.

证明

（1）M紧，利用有限覆盖很容易就证明M有界，由于度量空间一定是T_2的，而T_2空间的紧子集一定是闭的. 下面证明紧和自列紧是等价的.

$\Rightarrow$）：考虑M紧，采取反证法来证明它是自列紧的. 若不然，则存在一个序列$\{x_n\} \subset M$，它没有收敛的子序列. 则首先可知$\{x_n\}$是一个无限集. 另外可知对$\forall x \in M, \exists \delta_x > 0$使得$B(x, \delta_x)$中只含有$\{x_n\}$中有限个点. 由于$\bigcup_{x \in M} B(x, \delta_x) \supset M$，利用$M$是紧的，可知存在有限子覆盖，不妨记为$\bigcup_{k=1}^{m} B(x_k, \delta_{x_k}) \supset M \supset \{x_n\}$. 但是由于每个$B(x_k, \delta_{x_k})$中只有$\{x_n\}$中有限个点，所以$\bigcup_{k=1}^{m} B(x_k, \delta_{x_k})$只能含有$\{x_n\}$中有限个点，与$\{x_n\}$是无限集矛盾.

$\Leftarrow$）：考虑M是自列紧的，要证明M紧. 也采取反证法，若不然，则存在X中的某个闭集族$\{F_\alpha\}$，$\{F_\alpha \cap M\}$具有有限交性质，但$(\cap_\alpha F_\alpha) \cap M = \emptyset$. 则可以找到一个单调序列$B_k := \cap_{n=1}^{k} F_{\alpha_n}, B_1 \supset B_2 \supset \cdots$使得$(\bigcap_{k=1}^{\infty} B_k) \cap M = \emptyset$. 特别地，可以看出$\{B_k \cap M\}$也具有有限交性质. 于是可以取$x_k \in B_k \cap M$. 根据$M$是自列紧的，可知$\{x_k\}$有收敛子序列$x_k \to x^* \in M$. 根据$x_k$的选取以及$B_k$的单调性质有$x^* \in \bigcap_{k=1}^{\infty} B_k$. 这样就找到了$x \in (\bigcap_{k=1}^{\infty} B_k) \cap M = \emptyset$，矛盾.

（2）在（1）的基础上可得，M列紧$\Leftrightarrow \bar{M}$是自列紧的$\Leftrightarrow \bar{M}$是紧的.

（3）考虑列紧集M，假设它不是完全有界的，则存在$\varepsilon_0 > 0$使得不能找到有限个以M中元素为球心，半径为ε_0的开球来覆盖M. 因此我们考虑选取$x_1 \in M$，则$M \backslash B(x_1, \varepsilon_0) \neq \emptyset$，于是我们又可以取到$x_2 \in M \backslash B(x_1, \varepsilon_0)$使得$\bigcup_{i=1}^{2} B(x_i, \varepsilon_0) \not\supset M$，否则$\{x_1, x_2\}$就是$M$的一个$\varepsilon_0$-网. 以此类推，可以取到$x_n \in M \backslash \bigcup_{i=1}^{n-1} B(x_i, \varepsilon_0)$，使得$\bigcup_{i=1}^{n} B(x_i, \varepsilon_0) \not\supset M$，最后我们得到一个点列$\{x_n\}_{n=1}^{\infty} \subset M$，满足$\|x_i - x_j\| \geq \varepsilon_0 > 0, \forall i \neq j$. 这表明了$\{x_n\}$没有Cauchy子列，这个与$M$是列紧集矛盾.

（4）M完全有界，$\forall \{x_n\} \subset M$，取$\varepsilon_1 = 1, \exists y_1 \in X$ s.t. $B(y_1, 1)$中含有$\{x_n\}$中的无穷多个点，记最小下标为α_1. 接着取$\varepsilon_2 = \dfrac{1}{2}, \exists y_2 \in X$ s.t. $B(y_2, \dfrac{1}{2})$中含有$B(y_1, 1) \cap \{x_n\}_{n>\alpha_1}$中的无穷多个点，记最小下标为$\alpha_2$；以此类推，取$\varepsilon_m = \dfrac{1}{m}$，则必定存在某个$y_m \in X$使得$B(y_m, \dfrac{1}{m})$中含有$\cap_{i=1}^{m-1} B(y_i, \dfrac{1}{i}) \cap \{x_n\}_{n>\alpha_{m-1}}$中

的无穷多个点，并记最小下标为 $\alpha_m,\dots$，最后由此取到的 $\{x_{\alpha_k}\}$ 为 $\{x_n\}$ 的一个子列，并且根据这个选择规则可得 $\|y_k - x_{\alpha_j}\| < \dfrac{1}{k}, \forall k \in \mathbb{N}, \forall j \geq k.$ 于是有 $\|x_{\alpha_j} - x_{\alpha_k}\| \leqslant \|x_{\alpha_j} - y_k\| + \|y_k - \alpha_{\alpha_k}\| < \dfrac{1}{k} + \dfrac{1}{k} = \dfrac{2}{k}, \forall j \geq k.$ 因此 $\{x_{\alpha_k}\}$ 为 X 的一个Cauchy列，由于 X 完备，所以存在 x^* 使得 $x_{\alpha_k} \to x^*$ in X as $k \to \infty$，故 M 为列紧集. $\qquad\square$

注释 2.16： 由上面的性质3和性质4可以看出在完备的度量空间 (X, d) 中，列紧等价于完全有界.

例 2.23： 一般的距离空间（即使是完备的）中有界点列不一定有收敛子列，这个跟实数理论是不一样的. 比如考虑 $C[0,1]$ 中装备的范数 $\|x\| = \max_{t\in[0,1]} |x(t)|$，则可知它是Banach空间. 定义 $x_n = x_n(t) = t^n, t \in [0,1], n \in \mathbb{N}.$ 可见 $\|x_n\| = 1, \forall n$，它是 $C[0,1]$ 中的有界点列，但是 $\lim\limits_{n\to\infty} x_n(t) = \begin{cases} 1, & t = 1 \\ 0, & t \in [0,1) \end{cases} \notin C[0,1]$，所以它在 $C[0,1]$ 中没有收敛子列.

注释 2.17： 对于完全有界，通常借助其他性质成立的情况来侧面体现它满足完全有界，从而利用它可以更方便地证明其他性质. 如果要直接验证它，是非常不容易的. 回顾上面的例子，如果有一族连续函数 $f_n(x)$ 满足 $f_n(x) \to f(x)$，希望 $f \in C(X)$，那也就是 $\forall \varepsilon > 0, \exists \delta > 0,$ 当 $\rho(x, y) < \delta$ 时，希望 $|f(x) - f(y)| < \varepsilon.$ 由于 $f(x) - f(y) = [f(x) - f_n(x)] + [f_n(x) - f_n(y)] + [f_n(y) - f(y)]$，因此希望能将 $|f_n(x) - f_n(y)|$ 控制到很小，注意到给定 n 时能找到 $\delta_n > 0$ 使得 $|f_n(x) - f_n(y)|$ 很小，但是这里要反映回到 f 上面，希望此时找到的 δ 不依赖于 n. 所以为了描述Banach空间 $(C(X), \|\cdot\|)$ 中的紧集，下面我们引入一个等度连续的概念.

定义 2.38： （等度连续）设 $M \subset C(X)$，如果对任意的 $\varepsilon > 0,$ 存在 $\delta > 0$ 使得 $\rho(x - y) < \delta$ 时，$|f(x) - f(y)| < \varepsilon, \forall f \in M$，则称 M 是等度连续的函数族.

定理 2.32： （**Arzela-Ascoli 定理**）设 X 是紧距离空间，$M \subset C(X)$，则 M 列紧的充要条件是 M 为有界且等度连续的函数族.

证明　充分性：假设M是有界且等度连续的函数族，往证M是列紧的. 由于$C(X)$是Banach空间，所以只需证明M是完全有界的. 首先利用M等度连续，$\forall \varepsilon > 0$, 存在$\delta > 0$使得只要$x, y \in X, \rho(x, y) < \delta$, 就有$|f(x) - f(y)| < \frac{\varepsilon}{3}, \forall f \in M$. 其次利用$X$是紧的，存在$X$的有限$\delta$-网，即存在$\{x_1, \cdots, x_n\} \subset X$使得$X \subset \bigcup_{i=1}^{n} B(x_i, \delta)$. 由于$M$有界，所以$\Xi := \{(f(x_1), \cdots, f(x_n)) : f \in M\}$它是$\mathbb{K}^n$中的有界集，故为列紧集，从而完全有界，因此$\Xi$有有限的$\frac{\varepsilon}{3}$-网，即存在$f_1, \cdots, f_m \in M$, 使得$\forall f \in M, \exists 1 \leqslant i \leqslant m$ s.t.

$$|f(x_j) - f_i(x_j)| < \frac{\varepsilon}{3}, \forall 1 \leqslant j \leqslant n. \tag{2-7}$$

下面证明$\{f_1, \cdots, f_m\}$为M的ε-网. $\forall f \in M$需要证明存在$1 \leqslant i \leqslant m$使得$\|f - f_i\| < \varepsilon$, 即$\forall x \in X, |f(x) - f_i(x)| < \varepsilon$. 事实上$\forall x \in X, \exists 1 \leqslant j \leqslant n$ s.t. $\rho(x, x_j) < \delta$, 所以利用等度连续的性质我们首先有$|f(x) - f(x_j)| < \frac{\varepsilon}{3}, \forall f \in M$. 对于这个特殊的$x_j$, 我们利用$\Xi$的有限的$\frac{\varepsilon}{3}$-网，可知存在某个$1 \leqslant i \leqslant m$使得式(2-7)成立. 于是

$$|f(x) - f_i(x)| = |f(x) - f(x_j) + f(x_j) - f_i(x_j) + f_i(x_j) - f_i(x)|$$
$$\leqslant |f(x) - f(x_j)| + |f(x_j) - f_i(x_j)| + |f_i(x_j) - f_i(x)| < \frac{\varepsilon}{3} + \frac{\varepsilon}{3} + \frac{\varepsilon}{3} = \varepsilon.$$

必要性： 现在假设M是列紧的，则可得M是完全有界的，进而它是有界的. 所以$\forall \varepsilon > 0, \exists f_1, \cdots, f_n$为$M$的一个$\frac{\varepsilon}{3}$-网。利用$X$是紧距离空间，可得$f_i$在$X$上一致连续，因此可以找到某个$\delta > 0$使得当$\rho(x, y) < \delta$时有$|f_i(x) - f_i(y)| < \frac{\varepsilon}{3}, 1 \leqslant i \leqslant n$. 于是对任意的$f \in M$, 存在某个$i \in \{1, \cdots, n\}$使得$\|f - f_i\| < \frac{\varepsilon}{3}$, 于是对任意的$x, y \in X, \rho(x, y) < \delta$时，都有

$$|f(x) - f(y)| = |f(x) - f_i(x) + f_i(x) - f_i(y) + f_i(y) - f(y)|$$
$$\leqslant |f(x) - f_i(x)| + |f_i(x) - f_i(y)| + |f_i(y) - f(y)|$$
$$\leqslant \|f - f_i\| + \frac{\varepsilon}{3} + \|f - f_i\| < \varepsilon. \qquad \square$$

2.3.3 有限维赋范空间的特征

X 是赋范空间，则 $\dim X < \infty \Leftrightarrow X$ 的单位闭球是紧集 $\Leftrightarrow X$ 中的任意有界闭集均为紧集.

注释 2.18： 有界闭集的紧性是有限维赋范空间的特征，对于无穷维赋范空间这一性质将不再成立.

引理 2.2： （**Riesz 引理**） 设 X_1 为赋范线性空间 X 的**闭子空间**，且 $X_1 \neq X$，则对于 $0 < \varepsilon < 1$，必存在某个 $x_0 \in X, \|x_0\| = 1$ 使得 $\rho(x_0, X_1) > \varepsilon$.

证明 首先 $X_1 \neq X$ 可知存在 $\bar{x} \in X \backslash X_1$，利用 X_1 的闭性质，可得 $d := \rho(\bar{x}, X_1) > 0$. 利用 $\varepsilon \in (0, 1)$，可以取某个 $x' \in X_1$ 使得 $\rho(\bar{x}, x') < \dfrac{d}{\varepsilon}$，定义 $x_0 := \dfrac{\bar{x} - x'}{\|\bar{x} - x'\|}$，则 $\|x_0\| = 1$ 并且对任意的 $x \in X_1$，有

$$
\begin{aligned}
\|x_0 - x\| &= \|\frac{\bar{x} - x'}{\|\bar{x} - x'\|} - x\| = \frac{1}{\|\bar{x} - x'\|} \|\bar{x} - x' - \|\bar{x} - x'\| x\| \\
&= \frac{1}{\|\bar{x} - x'\|} \|\bar{x} - (x' + \|\bar{x} - x'\| x)\| \geq \frac{d}{\|\bar{x} - x'\|}.
\end{aligned}
$$

由 $x \in X_1$ 的任意性，可得 $\rho(x_0, X_1) \geq \dfrac{d}{\|\bar{x} - x'\|} > \varepsilon$. $\qquad\square$

定理 2.33： 无穷维赋范空间中的单位球 $\{x : \|x\| \leqslant 1\}$ 非紧.

证明 首先任意取 $x_1 \in X, \|x_1\| = 1$. 由于 X 是无穷维赋范空间，所以 $X_1 := \{\lambda x_1 : \lambda \in \mathbb{K}\}$ 为 X 的真闭子空间，于是由 Riesz 引理可知，存在 $x_2 \in X, \|x_2\| = 1$ 使得

$$
\rho(x_2, X_1) > \frac{1}{2}.
$$

以此类推，记 $X_{n-1} = \operatorname{span}\{x_1, \cdots, x_{n-1}\}$，则 X_{n-1} 为 X 的一个闭真子空间，再利用 Riesz 引理可知存在 $x_n \in X, \|x_n\| = 1$ 使得 $\rho(x_n, X_{n-1}) > \dfrac{1}{2}$. 按照这种方法可以取到 $\{x_n\} \subset X, \|x_n\| = 1, \forall n \in \mathbb{N}$. 但是根据这个选择规则可知 $\rho(x_n, x_m) \geq \rho(x_n, X_{n-1}) > \dfrac{1}{2}, \forall n > m$. 因此 $\{x_n\}$ 无收敛子列，$\{x : \|x\| \leqslant 1\}$ 非紧.$\square$

定理 2.34: $T : X \to Y$ 为线性映射，X, Y 为赋范空间，算子范数定义为 $\|T\| := \sup_{x \in X, x \neq 0} \frac{\|Tx\|}{\|x\|}$. 称 T 有界 $\Leftrightarrow \|T\| < \infty$. 则

$$T 有界 \Leftrightarrow T 连续 \Leftrightarrow T 在某点连续。$$

记 $B(X \to Y)$ 为 X 到 Y 的有界线性算子全体，按照上面算子范数它为一个赋范线性空间.

证明 T 有界，$\forall x_0 \in X$ 以及 $\forall x_n \to x_0$，则

$$\|Tx_n - Tx_0\|_Y = \|T(x_n - x_0)\|_Y \leqslant \|T\| \, \|x_n - x_0\|_X \to 0,$$

所以 T 连续.

反之 T 连续，反证法假设 T 无界，则根据定义可知存在 $D \subset X$ 为有界集，但是 $TD \subset Y$ 为无界集. 这表明了 $\forall n, \exists x_n \in D$ 使得 $\|Tx_n\|_Y \geq n\|x_n\|_X$. 若令 $y_n = \frac{x_n}{n\|x_n\|_X}$，则 $\|y_n\|_X = \frac{1}{n} \to 0$，由 T 的连续性可得 $Ty_n \to 0$ in Y. 但是另一方面 $\|Ty_n\|_Y \geq 1$，矛盾. $\square$

定理 2.35: $B(X \to Y)$ 为 Banach 空间当且仅当 Y 为 Banach 空间.

证明 充分性：假设 Y 是 Banach 空间，现在考虑 $B(X \to Y)$ 中的一个 Cauchy 列 $\{T_n\}$. 对任意的 $x \in X$，可得 $\{T_n x\}$ 为 Y 中的 Cauchy 列，于是利用 Y 是 Banach 空间，可以定义 $T : X \to Y, Tx := \lim\limits_{n \to \infty} T_n x$. 再根据极限的运算性质可以验证 T 是线性的，另外 $\|T\| \leqslant \sup\limits_{\|x\|=1} \lim\limits_{n \to \infty} T_n x \leqslant \lim\limits_{n \to \infty} \|T_n\| < \infty$，因此 $T \in B(X \to Y)$，故 $B(X \to Y)$ 为 Banach 空间.

必要性：需要用到 Hahn-Banach 延拓定理. 假设 $B(X \to Y)$ 是 Banach 空间，现在考虑 Y 中任意点列 $\{y_n\} \subset Y$ 满足 $\|y_n\|_Y \leqslant \frac{1}{2^n}$. 考虑 $X \neq \{0\}$，则可以取到某个 $e \in X, \|e\|_X = 1$，并记子空间 $X_1 = \{\lambda e : \lambda \in \mathbb{K}\}$. 定义 $T_n \in B(X_1 \to Y)$ 使得 $T_n(e) = y_n$，则可知 $\|T_n\|_{B(X_1 \to Y)} = \|y_n\| \leqslant \frac{1}{2^n}$. 根据 Hahn-Banach 定理，可以把 T_n 保范延拓到 $B(X \to Y)$，不妨仍记为 T_n，则此时有 $\{\sum\limits_{n=1}^{m} T_n\}$ 为 Banach 空间 $B(X \to Y)$ 中的一个 Cauchy 列，从而它收敛到某个 $T \in B(X \to Y)$. 这表明了 $\lim\limits_{m \to \infty} \sum\limits_{n=1}^{m} y_n = \lim\limits_{m \to \infty} \sum\limits_{n=1}^{m} T_n e = (\lim\limits_{m \to \infty} \sum\limits_{n=1}^{m} T_n)e = Te \in Y$，所以 Y 是 Banach 空间. $\square$

当 Y 取 $\mathbb{K}$ 时，称 T 为线性泛函. 记 X^* 为所有 X 上的线性泛函，X' 为所有 X 上的有界线性泛函，也称为 X 的对偶空间或共轭空间. 根据上面定理，由于 $\mathbb{K}$ 的完备性，可知不管 X 完备与否，都可得 X' 是 Banach 空间.

回顾前面学习过的 $\{p_f(x) = f(x) : f \in X'\}$ 是 X 上的一族半范，它诱导出来的拓扑记为 $\sigma(X, X')$，称为**弱拓扑**，此时在这个弱拓扑的意义下 x_α 收敛到 x in X, 指的是对这族半范都保持连续性，即

$$x_\alpha \to x \Leftrightarrow p_f(x_\alpha) \to p_f(x), \forall f \in X' \Leftrightarrow f(x_\alpha) \to f(x).$$

这就是以后经常称的**弱收敛**. 记为 $x_\alpha \rightharpoonup x$ 或者 $x \overset{w}{\longrightarrow} x$.

类似地，$\{p_x(f) = f(x) : x \in X\}$ 是 X' 上的一族半范，所以在 X' 上也可以考虑 w^*- 拓扑 $\sigma(X', X)$, 则 $f_\alpha \overset{w^*}{\longrightarrow} f \Leftrightarrow \forall x \in X, f_\alpha(x) \to f(x)$.

引理 2.3: （**Tychonov 定理**）设 $(X_\alpha)_{\alpha \in I}$ 为一族紧拓扑空间，则 $X = \prod_{\alpha \in I} X_\alpha$ 为紧空间.

定理 2.36: （**Banach-Alaoglu 定理**）$\overline{B_{X'}} = \{f \in X' : \|f\| \leqslant 1\}$ 是 w^*-紧的.

证明 $\overline{B_{X'}} = B.$ $\forall x \in X$, 令 $B_x = \{\lambda \in \mathbb{K} : |\lambda| \leqslant \|x\|\}$, 则它是 $\mathbb{K}$ 中的有界闭集，从而为 $\mathbb{K}$ 的紧子集. 令 $L = \prod_{x \in X} B_x$, 则根据 Tychonov 定理可知它是 $\prod_{x \in X} \mathbb{K}$ 的紧子集. 考虑映射 $i : B \to L, f \mapsto (f(x))_{x \in X}$. 若 $f, g \in B$ 且 $\forall x \in X, f(x) = g(x)$ 则有 $f = g$, 因此 i 为单射. 对于 $\forall f_\alpha \in B, f \in B$, 若在 B 中 $f_\alpha \to f$, 即按照 w^*-拓扑意义下的收敛，它等价于 $\forall x \in X, f_\alpha(x) \to f(x)$. 因此要证明 B 是 w^*-紧的，仅需证明 $i(B)$ 在 L 中为紧子集，又 L 为紧子集，$i(B) \subset L$, 所以仅需证明 $i(B)$ 为闭集（见第 2.3.1 小节的性质 1）.

设 $f_\alpha \in B, f \in L$ 使得 $f_\alpha(x) \to f(x)$, 要证明 $f \in B$, 仅需证明 $f \in X'$. 事实上对任意 $x, y \in X, \kappa, \ell \in \mathbb{K}, f(\kappa x + \ell y) = \lim_\alpha f_\alpha(\kappa x + \ell y) = \lim_\alpha [\kappa f_\alpha(x) + \ell f_\alpha(y)] = \kappa f(x) + \ell f(y)$, 所以 $f \in X^*$. 另一方面 $|f(x)| = \lim_\alpha |f_\alpha(x)| \leqslant \|x\| \Rightarrow f \in X', \|f\| \leqslant 1$, 即 $f \in B$, 故 $i(B)$ 闭. $\qquad \square$

定理 2.37: （**有限维空间弱拓扑等价于强拓扑**）假设 X 是有限维线性拓扑空间，则弱拓扑 $\sigma(X, X')$ 和通常拓扑是相同的. 特别地，一个序列 $\{x_n\}$ 弱收敛当且仅当它强收敛.

证明　由于弱拓扑包含的开集总是比强拓扑的少，所以只需要证明在强拓扑意义下的开集也总是弱拓扑意义下的开集即可. 现在考虑 $x_0 \in X$ 以及 U 为强拓扑意义下 x_0 的一个开邻域. 需要找到弱拓扑意义下的 x_0 的一个开邻域 V 使得 $V \subset U$, 则可说明 U 也是弱拓扑意义下 x_0 的一个开邻域. 换句话说，需要找到某些 $f_1, \cdots, f_k \in X'$ 以及 $\varepsilon > 0$ 使得 $V = \{x \in E : |\langle f_i, x - x_0 \rangle| < \varepsilon, \quad \forall i = 1, 2, \cdots, k\} \subset U$. 因为 U 为强拓扑意义下 x_0 的一个开邻域，所以可以找到某个 $r > 0$ 使得 $B(x_0, r) \subset U$. 选取 X 的一族基 $e_1, \cdots, e_k$ 满足对 $\forall i$ 都有 $\|e_i\| = 1$, 则任意的 $x \in X$, 它有一个线性表示 $x = \sum_{i=1}^{k} x_i e_i$, 记投影映射 $x \mapsto x_i$ 为 f_i, 则 f_i 为 X 上的连续线性映射. 于是有 $\|x - x_0\| \leqslant \sum_{i=1}^{k} |\langle f_i, x - x_0 \rangle| < k\varepsilon, \forall x \in V$. 因此我们只需取 $\varepsilon = \dfrac{r}{k}$, 便可得 $V \subset U$. □

2.3.4　Hahn-Banach定理及其几何形式

定义 2.39：　X 为实线性空间，若 $p : X \to \mathbb{R}$ 满足

（1）$p(x + y) \leqslant p(x) + p(y), \forall x, y \in X$,

（2）$p(\lambda x) = \lambda p(x), \forall x \in X, \lambda \in \mathbb{R}_+$,

则称它为次线性泛函.

定理 2.38：　（**Hahn-Banach定理 —— 实线性空间上保序延拓版本**）　X 为实线性空间，Y 为 X 的线性子空间，$p : X \to \mathbb{R}$ 为次线性泛函. 现在考虑某个 $f \in Y^*$ 满足 $f(y) \leqslant p(y), \forall y \in Y$, 则存在 $f_0 \in X^*$ 使得 $f_0|_Y = f, f_0(x) \leqslant p(x), \forall x \in X$.

证明　记 $\mathscr{F} = \{g : g \text{ 是 } f_0 \text{ 的延拓，并且 } g(x) \leqslant p(x), \forall x \in \mathscr{D}(g)\}$. 对于 $g_1, g_2 \in \mathscr{F}$, 如果 g_2 是 g_1 的延拓，则规定 $g_1 < g_2$. 这样，$\mathscr{F}$ 按 $<$ 构成了半序集，它的全序子集必有上界. 由 Zorn 引理，$\mathscr{F}$ 有极大元 f, 此时根据 $\mathscr{F}$ 的定义可知 f 是 f_0 的延拓，并且在 f 的定义域 $\mathscr{D}(f)$ 上满足 $f(x) \leqslant p(x), \forall x \in \mathscr{D}(f)$. 所以下面只需证明 $\mathscr{D}(f) = X$ 即可。

采取反证法，若 $\mathscr{D}(f) \neq X$, 则存在 $x_1 \in X \backslash \mathscr{D}(f)$, 可以构造 X 的子空间 $X_1 := \{x + tx_1 : x \in \mathscr{D}(f), t \in \mathbb{R}\}$. 可以定义 X_1 上线性泛函 f_1：$f_1(x + tx_1) =$

$f(x) + tc$, 其中c是一个待定常数, 此时可见$f_1\big|_{\mathscr{D}(f)} = f$. 下面通过有技巧地选取$c$使得$f_1$还满足性质

$$f_1(x + tx_1) \leqslant p(x + tx_1), \forall x \in \mathscr{D}(f), \forall t \in \mathbb{R}. \tag{2-8}$$

首先考虑$t > 0$时, 由式(2-8)对一切的$x \in \mathscr{D}(f)$成立, 有$c \leqslant p(x + x_1) - f(x), \forall x \in \mathscr{D}(f)$. 类似地, 考虑$t < 0$时又可得$f(y) - p(y - x_1) \leqslant c, \forall y \in \mathscr{D}(f)$. 接下来需要证明存在$c$满足 $\sup\limits_{y \in \mathscr{D}(f)} [f(y) - p(y - x_1)] \leqslant c \leqslant \inf\limits_{x \in \mathscr{D}(f)} [p(x + x_1) - f(x)]$. 事实上利用 $f(x) + f(y) = f(x + y) \leqslant p(x + y) \leqslant p(x + x_1) + p(y - x_1), \forall x, y \in \mathscr{D}(f)$ 可得上面的c存在. 于是找到了f的一个延拓$f_1 \in \mathscr{F}$, 与f是极大元矛盾. 因此$\mathscr{D}(f) = X$. □

回顾半范的定义, 它非常接近次线性性质, 由于半范可以定义在复空间X上, 如果考虑的空间是实线性空间, 半范恰好就是X上的次线性泛函. 下面是一个复线性空间版本的Hahn-Banach定理.

定理 2.39: **（Hahn-Banach定理——复线性空间上半范版本）** 设p是复线性空间X上的半范数, f_0是子空间X_0上的线性泛函, 满足$|f_0(x)| \leqslant p(x), \forall x \in X_0$, 则可把$f_0$延拓为$X$上的线性泛函$f$, 满足$|f(x)| \leqslant p(x), \forall x \in X$.

证明 利用复线性空间中的泛函性质, 并且记 $f_1 = \operatorname{Re} f_0, f_2 = \operatorname{Im} f_0$, 则$f_0(x) = f_1(x) + \mathrm{i}f_2(x), \forall x \in X_0$. 由于$X_0$是复线性空间, 所以利用 $\mathrm{i}f_0(x) = f_0(\mathrm{i}x) = f_1(\mathrm{i}x) + \mathrm{i}f_2(\mathrm{i}x)$, 可得 $f_0(x) = f_2(\mathrm{i}x) - \mathrm{i}f_1(\mathrm{i}x)$, 因此$f_2(x) = -f_1(\mathrm{i}x)$ 以及 $f_0(x) = f_1(x) - \mathrm{i}f_1(\mathrm{i}x), x \in X_0$.

这样, 把f_1看作实线性空间X的子空间X_0上的实线性泛函（空间维数扩大两倍而已）, 根据上面的定理2.38可知, 我们可以把f_1延拓为X上的实线性泛函, 仍旧记为f_1, 它满足$f_1(x) \leqslant p(x), \forall x \in X$. 于是我们可以定义 $f(x) = f_1(x) - \mathrm{i}f_1(\mathrm{i}x), \forall x \in X$, 可见它就是$f_0$在复线性空间$X$上的延拓. 特别地, 对任意的$x \in X$, 记辐角$\theta = \arg f(x)$, 则 $|f(x)| = \mathrm{e}^{-\mathrm{i}\theta} f(x) = f(\mathrm{e}^{-\mathrm{i}\theta} x) = f_1(\mathrm{e}^{-\mathrm{i}\theta} x) \leqslant p(\mathrm{e}^{-\mathrm{i}\theta} x) = p(x)$. □

下面学习赋范线性空间上的版本。

定理 2.40: （**Hahn-Banach 定理——赋范线性空间上的保范延拓**）设 X 是赋范线性空间，Y 是 X 的线性子空间. $g \in Y'$, 则存在 $f \in X'$ 使得 $f\big|_Y = g, \|f\| = \|g\|$.

证明　取 $p(x) = \|g\| \|x\|, x \in X$, 则 p 为 X 上的一个半范并且有 $|g(y)| \leqslant \|g\| \|y\| = p(y), \forall y \in Y$. 因此利用上面的定理 2.39 可得存在 g 在 X 上的一个延拓 f 满足 $|f(x)| \leqslant p(x) = \|g\| \|x\|, \forall x \in X$. 于是有 $\|f\| \leqslant \|g\|$. 另外由于 f 是 g 的延拓, 因此又有 $\|g\| \leqslant \|f\|$. 这样就得到了 $\|f\| = \|g\|$, 即它为一个保范延拓. □

推论 2.1:　X 是赋范空间, Y 是 X 的线性子空间, $x_0 \in X \backslash Y$, 记 $\delta := \rho(x_0, Y) = \inf_{y \in Y} \|x_0 - y\| > 0$, 则存在 $f \in X'$ 使得 $f\big|_Y = 0, f(x_0) = \delta, \|f\| = 1$.

证明　考虑 X 的线性子空间 $X_0 = \{y + tx_0 : y \in Y, t \in \mathbb{K}\}$, 并定义 X_0 上的线性泛函 f_0: $f_0(y + tx_0) = t\delta, \forall y \in Y, t \in \mathbb{K}$. 显然有 $f_0\big|_Y = 0, f_0(x_0) = \delta$. 下面只需证明 $\|f_0\| = 1$, 然后再用 Hahn-Banach 保范延拓定理即可得出最后结论. 事实上, $\forall y \in Y$, 有 $|f_0(y + tx_0)| = |t|\delta = |t|\rho(x_0, Y) \leqslant |t| \|x_0 + \frac{y}{t}\| = \|y + tx_0\|$, 所以首先可知 $\|f_0\| \leqslant 1$. 另外, 可以取点列 $\{y_n\} \subset Y$ 使得 $\|y_n - x_0\| \to \delta$. 于是考虑 $t = -1$, 便有 $\|f_0(y_n - x_0)\| = |-1|\delta = \delta = \lim_{n \to \infty} \|y_n - x_0\|$, 可得 $\|f_0\| \geq 1$. 因此可得 $\|f_0\| = 1$. □

推论 2.2:　X 为赋范空间, $x_0 \in X$, 则存在 $f \in X'$ 使得 $f(x_0) = \|x_0\|, \|f\| = 1$.

证明　如果 $x_0 = 0$, 则结论显然成立. 如果 $x_0 \neq 0$, 应用上面的推论 2.1, 取 $Y = \{0\}$, 则 $\rho(x_0, Y) = \|x_0\| > 0$, 可知存在满足要求的 f. □

推论 2.3:　X 为赋范空间, $x_0 \in X$, 则 $\|x_0\| = \sup_{\|f\|=1} |f(x_0)|$.

证明　利用 X 到二次对偶空间 X'' 的自然嵌入是一个保范映射, 此时 $x_0 \in X$ 显然可得 $\|x_0\| = \|i(x_0)\| = \sup_{\|f\|} |(i(x_0))(f)| = \sup_{\|f\|=1} |f(x_0)|$. 下面我们从 Hahn-Banach 定理的角度来证明, 因为讲自然嵌入是一个保范映射的时候实际上就需要用到 Hahn-Banach 定理（见后面的定义 2.44）.

首先利用 $|f(x_0)| \leqslant \|f\| \|x_0\|$ 可得 $\sup_{\|f\|=1} |f(x_0)| \leqslant \|x_0\|$. 反之, 利用上面的推论 2.2, 可以取某个 $f_1 \in X'$ 满足 $f_1(x_0) = \|x_0\|, \|f_1\| = 1$, 因此又有 $\sup_{\|f\|=1} |f(x_0)| \geq \|f_1(x_0)\| = \|x_0\|$. 因此 $\|x_0\| = \sup_{\|f\|=1} |f(x_0)|$. □

以上统称为 Hahn-Banach 定理的解析形式，下面学习 Hahn-Banach 定理的几何形式（凸集分离定理）．

定义 2.40：　（**超平面**）$0 \neq f \in X^*, c \in \mathbb{K}$, 称线性流形 $H_f^c = \{x \in X : f(x) = c\}$ 为 X 中的一个超平面．

例 2.24：　$X = \mathbb{R}^3, f(x_1, x_2, x_3) = a_1 x_1 + a_2 x_2 + a_3 x_3$, 则 H_f^c 是一个平面．

问题：　X 是实赋范空间，A, B 是凸集，$A \cap B = \emptyset$, 是否存在 $f \in X', f \neq 0$ 使得存在 $c \in \mathbb{R}, A \subset \{f \leqslant c\}, B \subset \{f \geqslant c\}$ 呢？甚至更严格一点，是否存在性 $f \in X', f \neq 0, c \in \mathbb{R}, \varepsilon > 0$, 使得 $A \subset \{f \leqslant c - \varepsilon\}, B \subset \{f \geqslant c\}$ 呢？

定义 2.41：　设 A, B 是实线性空间 X 的两个子集，$f \in X'$ 且

$$f(x) \leqslant c, \forall x \in A, \text{ 也记为 } A \subset \{f \leqslant c\},$$

$$f(x) \geqslant c, \forall x \in B, \text{ 也记为 } B \subset \{f \geqslant c\},$$

则称超平面 H_f^c 分离 A 和 B. 此时也称泛函 f 分离 A 和 B.

注释 2.19：　回顾前面学习过的复线性空间中的线性泛函的性质，实际上由它的实部给确定下来．由于其线性性质，可以假设 $f(x) = f_1(x) - \mathrm{i} f_1(\mathrm{i} x), f_1(x) := \mathrm{Re}\, f(x)$, 此时把 X 看作实线性空间，f_1 就是它上面的线性泛函．因此如果 X 是复线性空间，称泛函 f 分离 A 和 B 是指 $\sup_{x \in A} \mathrm{Re}\, f(x) \leqslant \inf_{x \in B} \mathrm{Re}\, f(x)$. 所以最后问题还是归结为实空间的情形，因此下面不妨都假设 X 为实线性空间．

定理 2.41：　（**Eidelheit 定理**）X 为实赋范空间，A, B 为 X 的两个非空子集，$A \cap B = \emptyset, A^o \neq \emptyset$. 则 $\exists f \in X', f \neq 0, \exists \alpha \in \mathbb{R}$ s.t. $A \subset \{f \leqslant \alpha\}, B \subset \{f \geqslant \alpha\}$.

证明　取 $x_0 \in A^o, y_0 \in B$ 并记 $z_0 = y_0 - x_0 \in X$ 以及 $G := \{x - y + z_0 : x \in A, y \in B\}$.
（1）利用 A, B 都是凸集，可得 G 是凸集；
（2）根据 z_0 的定义，可知 $0 \in G$；
（3）利用 $x_0 \in A^o$, 可知存在 $\delta > 0$ 使得 $\overline{B(x_0, \delta)} \subset A$, 进而可得 $\overline{B(0, \delta)} \subset G$.

因此G为吸收的凸集. 可以在它上面考虑Minkowski 泛函 $x \in X : p(x) :=$ $\inf\{\alpha > 0 : \frac{x}{\alpha} \in G\}$. 由之前已经学习过的定理2.9，可知Minkowski 泛函$p(x)$是半范，从而是X上的一个次线性泛函. 特别地，$x \in G, \frac{x}{1} \in G \Rightarrow p(x) \leqslant 1$. 利用$A \cap B = \emptyset$ 可知$z_0 \notin G$, 则可断言$p(z_0) \geq 1$. 不然，$p(z_0) < 1$, 则存在某个$\alpha \in (0, 1)$ 使得$\frac{z_0}{\alpha} \in G$, 于是利用G的凸性，$z_0 = \frac{z_0}{\alpha}\alpha + 0 \cdot (1 - \alpha) \in G$, 矛盾.

下面考虑子空间 $Y = \text{span}\{z_0\}$，并考虑 $g(\lambda z_0) = \lambda$，则易见$g \in Y'$. 特别地，有$g(\lambda z_0) \leqslant p(\lambda z_0)$. 事实上，对于$\lambda \leqslant 0$, 上面不等式显然成立；当$\lambda > 0$ 时，$g(\lambda z_0) = \lambda \leqslant \lambda p(z_0) = p(\lambda z_0)$. 于是由Hahn-Banach定理，$\exists f \in X^*$, $f|_Y = g, f(x) \leqslant p(x), \forall x \in X$. 由于 $\forall x \in G, f(x) \leqslant p(x) \leqslant 1$, 利用$\overline{B(0, \delta)} \subset G$, 可得 $\forall x \in X, \|x\| \leqslant \delta, f(x) \leqslant 1 \Rightarrow \|f\| \leqslant \frac{1}{\delta}$, 因此$f \in X'$. 并且由 $f(z_0) = g(z_0) = 1$ 可见$f \neq 0$.

最后验证分离性质，$\forall x \in A, \forall y \in B$, 利用$x - y + z_0 \in G$, 可得 $f(x - y + z_0) \leqslant p(x - y + z_0) \leqslant 1$, 利用线性性质最后可得 $f(x) - f(y) \leqslant 1 - f(z_0) = 1 - 1 = 0, \forall x \in A, y \in B$, 从而 $\sup_{x \in A} f(x) \leqslant \inf_{y \in B} f(y)$. 因此，满足条件的$\alpha$存在. $\qquad \square$

推论 2.4:　X为赋范空间，A为非空凸集，$A^o \neq \emptyset$, $x_0 \notin A$, 则存在$f \in X', f \neq 0$ 使得 $\sup_{x \in A} f(x) \leqslant f(x_0)$.

证明　在上面定理2.41中，取$B = \{x_0\}$这个单点集，由于单点集为凸集，所以可得出推论结论. $\qquad \square$

注释 2.20:　当x_0为A的边界点时，也称 H_f^α 为过x_0的A的承托超平面，其中$\sup_{x \in A} f(x) \leqslant \alpha \leqslant f(x_0)$.

下面研究严格分离的情形.

定理 2.42:　X实赋范空间，$A, B \subset X$ 非空凸集，$\rho(A, B) = \inf\limits_{\substack{x \in A \\ y \in B}} \|x - y\| > 0$, 则存在$f \in X', c \in \mathbb{R}, \varepsilon > 0$ 使得 $A \subset \{f \leqslant c - \varepsilon\}, B \subset \{f \geqslant c\}$.

证明　取 $\delta := \frac{1}{2}\rho(A, B) > 0$, 令 $A_1 = A + \overline{B(0, \delta)}, B_1 = B$. 此时有$A_1^o \neq \emptyset, A_1, B_1$都是凸集，并且$A_1 \cap B_1 = \emptyset$. 由上面的Eidelheit定理（见定理2.41）可知$\exists f \in X', f \neq 0, \exists c \in \mathbb{R}$满足 $\sup\limits_{x \in A_1} f(x) \leqslant c \leqslant \inf\limits_{y \in B_1} f(y)$. 由于$B_1 = B$ 以及 $A_1 = A + \overline{B(0, \delta)}$,

所以 $\sup\limits_{x_1\in A,\|x_2\|\leqslant\delta} f(x_1+x_2) = \sup\limits_{x_1\in A} f(x_1) + \sup\limits_{\|x_2\|\leqslant\delta} f(x_2) = \sup\limits_{x\in A} f(x) + \delta\|f\|$，又由于 $f\neq 0$，可以取 $\varepsilon = \delta\|f\| > 0$ 以及 $c = \inf_{y\in B} f(y)$，则有 $A \subset \{f\leqslant c-\varepsilon\}, B\subset\{f\geqslant c\}$. $\square$

推论 2.5: X 是实赋范空间，$A,B\subset X$ 为凸集，A 闭，B 紧，$A\cap B = \emptyset$，则 $\exists f\in X', f\neq 0, \exists c\in\mathbb{R}, \varepsilon > 0$ 使得 $\sup_{x\in A} f(x) + \varepsilon \leqslant c\leqslant \inf_{y\in B} f(y)$.

证明 若断言 $\rho(A,B) > 0$ 成立，则由上面的定理2.42可马上得出结论. 下面用反证法来证明上面断言成立. 假设 $\rho(A,B) = 0$，则可取 $\{x_n\}\subset A, \{y_n\}\subset B$ 使得 $\|x_n - y_n\| \to \rho(A,B) = 0$. 于是利用 B 为紧集可知 $\{y_n\}$ 有强收敛子列 $\{y_{n_k}\}$ 使得 $y_{n_k}\to y_0\in B\subset X$. 对应地，可得 $x_{n_k}\to y_0$. 利用 A 闭可得 $y_0\in A$，于是 $y_0\in A\cap B$ 与 $A\cap B=\emptyset$ 矛盾. $\square$

推论 2.6: X 赋范空间，A 闭凸集，$x_0\notin A$，则 $\exists f\in X', f\neq 0, \sup_{x\in A} f(x) < f(x_0)$.

证明 取 $B = \{x_0\}$，则 $\rho(A,B) = \rho(x_0,A) > 0$. 因此由定理2.42可得出结论。 $\square$

定理 2.43: 设 X 为复赋范空间，$A,B\subset X$ 凸集，$A\cap B = \emptyset, A^o = \emptyset$. 又 A 为均衡的，则存在 $f\in X', f\neq 0$ 使得 $\sup_{x\in A}|f(x)| \leqslant \inf_{y\in B}|f(y)|$.

证明 把 X 看作实赋范空间 $X_{\mathbb{R}}$，则由前面定理可知存在 $f_1\in X'_{\mathbb{R}}, f_1\neq 0$，$\sup\limits_{x\in A} f_1(x) \leqslant \alpha\leqslant \inf\limits_{y\in B} f_1(y)$. 令 $f(x) = f_1(x) - \mathrm{i}f_1(\mathrm{i}x)$，则 $f\in X'$. $\forall y\in B$，$|f(y)| = |f_1(y) - \mathrm{i}f_1(\mathrm{i}y)| \geqslant |f_1(y)| \geqslant f_1(y) \geqslant \alpha$，因此有 $B\subset\{|f|\geqslant\alpha\}$. 另外由于 A 是均衡的，$0\in A$，则 $\alpha\geqslant 0$（利用 $\sup_{x\in A} f_1(x)\leqslant\alpha$），于是 $\forall x\in A$，记 $\theta = \arg f(x)$，则 $|f(x)| = \mathrm{e}^{-\mathrm{i}\theta} f(x) = f(\mathrm{e}^{-\mathrm{i}\theta}x) = f_1(\mathrm{e}^{-\mathrm{i}\theta}x)\leqslant\alpha$，因此 $A\subset\{|f|\leqslant\alpha\}$. $\square$

上面的讨论都是基于 $A\cap B = \emptyset$. 但是由于并不要求 A 一定是闭凸集，所以分离性质本质上是由 $A^o\cap B = \emptyset$ 决定的，见下面定理.

定理 2.44: X 实赋范空间，$A,B\subset X$ 为凸集，$A^o\neq\emptyset$. 若 $A^o\cap B = \emptyset$，则 $\exists f\in X', f\neq 0$ 使得 $\sup\limits_{x\in A} f(x)\leqslant \inf\limits_{y\in B} f(y)$.

证明　首先利用A的凸性可得A^o的凸性, 从而A^o为非空凸集, 于是对A^o和B采用前面建立起来的分离定理, 知$\exists f \in X', f \neq 0, \exists c \in \mathbb{R}$使得$A^o \subset \{f \leqslant c\}, B \subset \{f \geqslant c\}$. 由$f \in X'$可知$\{f \leqslant c\}$为闭集, 从而$\overline{A^o} \subset \{f \leqslant c\}$. 因此下面只需证明$\overline{A} = \overline{A^o}$即可. 首先$\overline{A} \supset \overline{A^o}$显然成立, 下面只需证明反过来的包含关系: $\overline{A} \subset \overline{A^o}$.

$\forall x_0 \in \overline{A}, \exists \{x_n\} \subset A, x_n \to x_0$. 由于$A^o \neq \emptyset$, 可取$y \in A^o$, 因此存在$r > 0$使得$B(y, r) \subset A^o$. 令$y_n := (1 - \frac{1}{n})x_n + \frac{1}{n}y$, 可见它是$x_n$和$y$的一个凸组合, 因此首先有$y_n \in A$. 特别地, 对任意的$\|z\| < \frac{r}{n}$, 有$\|nz\| < r \Rightarrow y + nz \in A^o$, 从而可得$(1 - \frac{1}{n})x_n + \frac{1}{n}(y + nz) \in A$, 即$y_n + z \in A, \forall \|z\| < \frac{r}{n}$. 因此有$B(y_n, \frac{r}{n}) \subset A$, 这表明了$y_n \in A^o$. 特别地, $\lim\limits_{n \to \infty} y_n = \lim\limits_{n \to \infty} x_n = x_0 \Rightarrow x_0 \in \overline{A^o}$. 由$x_0$的任意性可得$\overline{A} \subset \overline{A^o}$成立. $\qquad\square$

这个定理可以应用来简单给出Mazur定理的证明.

定理 2.45:　（**Mazur 定理**）　设X为赋范空间, $x_n, x \in X$, 设$x_n \rightharpoonup x$ in X, 则存在$y_n \in co\{x_1, \cdots\}$使得$y_n \to x$, 其中这里的$co(S)$表示集合$S$中的凸组合全体, i.e.,

$$y_n = \lambda_1^{(n)} x_1 + \lambda_2^{(n)} x_2 + \cdots + \lambda_N^{(n)} x_N, \lambda_i^{(n)} \geq 0, \sum \lambda_i^{(n)} = 1.$$

证明　定理等价于要证明$x \in \overline{co\{x_1, \cdots\}}$. 使用反证法, 记$A = \overline{co\{x_1, \cdots\}}, B = \{x\}$, 则$A$是一个闭凸集, $x \notin A$, 所以由推论2.6可知存在$f \in X', f \neq 0$使得$\sup_{y \in A} f(y) < f(x)$, 从而可得$\sup_{i \geq 1} f(x_i) < f(x)$, 与$x_i \rightharpoonup x$矛盾. $\qquad\square$

2.3.5　连续线性泛函保范延拓的唯一性

上面研究了Hahn-Banach定理的各种版本, 包括解析版本和几何版本, 它指出了子空间上的**连续线性泛函可以保范延拓到全空间上**, 但是通常来说这样的延拓未必是唯一的. 下面寻求一些充分条件来保证保范延拓的唯一性.

定义 2.42:　设X为赋范线性空间, 如果对任意的非零元$x, y \in X$, 当$\|x + y\| = \|x\| + \|y\|$时, 必定存在某个$\lambda \in \mathbb{R}_+$使得$x = \lambda y$, 则称$X$为严格凸空间（即三角不等式中等号成立但且仅当两者共线）.

注释 2.21: 后面将证明赋范线性空间X是严格凸的充要条件是对X中单位球面任意两个不同的点，均有 $\|\lambda x + (1 - \lambda)y\| < 1, \forall \lambda \in (0, 1)$ （见后面定理2.61）.

定理 2.46: 设X'为赋范空间X的共轭空间，如果$\forall f \in X', f \neq 0$，存在唯一的 $F \in X''$ 使得 $\|F\| = 1, F(f) = \|f\|$，则X必定是严格凸空间.

证明 采取反证法. 假设X不是严格凸的，则根据定理2.61可知存在$x_1, x_2 \in X, x_1 \neq x_2, \|x_1\| = \|x_2\| = 1$ 以及 $\lambda \in (0, 1)$ 使得 $\|\lambda x_1 + (1 - \lambda)x_2\| = 1$. 根据Hahn-Banach定理可知存在 $f \in X'$ 使得 $f(\lambda x_1 + (1 - \lambda)x_2) = \|\lambda x_1 + (1 - \lambda)x_2\| = 1, \|f\| = 1$. 于是可得 $\lambda f(x_1) + (1 - \lambda)f(x_2) = 1$. 由于$|f(x_1)| \leqslant \|f\| \|x_1\| = 1$，同理 $|f(x_2)| \leqslant 1$，可得 $f(x_1) = f(x_2)$. 考虑自然嵌入映射 $i : X \to X''$，则有 $\|i(x_1)\| = \|x_1\| = 1, \|i(x_2)\| = \|x_2\| = 1$，以及 $(i(x_1))(f) = f(x_1) = 1 = \|f\| = f(x_2) = (i(x_2))(f)$. 由于$x_1 \neq x_2$ 可得$i(x_1) \neq i(x_2)$，这就与关于X'的假设矛盾了. □

定理 2.47: X是赋范空间，X_0是它的一个线性子空间， $f_0 \in X_0'$，如果X' 是严格凸空间，则f_0 在X 上的保范连续延拓是唯一的. 反之，如果X 自反，对任意的子空间X_0 和$f_0 \in X_0'$，f_0 在X 上的保范连续延拓都是唯一的，则X' 是严格凸的.

证明 设X' 严格凸，如果存在某个子空间X_0 以及某个$f_0 \in X_0'$ 使得它可以保范连续延拓到X上两个不同的泛函f_1 和 f_2，则对$\forall \lambda \in [0, 1]$ 有 $[\lambda f_1 + (1 - \lambda)f_2]\big|_{X_0} = f_0$，从而

$$\|f_0\| = \sup_{\substack{y \in X_0 \\ \|y\| \leqslant 1}} |f_0(y)| = \sup_{\substack{y \in X_0 \\ \|y\| \leqslant 1}} [\lambda f_1(y) + (1 - \lambda)f_2(y)]$$

$$\leqslant \sup_{\substack{x \in X \\ \|x\| \leqslant 1}} [\lambda f_1(x) + (1 - \lambda)f_2(x)] = \|\lambda f_1 + (1 - \lambda)f_2\|.$$

由于 $\|f_1\| = \|f_2\| = \|f_0\|$，可得 $\left\|\lambda \dfrac{f_1}{\|f_1\|} + (1 - \lambda)\dfrac{f_2}{\|f_2\|}\right\| \geq 1, \forall \lambda \in (0, 1)$，这与$X'$ 是严格凸的矛盾，所以保范连续延拓唯一.

如果X是自反的，由假设可知X''上的任一线性子空间X_0''上的有界线性泛函的保范延拓也是唯一确定的，从而对任意的$F \in X''$，$F \neq 0$，存在唯一的$\mathscr{F} \in X'''$使得$\mathscr{F}(F) = \|F\|$，$\|\mathscr{F}\| = 1$. 因此由定理2.46可得X'是严格凸的.□

2.3.6 端点、Krein-Milman定理

定义 2.43： （端点）设X为线性空间，$A \subset X$为非空凸集，$x_0 \in A$. 若x_0不能表示成A中不同两点的凸组合，则称x_0为A的端点。即若 $x_0 = \lambda x + (1 - \lambda)y, 0 < \lambda < 1, x, y \in A$，则 $x = y = x_0$.

例 2.25： $A \subset \mathbb{R}^2$为凸多边形，则A的端点为A的顶点.

例 2.26： $X = \mathbb{R}^n, \|(x_1, \cdots, x_n)\|_2 = \left(\sum_{i=1}^n x_i^2 \right)^{\frac{1}{2}}$,

$$A = \{(x_1, \cdots, x_n) \in \mathbb{R}^n : \|(x_1, \cdots, x_n)\|_2 \leqslant 1\},$$

则A的边界点为A的端点.

例 2.27： $X = \mathbb{R}^2, \|(x_1, x_2)\|_1 = |x_1| + |x_2|$，$A$为单位闭球，则$A$的端点为$(0, \pm 1), (\pm 1, 0)$. $\|(x_1, x_2)\|_\infty = |x_1| \vee |x_2|$，$A$为单位闭球，则$A$的端点为$(\pm 1, \pm 1)$.

注意不是任何赋范空间中的闭球都有端点，比如下面例子。

例 2.28： $X = C_0 = \{(x_n)_{n \geq 1} \in \ell^\infty : \lim_{n \to \infty} x_n = 0\}, \|(x_n)_{n \geq 1}\|_\infty = \max_{n \geq 1} |x_n|$, $A = \{(x_n)_{n \geq 1} \in C_0, \|(x_n)_{n \geq 1}\|_\infty \leqslant 1\}$，则$\text{Ext}(A) = \emptyset$.
事实上，对任意的$x \in A$，由 $\lim_{n \to \infty} x_n = 0$ 可知存在$N \in \mathbb{N}$使得当$n \geq N$时，$|x_n| < \frac{1}{4}$. 取

$$y = (x_1, \cdots, x_{N-1}, x_N + \frac{1}{4}, x_{N+1}, \cdots), z = (x_1, \cdots, x_{N-1}, x_N - \frac{1}{4}, x_{N+1}, \cdots),$$

则有$y, z \in A, y \neq z$并且 $x = \frac{1}{2}y + \frac{1}{2}z$, 所以$x$不是端点（**注意上面的$A$是一个闭集，但是由于是无穷维空间，它这里不是一个紧集，对于非空凸紧集，将有下面的定理）**.

定理 2.48: （**Krein-Milman 定理**） X是赋范空间， $A \subset X$ 为非空凸紧集，则 $\mathrm{Ext}(A) \neq \emptyset$ 并且 $\overline{co(\mathrm{Ext}(A))} = A$.

证明 设$B \subset A$ 非空，称B为A的一个面，若$x, y \in A, 0 < \lambda < 1$ 使得$\lambda x + (1 - \lambda)y \in B$, 则必有$x, y \in B$. 根据定义可知 $x_0 \in A$, 则$\{x_0\}$ 为一个面当且仅当$x_0 \in \mathrm{Ext}(A)$. 同时如果B 是A 的一个面， C是B的一个面，则C也是A 的一个面.

令ξ为所有A的闭面所组成的集合. 由于距离空间中的紧集一定是有界闭集，所以A是自己的一个闭面，即$A \in \xi$, 因此$\xi \neq \emptyset$. 考虑$A_1, A_2 \in \xi$, 定义 $A_1 \preccurlyeq A_2 \Leftrightarrow A_2 \subseteq A_1$, 则" $\preccurlyeq$ " 为ξ上的半序.

设ξ_1为ξ的一个非空全序子集，并令 $A_1 = \bigcap_{B \in \xi_1} B$, 若$x, y \in A, 0 < \lambda < 1, \lambda x + (1 - \lambda)y \in A_1$, 则意味着$\forall B \in \xi, \lambda x + (1 - \lambda)y \in B$, 根据$B$为$A$的一个面可得 $x, y \in B$, 进而可得 $x, y \in \bigcap_{B \in \xi_1} B = A_1$, 这样就得到了$A_1$也是$A$的一个面.

下面要说明$A_1 \neq \emptyset$. 如果$A_1 = \emptyset$, 则$\cup_{B \in \xi_1} B^c = A$, 根据$A$为紧集，可知存在有限个$B_1, \cdots, B_n \in \xi_1$ 使得 $\bigcup_{i=1}^n B_i^c = A$. 因为$\xi_1$ 是ξ的非空全序子集，不妨设 $B_1 \preccurlyeq B_2 \preccurlyeq \cdots \preccurlyeq B_n$， 因此有 $A = B_n^c \Rightarrow B_n = \emptyset$, 矛盾（这里利用全序的性质可知满足有限交性质，所以根据A紧也可以知道所有的交非空）.

这样就得到了$A_1 \neq \emptyset, A_1$为面，它为ξ_1的一个上界. 由于ξ任何一个全序子集ξ_1都有上界，利用Zorn引理， ξ有极大元S. 下证$S = \{x_0\}$. 令 $c = \max_{x \in S} f(x)$. 首先指出c是可达的，事实上考虑$x_n \in S, f(x_n) \to c$, 利用A是一个紧集， $\{x_n\}$ 有收敛子列，不妨仍记为本身，并记$x_n \to x_0$, 由f的连续性可得$f(x_0) = c$. 而S 为A的一个闭面，所以$x_0 \in S$. 由于$S_1 = \{x \in S : f(x) = c\} \subset S$, 则上面的论述表明了$S_1 \neq \emptyset$. 另外，$S_1$还是一个闭凸集。首先利用$f$的连续性，$S_1$是闭的显然成立. 考虑任意的$x, y \in S_1, \lambda \in (0, 1)$, 利用$S$是$A$的一个面可得 $\lambda x + (1 - \lambda)y \in S$, 另外， $f(\lambda x + (1 - \lambda)y) = \lambda f(x) + (1 - \lambda)f(y) = \lambda c + (1 - \lambda)c = c$，所以$\lambda x + (1 - \lambda)y \in S_1$, 故$S_1$为凸的.

下面证明S_1还是S的一个面. 这是因为对任意的$x, y \in S, 0 < \lambda < 1$, 如果 $\lambda x + (1 - \lambda)y \in S_1 \subset S \subset A$, 则首先利用$S$是$A$的一个面可知$x, y \in S$, 于是有$f(x) \leqslant c, f(y) \leqslant c$, 这样 $c = f(\lambda x + (1 - \lambda)y) = \lambda f(x) + (1 - \lambda)f(y) \leqslant \lambda c + (1 - \lambda)c = c$, 可得 $f(x) = f(y) = c$. 由此得出$x, y \in S_1$, 故S_1是S的一个闭

面，从而也是A的一个闭面.

利用S为极大元可得$S_1 = S$，这表明f在S上恒为常数c_f. 如果S不是单点集，则可以取$x, y \in S, x \neq y$, 再由Hahn-Banach定理可知存在$f \in X'$使得$f(x - y) = \|x - y\| > 0$, 即$f(x) \neq f(y)$. 与f在S上恒为常数矛盾，因此S为单点集，从而$\text{Ext}(A) \neq \emptyset$.

记$\overline{co(\text{Ext}(A))} = C$, 则由于$A$为闭凸集，可知$C \subseteq A$. 要证明$C = A$, 下面只需证明$A \subseteq C$. 若不然，存在$x_0 \in A$但$x_0 \notin C$, 由于$C$为闭凸集，由推论2.6可知存在$f \in X', f \neq 0$使得$\sup_{y \in C} f(y) < f(x_0)$.

考虑$A_2 = \{x \in A : f(x) = \max_{y \in A} f(y)\}$, 则经过类似前面的讨论可知$A_2$是一个非空紧凸集，同时$A_2$还是$A$的一个闭面. 由于$\sup\limits_{y \in C} f(y) < f(x_0) \leqslant \max\limits_{y \in A} f(y)$, 可知$A_2$与$C$是不相交的闭面，$f$分离$A_2$和$C$.

但是经过类似上面讨论，又可以证明A_2端点集也非空，取$y_0 \in \text{Ext}(A_2)$, 即$\{y_0\}$为A_2的一个闭面，而A_2为A的闭面，所以$\{y_0\}$也为A的闭面，即$y_0 \in \text{Ext}(A)$, 这样$y_0 \in \text{Ext}(A_2) \cap \text{Ext}(A) \Rightarrow y_0 \in A_2 \cap C$, 与$A_2$与$C$是不相交的闭面矛盾. □

2.4　自反空间、可分空间、一致凸空间

2.4.1　自反空间

设X为赋范线性空间，可以在它上面考虑它的有界线性泛函X', 构成一个完备的Banach空间. 因此可以继续在X'上考虑它的有界线性泛函构成的空间X''. 而对于$\forall x \in X$, 可以定义$x(f) = f(x), \forall f \in X'$, 可以验证$x$按照这个作用可以被看作$X'$上的一个有界线性泛函. 因此可以考虑所谓的典范映射.

定义 2.44: （典范映射）设X为赋范线性空间，$\forall x \in X$, 令$g_x \in X'', g_x(f) = f(x)$,

$$i : X \to X''$$

$$x \mapsto g_x \text{ 为典范映射.}$$

可以验证i是线性的，单射，保范. $|g_x(f)| = |f(x)| \leqslant \|x\| \Rightarrow \|g_x\| \leqslant \|x\|$, 另外由Hahn-Banach定理可知存在$f \in X', \|f\| = 1$使得$|f(x)| = \|x\|$, 即$g_x(f) = \|x\|$,

故$\|g_x\| = \|x\|$. 因此X可以被看作X''的子空间.

定义 2.45: （**自反空间**） 若上面的i也是满射，则称X为自反空间.

定理 2.49: （**Pettis 定理**） 自反空间的闭子空间必定是自反的.

证明 考虑X是自反的，X_0是X的闭子空间，下面证明X_0也是自反的. 注意X_0总是自然嵌入二次对偶空间X_0''的一个闭线性子空间里面的，因此要它自反，等价于证明这个自然嵌入是满的.

因此，证明对任意的$\bar{z}_0 \in X_0''$，必定存在某个$z_0 \in X_0$使得X_0到X_0''的自然嵌入i满足$i(z_0) := g_{z_0} = \bar{z}_0$，即要证明$\bar{z}_0(f_0) = (i(z_0))(f_0) = g_{z_0}(f_0) = f_0(z_0), \forall f_0 \in X_0'$.

证明的思路如下：既然要证明对任意的$f_0 \in X_0'$上面关系都成立，首先可以先找某个特殊的$f_0 \in X_0'$来预判出z_0. 要预判出z_0，需要利用X的自反性质，通过X的自反性质找到某个$z_0 \in X$，再证明找到的这个z_0事实上处于更小的空间X_0上.

事实上对$\forall f \in X'$，记$f_0 := f|_{X_0}$，则$f_0 \in X_0'$且$\|f_0\| \leqslant \|f\|$. 定义$\bar{z}(f) = \bar{z}_0(f_0), \forall f \in X'$，这表明了$\bar{z} \in X''$. 由于$X$是自反的，因此存在$z_0 \in X$使得$X$到$X''$的自然嵌入满足$i(z_0) = \bar{z}$.

下面将证明$z_0 \in X_0$. 否则，利用X_0是闭子空间以及$z_0 \notin X_0$，由Hahn-Banach定理可知存在$f \in X'$，使得$f|_{X_0} = 0, f(z_0) = 1$. 于是$1 = f(z_0) = \bar{z}(f) = \bar{z}_0(f|_{X_0}) = \bar{z}_0(0) = 0$，矛盾.

对于上述找到的$z_0 \in X_0$，考虑$\forall f_0 \in X_0'$，由于X_0'也是X'的闭线性子空间，所以由Hahn-Banach定理可知存在$f \in X'$使得$f|_{X_0} = f_0$，于是有$i(z_0)(f_0) = f_0(z_0) = f(z_0) = i(z_0)(f) = \bar{z}(f) = \bar{z}_0(f_0)$. □

引理 2.4: （**Helly**） X是Banach空间，$f_1, \cdots, f_k \in X', \gamma_1, \cdots, \gamma_k \in \mathbb{R}$. 下面两个性质等价：

（1）$\forall \varepsilon > 0, \exists x_\varepsilon \in X, \|x_\varepsilon\| \leqslant 1$ 且 $|\langle f_i, x_\varepsilon \rangle - \gamma_i| < \varepsilon, \forall i = 1, 2, \cdots, k$；

（2）$\left| \sum\limits_{i=1}^{k} \beta_i \gamma_i \right| \leqslant \left\| \sum\limits_{i=1}^{k} \beta_i f_i \right\|, \forall \beta_1, \cdots, \beta_k \in \mathbb{R}$.

证明

（1）$\Rightarrow$（2）：固定 $\beta_1, \cdots, \beta_k \in \mathbb{R}$ 并令 $S = \sum_{i=1}^{k} |\beta_i|$. 由（1）可得 $|\langle f_i, \beta_i x_\varepsilon \rangle -$

$\gamma_i \beta_i| < \varepsilon |\beta_i|, \forall i = 1, 2, \cdots, k$. 进而 $\left| \sum_{i=1}^{k} \beta_i \langle f_i, x_\varepsilon \rangle - \sum_{i=1}^{k} \gamma_i \beta_i \right| < \varepsilon S$，因此 $\left| \sum_{i=1}^{k} \gamma_i \beta_i \right| \leqslant$

$\| \sum_{i=1}^{k} \beta_i f_i \| \| x_\varepsilon \| + \varepsilon S \leqslant \| \sum_{i=1}^{k} \beta_i f_i \| + \varepsilon S$. 由 ε 的任意性，可知（2）成立.

（2）$\Rightarrow$（1）：令 $\gamma = (\gamma_1, \cdots, \gamma_k) \in \mathbb{R}^k$ 并考虑映射 $\varphi : X \to \mathbb{R}^k$ 定义为 $\varphi(x) = (\langle f_1, x \rangle, \cdots, \langle f_k, x \rangle)$. 此外（1）的结论本质上正是 $\gamma \in \overline{\varphi(B_X)}$. 采取反证法，假设（1）不成立，那么 $\{\gamma\}$ 和 $\overline{\varphi(B_X)}$ 是分离的，于是由 Hahn-Banach 定理可知存在某个超平面分离它们，即存在某个泛函 $g \in X'$ 和 $\alpha \in \mathbb{R}$ 使得 $\sup_{y \in \overline{\varphi(B_X)}} g(y) < \alpha < g(\gamma)$. 根据 Hilbert 空间中的 Riesz 表示定理，可得相当于存在某个 $\beta \in \mathbb{R}^k$ 使得 $\beta \cdot \varphi(x) < \alpha < \beta \cdot \gamma, \forall x \in B_X$，于是 $\left\langle \sum_{i=1}^{k} \beta_i f_i, x \right\rangle < \alpha <$

$\sum_{i=1}^{k} \beta_i \gamma_i, \forall x \in B_X$，因此 $\left\| \sum_{i=1}^{k} \beta_i f_i \right\| \leqslant \alpha < \sum_{i=1}^{k} \beta_i \gamma_i$，与（2）矛盾. $\qquad \square$

引理 2.5： （**Goldstine**）　令 X 是 Banach 空间，i 为 X 到 X'' 的典范映射，则 $i(B_X)$ 在 $B_{X''}$ 关于拓扑 $\sigma(X'', X')$ 稠密，对应地，$i(X)$ 在 X'' 关于拓扑 $\sigma(X'', X')$ 稠密.

证明　任取 $\xi \in B_{X''}$ 并考虑它的任意一个相对于拓扑 $\sigma(X'', X')$ 的邻域 V，需要证明 $V \cap i(B_X) \neq \varnothing$. 不妨假设存在 $f_1, \cdots, f_k \in X'$ 以及某个 $\varepsilon > 0$ 使得开集 V 可以用下面形式表示出来（因为下面这种形式的开集构成一个邻域基，只需考虑这种形式的开集成立即可，见定理 2.6），$V = \{\eta \in X'' : |\langle \eta - \xi, f_i \rangle| < \varepsilon, \forall i = 1, 2, \cdots, k\}$. 需要找到某个 $x \in B_X$ 使得 $i(x) \in V$，即 $|\langle f_i, x \rangle - \langle \xi, f_i \rangle| < \varepsilon, \forall i = 1, 2, \cdots, k$. 记 $\gamma_i = \langle \xi, f_i \rangle$，则相当于要验证引理 2.4-(i) 成立，因此等价于只需验证 $\left| \sum_{i=1}^{k} \beta_i \gamma_i \right| \leqslant \left\| \sum_{i=1}^{k} \beta_i f_i \right\|$. 而这个由 $\sum_{i=1}^{k} \beta_i \gamma_i =$

$\sum_{i=1}^{k} \beta_i \langle \xi, f_i \rangle = \langle \xi, \sum_{i=1}^{k} \beta_i f_i \rangle \leqslant \|\xi\| \| \sum_{i=1}^{k} \beta_i f_i \| \leqslant \| \sum_{i=1}^{k} \beta_i f_i \|$ 可保证. $\qquad \square$

注释 2.22: 注意上面的两个引理都只要求X是Banach空间，并不要求它是自反的. 由上面的引理2.5可知$i(B_X)$在$B_{X''}$中关于拓扑$\sigma(X'', X')$稠密. 但通常来说关于强拓扑它不一定是稠密的. 事实上$i(B_X)$在强拓扑意义下是一个闭集. 比如说考虑$i(B_X)$中的点列$\xi_n = i(x_n) \to \xi$ in X''，根据典范映射是保范的，可知$\{x_n\}$为X中的Cauchy列，由X为Banach空间可知$x_n \to x \in B_X$. 于是根据典范映射的连续性可得$\xi = i(x) \in i(B_X)$，故$i(B_X)$在强拓扑意义下是闭的. 所以如果$i(B_X) \neq X''$，则$i(B_X)$为$B_{X''}$的一个真闭子集，从而不稠密，对应的$i(X)$为X''的一个真闭子空间. 由此可见$i(B_X)$在$B_{X''}$中关于强拓扑稠密当且仅当$i(B_X) = B_{X''}$，即$X = X''$，亦即X是自反的.

定理 2.50: （**Kakutani, 自反空间的基本性质**） X是Banach空间，则X是自反的，当且仅当$B_X = \{x \in X : \|x\| \leqslant 1\}$关于拓扑$\sigma(X, X')$是紧的（即弱紧的）.

证明 X自反，$X = X''$. 在X'上利用Banach-Alaoglu定理（见定理2.36），可得X''上的单位球是w^*-紧的，即关于$\sigma(X'', X')$拓扑是紧的. 由$X'' = X$可得X上的单位球关于$\sigma(X, X')$拓扑是紧的，即是弱紧的.

下面证明反过来的关系. 首先指出典范映射$i : X \to X''$从拓扑$\sigma(X, X')$到$\sigma(X'', X')$总是连续的，也就是说对任意的相对于拓扑$\sigma(X, X')$的收敛序列$x_n \to x$，则关于拓扑$\sigma(X'', X')$都有$i(x_n) \to i(x)$. 事实上对任意固定的$f \in X'$，根据典范映射的定义可得$\langle i(x_n) - i(x), f \rangle = \langle f, x_n - x \rangle \to 0$. 现在假设$B_X$关于拓扑$\sigma(X, X')$是紧的，则$i(B_X)$关于拓扑$\sigma(X'', X')$也是紧的，进而它是闭的（**对于$F \neq G \in X''$，根据定义可知必定存在某个$f \in X'$使得$\langle F, f \rangle \neq \langle G, f \rangle$，所以在$X''$上装备拓扑$\sigma(X'', X')$是$T_2$空间，而$T_2$空间的紧集一定是闭的**）. 根据引理2.5可知$i(B_X)$关于拓扑$\sigma(X'', X')$在$B_{X''}$中稠密. 因此$i(B_X) = B_{X''}$，进而$i(X) = X''$，即$X$是自反的. $\square$

下面的定理是研究PDE的时候经常使用的结论：

定理 2.51: （**自反有界就有弱收敛子列**） X是自反的Banach空间，$\{x_n\} \subset X$是一个有界序列，则存在一个子列$\{x_{n_k}\}$在拓扑$\sigma(X, X')$意义下收敛.

证明　由Kakutani定理可得（有界闭集只要同时除以一个足够大的数即可变成单位闭球上的子集，在后面将证明有界集上的弱拓扑$\sigma(X, X')$是可度量化的，从而这个紧性等价于讨论距离空间中的紧性，所以可以得出子列收敛的结论，具体证明放在学习完可分性之后再补充）. □

定理 2.52： **（Eberlein-Shmulyan 定理）** X是Banach空间，如果它的任意有界点列都有弱收敛子列，则X是自反的.

证明　这定理的条件等价于B_X中的单位闭球在弱拓扑意义下是一个紧集，即它是弱紧的. 故由Kakutani定理的必要性可得出最后结论. □

推论 2.7：　自反Banach空间X的有界闭凸子集 K 一定是弱紧的.

证明　由于X自反， K有界，则首先相对于弱拓扑$\sigma(X, X')$来说它是列紧集. 所以只需证明它是闭的即可. 而这个由于它的凸性可保证（见Mazur 定理2.45）. □

推论 2.8：　Banach空间X是自反的当且仅当X'是自反的.

证明　假设X自反，要证明X'自反. 为了简单起见直接把X, X''看作同一个空间，此时 $X'' = X \Rightarrow X''' = X'$，所以$X'$ 自反.

反过来，假设X'自反，即$X''' = X'$，要证明 $X'' = X$. 由上面的结论可知相当于已经证明了X''的自反性. 由于典范映射$i(X)$ 是X中的一个闭子空间（强拓扑意义下，见注释2.22），于是由Pettis定理2.49 可知， $i(X)$是自反的，从而X是自反的. □

注释 2.23：

（1）利用对偶空间的完备性，可知自反空间一定是完备的，因为X''完备，而$X = X''$.

（2）若X自反，则上面的i 是一个既单又满的保范线性映射，所以$X \approx X''$. 此时可以把X 和X''等同一个空间.

（3）下面讲到的Hilbert 空间，包括将来学习的$L^p, 1 < p < \infty$ 空间都是自反的.

定义 2.46： （下半连续）$f : X \to \mathbb{R}$, 对于任意的 $x \in X$ 以及 $x_n \to x$, 都有 $f(x) \leqslant \liminf\limits_{n \to \infty} f(x_n)$, 则称 f 满足下半连续性（英文缩写为 l.s.c., 也见后面的定义 7.4）.

下面给出一个例子来展示自反空间以及凸下半连续函数的重要性.

例 2.29： X 自反 Banach 空间, $A \subset X$ 为非空闭凸子集。考虑 $\varphi : A \to (-\infty, +\infty]$ 是一个凸下半连续泛函, 其中 $\varphi \not\equiv +\infty$ 并且 $\lim\limits_{x \in A, \|x\| \to \infty} \varphi(x) = +\infty$（这个条件**通常称为强制性条件, 当 A 为有界集时, 这个条件不需要**）, 则有结论: φ 在 A 上最小值可达, 即存在 $x_0 \in A$ 使得 $\varphi(x_0) = \min_A \varphi$.

证明　固定某个 $a \in A$ 使得 $\varphi(a) < +\infty$, 记 $\tilde{A} = \{x \in A : \varphi(x) \leqslant \varphi(a)\}$, 则在弱拓扑意义下 $\tilde{A}$ 是一个有界闭凸子集（**根据强制性条件有界性结论显然成立, 凸性由 φ 是凸函数可得, 闭性由下半连续性可得**）. 另外, 根据凸集在强拓扑意义下闭跟在弱拓扑意义下闭等价可知: 相对于弱拓扑, φ 同样是 l.s.c.（也称它弱下半连续, 记为 w.l.s.c.）. 因此 φ 在 $\tilde{A}$ 上最小值可达, 即存在 $x_0 \in \tilde{A}$ 使得 $\varphi(x_0) \leqslant \varphi(x), \forall x \in \tilde{A}$. 如果 $x \in A \backslash \tilde{A}$, 则有 $\varphi(x_0) \leqslant \varphi(a) < \varphi(x)$. 因此有 $\varphi(x_0) \leqslant \varphi(x), \forall x \in A$. ∎

2.4.2　可分空间

定义 2.47： （可分空间的定义）X 是一个度量空间, 称 X 是可分的, 如果它有一个可数的稠密子集, 即存在 $D \subset X, D$ 可数, $\overline{D} = X$.

注释 2.24： 我们接触的很多空间都是可分的, 比如实数域上的有限维空间（它等价于 $\mathbb{R}^N$）, 以及将来接触的 L^p（以及 ℓ^p）空间, 在 $1 \leqslant p < \infty$ 时都是可分的, 但 $p = \infty$ 时不可分.

定理 2.53： （可分空间的子集是可分的）X 是一个可分度量空间, 则 X 的任意一个子集 F 都是可分的.

证明　因为 X 可分, 可以考虑 $\{u_n\}$ 是它的一个可数稠密子集（注意此时的 u_n 可能不属于 F）. 随便取一个正数序列 $r_m \to 0$, 则根据稠密性可知$\forall m, \exists n$ s.t. $B(x_n, r_m) \cap F \neq \emptyset$. 所以对于那些满足$B(x_n, r_m) \cap F \neq \emptyset$的$m, n$, 随便取其中一点记为$y_{m,n}$, 则取到的集合$\{y_{m,n}\}$是一个可数集. 同时对任意的$x \in F$, 以及任意的$m$, 由于$\{u_n\}$在$X$中稠密并且$r_m > 0$, 可知必定存在某个$u_{n_{x,m}}$使得 $x \in F \cap B(u_{n_{x,m}}, r_m)$. 于是根据$y_{m,n_{x,m}}$的取法可知$d(x, y_{m,n_{x,m}}) \leqslant 2r_m \to 0$ as $m \to +\infty$. 故$\{y_{m,n}\}$在F中稠密, 从而F是可分的. □

定理 2.54: **(Banach空间的对偶可分则自己可分)** X是一个Banach空间, X'是它的对偶空间. 如果X'可分, 则 X可分.

证明　由于X'的可分性, 可以取到可数稠密子集$\{f_n\}_{n \geq 1} \subset X'$. 根据范数定义$\|f_n\| = \sup\limits_{\substack{x \in X \\ \|x\| \leqslant 1}} \langle f_n, x \rangle$, 可以取到$x_n \in X$使得$\|x_n\| = 1, \langle f_n, x_n \rangle \geq \frac{1}{2}\|f_n\|$. 由于有理数$\mathbb{Q}$是一个域, 可以考虑在$\mathbb{Q}$上由$\{x_n\}$张成的空间, 并记为$L_0$, 具体来说即$L_0 = \{y : y = \sum\limits_{k=1}^{m} q_k z_k, m \in \mathbb{N}, q_k \in \mathbb{Q}, z_k \in \{x_n\}\}$. 根据可数个可数集的并集仍旧是一个可数集这个性质可知L_0是一个可数集.

又记L为$\mathbb{R}$上由$\{x_n\}$张成的空间, 利用$\mathbb{Q}$在R中的稠密性可得L_0在L中稠密. 下面证明L在X中稠密, 即$\overline{L} = X$. 要证明这一点, 只需证明对任意的$f \in X', f\big|_{\overline{L}} = 0$, 则$f = 0$即可（因为若不等, 则可取到$x_0 \in X \backslash \overline{L}$, 由Hahn-Banach定理可得, 存在$f \in X', f\big|_{\overline{L}} = 0, f(x_0) = \text{dist}(x_0, \overline{L}), \|f\| = 1$）.

$\forall \varepsilon, \exists f_N$使得$\|f - f_N\| < \varepsilon$, 再由$f\big|_{\overline{L}} = 0$可得$\frac{1}{2}\|f_N\| \leqslant \langle f_N, x_N \rangle = \langle f_N - f, x_N \rangle < \varepsilon$, 利用三角不等式可得$\|f\| \leqslant \|f - f_N\| + \|f_N\| < \varepsilon + 2\varepsilon = 3\varepsilon$. 于是由$\varepsilon$的任意性, 可得$f = 0$. 至此可得$\overline{L_0} = \overline{L} = X$, 所以$X$是可分的. □

注释 2.25:　注意这个定理的逆命题并不成立, 也就是说X可分并不能保证X'可分。将来会学习到$L^1(\Omega)$空间, 它是可分的Banach空间, 它的对偶空间是$L^\infty(\Omega)$, 但当Ω不是由有限个原子组成的集合时, $L^\infty(\Omega)$是不可分的. 同时通过这个例子可知$L^\infty(\Omega)$的对偶空间不可能是$L^1(\Omega)$了, 而是一个比$L^1(\Omega)$更大的空间. 否则, 如果$L^\infty(\Omega)$的对偶是$L^1(\Omega)$的话, 则根据$L^1(\Omega)$是可分的, 由上面定理可知$L^\infty(\Omega)$应该可分, 矛盾.

推论 2.9:　（**Banach空间中的可分自反与对偶空间的可分自反等价**）X是Banach空间, 则X是可分自反的当且仅当X'是可分自反的.

证明 X自反当且仅当X'自反，这个在前面已经学习过（见推论2.8）. 所以结合上面的定理2.54可得 X'可分自反 $\Rightarrow$ X是可分自反的.

反之，如果X可分自反的，则根据$X'' = i(X)$可得X''是可分自反的，于是同理可得X'是可分自反的. $\qquad\square$

定义 2.48： （**可度量化的**） 如果存在X上的一个度量d使得由(X, d)诱导出来的拓扑恰好就是τ,则称拓扑空间(X, τ)是可度量化的.

注释 2.26： 可分性质跟弱拓扑的可度量化有着密切的关系. 弱拓扑在全空间上是不可度量化的，但是对偶空间X'可分的话，可在X上的有界集定义一个度量使得诱导的拓扑恰好就是弱拓扑.

之前学习过了无穷维空间中的单位球面不是弱紧的. 准确来说，关于单位球面有下面定理.

定理 2.55： （**单位球面弱闭包为单位球**） X为无穷维赋范线性空间，$S = \{x \in X : \|x\| = 1\}$为它的单位球面，则$S$在弱拓扑$\sigma(X, X')$意义下不可能是闭集，准确来说有结论 $\overline{S}^{\sigma(X,X')} = B_X := \{x \in X : \|x\| \leqslant 1\}$.

证明 之前在学习有限维空间本质的时候针对无穷维空间已经找到S中一个弱收敛到0的子列，因为$0 \notin S$，所以S 不是弱闭的. 下面证明$\overline{S}^{\sigma(X,X')} = B_X$. 它等价于证明：$\forall x_0 \in X, \|x_0\| < 1$，考虑它任意一个弱拓扑$\sigma(X, X')$意义下的开邻域$V$, $V \cap S \neq \emptyset$. 首先，利用开集的构造，可以假设V 具有形式 $V = \{x \in X : |\langle f_i, x - x_0 \rangle| < \varepsilon, \quad \forall i = 1, 2, \cdots, k\}$，其中这里的$\varepsilon > 0$, $f_1, \cdots, f_k \in X'$. 于是可以找到某个$y_0 \in X, y_0 \neq 0$ 使得 $\langle f_i, y_0 \rangle = 0, \forall i = 1, 2, \cdots, k$. 由此总可以找到某个$t_0 \in (0, +\infty)$ 使得 $x_0 + ty_0 \in S$. 此时，由y_0的选取可得 $\langle f_i, x_0 + ty_0 \rangle = \langle f_i, x_0 \rangle < \varepsilon, \forall i = 1, 2, \cdots, k$. 故$x_0 + ty_0 \in V \cap S$，由此可得 $x_0 \in \overline{S}^{\sigma(X,X')}$，进而可得 $S \subset B_X \subset \overline{S}^{\sigma(X,X')}$. 另外，由于 $B_X = \bigcap\limits_{\substack{f \in X' \\ \|f\| \leqslant 1}} \{x \in X : |\langle f, x \rangle| \leqslant 1\}$，可知$B_X$ 也是弱闭的，因此$\overline{S}^{\sigma(X,X')} = B_X$. $\qquad\square$

注释 2.27： 这里需要指出上面要求的y_0总是存在的，否则考虑映射$\varphi : X \to \mathbb{R}^k, \varphi(x) = (\langle f_1, x \rangle, \langle f_2, x \rangle, \cdots, \langle f_k, x \rangle)$. 若这样的$y_0$不存在，则构造的这个映射是一个线性单射，于是$\dim X \leqslant k$, 与$X$是无穷维赋范线性空间矛盾.

另外，通过之前学过的Mazur定理可知对于凸集来讲，**强闭等价于弱闭**. 但是下面的结论将给出开集的话就不等价了.

定理 2.56： （范数意义下开球不是弱开集） X是无穷维赋范线性空间，$U := \{x \in X : \|x\| < 1\}$ 为强拓扑意义下的单位开球，则在弱拓扑$\sigma(X, X')$ 意义下它不可能是一个开集.

证明 采取反证法，假设U也是弱拓扑意义下的开集，则有$U^c = \{x \in X : \|x\| \geq 1\}$ 为弱拓扑意义下的闭集. 进而可得$S = B_X \cap U^c$ 为弱拓扑意义下的闭集，与上面的定理2.55矛盾. □

注释 2.28： 对于无穷维空间来说，它的弱拓扑$\sigma(X, X')$ 总是不可度量化的，也就是不存在X上的一个度量（或者更进一步的，不存在范数）使得诱导出来的拓扑恰好是弱拓扑$\sigma(X, X')$. 但是如果X'是可分的，可以在X上定义一个范数，使得该范数在X的有界集上诱导的拓扑恰好就是弱拓扑，见下面定理.

定理 2.57： （可分**Banach**空间的对偶单位球上w^*-拓扑可度量化） X是可分的Banach空间，则$B_{X'}$ 在w^*-拓扑$\sigma(X', X)$ 意义下是可度量化的. 反过来，如果$B_{X'}$ 在w^*-拓扑$\sigma(X', X)$ 意义下是可度量化的，则X是可分的 （**也就是说Banach空间X 是否可分，依赖于$B_{X'}$ 在w^*-拓扑$\sigma(X', X)$ 意义下是否可度量化，这个定理可以用来当作可分的判定定理**）.

证明 现在假设X是可分的Banach空间，可以取B_X的一个可数稠密子集$\{x_n\}_{n\geq 1}$. 对任意的$f \in X'$，定义度量 $[f] := \sum_{n=1}^{\infty} \frac{1}{2^n} |\langle f, x_n \rangle|$. 则可以看出$[\cdot]$为$X'$上的一个范数，并且满足关系$[f] \leq \|f\|$. 定义度量 $|f - g| = [f - g]$. 下面证明由这个度量d诱导的拓扑限制在$B_{X'}$上与w^*-拓扑$\sigma(X', X)$ 限制在$B_{X'}$上是一致的.

（1）首先考虑$f_0 \in B_{X'}$并且令V为f_0关于w^*-拓扑$\sigma(X', X)$的一个开邻域，证明存在一个由度量d诱导的f_0的开邻域U使得$U \subset V$，即要找到某个$r > 0$使得 $U = \{f \in B_{X'} : d(f, f_0) < r\} \subset V$. 同之前类似，可以假设$V$具有形式$V = \{f \in B_{X'} : |\langle f - f_0, y_i \rangle| < \varepsilon, \forall i = 1, 2, \cdots, k\}$，其中，$\varepsilon > 0, y_1, \cdots, y_k \in X$. 不

失一般性，不妨设$\|y_i\| \leqslant 1$对所有的$i = 1, 2, \cdots, k$都成立. 于是根据稠密性，对任意的i, 总可以找到某个n_i使得$\|y_i - x_{n_i}\| < \dfrac{\varepsilon}{4}$.

由于$\{y_i\}$的有限性，可以找到某个$r > 0$使得$2^{n_i} r < \dfrac{\varepsilon}{2}, \forall i = 1, 2, \cdots, k$. 下面将验证$U \subset V$. 事实上，如果$d(f - f_0) < r$, 则根据$d$的定义可以有$\dfrac{1}{2^{n_i}} |\langle f - f_0, x_{n_i} \rangle| < r, \forall i = 1, 2, \cdots, k$, 从而$|\langle f - f_0, x_{n_i} \rangle| < 2^{n_i} r < \dfrac{\varepsilon}{2}$. 这样可得$|\langle f - f_0, y_i \rangle| = |\langle f - f_0, y_i - x_{n_i} \rangle + \langle f - f_0, x_{n_i} \rangle| \leqslant \|f - f_0\| \|y_i - x_{n_i}\| + |\langle f - f_0, x_{n_i} \rangle| < 2 \cdot \dfrac{\varepsilon}{4} + \dfrac{\varepsilon}{2} = \varepsilon$. 因此$V \subset U$.

（2）其次，对于$f_0 \in B_{X'}$以及任意的$r > 0$, 记$U = \{f \in B_{X'} : d(f, f_0) < r\}$, 它是$d$诱导的拓扑限制在$B_{X'}$，$f_0$的一个开邻域，需找到$f_0$关于$w^*$-拓扑$\sigma(X', X)$的一个开集$V$使得$V \subset U$. 目标也是寻找合适的$\varepsilon > 0$以及$x_i \in X, i = 1, 2, \cdots, k$使得$V = \{f \in B_{X'} : |\langle f - f_0, x_i \rangle| < \varepsilon, \forall i = 1, 2, \cdots, k\}$. 这样对于$f \in V$, 根据$d$的定义有

$$d(f, f_0) = \sum_{n=1}^{k} \frac{1}{2^n} |\langle f - f_0, x_n \rangle| + \sum_{n=k+1}^{\infty} \frac{1}{2^n} |\langle f - f_0, x_n \rangle| < \varepsilon + 2 \sum_{n=k+1}^{\infty} \frac{1}{2^n},$$

因此只需取$\varepsilon = \dfrac{r}{2}$以及$k$充分大使得$2 \displaystyle\sum_{n=k+1}^{\infty} \frac{1}{2^n} = \frac{1}{2^{k-1}} < \frac{r}{2}$, 则可保证$d(f, f_0) < r$.

综合上面（1）和（2）两方面，证明了d诱导了w^*-拓扑在$B_{X'}$上的限制拓扑.

最后证明反过来的结论，现在假设$B_{X'}$是可度量化的，要证明X是可分的. 令$U_n = \{f \in B_{X'} : d(f, 0) < \dfrac{1}{n}\}$以及$V_n$是$0$的一个关于$w^*$-拓扑$\sigma(X', X)$的开邻域使得$V_n \subset U_n$. 不妨设$V_n$具有形式$V_n = \{f \in B_{X'} : |\langle f, x \rangle| < \varepsilon_n, \forall x \in I_n\}$, 其中这里的$\varepsilon_n > 0, I_n$为$X$的一个有限子集. 记$D = \displaystyle\bigcup_{n=1}^{\infty} I_n$, 则$D$是一个可数集. 另外记$L_D$为$D$关于$\mathbb{Q}$生成的空间，可知$L_D$也是一个可数集. 最后记$S_D$为$D$关于$\mathbb{K}$生成的空间，则$L_D$在$S_D$中稠密. 下面证明$S_D$在$X$中稠密，从而可得$L_D$在$X$中稠密，即得出$X$是可分的结论. 要证明这个结论，任取$f \in X', f\big|_D = 0$, 我们需要证明$f = 0$. 事实上，根据$D$的定义，可得$f \in V_n, \forall n$, 从而$f \in \displaystyle\bigcap_{n \geqslant 1} V_n \subset \bigcap_{n \geqslant 1} U_n \Rightarrow d(f, 0) = 0$, 所以$f = 0$. $\qquad\square$

定理 2.58: X是Banach空间，X'可分，则B_X的弱拓扑$\sigma(X, X')$可度量化. 反过来，如果B_X的弱拓扑$\sigma(X, X')$可度量化，则X'是可分的.

证明 前半部分的结论证明可以采取类似上面定理的证明方法. 反过来的那部分结论的证明会复杂很多（省略）. □

下面推论是结合Banach-Alaoglu定理得到的强大性质结论，是伴随PDE研究使用频率非常高的定理结论.

推论 2.10: （**可分Banach空间的对偶有界序列有w^*收敛的子列**） X是可分的Banach空间，$\{f_n\}$是X'中的一个有界序列，则存在子列$\{f_{n_k}\}$在w^*-拓扑$\sigma(X', X)$意义下收敛.

证明 不妨设$\|f_n\| \leq 1, \forall n$. 利用Banach-Alaoglu定理可得$B_{X'}$是$w^*$紧的. 另外，由上面的定理2.57可知$B_{X'}$的$w^*$-拓扑可度量化，因此转换成点列的方式去叙述它的收敛，可得它有子列$\{f_{n_k}\}$在w^*-拓扑$\sigma(X', X)$意义下收敛. □

最后补充证明定理2.51:

不妨设$\|x_n\| \leq 1, \forall n$. 首先令$M_0$为由$\{x_n\}$张成的向量空间，并记$M = \overline{M_0}$. 则由前面多次用过的证明技巧可知$M$是可分的. M作为X的一个闭子空间，由于自反空间的闭子空间仍旧是自反的，可得M的自反性. 由于X完备，M闭又可得出M的完备性，即M自身也是一个Banach空间. 因此M是一个可分自反的Banach空间，利用推论2.9，可知M'也是可分自反的Banach空间. 这样又根据定理2.58可得B_X在弱拓扑$\sigma(X, X')$上是可度量化的. 同时由Kakutani定理2.50, 可知B_X在弱拓扑$\sigma(X, X')$意义下又是紧的. 所以利用距离空间中紧集的刻画可得它有收敛子列$x_{n_k} \to x_0 \in B_X$，这个收敛是按照距离空间中来看的，即$d(x_{n_k}, x_0) \to 0$. 最后利用这个距离d诱导的拓扑就是弱拓扑，所以就得到了在弱拓扑$\sigma(X, X')$意义下有收敛子列x_{n_k}. □

注释 2.29: 通常讲序列的收敛，是在网的意义下。但是当对应拓扑可度量化的时候，有子列收敛就相当于距离空间中的列紧集. 因此上面先建立有界集上弱拓扑可度量化的性质定理. 而可度量化跟可分性有密切的关系，上面几个定理都涉及了有界集上对应拓扑的可度量化性质. **对于没有可分性的**

空间，在处理一个序列的时候，可以考虑由这个序列张成的一个子空间的闭包，可知这个闭子空间是可分的. 然后利用闭子空间可以遗传完备性、自反性等性质，这就是前面需要建立起闭子空间能遗传这些拓扑性质的原因.

注释 2.30： 另外可分性涉及稠密（逼近），这个跟将来学习 Sobolev 空间中的光滑逼近有着很重要的关系.

2.4.3　一致凸空间和严格凸空间

定义 2.49： X 是赋范线性空间，如果对任意的 $\{x_n\}, \{y_n\} \subset X$，当 $\|x_n\| = \|y_n\| = 1\ (n = 1, 2, \cdots)$ 且 $\lim\limits_{n \to \infty} \|x_n + y_n\| = 2$ 时，均有 $\lim\limits_{n \to \infty} \|x_n - y_n\| = 0$，则称 X 为一致凸空间.

等价描述： $\forall \varepsilon > 0, \exists \delta > 0$ 使得对任意的单位向量 x, y 满足 $\|x + y\| > 2 - \delta$ 时，$\|x - y\| < \varepsilon$，则称 X 为一致凸空间.

等价描述： $\forall \varepsilon > 0, \exists \delta > 0$ 使得对任意的 $\|x\| \leqslant 1, \|y\| \leqslant 1$ 满足 $\|x - y\| > \varepsilon$，则必定有 $\left\|\dfrac{x + y}{2}\right\| < 1 - \delta$，称 X 为一致凸空间.

对偶法则：不一致凸 $\exists \varepsilon_0 > 0, \forall \delta_n = \dfrac{1}{n}$，均可找到两个单位向量 $x_n, y_n \in X$，虽然 $\|x_n + y_n\| > 2 - \dfrac{1}{n}$，但 $\|x_n - y_n\| \geqslant \varepsilon_0$.

证明 把上面的三个定义分别记为定义（1）、定义（2）和定义（3），下面证明它们是等价的。以定义（1）作为标准定义，当定义（2）的条件成立时，证明 X 是一致凸的. 否则将存在单位向量 $\{x_n\}, \{y_n\}$，虽然 $\|x_n + y_n\| \to 2$，但 $\|x_n - y_n\| \nrightarrow 0$. 在子列的意义下（不妨仍记为本身），设 $\|x_n - y_n\| \to \varepsilon_0 > 0$，则任取 $\varepsilon \in (0, \varepsilon_0)$，根据条件存在某个 $\delta > 0$，对任意的单位向量 x, y，只要 $\|x + y\| > 2 - \delta$ 则必定有 $\|x - y\| < \varepsilon$. 于是考虑 n 充分大时可有 $\|x_n - y_n\| > 2 - \delta$，进而可得 $\varepsilon > \|x_n - y_n\| \to \varepsilon_0 > \varepsilon$，矛盾.

以定义（2）作为标准定义，当定义（3）的条件成立时，证明 X 是一致凸的. 不然，则存在某个 $\varepsilon_0 > 0$，对任意的 n，都能找到两个单位向量 x_n, y_n，虽然 $\|x_n + y_n\| > 2 - \dfrac{1}{n}$，但 $\|x_n - y_n\| \geqslant \varepsilon_0$. 因此取 $\varepsilon = \dfrac{\varepsilon_0}{2}$，对于上面取出的 x_n, y_n，根据

定义（3）的条件可知存在某个 $\delta > 0$ 使得 $\|\frac{x_n + y_n}{2}\| < 1 - \delta \Rightarrow \|x_n + y_n\| < 2 - 2\delta$，这与 $\|x_n + y_n\| > 2 - \frac{1}{n} \to 2 > 2 - 2\delta$ 矛盾.

以定义（3）作为标准定义，当定义（1）的条件成立时，证明 X 是一致凸的. 不然，则存在某个 $\varepsilon_0 > 0$，对任意的 n，都能找到 $x_n, y_n, \|x_n\| \leqslant 1, \|y_n\| \leqslant 1$，虽然 $\|x_n - y_n\| > \varepsilon_0$ 但 $\|\frac{x_n + y_n}{2}\| \geqslant 1 - \frac{1}{n}$. 于是结合三角不等式，对上面取出来的点列，可得 $\|x_n + y_n\| \to 2$，但 $\|x_n - y_n\| > \varepsilon_0$. 这意味着 $\|x_n\| \to 1, \|y_n\| \to 1$. 所以对于单位向量 $\frac{x_n}{\|x_n\|}, \frac{y_n}{\|y_n\|}$，结合 $\frac{y_n}{\|y_n\|} - \frac{y_n}{\|x_n\|} \to 0$ 可得 $\|\frac{x_n}{\|x_n\|} + \frac{y_n}{\|y_n\|}\| = \|\frac{x_n + y_n}{\|x_n\|} + y_n(\frac{1}{\|y_n\|} - \frac{1}{\|x_n\|})\| = \|\frac{x_n + y_n}{\|x_n\|}\| + o(1) \to 2$. 但 $\|\frac{x_n}{\|x_n\|} - \frac{y_n}{\|y_n\|}\| \| \frac{x_n - y_n}{\|x_n\|} + y_n(\frac{1}{\|x_n\|} - \frac{1}{\|y_n\|})\| = \|\frac{x_n - y_n}{\|x_n\|}\| + o(1) = (1 + o(1))\|x_n - y_n\| + o(1) > \frac{\varepsilon_0}{2}$，与条件（1）矛盾. □

注释 2.31： 一致凸性是赋范线性空间的几何性质，自反性是拓扑性质. 后面将给出定理说明**一致凸的 Banach 空间一定是自反的**，但反之不成立.

例 2.30： 内积空间一定是一致凸空间. 因为内积空间中平行四边形公式成立，所以 $\|x_n - y_n\|^2 = 2\|x_n\|^2 + 2\|y_n\|^2 - \|x_n + y_n\|^2 = 4 - \|x_n + y_n\|^2 \to 4 - 2^2 = 0$，所以一致凸.

注释 2.32： 一致凸空间单位球面上任意两个不同点 x, y 必定有 $\|x + y\| < 2$.

证明 根据三角不等式可知 $\|x + y\| \leqslant 2$，如果存在单位球面上不同点 x, y 使得 $|x + y| = 2$，取 $x_n \equiv x, y_n \equiv y$，则根据一致凸的定义可得 $|x - y| = 0$ 与 $x \neq y$ 矛盾. □

下面几个例子表明赋范线性空间不一定都是一致凸的.

例 2.31：

（1）空间 ℓ^1 不是一致凸的. 事实上取 $x = (1, 0, 0, \cdots), y = (0, 1, 0, \cdots), x \neq y$，则由 $x + y = (1, 1, \cdots)$ 可得 $\|x + y\| = 2$，所以它不是一致凸的.

（2）$L^1[0, 1]$ 不是一致凸的. 构造 $x(t) = \begin{cases} 2, & t \in [0, \frac{1}{2}], \\ 0, & t \in (\frac{1}{2}, 1] \end{cases}, y = x - 1$，则有 $\|x\| = \|y\| = 1, x \neq y$，但 $\|x + y\| = 2$，所以它不是一致凸的.

（3）空间 ℓ^∞ 不是一致凸的. 取 $x = (1, 0, 0, \cdots), y = (1, 1, 0, \cdots)$，则 $\|x\| = \|y\| = 1, x \neq y$，但 $\|x + y\| = 2$，所以它不是一致凸的.

（4）空间 $L^\infty[0, 1]$ 不是一致凸的. 取 $x(t) = \begin{cases} 1, & t \in [0, \frac{1}{2}], \\ 0, & t \in (\frac{1}{2}, 1] \end{cases}$，$y \equiv 1$，则有 $\|x\| = \|y\| = 1, x \neq y$，但 $\|x + y\| = 2$，所以它不是一致凸的.

注释 2.33： 前面学习了 $\ell^p, L^p, (0 < p < 1)$ 是拓扑线性空间，但是由于定义出来的不满足三角不等式，连半范都不是，而且它也不是局部凸的，所以不能考虑它的对偶空间。但当 $p \geq 1$ 时不同，此时它定义的是一个范数，是一个局部凸空间，可以考虑它的对偶空间. 但是当 $p = 1, \infty$ 时它不是一致凸的，而 $p \in (1, \infty)$ 时它是一致凸的 （这个留待后面专门学习 L^p 空间的时候再研究）.

定理 2.59： 假设 X 是一致凸的 Banach 空间，V 是 X 的闭凸集，$x_0 \notin V$，则必存在唯一的 $y_0 \in V$ 使得 $\|x_0 - y_0\| = \inf_{y \in V} \|x_0 - y\|$.

注释 2.34： 这个定理也是刻画最佳逼近元存在唯一性结论，内积空间 H 是一个一致凸的 Banach 空间，而完备线性子空间 M 自然是 H 的一个闭凸集，所以这个定理是前面投影定理（见定理 2.28）的推广.

证明 首先证明 y_0 的存在性. 不妨设 $x_0 = 0$，否则用 $V - x_0$ 来替换 V 讨论即可. 此时由于 $0 \notin V$，而 V 是闭的，所以 $d = \inf_{y \in V} \|y\| > 0$. 取 $y_n \in V$ 使得 $\|y_n\| \to d$. 利用 V 是凸集可得

$$\left\| \frac{y_n}{\|y_n\|} + \frac{y_m}{\|y_m\|} \right\| = \left\| \frac{\|y_m\| y_n + \|y_n\| y_m}{\|y_n\| \|y_m\|} \right\|$$
$$= \left\| \frac{\|y_m\| y_n + \|y_n\| y_m}{\|y_m\| + \|y_n\|} \right\| \cdot \frac{\|y_m\| + \|y_n\|}{\|y_n\| \|y_m\|} \geq d \cdot \frac{\|y_m\| + \|y_n\|}{\|y_n\| \|y_m\|} \to d \cdot \frac{2d}{d^2} = 2,$$

于是由 X 是一致凸的，可得 $\left\| \frac{y_n}{\|y_n\|} - \frac{y_m}{\|y_m\|} \right\| \to 0$ as $n, m \to \infty$，即 $\| \frac{y_n - y_m}{\|y_n\|} + \frac{(\|y_m\| - \|y_n\|) y_m}{\|y_n\| \cdot \|y_m\|} \| \to 0$ as $n, m \to \infty$. 利用 $\|y_m\|, \|y_n\| \to d$ 可得 $\|y_n - y_m\| \to 0$ as $n, m \to \infty$. 因此 $\{y_n\}$ 是 X 上的一个 Cauchy 列，于是 $\exists y_0 \in X$ 使得 $y_n \to y_0$. 再次利用 V 是闭的，可得 $y_0 \in V$ 并且 $\|y_0\| = d$.

下面证明唯一性. 假设还有另外的$y_1 \in V$使得$\|y_1\| = \|y_0\| = d, y_1 \neq y_0$. 由$V$的凸性可得$2 \geq \left\|\dfrac{y_0}{\|y_0\|} + \dfrac{y_1}{\|y_1\|}\right\| = \dfrac{2}{d}\left\|\dfrac{y_0 + y_1}{2}\right\| \geq \dfrac{2}{d} \cdot d = 2$. 于是$\left\|\dfrac{y_0}{\|y_0\|} + \dfrac{y_1}{\|y_1\|}\right\| = 2$, 与$X$是一致凸的矛盾. □

定义 2.50:　设X为赋范线性空间，如果对任意的非零元$x, y \in X$, 当$\|x + y\| = \|x\| + \|y\|$时，必定存在某个$\lambda \in \mathbb{R}_+$使得$x = \lambda y$, 则称$X$为严格凸空间（**即三角不等式中等号成立当且仅当两者同向共线**）.

例 2.32:　根据前面几个例子的证明过程可以看出$\ell^1, \ell^\infty, L^1[0, 1], L^\infty[0, \infty]$都不是严格凸的.

注释 2.35:　内积空间是严格凸的. 这是因为$0 = \|x + y\|^2 - (\|x\| + \|y\|)^2 = \langle x, y\rangle + \langle y, x\rangle - 2\|x\|\,\|y\| \geq 0$, 其中最后一步用到了内积空间中的施瓦兹不等式，利用施瓦兹不等式等号成立当且仅当x与y共线，所以存在某个$\lambda \in \mathbb{K}$使得$x = \lambda y$, 此时可得$2\mathrm{Re}\lambda\|y\|^2 - 2|\lambda|\,\|y\|^2 = 0 \Rightarrow \mathrm{Re}\lambda = |\lambda|$, 而$x, y$都是非零元，因此$\lambda \in \mathbb{R}_+$. 故内积空间是严格凸的.

事实上有更强的结论.

定理 2.60:　一致凸空间必是严格凸的.

证明　采取反证法，假设存在非零元$x_0, y_0 \in X$满足$\|x_0 + y_0\| = \|x_0\| + \|y_0\|, x_0 \neq \lambda y_0, \forall \lambda \in \mathbb{R}_+$. 由此可得$\dfrac{x_0}{\|x_0\|} \neq \dfrac{x_0 + y_0}{\|x_0 + y_0\|}, \dfrac{y_0}{\|y_0\|} \neq \dfrac{x_0 + y_0}{\|x_0 + y_0\|}$. 又因为$X$是一致凸的，所以有$\left\|\dfrac{x_0}{\|x_0\|} + \dfrac{x_0 + y_0}{\|x_0 + y_0\|}\right\| < 2, \left\|\dfrac{y_0}{\|y_0\|} + \dfrac{x_0 + y_0}{\|x_0 + y_0\|}\right\| < 2$. 进而利用三角不等式可得

$$\|(\|x_0 + y_0\| + \|x_0\| + \|y_0\|) \cdot (x_0 + y_0)\|$$

$$\leqslant \|\,\|x_0 + y_0\|x_0 + \|x_0\|(x_0 + y_0)\| + \|\,\|x_0 + y_0\|y_0 + \|y_0\|(x_0 + y_0)\,\|$$

$$< 2\|x_0\|\,\|x_0 + y_0\| + 2\|y_0\|\,\|x_0 + y_0\|.$$

利用$\|x_0 + y_0\| = \|x_0\| + \|y_0\|$可得$2\|x_0 + y_0\|^2 < 2\|x_0 + y_0\|^2$, 矛盾. □

定理 2.61:　赋范线性空间X是严格凸的充要条件是对X中单位球面任意两个不同的点，均有$\|\lambda x + (1 - \lambda)y\| < 1, \forall \lambda \in (0, 1)$.

证明

必要性：采取反证法. 若不然，则存在某两个不同的点 $x_0, y_0, \|x_0\| = \|y_0\| = 1$ 以及 $\lambda_0 \in (0, 1)$ 使得 $\|\lambda_0 x + (1 - \lambda_0) y_0\| = 1$，于是 $\|\lambda_0 x + (1 - \lambda_0) y_0\| = \|\lambda_0 x_0\| + \|(1 - \lambda_0) y_0\|$. 根据严格凸的定义可知，存在某个 $\kappa \in \mathbb{R}_+$ 使得 $\lambda_0 x_0 = \kappa(1 - \lambda_0) y_0 \Rightarrow x_0 = \dfrac{\kappa(1 - \lambda_0)}{\lambda_0} y_0$. 最后利用 $\|x_0\| = \|y_0\| = 1$ 可得 $\dfrac{\kappa(1 - \lambda_0)}{\lambda_0} = 1$，从而 $x_0 = y_0$，与假设 x_0, y_0 是两个不同的点矛盾.

充分性：也是采取反证法. 若不然，则存在两个非零元 $x_0, y_0, x_0 \neq y_0$ 使得 $\|x_0 + y_0\| = \|x_0\| + \|y_0\|, x_0 \neq \kappa y_0, \forall \kappa \in \mathbb{R}_+$. 于是利用充分性的假设可得 $\left\| \dfrac{\|x_0\|}{\|x_0\| + \|y_0\|} \cdot \dfrac{x_0}{\|x_0\|} + \dfrac{\|y_0\|}{\|x_0\| + \|y_0\|} \cdot \dfrac{y_0}{\|y_0\|} \right\| < 1$，即 $\|x_0 + y_0\| < \|x_0\| + \|y_0\|$，矛盾. □

下面定理是可以用来作为判定自反空间的一个充分条件.

定理 2.62： **(Milman-Pettis)** 一致凸的 Banach 空间一定是自反的.

证明 X 是一致凸的 Banach 空间，要证明它是自反的，只需要证明 $i : X \to X''$ 这个典范映射是满的即可. 即 $\forall \xi \in X'', \|\xi\| = 1$，需要证明 $\xi \in i(B_X)$. 由于 $i(B_X)$ 在范数强拓扑意义下是 X'' 的一个闭子集，所以只需要证明 ξ 能用 $i(B_X)$ 中的点列去逼近即可. 用数学语言去描述即 $\forall \varepsilon > 0, \exists x \in B_X$ s.t. $\|\xi - i(x)\| < \varepsilon$.

回顾一致凸的定义，$\forall \varepsilon > 0, \exists \delta > 0$ 使得 $x, y \in X, \|x\| \leqslant 1, \|y\| \leqslant 1, \|x - y\| > \varepsilon \Rightarrow \left\| \dfrac{x + y}{2} \right\| < 1 - \delta$. 称这个 δ 为 ε 对应的一致凸模量.

于是对 $\forall \varepsilon > 0$，取 δ 为它的一致凸模量. 利用 $\|\xi\| = 1$，可取 $f \in X', \|f\| \leqslant 1$ 使得 $\langle \xi, f \rangle > 1 - \dfrac{\delta}{2}$. 考虑 X'' 中的集合 $V = \left\{ \eta \in X'' : |\langle \eta - \xi, f \rangle| < \dfrac{\delta}{2} \right\}$，则 V 是 ξ 关于拓扑 $\sigma(X'', X')$ 的一个开邻域. 回顾引理 2.5，可知 $i(B_X)$ 在 $B_{X''}$ 中关于拓扑 $\sigma(X'', X')$ 是稠密的，于是 $V \cap i(B_X) \neq \emptyset$. 因此存在 $x \in B_X$ 使得 $i(x) \in V$. 可断言这个 x 满足上面 $\|\xi - i(x)\| < \varepsilon$ 的要求.

不然假设 $\|\xi - i(x)\| \geqslant \varepsilon$，即 $\xi \in (i(x) + \varepsilon B_{X''})^c =: W$. 由于 W 在拓扑 $\sigma(X'', X')$ 意义下是一个开集，因此 W 是 ξ 关于拓扑 $\sigma(X'', X')$ 的一个开邻域. 从而 $V \cap W$ 也为 ξ 关于拓扑 $\sigma(X'', X')$ 的一个开邻域，再次利用引理 2.5 的稠密性结论，可得 $V \cap W \cap i(B_X) \neq \emptyset$，即存在 $y \in B_X$ 使得 $i(y) \in V \cap W$，这表明 $i(y) \in V \Rightarrow |\langle f, y \rangle - \langle \xi, f \rangle| < \dfrac{\delta}{2}, i(y) \in W \Rightarrow \|i(y) - i(x)\| > \varepsilon$. 由于 $x \in V$，所以同样有 $|\langle f, x \rangle - \langle \xi, f \rangle| < \dfrac{\delta}{2}$. 将此不等式结合 $\|f\| \leqslant 1$ 可得 $2\langle \xi, f \rangle < \langle f, x + y \rangle + \delta \leqslant$

$\|x + y\| + \delta$, 由 f 的选取可得 $2\langle \xi, f \rangle > 2 - \delta$, 进而可得 $\|\frac{x+y}{2}\| > 1 - \delta$. 由于 δ 为 ε 对应的一致凸模量, 所以 $\|x - y\| \leqslant \varepsilon$. 但是由于 $i(y) \in W$, 根据 W 的定义可得 $\|x - y\| = \|i(x) - i(y)\| > \varepsilon$, 矛盾. □

定理 2.63: （范数的弱下半连续性） X 是赋范线性空间, $x_n \rightharpoonup x$, 则 $\|x\| \leqslant \liminf\limits_{n \to \infty} \|x_n\|$.

证明　由 Hahn-Banach 定理可知, 存在 $f \in X', \|f\| = 1, f(x) = \|x\|$, 于是利用 $x_n \rightharpoonup x$, 可得 $\|x\| = f(x) = \lim\limits_{n \to \infty} f(x_n) \leqslant \liminf\limits_{n \to \infty} \|f\|\|x_n\| = \liminf\limits_{n \to \infty} \|x_n\|$. □

下面给出一致凸赋范空间中一个强收敛和弱收敛之间的关系, 这个在 PDE 研究中是使用频率非常高的一个性质定理.

定理 2.64: X 是一致凸赋范空间, 则 $x_n \to x \Leftrightarrow x_n \rightharpoonup x$ 且 $\|x_n\| \to \|x\|$. （简单记忆就是: 强收敛等价于弱收敛+范数收敛.)

证明

" $\Rightarrow$ ": $x_n \to x$, 前面已经讲过强收敛蕴含了弱收敛, 并且由三角不等式可得 $\|\|x_n\| - \|x\|\| \leqslant \|x_n - x\| \to 0$, 所以范数收敛也成立.

" $\Leftarrow$ ": $x_n \rightharpoonup x_0$, 不妨设 $x_0 \neq 0$, 并且 $x_n \neq 0$ （否则, 范数收敛到 0 即可得到强收敛的结论）. 于是可以考虑它们的单位化 $x'_0 = \frac{x_0}{\|x_0\|}, x'_n = \frac{x_n}{\|x_n\|}$, 则此时结合范数收敛可以证明 $x'_n \rightharpoonup x'_0$. 若 $\|x'_n - x'_0\| \nrightarrow 0$, 则由 X 为一致凸的可得 $\|x'_n + x'_0\| \nrightarrow 2$. 由于由三角不等式总有 $\|x'_n + x'_0\| \leqslant 2$, 因此必定存在某个子列 x'_{n_k} 和正数 ε 使得 $\|x'_{n_k} + x'_0\| < 2 - \varepsilon$. 但是显然 $x'_{n_k} + x'_0 \rightharpoonup 2x'_0$, 可得 $\|2x'_0\| = \sup\limits_{\|f\|=1} |f(2x'_0)| = \sup\limits_{\|f\|=1} |\lim\limits_{k \to \infty} f(x'_{n_k} + x'_0)| \leqslant \liminf\limits_{k \to \infty} \|x'_{n_k} + x'_0\| < 2 - \varepsilon$, 与 $\|x'_0\| = 1$ 矛盾. 因此 $x'_n \to x'_0$, 结合范数收敛可得 $\|x_n - x_0\| = \|\|x_n\|x'_n - \|x_0\|x'_0\| \leqslant \|x_n\|\|x'_n - x'_0\| + \|\|x_n\| - \|x_0\|\|\|x'_0\| \to 0$. □

注释 2.36:　对于弱收敛序列, 由于范数的弱下半连续性, 所以通常只要验证 $\limsup\limits_{n \to \infty} \|x_n\| \leqslant \|x\|$, 则暗含着范数收敛. 于是, 如果空间还是一致凸的, 则马上就有强收敛的结论了.

定理 2.65: 对于 $j = 1, 2, \cdots, M$, 假设 $(X_j, \|\cdot\|_j)$ 是Banach空间，对于点 $x = (x_1, \cdots, x_M), x_j \in X_j$ 构成的笛卡儿积空间 $X = \prod_{j=1}^M X_j$, 在上面定义加法和数乘运算

$$x + y = (x_1 + y_1, \cdots, x_M + y_M), \lambda x = (\lambda x_1, \cdots, \lambda x_M), \lambda \in \mathbb{K},$$

则X构成一个线性空间。在下面赋范其中之一（**可以证明它们相互等价**）

$$\|x\|_{(p)} = \left(\sum_{j=1}^M \|x_j\|_j^p \right)^{\frac{1}{p}}, \ 1 \leqslant p < \infty,$$

$$\|x\|_{(\infty)} = \max_{1 \leqslant j \leqslant M} \|x_j\|_j$$

都是一个Banach空间. 特别地，如果对一切 $1 \leqslant j \leqslant M$ 都满足自反性（可分性、一致凸性），则X对应地同样具备自反性（可分性、一致凸性）.

证明　完备性留作练习. 范数的等价性可以由 $\|x\|_{(\infty)} \leqslant \|x\|_{(p)} \leqslant \|x\|_{(1)} \leqslant M\|x\|_{(\infty)}$ 得出. 可分性和一致凸性可以从X_j的可分性和一致凸性的定义角度直接验证. 对于自反性，可以通过证明 X' 与 $\prod_{j=1}^M X_j'$ 之间同构，然后通过X_j的自反性得出X的自反性（类似证明同构也可见后面的引理5.1）.　□

2.4.4　Hilbert空间

定理 2.66:　（**Riesz表示定理**）　设H为Hilbert空间，$\forall f \in H', \exists! y \in H$ 使得 $f(x) = \langle x, y \rangle, \forall x \in H.$

证明　若$f = 0$, 显然可得$y = 0$, $0 = f(y) = \|y\|^2 \Rightarrow y = 0$ 的唯一性. 反之若$f \neq 0$, 考虑 $M = N(f) := \{x : f(x) = 0\}$, 则根据$f \in H'$ 可知M是H的一个闭线性子空间，特别地由于$f \neq 0$, 可知M是H的一个真闭子空间. 因此由投影定理（见定理2.28）可知存在$z \neq 0, z \perp M$. 显然 $f(z) \neq 0$, 于是对$\forall x \in H$, 根据线性性质可得 $f(x - \frac{f(x)}{f(z)}z) = 0$, 可得 $x - \frac{f(x)}{f(z)}z \in M$, 于是根据$z \perp M$ 可得 $\langle x - \frac{f(x)}{f(z)}z, z \rangle = 0 \Rightarrow \langle x, z \rangle = \frac{f(x)}{f(z)}\|z\|^2$. 因此 $f(x) = \frac{f(z)}{\|z\|^2}\langle x, z \rangle$. 故可取 $y = \frac{f(z)}{\|z\|^2}z$, 可得 $f(x) = \langle x, y \rangle, \forall x \in H.$

　　至于唯一性，假设存在另外的y_1使得结论成立，利用内积的线性运算可得 $0 = \langle x, y - y_1 \rangle, \forall x \in H$. 特别地，可以取$x = y - y_1$，得$0 = \|y - y_1\|^2$，故$y_1 = y$.　　　　　　　　　　　　　　　　　　　　　　　　　　　　□

注释 2.37：　由上面的Riesz表示定理可知$H' = H$，从而 $H'' = H' = H$，即Hilbert 空间都是自反的. 特别地，利用Banach-Alaoglu 定理（见定理2.36）可得出下面结论.

定理 2.67：　Hilbert空间上的闭单位球必定是弱紧的.

证明　由Banach-Alaoglu 定理可知H''上的单位球关于w^*拓扑$\sigma(H'', H')$ 是紧的，但是由于$H'' = H$，从而 $\sigma(H'', H) = \sigma(H, H')$ 等于弱拓扑，因此可知Hilbert空间上的闭单位球必定是弱紧的.　　　　　　　　　　　　　　　□

2.5　线性算子的基本定理

2.5.1　开映射定理和逆算子定理

定义 2.51：　（开映射）X, Y为拓扑空间，若T将X中的开集映成Y中的开集，则称$T : X \to Y$ 为开映射.

定义 2.52：　（准范数）X是线性空间，定义在X上的$\|\cdot\|$满足

（1）$\|x\| \geq 0, \forall x \in X; \|x\| = 0$ 当且仅当$x = 0$（非负性和非退化性）；

（2）$\|x + y\| \leqslant \|x\| + \|y\|, \forall x, y \in X$ （三角不等式）；

（3）$\|-x\| = \|x\|, \forall x \in X$（对称性）；

（4）$\lim\limits_{\alpha_n \to 0} \|\alpha_n x\| = 0, \lim\limits_{\|x_n\| \to 0} \|\alpha x_n\| = 0$.

注释 2.38：　赋准范线性空间是一个具有平移不变距离的线性空间，距离可以由 $\rho(x, y) = \|x - y\|$ 来定义，此时 $\rho(x + z, y + z) = \|x - y\| = \rho(x, y)$ 具有平移不变性.

注释 2.39：　通常造一个度量的时候也是通过这样赋准范数来定义的，比如$\|x\| = \sum\limits_{n=1}^{\infty} \dfrac{1}{2^n} p_n(x)$，其中对任意固定的$x, p_n(x)$ 是一列有界非负数列.

定义 2.53： （**Frechet空间**） 完备的赋准范线性空间称为Frechet空间.

例 2.33：

（1）设$s = \{x : x = \{x_n\}\}$ 是数列空间, 对$x \in s$ 定义 $\|x\| = \sum_{n=1}^{\infty} \frac{1}{2^n} \frac{|x_n|}{1 + |x_n|}$, 则$\|\cdot\|$ 是s上的一个准范数, s是一个Frechet 空间.

（2）设$C^{\infty}[a,b]$ 是$[a,b]$中无限次可微的函数全体, 对$f \in C^{\infty}[a,b]$, 规定 $\|f\| = \sum_{n=1}^{\infty} \frac{1}{2^n} \max_x \frac{|f^{(n)}(x)|}{1 + |f^{(n)}(x)|}$, 则$\|\cdot\|$ 是$C^{\infty}[a,b]$上的一个准范数, 它是一个Frechet 空间.

（3）设$(X, \mathbb{R}, \mu)$ 是测度空间, E是可测集, $\mu(E) < +\infty$, S是E上的可测函数全体, 将其中几乎处处相等的函数视为S中的同一个点, 对$f \in S$, 规定$\|f\| = \int_E \frac{|f(t)|}{1 + |f(t)|} \mathrm{d}\mu(t)$, 则$\|\cdot\|$ 为S 上的一个准范数, S是一个Frechet空间.

Frechet 空间中的开映射定理。

定理 2.68： （**开映射定理**） 设X, Y为Frechet 空间, T是由X的子集$\mathscr{D}(T)$到Y的闭线性算子, 其值域$\mathrm{Ran}\, T$是Y中的第二纲集, 则T必是$\mathscr{D}(T) \to Y$ 的开映射.

证明　记$\mathscr{D}(T) = X_0$. 要证明$T : X_0 \to Y$ 是一个开映射, 只要证明$\forall \varepsilon > 0$, $\exists \delta > 0$ 使得$T(O(0, \varepsilon)) \supset O(0, \delta)$, 其中这里的$O(0, \varepsilon)$ 是X_0中0点的邻域, $O(0, \delta)$ 是Y中0点的邻域. 假设这样的结论已经证明成立, 则根据T是线性的, 可得 $T(O(x_0, \varepsilon)) \supset O(Tx_0, \delta)$, 从而可得$T$就是开映射. 证明分以下两大步.

（1）先证明$\forall \varepsilon > 0, \exists \delta > 0$ 使得$\overline{T(O(0, \varepsilon))} \supset O(0, \delta)$. 要证明这个结论, 只要证明 $T(O(0, \frac{\varepsilon}{2}))$ 中必定包含某个开球$O(y, \delta)$ 即可。这是因为假设证明了这样的结论, 则对于$z \in O(0, \delta)$ 有$y + z \in O(y, \delta)$, 于是由假设已经证明的结论, 可取 $x_k, x'_k \in X_0, \|x_k\| < \frac{\varepsilon}{2}, \|x'_k\| < \frac{\varepsilon}{2}$ 使得 $Tx_k \to y, Tx'_k \to y + z$. 于是有 $T(x'_k - x_k) \to (y + z) - y = z$. 而$x'_k - x_k \in O(0, \varepsilon)$, 这样即得 $\overline{T(O(0, \varepsilon))} \supset O(0, \delta)$.

因为$\mathrm{Ran}\, T = \cup_{n=1}^{\infty} T[nO(0, \frac{\varepsilon}{2})]$, 而 $\mathrm{Ran}\, T$ 是第二纲集, 所以必定存在某个n 使得$T[nO(0, \frac{\varepsilon}{2})]$ 不是疏朗集, 从而其闭包必定包含某个球, 不妨记这个球为$O(ny, n\delta)$, 即 $\overline{T[nO(0, \frac{\varepsilon}{2})]} \supset O(ny, n\delta)$. 此时对$\forall z \in O(y, \delta)$, 则

有 $\|nz - ny\| \leqslant n\|z - y\| < n\delta$, 因而 $nz \in O(ny, n\delta) \subset \overline{T[nO(0, \frac{\varepsilon}{2})]}$. 所以可以在 $O(0, \frac{\varepsilon}{2})$ 中取点列 $\{x_k\}$ 使得 $\lim\limits_{k \to \infty} \|nz - T(nx_k)\| = 0$. 由准范数的性质可得 $\lim\limits_{k \to \infty} \|z - Tx_k\| = \lim\limits_{k \to \infty} \|\frac{1}{n}(nz - T(nx_k))\| = 0$. 从而 $z \in \overline{T[O(0, \frac{\varepsilon}{2})]}$, 进而 $O(y, \delta) \subset \overline{T[O(0, \frac{\varepsilon}{2})]}$. 完成了第一步的证明.

（2）再证明 $\forall \varepsilon > 0, \exists \delta > 0$ 使得 $T(O(0, \varepsilon)) \supset O(0, \delta)$. 根据（1）中证明的结论, 对每个 k 都存在 $\delta_k > 0$ 使得 $\overline{T(O(0, \frac{\varepsilon}{2^k}))} \supset O(0, \delta_k)$. 不妨设 $\delta_k \to 0$.

于是对 $y \in O(0, \delta_1)$, 可以取 $x_1 \in O(0, \frac{\varepsilon}{2})$ 使得 $\|y - Tx_1\| < \delta_2$, i.e. $y - Tx_1 \in O(0, \delta_2)$. 由此又可取 $x_2 \in T(O(0, \frac{\varepsilon}{2^2}))$ 使得 $\|y - Tx_1 - Tx_2\| < \delta_3$, i.e. $y - Tx_1 - Tx_2 \in O(0, \delta_3)$. 以此类推, 可以取一列 $x_k \in T(O(0, \frac{\varepsilon}{2^k}))$ 使得 $\|y - Tx_1 - Tx_2 - \cdots - Tx_k\| = \|y - T(x_1 + x_2 + \cdots + x_k)\| < \delta_{k+1}$. 因为 $\sum\limits_{k=1}^{\infty} \|x_k\| < \sum\limits_{k=1}^{\infty} \frac{\varepsilon}{2^k} = \varepsilon$, 可见 $\{x_k\}$ 是一个 Cauchy 列, 由 X 的完备性可得存在 $x \in X$ 使得 $x = \sum\limits_{k=1}^{\infty} x_k$. 由于 T 是闭算子, $\delta_k \to 0$, 故 $x \in \mathscr{D}(T)$ 且 $Tx = y$, 这样就证明了 $T(O(0, \varepsilon)) \supset O(0, \delta_1)$. □

注释 2.40: 从上面的证明过程可知 $\operatorname{Ran} T$ 包含了某个球, 因为 T 是线性的, 故实际上 $\operatorname{Ran} T = Y$.

Frechet 空间中的逆算子定理:

定理 2.69: （逆算子定理） X, Y 都是 Frechet 空间, T 是 $\mathscr{D}(T) \to Y$ 的闭线性算子, 且是 $\mathscr{D}(T) \to \operatorname{Ran} T$ 的双射, $\operatorname{Ran} T$ 是第二纲集, 则 T^{-1} 在 $\operatorname{Ran} T = Y$ 上是连续的.

证明 当 T 是双射时, T 为开映射等价于 T^{-1} 连续. 因为要证明 $T^{-1} : \operatorname{Ran} T = Y \to \mathscr{D}(T)$ 连续, 就要证明开集的原象是开集, 即等价于证明 T 把开集映成开集. 因此由上面的开映射定理可得结论. □

使用得比较多的是在 Banach 空间中的版本, 具体如下。

推论 2.11: （**Banach 空间中的开映射定理**） X, Y 为 Banach 空间, $T \in B(X \to Y), TX = Y$, 则 T 必是开映射.

推论 2.12： **（Banach空间中的逆算子定理）** X, Y为Banach空间， $T \in B(X \rightarrow Y)$ 且T是双射，则$T^{-1} \in B(Y \rightarrow X)$.

证明 这个可以作为上面定理的直接推论，也可以直接证明. 因为此时T为双射，对任意的$A \subset X$为开集，则A^c为X的闭集，因此$T(A^c)$为Y的闭集. 由于T既单又满，所以 $T(A) = (T(A^c))^c$ 为Y的一个开集，因此T^{-1}连续. □

定义 2.54： 设$\|\cdot\|_1$ 和 $\|\cdot\|_2$ 是线性空间X上的两个范数，且存在常数C使得$\|x\|_1 \leqslant C\|x\|_2, \forall x \in X$, 则称$\|\cdot\|_1$ 弱于 $\|\cdot\|_2$ 或者称$\|\cdot\|_2$ 强于 $\|\cdot\|_1$.

注释 2.41： 显然，范数的强弱等价于由这个范数所诱导出来拓扑的强弱. 比如说$\|\cdot\|_1$ 弱于 $\|\cdot\|_2$, 分别记它们诱导的拓扑为τ_1 和τ_2. 现在考虑任意的$U \in \tau_1$, 任取其中一点x_0 点，则存在某个$\varepsilon > 0$ 使得$B(x_0, \varepsilon)_1 \subset U$. 此时对任意的$x \in B(x_0, \frac{\varepsilon}{C})_2$, 有 $\|x - x_0\|_1 \leqslant C\|x - x_0\|_2 < C \cdot \frac{\varepsilon}{C} = \varepsilon \Rightarrow B(x_0, \frac{\varepsilon}{C})_2 \subset B(x_0, \varepsilon)_1 \subset U$. 这表明了$U$在$\tau_2$中也是$x_0$的一个开领域. 因此$\tau_1 \subset \tau_2$, 即$\tau_2$强于$\tau_1$.

推论 2.13： **（范数等价定理）** X是线性空间， $\|\cdot\|_1$ 和 $\|\cdot\|_2$ 是线性空间X上的两个范数，如果$(X, \|\cdot\|_1)$ 和$(X, \|\cdot\|_2)$都是Banach空间，且$\|\cdot\|_1$ 弱于 $\|\cdot\|_2$, 则必定也有$\|\cdot\|_2$ 弱于 $\|\cdot\|_1$, 即$\|\cdot\|_1$ 与 $\|\cdot\|_2$ 等价（所诱导的拓扑完全一样）.

证明 考虑恒等算子 $(X, \|\cdot\|_2) \rightarrow (X, \|\cdot\|_1) : x \mapsto x$, 这个恒等算子是一个双射，并且由$\|\cdot\|_1$ 弱于 $\|\cdot\|_2$ 可知，它是有界线性算子，于是利用Banach空间上的逆算子定理可知逆算子也是连续的，从而可得$\|\cdot\|_2$ 弱于 $\|\cdot\|_1$, 这样综合起来即可得它们等价. □

注释 2.42：

（1）上面的推论表明，在一个线性空间上赋予某种范数使得它成为Banach空间后，如果还有另外一种范数使之也为Banach空间，则这两个拓扑要么没有什么相互强弱关系，要么就是等价.

（2）注意范数等价定理中要求的是同一个线性空间中，针对不同的范数来看它都是完备的. 结合我们做薛定谔方程的时候接触比较多的$H_0^1(\Omega)$ 空

间和 $L^p(\Omega)$ 空间 $(1 < p < 2^*)$. 假设 Ω 是有界区域，可知 $H_0^1(\Omega) \hookrightarrow L^p(\Omega)$, 存在 C 不依赖于 u 使得 $\|u\|_p \leqslant C\|u\|_{H_0^1}$, 即 H_0^1 拓扑强于 L^p 拓扑，但是它们并不是等价范数. 这并不与上面的等价范数定理矛盾，这是因为它们都可以被看作 $C_0^\infty(\Omega)$ 在各自的范数意义下的完备化. 但是，此时这两个完备化后的空间并不是同一个空间. 比如说，记 H_0^1 范数完备化后的空间为 X_1, L^p 范数意义下完备化后的空间记为 X_2. 则此时的 X_1 和 X_2 从元素角度来看不完全相同，实际上 $X_1 \subset X_2$, X_2 的元素个数更多. 比如从 X_1 这个集合上来看，赋予 H_0^1 范数，则它确实是 Banach 空间，但是如果对它赋予 L^p 范数，则它本身并不是一个 Banach 空间。即此时 $(X_1, \|\cdot\|_{H_0^1}) \to (X_1, \|\cdot\|_{L^p})$ 虽然是一个双射并且也有 $\|\cdot\|_{L^p}$ 弱于 $\|\cdot\|_{H_0^1}$, 但是由于此时 $(X_1, \|\cdot\|_{L^p})$ 不是一个 Banach 空间，因此并不能获得两个范数等价的结论.

2.5.2　闭图像定理

定义 2.55：　（**闭算子**）　X, Y 为赋范空间，$Z = X \times Y$, 赋予范数 $\|(x, y)\| = \|x\| + \|y\|$. 若 X, Y 为 Banach 空间，则 Z 也为 Banach 空间. $T : X \to Y$ 为线性算子，称 T 为闭算子，若 $G_T = \{(x, Tx) \in Z : x \in X\}$ 为 Z 中的闭集.

　　Frechet 空间中的闭图像定理如下.

定理 2.70：　（**闭图像定理**）　设 X, Y 为 Frechet 空间，T 是 $\mathscr{D}(T) \to Y$ 的闭线性算子，$\mathscr{D}(T)$ 是 X 中的第二纲集，则 T 是连续的，且 $\mathscr{D}(T) = X$.

证明　在 $\mathscr{D}(T)$ 上重新定义新的准范数 $\|x\|_T = \|x\| + \|Tx\|, x \in \mathscr{D}(T)$. 由于 T 是闭线性算子，可得 $(\mathscr{D}(T), \|\cdot\|_T)$ 的完备性，故它也是一个 Frechet 空间. 因此显然可得恒等算子 $I : (\mathscr{D}(T), \|\cdot\|_T) \to (X, \|\cdot\|)$ 是连续的，当然这个恒等映射是一个闭线性算子，$\mathscr{D}(T)$ 与 $\mathrm{Ran}\, I = \mathscr{D}(T)$ 之间是一个双射. 于是由 $\mathscr{D}(T)$ 为 X 的第二纲集可得 $\mathrm{Ran}\, I$ 为 X 的第二纲集，故可以利用逆算子定理，得 $I^{-1} : (X, \|\cdot\|) \to (\mathscr{D}(T), \|\cdot\|_T)$ 是连续的且 $\mathscr{D}(T) = X$. 这样就得到了 T 在 X 上的连续性.　　　　　　　　　　　　　　　□

推论 2.14：　（**Banach 空间中的闭图像定理**）　X, Y 是 Banach 空间，$T : \mathscr{D}(T) \to Y$ 的闭线性算子，且 $\mathscr{D}(T)$ 是 X 中的闭子空间，则 T 必是连续的.

推论 2.15：　（**Banach空间中的闭图像定理**）　X, Y为Banach空间，$T : X \to Y$ 线性，则 $T \in B(X \to Y) \Leftrightarrow T$ 为闭算子.

证明

　　"$\Leftarrow$" 这个方向上面推论已经表明.

　　"$\Rightarrow$" 假设T连续，设$x_n \in X, (x_n, Tx_n) \to (x, y)$, 即 $x_n \to x, Tx_n \to y$. 则根据T连续可得 $Tx_n \to Tx$, 所以$y = Tx$, 因此T为闭算子（注意这个方向的证明不需要X的完备性）. □

2.5.3　共鸣定理

定理 2.71：　（**Banach-Steinhaus共鸣定理**）　X为Banach空间，Y为赋范空间，$(T_\alpha)_{\alpha \in I} \subset B(X \to Y)$. 设$\forall x \in X, \sup_{\alpha \in I} \|T_\alpha x\| < \infty$, 则 $\sup_{\alpha \in I} \|T_\alpha\| < \infty$.

证明　在X上赋予新的范数 $\|x\|_1 := \max\{\|x\|, \sup_{\alpha \in I} \|T_\alpha x\|\}$, 则可验证 $(X, \|\cdot\|_1)$ 是Banach空间. 可以考虑恒等算子 $I : (X, \|\cdot\|_1) \to (X, \|\cdot\|)$, 则显然可见$I$是有界线性双射. 于是由逆算子定理可得$I^{-1}$有界，即 $\|x\|_1 = \|I^{-1}x\|_1 \leqslant \|I^{-1}\| \|x\|$, 从而 $\sup_{\alpha \in I} \|T_\alpha x\| \leqslant \|x\|_1 \leqslant \|I^{-1}\| \|x\|$, 即 $\sup_{\alpha \in I} \|T_\alpha\| \leqslant \|I^{-1}\| < \infty$. □

2.5.4　Lax-Milgram定理

定义 2.56：　（**双线性泛函**）　φ 是内积空间H的二元函数，即$\varphi : H^2 \to \mathbb{K}$, 满足：

（1）$\varphi(\alpha x + \beta y, z) = \alpha \varphi(x, z) + \beta \varphi(y, z)$;

（2）$\varphi(x, \alpha y + \beta z) = \bar{\alpha} \varphi(x, y) + \bar{\beta} \varphi(x, z)$,

则称φ 是一个双线性泛函. 特别地，若存在$c \geqslant 0$ 使得 $|\varphi(x, y)| \leqslant c\|x\| \|y\|, \forall x, y \in H$, 则称$\varphi$ 为有界的.

定理 2.72：　（**Lax-Milgram定理**）　H为Hilbert空间，$\varphi : H^2 \to \mathbb{K}$有界共轭双线性泛函，$\exists m > 0, |\varphi(x, x)| \geqslant m\|x\|^2$, 则存在唯一的$A \in B(H \to H)$ 使得

（1）$\varphi(x, y) = \langle x, Ay \rangle, \forall x, y \in H$,

（2）A有有界逆且$\|A^{-1}\| \leqslant \dfrac{1}{m}$.

证明　$\forall y \in H$, 考虑 $\Phi : H \to \mathbb{K}$ 的映射，$x \mapsto \varphi(x, y)$, 则 Φ 是线性的这一结论显然成立. 特别地，$\|\Phi\| \leqslant c\|y\|$, 所以 $\Phi \in H'$, 于是利用 Riesz 表示定理可知存在唯一的 $z \in H$ 使得 $\varphi(x, y) = \langle x, z \rangle, \forall x \in H$. 记 $z = A(y)$, 则利用 φ 的有界共轭双线性容易验证 $A \in B(H \to H)$.

下面证明 A 是一个一一映射.

若 $Ay = 0$, 则由 $m\|y\|^2 \leqslant \varphi(y, y) = \langle y, Ay \rangle = 0$ 可得 $y = 0$, 所以 A 是一个单射.

要证明 A 是一个满射，先证明 $\text{Ran } A$ 是闭的. 假设 $Ax_n \to z, x_n \in X$, 由
$$m\|x_k - x_\ell\|^2 \leqslant \varphi(x_k - x_\ell, x_k - x_\ell) = \langle x_k - x_\ell, A(x_k - x_\ell) \rangle \leqslant \|x_k - x_\ell\| \, \|Ax_k - Ax_\ell\|$$
可得 $\|x_k - x_\ell\| \leqslant \dfrac{1}{m}\|Ax_k - Ax_\ell\|$. 因此 $\{x_n\}$ 为 H 上的一个 Cauchy 列，故它收敛，记 $x_n \to x_0 \in H$, 则利用 A 的连续性可得 $Ax_n \to Ax_0$, 因此有 $z = Ax_0 \in \text{Ran } A$. 这样就证明了 $\text{Ran } A$ 是闭的. 因此它是 H 的一个闭线性子空间，从而它完备. 最后用反证法来证明 $\text{Ran } A = H$, 不然根据投影定理（见定理 2.28）可以取 $\omega \neq 0, \omega \perp \text{Ran } A$, 于是 $\langle \omega, Ax \rangle = 0, \forall x \in H$. 特别地，可以取 $x = \omega$, 这样就有 $m\|\omega\|^2 \leqslant \varphi(\omega, \omega) = \langle \omega, A\omega \rangle = 0$, 矛盾。这样就证明了 $\text{Ran } A = H$, 从而完成了 A 是双射的证明.

于是由 $A \in B(H \to H)$ 结合 A 是双射可得 A^{-1} 连续（参看推论 2.12）. 再次由 $m\|x\|^2 \leqslant \varphi(x, x) = \langle x, Ax \rangle \leqslant \|x\| \, \|Ax\|$ 可得 $\|Ax\| \geqslant m\|x\|$. 因此 $\|x\| = \|AA^{-1}x\| \geqslant m\|A^{-1}x\|$, 即 $\|A^{-1}x\| \leqslant \dfrac{1}{m}\|x\|, \forall x \in H$. 因此 $\|A^{-1}\| \leqslant \dfrac{1}{m}$.　□

2.5.5　Hörmander 定理

定理 2.73:　（**Hörmander 定理**）　X, X_1, X_2 均为 Banach 空间，$T_i : X \to X_i$ 为闭线性算子，$i = 1, 2$, 且 $\mathscr{D}(T_1) \subset \mathscr{D}(T_2)$, 则必存在某个整数 C 使得 $\|T_2 x\| \leqslant C(\|x\| + \|T_1 x\|), \forall x \in \mathscr{D}(T_1)$.

证明　在乘积空间 $X \times X_1$ 上赋予范数 $\|(x, x_1)\| = \|x\| + \|x_1\|$. 由于 T_1 是闭线性算子，所以图像 $G(T_1)$ 是乘积空间 $X \times X_1$ 中的一个闭集. 由 X, X_1 都是完备的，可得 $X \times X_1$ 也完备，从而 $G(T_1)$ 也是 Banach 空间.

先引入映射 $B : G(T_1) \to X_2, (x, T_1 x) \mapsto T_2 x, \forall (x, T_1 x) \in G(T_1)$, 则可以很容易验证 B 是线性的. 下面要证明它是有界的，根据 Banach 空间中的闭图像

定理可知它等价于证明 B 是闭算子. 假设 $\{(x_n, T_1 x_n)\} \subset G(T_1)$ 满足 $(x_n, T_1 x_n) \to$ $(x, T_1 x), B((x_n, T_1 x_n)) = T_2 x_n \to y$ as $n \to \infty$, 首先注意到 $\mathscr{D}(T_1) \subset \mathscr{D}(T_2)$, 所以 $\{x_n\} \subset \mathscr{D}(T_1) \subset \mathscr{D}(T_2)$. 根据乘积空间引入范数的定义, 可得 $x_n \to x$. 这样

$$x_n \to x, T_2 x_n \to y, T_2 \text{是闭算子},$$

可得 $y = T_2 x = B((x, T_1 x))$, 因此 B 是闭算子, 从而为有界线性算子. 故存在 C 使得对任意的 $x \in \mathscr{D}(T_1)$ 都有 $\|T_2 x\| = \|B((x, T_1 x))\| \leqslant C\|(x, T_1 x)\| = C(\|x\| + \|T_1 x\|)$. □

2.5.6 应用：线性常微分方程解对初值的连续依赖性

例 2.34： 假设 $a_1(x), \cdots, a_n(x) \in C[a, b]$, 考虑 k 阶线性微分方程

$$f^{(k)}(x) + a_1(x) f^{(k-1)}(x) + \cdots + a_k(x) f(x) = g(x)$$

及初始条件 $f(a) = f'(a) = \cdots = f^{(k-1)}(a) = 0$. 根据常微分方程的知识可知, 对任意的 $y \in C[a, b]$ 上面方程存在唯一的解 $f(x) \in C^{(k)}[a, b]$. 下面证明方程的解 $f(x)$ 连续依赖于函数 $g(x)$.

证明 考虑 $C^{(k)}[a, b]$ 的子空间

$$C_0^{(k)}[a, b] = \{f : f \in C^{(k)}[a, b], f(a) = f'(a) = \cdots = f^{(k-1)}(a) = 0\},$$

可见 $C_0^{(k)}[a, b]$ 是 Banach 空间 $C^{(k)}[a, b]$ 的闭子空间, 从而 $C_0^{(k)}[a, b]$ 也为 Banach 空间.

考虑映射 $T : C_0^{(k)}[a, b] \to C[a, b]$

$$Tf(x) = f^{(k)}(x) + a_1(x) f^{(k-1)}(x) + \cdots + a_k(x) f(x).$$

由 $a_i(x) \in C[a, b]$ 可得

$$\|Tf\| = \max_{x \in [a,b]} |(Tf)(x)| \leqslant (1 + \sum_{i=1}^{k} \|a_i\|) \cdot (\sum_{i=1}^{k} \|f^{(i)}\|) = (1 + \sum_{i=1}^{k} \|a_i\|)\|f\|,$$

即 T 是有界算子. 由常微分方程解的存在唯一性定理, 可知 T 是双射. 于是利用逆算子定理可得 $T^{-1} : C[a, b] \to C_0^{(k)}[a, b]$ 是连续的, 因此 $f(x) = T^{-1} g(x)$ 连续依赖于 g. □

2.5.7 强收敛和弱收敛

定义 2.57： X是赋范线性空间，$\{x_n\} \subset X$，如果 $\lim_{n \to \infty} \|x_n - x\| = 0$，即 x_n 依范数收敛于x，则称x_n强收敛于x，记作$x_n \to x$. 如果依拓扑$\sigma(X, X')$ 收敛，即对任意的$f \in X', f(x_n) \to f(x)$，则称$x_n$弱收敛于$x$，记作$x_n \rightharpoonup x$.

注释 2.43： 强收敛蕴含着弱收敛. $\forall f \in X', |f(x_n) - f(x)| \leqslant \|f\| \|x_n - x\|$，但反之不然.

例 2.35： $H = L^2[0, 1], x_n(t) = \sin n\pi t, \forall f \in H' = H$，根据Riesz表示定理可知存在唯一的$y \in L^2[0, 1]$使得

$$f(x) = \langle x, y \rangle = \int_0^1 \overline{y(t)} x(t) \mathrm{d}t, \quad x \in L^2[0, 1].$$

因此由Riemann-Lebesgue定理可得 $\lim_{n \to \infty} \int_0^1 \overline{y(t)} \sin n\pi t \mathrm{d}t = 0$，即$x_n \rightharpoonup 0$. 但是$\|x_n\| = \dfrac{1}{\sqrt{2}}$，所以$x_n \nrightarrow 0$.

定理 2.74： X为赋范空间，$x_n \rightharpoonup x$ 当且仅当

（1）$\{x_n\}$ 有界；

（2）存在X'的一个稠密子集Y 使得 $\lim_{n \to \infty} f(x_n) = f(x), \forall f \in Y$.

证明 " $\Rightarrow$ "：考虑$x_n \rightharpoonup x$，则根据定义可知（2）显然成立. 考虑X'上的有界线性泛函 $x_n^{**}(f) = f(x_n), f \in X'$. 根据$x_n \rightharpoonup x$可知对任意的$f \in X'$，都可得 $\sup_n |x_n^{**}(f)| < \infty, \forall f \in X'$. 于是由共鸣定理可知 $\sup_n \|x_n^{**}\| < \infty$. 由于自然嵌入是保范的，所以可得$\{x_n\}$有界.

" $\Leftarrow$ "：假设（1）和（2）成立，现在考虑$\forall f \in X'$，记 $M = \max\{\|x\|, \sup_n \|x_n\|\}$. 对$\forall \varepsilon > 0$，首先取$g \in Y$ 使得$\|f - g\| < \dfrac{\varepsilon}{3M}$. 然后对$g$来说，利用（2）可取$N$，当$n \geqslant N$ 时有 $\|g(x_n) - g(x)\| < \dfrac{\varepsilon}{3}$. 于是对于$n \geqslant N$，

$$|f(x_n) - f(x)| \leqslant |f(x_n) - g(x_n)| + |g(x_n) - g(x)| + |g(x) - f(x)|$$

$$\leqslant \|f - g\| \|x_n\| + \frac{\varepsilon}{3} + \|f - g\| \|x\| < \varepsilon. \qquad \square$$

注释 2.44:　前面学过自反空间的单位闭球是弱紧的，即有界点列必定有弱收敛子列. 现在学习了共鸣定理之后可以证明弱收敛一定是有界的. 由此可得自反空间中的有界集等价于弱列紧集（**针对凸集来讨论的话，有界就等价于弱紧集**）.

定义 2.58:　（**算子的强收敛和 w^*-收敛**）X 为赋范空间，X' 为它的对偶空间，则可知按照算子范数来看 X' 是 Banach 空间. 现在 $f_n, f \in X'$，若 $\|f_n - f\| \to 0$，即 f_n 依算子范数收敛于 f，则称 $f_n \to f$. 前面讲过引入半范 $\{p_x(f) = f(x), x \in X\}$，这族半范所诱导的拓扑 $\sigma(X., X)$ 称为 w^* 拓扑. 如果 f_n 依拓扑 $\sigma(X', X)$ 收敛于 f，则称 f_n w^*-收敛到 f. 根据前面学习的知识，可知任何一个半范都关于它连续，即 $p_x(f_n) \to p_x(f)$, i.e., $f_n(x) \to f(x), \forall x \in X$.

定理 2.75:　X 为 Banach 空间，$f_n, f \in X'$，则 f_n w^*-收敛到 f 当且仅当

（1）$\{f_n\}$ 有界；

（2）存在 X 的一个稠密子集 X_1 使得 $\lim\limits_{n \to \infty} f_n(x) = f(x), \forall x \in X_1$.

证明　跟前面的定理 2.74 证明类似，也是需要用到共鸣定理. 这里省略细节.　$\square$

由于 X' 本身作为一个 Banach 空间，自然还可以继续考虑它的弱拓扑.

定义 2.59:　X, Y 为赋范空间，在 $B(X \to Y)$ 上由算子范数诱导出来的拓扑称为范数拓扑，或一致拓扑，相应的收敛性称为一致收敛；$B(X \to Y)$ 上由半范数族 $\{p_x : p_x(A) = \|Ax\|, x \in X\}$ 所诱导出来的拓扑称为强算子拓扑，相应的收敛性称为按强算子拓扑收敛；$B(X \to Y)$ 上由半范数族 $\{p_{x,f} : p_{x,f}(A) = f(Ax), \forall x \in X, f \in Y'\}$ 所诱导出来的拓扑称为弱算子拓扑，相应的收敛性称为按弱算子拓扑收敛.

注释 2.45:　一致收敛 $\Rightarrow$ 强算子拓扑收敛 $\Rightarrow$ 弱算子拓扑收敛. 并且每一种极限存在的时候均是唯一的.

第 3 章 L^p 空间

3.1   回顾积分中的一些基本定理性质

以实变为例回顾，对于复变的情形，只需要分别考虑它的实部和虚部即可.

特征函数（示性函数）： $\chi_\Omega(x) := \begin{cases} 1, & x \in \Omega, \\ 0, & x \notin \Omega. \end{cases}$

（简单函数）： 假设 $f(x)$ 在 Ω 上只有有限个取值 $c_1 < c_2 < \cdots < c_n$. 记

$$e_k = \Omega(f = c_k) := \{x \in \Omega : f(x) = c_k\},$$

则 e_k 互不相交并且 $\Omega = \bigcup_{k=1}^n e_k$. $f(x)$ 可以写成形如 $f(x) = \sum_{k=1}^{n} c_k \chi_{e_k}(x)$，这样的 $f(x)$ 称为简单函数.

定理 3.1： **（Lusin 定理）** 可测函数可以由连续函数逼近. $f(x)$ 可测，$\forall \varepsilon > 0$, 存在 Ω 的一个闭子集 Λ, 使得 $|\Omega \backslash \Lambda| < \varepsilon$, $f(x)$ 在 Λ 上连续.

定理 3.2： **（叶果洛夫定理）** $|\Omega| < \infty$, $f_n(x) \xrightarrow{\text{a.e.}} f(x)$, 则对任意的 $\delta > 0$, 存在 Ω 的子集 Ω_δ 使得 $|\Omega \backslash \Omega_\delta| < \delta$ 且 $f_n(x) \rightrightarrows f(x)$ in Ω_δ. 此时我们也称 $f_n(x)$ 在 Ω 上近一致收敛于 $f(x)$.

注释 3.1：

（1）叶果洛夫定理的逆也成立，并且不要求 Ω 的测度有限.

（2）当 $|\Omega| < \infty$ 时，几乎处处收敛和近一致收敛是等价的.

定义 3.1： **（依测度收敛）** $\forall \varepsilon > 0$, $\lim\limits_{n \to \infty} |\Omega(|f_n - f| \geq \varepsilon)| = 0$, 则称 f_n 依测度收敛于 f.

注释 3.2： 当 $|\Omega| < \infty$ 时，由叶果洛夫定理可知 $f_n(x) \xrightarrow{\text{a.e.}} f(x) \Rightarrow f_n$ 依测度收敛于 f. 反之不成立，所以依测度收敛是比几乎处处收敛更弱的一种收敛.

例 3.1： 比如考虑基本集$E = [0, 1)$，令$I_r^{(n)} = [r2^{-n}, (r + 1)2^{-n}), r = 0, 1, 2, \cdots, 2^n - 1, n = 0, 1, 2, \cdots$. 若$\chi_r^{(n)}$定义为$I_r^{(n)}$的特征函数，则可以对这些特征函数进行排列并将其记为

$$\chi_0^{(0)}, \chi_0^{(1)}, \chi_1^{(1)}, \cdots, \chi_0^{(n)}, \chi_1^{(n)}, \cdots, \chi_{2^n-1}^{(n)}, \cdots.$$

那么这些函数列依测度收敛到0，但处处不收敛于0. 因为对任意的$x_0 \in E$，都有无穷多个形如$I_r^{(n)}$的区间中包含x_0，对这个特殊子列来说，取值都为1，所以它不收敛于0.

定理 3.3： （**依测度收敛的判定：Riesz定理**） $|\Omega| < \infty, f_n$在Ω上依测度收敛于f的充要条件是对f_n的任何子列f_{n_k}，都存在子列的子列$f_{n_{k_i}}$几乎处处收敛到$f(x)$.

定理 3.4： （**单调收敛定理：Levi定理**） $\{f_n\} \subset L^1(\Omega)$ 满足

（1） $f_1 \leqslant f_2 \leqslant \cdots \leqslant f_n \leqslant f_{n+1} \leqslant \cdots$ a.e. on Ω；

（2） $\sup\limits_n \int_\Omega f_n \mathrm{d}x < \infty$，

则存在$f(x) \in L^1(\Omega)$ 使得$f_n(x) \xrightarrow{\text{a.e.}} f(x)$ 并且 $\|f_n - f\|_1 \to 0$.

定理 3.5： （**Fatou引理**） $\{f_n\} \subset L^1(\Omega)$ 满足

（1） 对所有的$n, f_n \geqslant 0$ a.e. $x \in \Omega$成立；

（2） $\sup\limits_n \int_\Omega f_n \mathrm{d}x < \infty$.

对几乎所有的$x \in \Omega$, 令 $f(x) = \liminf\limits_{n \to \infty} f_n(x) \leqslant +\infty$，则有结论$f(x) \in L^1(\Omega)$ 并且

$$\int_\Omega f \mathrm{d}x \leqslant \liminf_{n \to \infty} \int_\Omega f_n \mathrm{d}x.$$

注释 3.3： 实际上Levi定理和Fatou引理是等价的，它们之间可以相互证明.

定理 3.6： （**Lebesgue控制收敛定理**） $\{f_n\} \subset L^1(\Omega)$ 满足

（1） $f_n(x) \xrightarrow{\text{a.e.}} f(x)$ （**几乎处处点点收敛**）；

（2） $\exists g \in L^1(\Omega)$ 使得对所有的$n, |f_n(x)| \leqslant g(x)$ 在Ω上几乎处处成立（**有控制函数**），

则$f \in L^1(\Omega)$ 并且 $\|f_n - f\|_1 \to 0$.

定义 3.2: 具有紧支集的连续函数空间: $C_c(\mathbb{R}^N) = \{f \in C(\mathbb{R}^N) :$ 存在一个紧集K使得在$\mathbb{R}^N \backslash K$ 上$f \equiv 0\}$.

定理 3.7: （稠密性）$C_c(\mathbb{R}^N)$ 在$L^1(\mathbb{R}^N)$中稠密，即 $\forall f \in L^1(\mathbb{R}^N), \varepsilon > 0, \exists g \in C_c(\mathbb{R}^N)$ s.t. $\|f - g\|_1 < \varepsilon$.

定理 3.8: （**Tonelli** 定理: 二元可积的判定）$f(x,y) : \Omega_1 \times \Omega_2 \to \mathbb{R}$ 可测，满足

（1）对几乎处处的$x \in \Omega_1$, 都有截口可积$\int_{\Omega_2} |f(x,y)|\mathrm{d}\mu_2 < \infty$;

（2）二重可积 $\int_{\Omega_1} \mathrm{d}\mu_1 \int_{\Omega_2} |f(x,y)|\mathrm{d}\mu_2 < \infty$,

则有二元可积$f \in L^1(\Omega_1 \times \Omega_2)$.

定理 3.9: （**Fubini**定理: 积分顺序的交换）假设$f \in L^1(\Omega_1 \times \Omega_2)$, 则我们有结论: 截口可积并且二重可积，即 a.e. $x \in \Omega_1, f(x,y) \in L_y^1(\Omega_2)$, 且 $\int_{\Omega_2} f(x,y)\mathrm{d}\mu_2 \in L_x^1(\Omega_1)$. 类似地，a.e. $y \in \Omega_2, f(x,y) \in L_x^1(\Omega_1)$, 且 $\int_{\Omega_1} f(x,y)\mathrm{d}\mu_1 \in L_y^1(\Omega_2)$. 特别地，积分顺序可交换 $\int_{\Omega_1} \mathrm{d}\mu_1 \int_{\Omega_2} f(x,y)\mathrm{d}\mu_2 = \int_{\Omega_2} \mathrm{d}\mu_2 \int_{\Omega_1} f(x,y)\mathrm{d}\mu_1 = \iint_{\Omega_1 \times \Omega_2} f(x,y)\mathrm{d}\mu_1\mathrm{d}\mu_2$.

3.2　一些重要不等式

若$\Omega \subset \mathbb{R}^N$, $p > 0$, 定义

$$L^p(\Omega) = \{f : \Omega \mapsto \mathbb{K}可测, |f|^p \in L^1(\Omega)\}.$$

对于$p = \infty$, 我们称

$$L^\infty(\Omega) := \{f : \Omega \mapsto \mathbb{K}可测，并且存在C使得|f(x)| \leqslant C在\Omega上几乎处处成立\}$$

为本性有界函数空间。对于$p > 0$, 定义泛函$\|u\|_p := \left(\int_\Omega |u(x)|^p \mathrm{d}x\right)^{\frac{1}{p}}$. 对$p = \infty$, 我们定义 $\|u\|_\infty = \inf\{C : |u(x)| \leqslant C \text{ a.e. } x \in \Omega\}$.

定理 3.10: （**Young** 不等式）对任意的$a \geqslant 0, b \geqslant 0, 1 < p < \infty$,

$$ab \leqslant \varepsilon a^p + C_\varepsilon b^{p'}, C_\varepsilon = (p-1)p^{-\frac{p}{p-1}}\varepsilon^{-\frac{1}{p-1}}.$$

证明 利用log 函数（以自然对数e为底数）在$(0,\infty)$ 上的凸性来证明简单情形：

$$\log\left(\frac{1}{p}a^p + \frac{1}{p'}b^{p'}\right) \geqslant \frac{1}{p}\log a^p + \frac{1}{p'}\log b^{p'} = \log a + \log b = \log ab,$$

因此 $ab \leqslant \dfrac{a^p}{p} + \dfrac{b^{p'}}{p'}, \forall a \geqslant 0, b \geqslant 0$. 最后对$\forall \varepsilon > 0$, 我们用 $(\varepsilon p)^{\frac{1}{p}}a$ 来代替a, 用$\dfrac{b}{(\varepsilon p)^{\frac{1}{p}}}$ 来代替b, 则我们有 $(\varepsilon p)^{\frac{1}{p}}a\dfrac{b}{(\varepsilon p)^{\frac{1}{p}}} \leqslant \dfrac{1}{p}\varepsilon p a^p + \dfrac{p-1}{p}\dfrac{b^{p'}}{(\varepsilon p)^{\frac{1}{p-1}}}$, 即
$$ab \leqslant \varepsilon a^p + (p-1)p^{-\frac{p}{p-1}}\varepsilon^{-\frac{1}{p-1}}b^{p'}. \qquad \square$$

定理 3.11: （**Hölder 不等式**）$p \in (1,\infty), u \in L^p, v \in L^{p'}$, 则 $uv \in L^1$ 且 $\|uv\|_1 \leqslant \|u\|_p \|v\|_{p'}$.

证明 由Young 不等式可得 $ab \leqslant \dfrac{a^p}{p} + \dfrac{b^{p'}}{p'}, \forall a \geqslant 0, b \geqslant 0$, 并且等号成立当且仅当$a^p = b^{p'}$. 所以有 $|u(x)v(x)| \leqslant \dfrac{1}{p}|u(x)|^p + \dfrac{1}{p'}|v(x)|^{p'}$, 两边积分可得 $\|uv\|_1 \leqslant \dfrac{1}{p}\|u\|_p^p + \dfrac{1}{p'}\|v\|_{p'}^{p'}$. 由于这个是对任意的$u \in L^p(\Omega)$都成立, 所以可以用$\lambda u$来代替$u$, 结论仍成立, $\|uv\|_1 \leqslant \dfrac{\lambda^{p-1}}{p}\|u\|_p^p + \dfrac{1}{\lambda p'}\|v\|_{p'}^{p'}, \forall \lambda \in (0,+\infty)$. 记右端为一个关于$\lambda$的函数 $h(\lambda) = \dfrac{\lambda^{p-1}}{p}\|u\|_p^p + \dfrac{1}{\lambda p'}\|v\|_{p'}^{p'}$, 通过求导寻找它的最小值, 可知当$\lambda = \|u\|_p^{-1}\|v\|_{p'}^{\frac{p'}{p}}$ 时$h(\lambda)$ 取到最小值 $h(\|u\|_p^{-1}\|v\|_{p'}^{\frac{p'}{p}}) = \dfrac{1}{p}\|u\|_p \|v\|_{p'} + \dfrac{1}{p'}\|u\|_p \|v\|_{p'} = \|u\|_p \|v\|_{p'}$. 于是可得 $\|uv\|_1 \leqslant \|u\|_p \|v\|_{p'}$, 并且等号成立的条件为 u^p 与$v^{p'}$ 相差一个常数倍. $\qquad \square$

注释 3.4: Hölder 不等式可以推广到一般的情形, 比如$p_i \in (1,+\infty), i = 1, 2, \cdots, k, \dfrac{1}{p_1} + \dfrac{1}{p_2} + \cdots + \dfrac{1}{p_k} = 1$. $f_i \in L^{p_i}(\Omega), i = 1, 2, \cdots, k$, 则有 $f_1 f_2 \cdots f_k \in L^1(\Omega)$ 并且 $\|f_1 f_2 \cdots f_k\|_1 \leqslant \prod_{i=1}^{k} \|f_i\|_{p_i}$.

定理 3.12: （**Minkowski 不等式**）$p \in [1,+\infty], \|u + v\|_p \leqslant \|u\|_p + \|v\|_p$.

证明 考虑 $p \in (1, \infty)$. 若 $\|u\|_p \vee \|v\|_p = \infty$, 则结论成立. 下面考虑 $\|u\|_p \vee \|v\|_p < \infty$ 的情形. 此时利用 Hölder 不等式可得

$$
\begin{aligned}
\int_\Omega |u(x) + v(x)|^p \mathrm{d}x &\leqslant \int_\Omega |u(x) + v(x)|^{p-1} (|u(x)| + |v(x)|) \mathrm{d}x \\
&= \int_\Omega |u(x) + v(x)|^{p-1} |u(x)| \mathrm{d}x + \int_\Omega |u(x) + v(x)|^{p-1} |v(x)| \mathrm{d}x \\
&\leqslant \left(\int_\Omega |u(x) + v(x)|^p \mathrm{d}x \right)^{\frac{p-1}{p}} \cdot \left(\int_\Omega |u(x)|^p \mathrm{d}x \right)^{\frac{1}{p}} + \\
&\quad \left(\int_\Omega |u(x) + v(x)|^p \mathrm{d}x \right)^{\frac{p-1}{p}} \cdot \left(\int_\Omega |v(x)|^p \mathrm{d}x \right)^{\frac{1}{p}} \\
&= \|u + v\|_p^{p-1} (\|u\|_p + \|v\|_p),
\end{aligned}
$$

从而 $\|u + v\|_p \leqslant \|u\|_p + \|v\|_p$. 而对于 $p = 1$ 或者 $p = \infty$, 可以直接验证，比较容易. $\qquad\square$

定理 3.13: （逆 **Young** 不等式） 设 $0 < p < 1, p' = \dfrac{p}{p-1} < 0$, 我们有 $ab \geqslant \dfrac{1}{p} a^p + \dfrac{1}{p'} b^{p'}, a \geqslant 0, b \geqslant 0$.

定理 3.14: （逆 **Hölder** 不等式） 设 $0 < p < 1, p' = \dfrac{p}{p-1} < 0, u \in L^p(\Omega), 0 < \int_\Omega |v|^{p'} < \infty$, 则 $\|uv\|_1 \geqslant \|u\|_p \|v\|_{p'}$.

定理 3.15: （逆 **Minkowski** 不等式） 设 $0 < p < 1, 0 \leqslant u, v \in L^p(\Omega)$, 则 $\|u + v\|_p \geqslant \|u\|_p + \|v\|_p$.

定理 3.16: （**Gronwall** 不等式：微分形式）

（1）设 $\eta(\cdot)$ 是非负连续可微函数（或者非负绝对连续函数），在 $t \in [0, T]$ 上满足

$$
\eta'(t) \leqslant \phi(t) \eta(t) + \psi(t), t \in [0, T], \tag{3-1}
$$

其中 $\phi(t), \psi(t)$ 是非负可积函数，则有控制不等式

$$
\eta(t) \leqslant \mathrm{e}^{\int_0^t \phi(s) \mathrm{d}s} \left[\eta(0) + \int_0^t \psi(s) \mathrm{d}s \right], \forall t \in [0, T].
$$

（2）特别地，如果 $\eta' \leqslant \phi\eta, t \in [0, T], \eta(0) = 0$, 则在 $[0, T]$ 上恒有 $\eta(t) \equiv 0$.

证明

（1）由式(3-1)可得

$$\frac{\mathrm{d}}{\mathrm{d}s}\left(\eta(s)\mathrm{e}^{-\int_0^s \phi(r)\mathrm{d}r}\right) = \mathrm{e}^{-\int_0^s \phi(r)\mathrm{d}r}\left(\eta'(s) - \phi(s)\eta(s)\right) \leqslant \mathrm{e}^{-\int_0^s \phi(r)\mathrm{d}r}\psi(s)$$

对几乎处处$s \in [0, T]$成立，所以两边对s从0到t积分整理可得

$$\eta(t) \leqslant \mathrm{e}^{\int_0^t \phi(s)\mathrm{d}s}\left[\eta(0) + \int_0^t \psi(s)\mathrm{d}s\right], \forall t \in [0, T].$$

（2）此时$\psi \equiv 0, \eta(0) = 0$, 所以由（1）的结果马上可得结论. □

定理 3.17： （**Gronwall不等式：积分形式**）

（1）设$\xi(t)$是$[0, T]$上的非负可积函数，对a.e. $t \in [0, T]$有

$$\xi(t) \leqslant C_1 \int_0^t \xi(s)\mathrm{d}s + C_2$$

对某个$C_1, C_2 > 0$成立，则

$$\xi(t) \leqslant C_2(1 + C_1 t\mathrm{e}^{C_1 t}), \mathrm{a.e.} t \in [0, T].$$

（2）如果$\xi(t) \leqslant C_1 \int_0^t \xi(s)\mathrm{d}s$ a.e. $t \in [0, T]$, 则$\xi(t) \equiv 0$ a.e. $t \in [0, T]$.

证明 令$\eta(t) = \int_0^t \xi(s)\mathrm{d}s$ 即回到前面微分形式的版本. □

定理 3.18： （**插值不等式**）假设$1 \leqslant s \leqslant r \leqslant t \leqslant \infty$满足关系$\frac{1}{r} = \frac{\theta}{s} + \frac{(1-\theta)}{t}$. 如果$u \in L^s(\Omega) \cap L^t(\Omega)$, 则有$u \in L^r(\Omega)$ 并且 $\|u\|_r \leqslant \|u\|_s^\theta \|u\|_t^{1-\theta}$.

证明 考虑$p = \frac{s}{r\theta}, p' = \frac{t}{r(1-\theta)}$, 利用Hölder不等式可得

$$\int_\Omega |u|^r \mathrm{d}x = \int_\Omega |u|^{r\theta}|u|^{r(1-\theta)}\mathrm{d}x \leqslant \left(\int_\Omega |u|^s \mathrm{d}x\right)^{\frac{r\theta}{s}}\left(\int_\Omega |u|^t \mathrm{d}x\right)^{\frac{r(1-\theta)}{t}} = \|u\|_s^{r\theta}\|u\|_t^{r(1-\theta)},$$

进而可得 $\|u\|_r \leqslant \|u\|_s^\theta \|u\|_t^{1-\theta}$. □

3.3　L^p 空间的定义和完备性

$L^p(\Omega)$ 实际上是一个商空间，当 $f = g$ a.e. $x \in \Omega$ 时，$f \sim g$, 则把 f 和 g 当成 $L^p(\Omega)$ 中的同一个元素. 所以 $L^p(\Omega)$ 上的0元指的是 $f = 0$ a.e. $x \in \Omega$.

注释 3.5:

（1）$p > 0$, 之前已经研究过 $L^p(\Omega)$ 是一个线性空间.

（2）定义泛函 $\|u\|_p := \left(\int_\Omega |u(x)|^p \mathrm{d}x \right)^{\frac{1}{p}}$. 当 $0 < p < 1$ 时，由逆Minkowski不等式可知 $\| \cdot \|_p$ 并不是一个范数，因为三角不等式不成立.

定理 3.19:　当 $1 \leqslant p \leqslant \infty$ 时，$\| \cdot \|_p$ 是一个范数.

证明　逐一验证范数定义中要求的几条，$\|u\|_p \geqslant 0$ 并且 $\|u\|_p = 0$ 当且仅当 $u = 0$ (a.e. in Ω). 对 $\lambda \in \mathbb{K}$, $\|\lambda u\|_p = |\lambda| \, \|u\|_p$ 也显然成立. 最后由Minkowski不等式可知三角不等式也成立，所以 $\| \cdot \|_p$ 是一个范数.　$\square$

定理 3.20:　（**Fischer-Riesz 定理**）当 $1 \leqslant p \leqslant \infty$ 时，$L^p(\Omega)$ 是一个Banach空间.

证明　回顾前面的注释2.13, 只需考虑 $\|f_n\|_p \leqslant \dfrac{1}{2^n}$, 证明 $\sum_n f_n$ 收敛即可. 首先 $p = \infty$ 时，记部分和函数 $s_m(x) := \displaystyle\sum_{n=1}^m f_n(x)$, 对几乎处处的 $x \in \Omega$, 可得 $\{s_m(x)\}$ 是 $\mathbb{R}$ 中的一个Cauchy列，所以可以定义 $f(x) = \displaystyle\lim_{m \to \infty} s_m(x) < \infty$ 并且存在零测集 U_n 使得 $|f_n(x)| \leqslant \dfrac{1}{2^n}, \forall x \notin U_n$, 记 $V = \bigcup_n U_n$, 则 V 仍旧是一个零测集，并且对任意的 $x \notin V$, 都有 $|f(x)| \leqslant \displaystyle\sum_n |f_n(x)| \leqslant \sum_n \dfrac{1}{2^n} = 1 < \infty$, 所以 $f \in L^\infty$, 故 $L^\infty(\Omega)$ 为Banach空间.

考虑 $p \in [1, \infty)$, 记 $f(x) = \displaystyle\sum_n f_n(x) = \lim_{m \to \infty} s_m(x)$, 在某些点处取值可能为无穷. 同上面类似，记部分和为 $s_m(x)$, 则利用三角不等式可得 $\|s_m\|_p \leqslant \displaystyle\sum_{n=1}^m \|f_n\|_p < 1, \forall m \in \mathbb{N}$. 根据Fatou引理有 $\displaystyle\int_\Omega |f(x)|^p \mathrm{d}x = \int_\Omega |\lim_{m \to \infty} s_m(x)|^p \mathrm{d}x \leqslant \liminf_{m \to \infty} \int_\Omega |s_m|^p \mathrm{d}x < 1$, 所以 $f \in L^p(\Omega)$, 并且

$$\left\| \sum_{n=1}^\infty f_n - f \right\|_p^p = \int_\Omega \lim_{m \to +\infty} \left| \sum_{n=1}^\infty f_n - s_m \right|^p \mathrm{d}x$$

$$\leqslant \liminf_{m \to +\infty} \int_\Omega |\sum_{n=1}^\infty f_n - s_m|^p \mathrm{d}x = \liminf_{m \to +\infty} \int_\Omega |\sum_{n=m+1}^\infty f_n|^p \mathrm{d}x,$$

这意味着 $\|\sum_{n=1}^\infty f_n - f\|_p \leqslant \liminf_{m \to +\infty} \sum_{n=m+1}^\infty \|f_n\|_p \leqslant \liminf_{m \to +\infty} \sum_{n=m+1}^\infty \frac{1}{2^n} = 0$. 所以 $L^p(\Omega)$ 也是 Banach 空间. $\qquad\square$

推论 3.1： $p \in [1, +\infty]$, $L^p(\Omega)$ 中的 Cauchy 列有几乎处处收敛的子列.

证明　$\{f_n\}$ 为 Cauchy 列，则存在 $f \in L^p$ 使得 $\|f_n - f\|_p \to 0$, 对于 $p \in [1, +\infty)$, 由 Riesz 定理（见定理 3.3），可知 f_n 有子列几乎处处收敛到 f. 当 $p = \infty$ 时, 直接取子列为本身，由 $\|\cdot\|_\infty$ 的定义可得（注意依范数收敛必然依测度收敛）. $\qquad\square$

3.4　用连续函数逼近，可分性

定理 3.21： 可测函数可以由简单函数逼近.

定理 3.22： 若 $p \in [1, +\infty)$, 则 $C_c(\Omega)$ 在 $L^p(\Omega)$ 中稠密.

证明　首先考虑 f 是一个非负实值函数. 利用简单函数逼近，可以找到一个简单函数列 $0 \leqslant g_n(x) \leqslant f(x)$ 来逼近，利用控制收敛定理可知 $g_n \in L^p$, 并且 $(f(x) - g_n(x))^p \leqslant f(x)^p$, 所以利用控制收敛定理可得 $g_n \to f$ in $L^p(\Omega)$. 所以 $\forall \varepsilon > 0$, 存在 N, 当 $n \geqslant N$ 时有 $\|g_n - f\|_p < \frac{\varepsilon}{2}$. 取定 $g_N(x)$, 因为简单函数的支撑集一定有有限测度，在 Ω^c 之外我们还可以假定 $g_N(x) = 0$. 利用 Lusin 定理（见定理 3.1）可找到某个 $h(x) \in C_0(\Omega)$ 使得 $|h(x)| \leqslant \|g_N\|_\infty, \forall x \in \Omega$, 并且 $|\Omega(h \neq g_N)| < \left(\frac{\varepsilon}{4\|g_N\|_\infty}\right)^p$, 于是有

$$\begin{aligned}
\|g_N - h\|_p &= \left(\int_{\Omega(h \neq g_N)} |g_N - h|^p \mathrm{d}x\right)^{\frac{1}{p}} \\
&\leqslant \|g_N - h\|_\infty \left(|\Omega(h \neq g_N)|\right)^{\frac{1}{p}} < 2\|g_N\|_\infty \frac{\varepsilon}{4\|g_N\|_\infty} = \frac{\varepsilon}{2},
\end{aligned}$$

进而可得 $\|f - h\|_p \leqslant \|f - g_N\|_p + \|g_N - h\|_p < \varepsilon$.

最后对于一般的实值函数 $f = f_+ - f_-$, 分别考虑它的正部和负部，则可以找到某个 $C_c(\Omega)$ 上的函数 $h = h_+ - h_-$ 来任意逼近. 对一般的复值函数，分别考虑它的实部和虚部即可，从而可得 $C_c(\Omega)$ 在 $L^p(\Omega)$ 中稠密. $\qquad\square$

定理 3.23:　若$p \in [1, +\infty)$, 则$L^p(\Omega)$ 是可分的.

证明　对$m \in \mathbb{N}$, 记$\overline{\Omega_m} := \{x \in \Omega : |x| \leqslant m, \operatorname{dist}(x, \partial\Omega) \geqslant \dfrac{1}{m}\}$, 则$\overline{\Omega_m}$是$\Omega$的紧子集. 记$P$是$\mathbb{R}^n$上系数为有理复数的全体多项式的集合, 并记$P_m := \{\chi_{\overline{\Omega_m}} f : f \in P\}$. 则$P_m$ 在 $C(\overline{\Omega_m})$上稠密, 并且P_m 是个可数集, 从而$\bigcup_m P_m$ 仍旧是一个可数集.

$\forall f \in L^p(\Omega)$, 首先利用$C_0(\Omega)$ 的稠密性, 可以找到某个$g \in C_0(\Omega)$ 使得$\|f - g\|_p < \dfrac{\varepsilon}{2}$. 注意到$g$是有紧支集的, 有 $\operatorname{dist}(\operatorname{supp} g, \partial\Omega) > 0$. 因此当考虑$m$充分大时, 可以保证$g \in C(\overline{\Omega_m})$, 于是利用$P_m$的稠密性, 可以找到某个$h(x) \in P_m$ 使得 $\|g - h\|_\infty < \dfrac{\varepsilon}{2}|\overline{\Omega_m}|^{-\frac{1}{p}}$, 于是 $\|g - h\|_p \leqslant \|g - h\|_\infty |\overline{\Omega_m}|^{\frac{1}{p}} < \dfrac{\varepsilon}{2}$. 这样就找到了$h \in P_m$ 使得 $\|f - h\|_p \leqslant \|f - g\|_p + \|g - h\|_p < \varepsilon$, 于是$\bigcup_m P_m$在$L^p(\Omega)$中稠密, 可得$L^p(\Omega)$ 是可分的. □

注释 3.6:　$C(\Omega)$ 是$L^\infty(\Omega)$的真闭子空间, 在 $L^\infty(\Omega)$ 中不稠密. 因此$C_c(\Omega), C_c^\infty(\Omega)$ 在$L^\infty(\Omega)$ 中都不稠密. 特别是$L^\infty(\Omega)$ 不可分, 当Ω不是由有限个原子组成的时候（见后面的定理3.44）.

3.5　卷积，软化子（磨光算子），用光滑函数逼近（正则化）

3.5.1　卷积

考虑$f \in L^1(\mathbb{R}^N), g \in L^p(\mathbb{R}^N)$, 下面学习它们的卷积, 卷积在正则化的时候是非常强大和重要的工具.

定理 3.24:　（**Young 定理**）$f \in L^1(\mathbb{R}^N), g \in L^p(\mathbb{R}^N), 1 \leqslant p \leqslant \infty$, 则对几乎处处的$x \in \mathbb{R}^N, y \mapsto f(x - y)g(y)$ 在$\mathbb{R}^N$上都是可积的, 记它的积分为 $(f \star g)(x) = \int_{\mathbb{R}^N} f(x - y)g(y)\mathrm{d}y$. 特别地, $f \star g \in L^p(\mathbb{R}^N)$并且满足 $\|f \star g\|_p \leqslant \|f\|_1 \|g\|_p$.

证明　如果$p = \infty$, 结论显然成立.

如果$p = 1$, 记$F(x, y) = f(x - y)g(y)$, 则由上面的分析可知对几乎处处的$y \in \mathbb{R}^N$, 有 $\int_{\mathbb{R}^N} |F(x, y)|\mathrm{d}x = |g(y)|\|f\|_1 < \infty$ 并且 $\int_{\mathbb{R}^N} \mathrm{d}y \int_{\mathbb{R}^N} |F(x, y)|\mathrm{d}x = \|g\|_1\|f\|_1 < \infty$. 因此由Tonelli定理（见定理3.8）可得$F(x, y) \in L^1(\mathbb{R}^N \times \mathbb{R}^N)$. 最后利用Fubini定理可知对几乎处处的$x \in \mathbb{R}^N, \int_{\mathbb{R}^N} |F(x, y)|\mathrm{d}y < \infty$, 并

且 $\displaystyle\int_{\mathbb{R}^N}\mathrm{d}x\int_{\mathbb{R}^N}|F(x,y)|\mathrm{d}y = \int_{\mathbb{R}^N}\mathrm{d}y\int_{\mathbb{R}^N}|F(x,y)|\mathrm{d}x = \|g\|_1\|f\|_1.$ 于是对几乎处处的 $x \in \Omega$, 有 $|(f \star g)(x)| \leqslant \displaystyle\int_{\mathbb{R}^N}|F(x,y)|\mathrm{d}y < \infty$ 并且 $\displaystyle\int_{\mathbb{R}^N}|(f \star g)(x)|\mathrm{d}x \leqslant$ $\displaystyle\int_{\mathbb{R}^N}\mathrm{d}x\int_{\mathbb{R}^N}|F(x,y)|\mathrm{d}y = \|g\|_1\|f\|_1.$

如果 $1 < p < \infty$, 对几乎处处的 $x \in \mathbb{R}^N$, 有 $\displaystyle\int_{\mathbb{R}^N}|f(x-y)||g(y)|^p\mathrm{d}y < \infty$, 所以一方面利用上面证明了的结论可知 $(|f| \star |g|^p)(x) \in L^1(\mathbb{R}^N)$. 另一方面还可以得出结论 $|f(x-y)|^{\frac{1}{p}}|g(y)| \in L_y^p(\mathbb{R}^N)$. 于是利用 Hölder 不等式可得

$$\int_{\mathbb{R}^N}|f(x-y)||g(y)|\mathrm{d}y = \int_{\mathbb{R}^N}|f(x-y)|^{\frac{1}{p'}}|f(x-y)|^{\frac{1}{p}}|g(y)|\mathrm{d}y$$

$$\leqslant \left(\int_{\mathbb{R}^N}|f(x-y)|\mathrm{d}y\right)^{\frac{1}{p'}}\left(\int_{\mathbb{R}^N}|f(x-y)||g(y)|^p\mathrm{d}y\right)^{\frac{1}{p}} = \|f\|_1^{\frac{1}{p'}}\left(|f| \star |g|^p(x)\right)^{\frac{1}{p}},$$

因此 $|(f\star g)(x)|^p \leqslant |(|f|\star|g|)(x)|^p \leqslant \|f\|_1^{p-1}|f| \star |g|^p(x)$, 于是利用上面已经证明的结论可得 $|f| \star |g|^p(x) \in L^1(\mathbb{R}^N)$ 并且 $\displaystyle\int_{\mathbb{R}^N}|f| \star |g|^p(x)\mathrm{d}x \leqslant \|f\|_1\||g|^p\|_1 = \|f\|_1\|g\|_p^p.$ 因此 $(f \star g)(x) \in L^p(\mathbb{R}^N)$ 并且 $\displaystyle\int_{\mathbb{R}^N}|(f \star g)(x)|^p\mathrm{d}x \leqslant \|f\|_1^{p-1}\|f\|_1\|g\|_p^p = \|f\|_1^p\|g\|_p^p,$ 最后可得 $\|f \star g\|_p \leqslant \|f\|_1\|g\|_p.$ $\qquad\square$

定理 3.25: （**卷积版本的一般形式的Young不等式**）　$1 \leqslant p \leqslant q \leqslant \infty$, 假设 $u \in L^p(\mathbb{R}^N), v \in L^q(\mathbb{R}^N)$, 则 $u \star v$ 对几乎处处的 $x \in \mathbb{R}^N$ 有定义，并且

$$\|u \star v\|_{L^r(\mathbb{R}^N)} \leqslant \|u\|_{L^p(\mathbb{R}^N)} \cdot \|v\|_{L^q(\mathbb{R}^N)},$$

这里 $\dfrac{1}{p} + \dfrac{1}{q} = 1 + \dfrac{1}{r}.$

证明　如果 $r = \infty$, 利用Hölder不等式以及积分的平移变量代换即可得. 如果 $p = 1$, 则 $q = r$, 即回到上面的定理3.24. 所以下面考虑 $1 < p \leqslant q < r$ 的情形, 此时改写

$$|u(x-y)v(y)| = (|u(x-y)|^p|v(y)|^q)^{\frac{1}{r}}|u(x-y)|^{\frac{r-p}{r}}|v(y)|^{\frac{r-q}{r}},$$

于是引入 $p_1 = r, p_2 = \dfrac{pr}{r-p}, p_3 = \dfrac{qr}{r-q}$, 则有 $p_1, p_2, p_3 > 1$ 并且 $\dfrac{1}{p_1} + \dfrac{1}{p_2} + \dfrac{1}{p_3} = 1$. 于是由多重指标的Hölder不等式可得

$$|u \star v(x)| \leqslant \int_{\mathbb{R}^N}|u(x-y)v(y)|\mathrm{d}y$$

$$\leqslant \int_{\mathbb{R}^N} (|u(x-y)|^p |v(y)|^q)^{\frac{1}{r}} |u(x-y)|^{\frac{r-p}{r}} |v(y)|^{\frac{r-q}{r}} \mathrm{d}y$$

$$\leqslant \left(\int_{\mathbb{R}^N} |u(x-y)|^p |v(y)|^q \mathrm{d}y \right)^{\frac{1}{r}} \cdot \|u\|_{L^p(\mathbb{R}^N)}^{\frac{r-p}{r}} \cdot \|v\|_{L^q(\mathbb{R}^N)}^{\frac{r-q}{r}}.$$

两边同时计算 L^r 积分，并利用定理3.24可得

$$|u \star v(x)|_{L^r(\mathbb{R}^N)} \leqslant \|u\|_{L^p(\mathbb{R}^N)}^{\frac{r-p}{r}} \cdot \|v\|_{L^q(\mathbb{R}^N)}^{\frac{r-q}{r}} \left(\int_{\mathbb{R}^N} \int_{\mathbb{R}^N} |u(x-y)|^p |v(y)|^q \mathrm{d}y \mathrm{d}x \right)^{\frac{1}{r}}$$

$$= \|u\|_{L^p(\mathbb{R}^N)}^{\frac{r-p}{r}} \cdot \|v\|_{L^q(\mathbb{R}^N)}^{\frac{r-q}{r}} \cdot \|u\|_{L^p(\mathbb{R}^N)}^{\frac{p}{r}} \cdot \|v\|_{L^q(\mathbb{R}^N)}^{\frac{q}{r}} = \|u\|_{L^p(\mathbb{R}^N)} \|v\|_{L^q(\mathbb{R}^N)}.$$

这个可积性也表明了 $(u \star v)(x)$ 对几乎处处的 $x \in \mathbb{R}^N$ 存在. □

记号： $\check{f}(x) = f(-x)$.

定理 3.26： $f \in L^1(\mathbb{R}^N), g \in L^p(\mathbb{R}^N), h \in L^{p'}(\mathbb{R}^N), 1 \leqslant p \leqslant \infty$, 则有

$$\int_{\mathbb{R}^N} (f \star g)h = \int_{\mathbb{R}^N} g(\check{f} \star h).$$

证明 记 $F(x, y) = f(x-y)g(y)h(x)$, 由上面的Young 定理可知对几乎处处的 $x \in \mathbb{R}^N$, 有截口 $|\int_{\mathbb{R}^N} F(x, y)\mathrm{d}y| = |h(x)||(f \star g)(x)| < \infty$, 并且 $f \star g \in L^p(\mathbb{R}^N)$, 因此利用Hölder 不等式可得截口可积

$$\left| \int_{\mathbb{R}^N} \mathrm{d}x \int_{\mathbb{R}^N} F(x, y)\mathrm{d}y \right| \leqslant \|h\|_{p'} \|f \star g\|_p \leqslant \|f\|_1 \|g\|_p \|h\|_{p'} < \infty,$$

所以由Tonelli 定理可得 $F(x, y) \in L^1(\mathbb{R}^N \times \mathbb{R}^N)$. 然后利用Fubini定理可得

$$\int_{\mathbb{R}^N} (f \star g)(x)h(x)\mathrm{d}x = \int_{\mathbb{R}^N} \mathrm{d}x \int_{\mathbb{R}^N} F(x, y)\mathrm{d}y = \int_{\mathbb{R}^N} \mathrm{d}y \int_{\mathbb{R}^N} F(x, y)\mathrm{d}x$$

$$= \int_{\mathbb{R}^N} \mathrm{d}y g(y) \int_{\mathbb{R}^N} h(x)\check{f}(y-x)\mathrm{d}x = \int_{\mathbb{R}^N} g(y)(\check{f} \star h)(y)\mathrm{d}y. \qquad \square$$

定理 3.27： （支集的关系） $f \in L^1(\mathbb{R}^N), g \in L^p(\mathbb{R}^N), 1 \leqslant p \leqslant \infty$, 则 $\mathrm{supp}(f \star g) \subset \overline{\mathrm{supp}\, f + \mathrm{supp}\, g}$.

证明 固定 $x \in \mathbb{R}^N$, 前面已经学习了 $y \mapsto f(x-y)g(y)$ 这个截口是可积的，于是有 $(f \star g)(x) = \int f(x-y)g(y)\mathrm{d}y = \int_{(x-\mathrm{supp}\, f) \cap \mathrm{supp}\, g} f(x-y)g(y)\mathrm{d}y$, 这表明了当 $(x-\mathrm{supp}\, f) \cap \mathrm{supp}\, g = \emptyset$ 时，即 $x \notin \mathrm{supp}\, f + \mathrm{supp}\, g$ 时，有 $(f \star g)(x) = 0$, 所以 $(f \star g)(x) = 0$ a.e. on $(\mathrm{supp}\, f + \mathrm{supp}\, g)^c$, 因此 $\mathrm{supp}(f \star g) \subset \overline{\mathrm{supp}\, f + \mathrm{supp}\, g}$. □

注释 3.7: 若f, g的支集都是紧的，则$f \star g$的支集也是紧的. 反之，只要有一个不是紧的话，那么$f \star g$的支集也未必是紧的.

定义 3.3: $\Omega \subset \mathbb{R}^N$为开集, $1 \leqslant p \leqslant \infty$,定义

$$L_{\text{loc}}^p(\Omega) := \{f : \Omega \to \mathbb{R}, f\chi_K \in L^p(\Omega), \forall K \subset \Omega \, \text{紧}\}.$$

注释 3.8: 利用Hölder 不等式可知，如果$f \in L_{\text{loc}}^p(\Omega)$，则 $f \in L_{\text{loc}}^1(\Omega)$.

定理 3.28: $f \in C_c(\mathbb{R}^N), g \in L_{\text{loc}}^1(\mathbb{R}^N)$, 则对任意的 $x \in \mathbb{R}^N, (f \star g)(x)$ 都有定义，并且 $f \star g \in C(\mathbb{R}^N)$.

证明 由于对任意固定的$x \in \mathbb{R}^N, f(x-y)g(y) = 0, \forall y \notin x - \text{supp} f$, 结合$g \in L_{\text{loc}}^1, f \in C_c(\mathbb{R}^N)$蕴含了$f$有界，因此$y \mapsto f(x-y)g(y)$ 在 $\mathbb{R}^N$上可积，进而$(f \star g)(x)$ 对所有的 $x \in \mathbb{R}^N$ 都有定义. 下面证明它连续. 考虑$x_n \to x$ in $\mathbb{R}^N$, 证明$(f \star g)(x_n) \to (f \star g)(x)$. 由于$x_n \to x$, 所以$\{x_n\}$ 有界，故可以预先取到某个紧集K使得 $x_n - \text{supp} f \subset K, \forall n$. 这样可知 $f(x_n - y) = 0, \forall n, \forall y \notin K$. 利用$f$的一致连续性，可得 $|f(x_n - y) - f(x-y)| \leqslant \varepsilon_n \chi_K(y), \forall n, \forall y \in \mathbb{R}^N$, 其中$\varepsilon_n \to 0$. 于是可得 $|(f \star g)(x_n) - (f \star g)(x)| \leqslant \varepsilon_n \int_K |g(y)|\text{d}y \to 0$. □

记号： $\Omega \subset \mathbb{R}^N$为开集，$0 \leqslant k \leqslant \infty$为整数.

$C(\Omega) = \{f | f \text{ 在}\Omega\text{上连续}\}$;

$C^k(\Omega) = \{f | f\text{的直到}k\text{阶偏导数在}\Omega\text{内连续}\}$;

$C^\infty(\Omega) = \bigcap_k C^k(\Omega)$;

$C^0(\Omega)$ 即$C(\Omega)$.

类似地，可以定义：

$C(\overline{\Omega}) = \{f | f \text{ 在}\overline{\Omega}\text{上连续}\}$;

$C^k(\overline{\Omega}) = \{f | f\text{的直到}k\text{阶偏导数在}\overline{\Omega}\text{内连续}\}$;

$C^\infty(\overline{\Omega}) = \bigcap_k C^k(\overline{\Omega})$,

$C^0(\overline{\Omega})$ 即$C(\overline{\Omega})$.

下面定义具有紧支集的函数空间：

$C_c(\Omega) = \{f : f \in C(\Omega), \text{supp} f \subset K \subset\subset \Omega, K\text{紧}\}$;

$$C_c^k(\Omega) = C^k(\Omega) \cap C_c(\Omega);$$

$$C_c^\infty = C^\infty \cap C_c(\Omega).$$

注释 3.9: 有些教材也记$C_c^\infty(\Omega)$为$\mathscr{D}(\Omega)$或者$C_0^\infty(\Omega)$.

如果$f \in C^1(\Omega)$, 记它的梯度为$\nabla f = (\dfrac{\partial f}{\partial x_1}, \dfrac{\partial f}{\partial x_2}, \cdots, \dfrac{\partial f}{\partial x_N})$.

如果$f \in C^k(\Omega)$, $\alpha = (\alpha_1, \alpha_2, \cdots, \alpha_N)$为一个多重指标, $\alpha_i \in \mathbb{N}$, 记它的长度为$|\alpha| = \alpha_1 + \alpha_2 + \cdots + \alpha_N$. 如果$|\alpha| \leqslant k$, 记$D^\alpha f = \dfrac{\partial^{\alpha_1}}{\partial x_1^{\alpha_1}} \dfrac{\partial^{\alpha_2}}{\partial x_2^{\alpha_2}} \cdots \dfrac{\partial^{\alpha_N}}{\partial x_N^{\alpha_N}} f$. 下面研究卷积所起到的正则化作用.

定理 3.29: （卷积的正则化作用） $f \in C_c^k(\mathbb{R}^N)$ $(k \geqslant 1), g \in L_{\mathrm{loc}}^1(\mathbb{R}^N)$, 则有$f \star g \in C^k(\mathbb{R}^N)$并且$D^\alpha(f \star g) = (D^\alpha f) \star g$.

证明 利用数学归纳法, 只需证明$k = 1$时结论成立即可. 给定$x \in \mathbb{R}^N$, 可断言$f \star g$在x处是可微的, 并且$\nabla(f \star g)(x) = (\nabla f) \star g(x)$. 考虑是否

$$o(|h|) \overset{?}{=} |(f \star g)(x+h) - (f \star g)(x) - (\nabla f) \star g(x) \cdot h|$$

$$= \left| \int_{\mathbb{R}^N} [f(x+h-y) - f(x-y) - \nabla f(x-y) \cdot h] g(y) \mathrm{d}y \right|.$$

因此不妨考虑$h \in \mathbb{R}^N, |h| < 1$, 于是对$\forall y \in \mathbb{R}^N$, 由牛顿-莱布尼茨公式可得

$$|f(x+h-y) - f(x-y) - \nabla f(x-y) \cdot h|$$

$$= \left| \int_0^1 \dfrac{\mathrm{d}}{\mathrm{d}s} f(x+sh-y) \mathrm{d}s - \nabla f(x-y) \cdot h \right|$$

$$= \left| \int_0^1 [h \cdot \nabla f(x+sh-y) - h \cdot \nabla f(x-y)] \mathrm{d}s \right| = o(|h|),$$

其中用到了∇f的一致连续性. 由于x固定, f有紧支集, 可以取到一个紧集K足够大使得$x + B(0,1) - \mathrm{supp}\, f \subset K$, 则$f(x+h-y) - f(x-y) - \nabla f(x-y) \cdot h = o(h), \forall y \notin K$. 因此结合$g \in L_{\mathrm{loc}}^1(\mathbb{R}^N)$可得$g \in L^1(K)$, 从而

$$\left| \int_{\mathbb{R}^N} [f(x+h-y) - f(x-y) - \nabla f(x-y) \cdot h] g(y) \mathrm{d}y \right|$$

$$= \left| \int_K [f(x+h-y) - f(x-y) - \nabla f(x-y) \cdot h] g(y) \mathrm{d}y \right|$$

$$\leqslant \int_K |f(x+h-y) - f(x-y) - \nabla f(x-y) \cdot h||g(y)|\mathrm{d}y$$

$$= o(|h|) \int_K |g(y)|\mathrm{d}y = o(|h|).$$

故$f \star g$ 在x处可微，由x 的任意性可得$f \star g \in C^1(\mathbb{R}^N)$ 并且 $\nabla(f \star g)(x) = (\nabla f) \star g(x), \forall x \in \mathbb{R}^N$. $\qquad\square$

注释 3.10： 在数学分析中学过可微和可导在一元函数中是等价的，但是在多元函数中就有区别了. 可微一定可导，但是可导不一定可微, 因为偏导数存在且连续并不能保证可以交换顺序. 但是可微可以保证各阶偏导数存在并且求导可以交换顺序.

3.5.2 弱Young不等式和Hardy-Littlewood-Sobolev不等式

讲到卷积，这里补充一下分析学中很有用的弱Young不等式以及Hardy-Littlewood-Sobolev 不等式. 利用定理3.25 结合Hölder 不等式，很容易得到下面结论.

定理 3.30： （积分的卷积**Young**不等式，见参考文献[12]中的**Theorem 4.2**）令$p, q, r \geqslant 1$ 以及 $\dfrac{1}{p} + \dfrac{1}{q} + \dfrac{1}{r} = 2$. 考虑$f \in L^p(\mathbb{R}^N), g \in L^q(\mathbb{R}^N), h \in L^r(\mathbb{R}^N)$, 则

$$\left| \int_{\mathbb{R}^N} f(x)(g \star h)(x)\mathrm{d}x \right| = \left| \int_{\mathbb{R}^N} \int_{\mathbb{R}^N} f(x)g(x-y)h(y)\mathrm{d}x\mathrm{d}y \right| \leqslant C_{p,q,r,N} \|f\|_p \|g\|_q \|h\|_r.$$

$$(3\text{-}2)$$

特别地，这里的最佳常数 $C_{p,q,r,N} = (C_p C_q C_r)^N$, 其中$C_p$ 定义为 $C_p^2 = \dfrac{p^{\frac{1}{p}}}{p'^{\frac{1}{p'}}}$. 如果$p, q, r > 1$, 等号取到当且仅当 f, g, h都是Gaussian 函数：

$$\begin{cases} f(x) = A\mathrm{e}^{-p'(x-a, J(x-a))+\mathrm{i}(k,x)}, \\ g(x) = B\mathrm{e}^{-q'(x-b, J(x-b))-\mathrm{i}(k,x)}, \\ h(x) = C\mathrm{e}^{-r'(x-c, J(x-c))+\mathrm{i}(k,x)}, \end{cases} \qquad (3\text{-}3)$$

其中$A, B, C \in \mathbb{C}, a, b, c, k \in \mathbb{R}^N, a = b + c, J$ 是任意一个实的、对称的、正定的矩阵.

证明 最佳常数以及等号取到的条件证明比较繁琐，具体可见参考文献[12]的 Theorem 4.2. 利用条件 $\frac{1}{p} + \frac{1}{q} + \frac{1}{r} = 2$ 可得 $\frac{1}{q} + \frac{1}{r} = 1 + \frac{1}{p'}$，利用定理3.25可知 $g \star h \in L^{p'}(\mathbb{R}^N)$，于是利用 Hölder不等式可得

$$\left| \int_{\mathbb{R}^N} f(x)(g \star h)(x)\mathrm{d}x \right| = \left| \int_{\mathbb{R}^N} \int_{\mathbb{R}^N} f(x)g(x-y)h(y)\mathrm{d}x\mathrm{d}y \right|$$

$$\leqslant \|f\|_p \|g \star h\|_{p'} \leqslant C_{p,q,r,N} \|f\|_p \|g\|_q \|h\|_r. \qquad \square$$

引入弱L^p空间，记为$L_w^p(\mathbb{R}^N)$ (也称$L^{p,\infty}$型的Lorentz空间)，其中 $1 < p < \infty$，它对应的范数定义为

$$\|u\|_{p,w} := \sup_{\Omega} |\Omega|^{-\frac{1}{p'}} \int_{\Omega} |u(x)|\mathrm{d}x, \tag{3-4}$$

其中$\frac{1}{p} + \frac{1}{p'} = 1$，$\Omega$ 表示$\mathbb{R}^N$ 中的任意有限Lebesgue可测集. 注意有关系 $L^p(\mathbb{R}^N) \subsetneq L_w^p(\mathbb{R}^N), 1 < p < \infty$. 比如：$|x|^{-\frac{N}{p}} \in L_w^p(\mathbb{R}^N)$，但是$|x|^{-\frac{N}{p}} \notin L^p(\mathbb{R}^N)$.

可以有下面的推广。

定理 3.31： （参考文献[13]第73页，**Theorem 1.4.25, 弱Young 不等式**） 假设$1 < p, q, r < \infty$ 满足$\frac{1}{p} + \frac{1}{q} = 1 + \frac{1}{r}$，则存在常数$C$只依赖于参数$p, q, r, N$使得对任意的$u \in L_w^p(\mathbb{R}^N)$, $v \in L^q(\mathbb{R}^N)$，都有结论 $\|u \star v\|_r \leqslant C \|u\|_{p,w} \cdot \|v\|_q$.

注释 3.11： 弱Young不等式中要求$1 < p, q, r < \infty$，这样可以保证取得到 $1 < p_0 < p < p_1, r_0 < r < r_1$ 以及$0 < \theta < 1$ 使得 $\frac{1}{p} = \frac{1-\theta}{p_0} + \frac{\theta}{p_1}, \frac{1}{r} = \frac{1-\theta}{r_0} + \frac{\theta}{r_1}$. 由此可以利用 Marcinkiewicz 插值定理进行相关的讨论.

结合上面的弱Young不等式（定理3.31）和Hölder不等式，可以获得定理3.30 的推广.

定理 3.32： 假设$1 < p, q, r < \infty$ 满足$\frac{1}{p} + \frac{1}{q} + \frac{1}{r} = 2$，则存在常数$C$只依赖于参数$p, q, r, N$使得对任意的$f \in L_w^p(\mathbb{R}^N)$, $g \in L^q(\mathbb{R}^N)$, $h \in L^r(\mathbb{R}^N)$，都有结论

$$\left| \int_{\mathbb{R}^N} f(x)(g \star h)(x)\mathrm{d}x \right| = \left| \int_{\mathbb{R}^N} \int_{\mathbb{R}^N} f(x)g(x-y)h(y)\mathrm{d}x\mathrm{d}y \right| \leqslant C\|f\|_{p,w}\|g\|_q\|h\|_r.$$

$$\tag{3-5}$$

证明 在指标条件下有$\frac{1}{p} + \frac{1}{q} = 1 + \frac{1}{r'}, 1 < r' < \infty$, 所以利用定理3.31 可知$f \star g \in L^{r'}(\mathbb{R}^N)$, 因此结合Hölder不等式可得出最后结论. □

利用弱Young不等式可以证明下面的Hardy-Littlewood-Sobolev 不等式, 等号取到的条件具体可参见参考文献[12]的 Theorem 4.3.

定理 3.33: （**Hardy-Littlewood-Sobolev 不等式**） 令$p, r > 1$ 以及 $0 < \lambda < N$满足$\frac{1}{p} + \frac{\lambda}{N} + \frac{1}{r} = 2$, 则对于任意的$f \in L^p(\mathbb{R}^N), h \in L^r(\mathbb{R}^N)$ 都有

$$\int_{\mathbb{R}^N} \int_{\mathbb{R}^N} \frac{f(x)h(y)}{|x-y|^\lambda} \mathrm{d}x\mathrm{d}y \leqslant C(N, \lambda, p)\|f\|_p\|h\|_r. \tag{3-6}$$

特别地, 当$p = r = \frac{2N}{2N - \lambda}$ 时, 则有

$$C(N, \lambda, p) = C(N, \lambda) = \pi^{\frac{\lambda}{2}} \frac{\Gamma(\frac{N}{2} - \frac{\lambda}{2})}{\Gamma(N - \frac{\lambda}{2})} \left\{ \frac{\Gamma(\frac{N}{2})}{\Gamma(N)} \right\}^{-1 + \frac{\lambda}{N}}. \tag{3-7}$$

等号成立当且仅当$h \equiv \text{const} \cdot f$ 且

$$f(x) = A\left(\gamma^2 + |x - a|^2\right)^{-\frac{2N - \lambda}{2}}, A \equiv \text{const}, \gamma \equiv \text{const}, a \in \mathbb{R}^N.$$

证明 由于$|x|^{-\lambda} \in L_w^{\frac{N}{\lambda}}(\mathbb{R}^N)$, 而$\frac{1}{p} + \frac{\lambda}{N} + \frac{1}{r} = 2$, 所以可由定理3.32得不等式. 关于最佳常数取到的条件可参见参考文献[12]的 Theorem 4.3. □

由于$|x|^{-\frac{N}{p}} \in L_w^p(\mathbb{R}^N), 1 < p < \infty$, 利用弱Young不等式（见定理3.31）, 当$1 < q, r < \infty$ 满足$\frac{1}{p} + \frac{1}{q} = 1 + \frac{1}{r}$ 时可以得到可积性估计$|x|^{-\frac{N}{p}} \star f \in L^r(\mathbb{R}^N), \forall f \in L^q(\mathbb{R}^N)$. 但是并不能像通常卷积版本的Young不等式（见定理3.25）可以给出无穷模的估计。这种齐次位势有关积分的无穷模估计确实经常需要用到, 因此对于一些特殊的u, 可给出下面一个定理.

定理 3.34: （参见参考文献[14]的**Lemma 4.5.4**） 假设 $1 < p < \infty, 1 \leqslant q < p'$, 则

$$\left\| |x|^{-\frac{N}{p}} \star u \right\|_\infty \leqslant C_{p,q}\|u\|_q^{\frac{q}{p'}} \|u\|_\infty^{1 - \frac{q}{p'}}, \forall u \in L^q \cap L^\infty. \tag{3-8}$$

证明 记 $k_p(x) := |x|^{-\frac{N}{p}}$, 对任意的 $R > 0$, 由 $q < p'$ 可得 $q' > p$ 从而存在 $C_1 > 0$ 使得

$$\int_{|y|>R} |y|^{-\frac{Nq'}{p}} \mathrm{d}y = C_1 R^{N-\frac{Nq'}{p}}. \tag{3-9}$$

于是有

$$\left|k_p \star u(x)\right| \leqslant \int_{|y|<R} |y|^{-\frac{N}{p}} |u(x-y)| \mathrm{d}y + \int_{|y|\geqslant R} |y|^{-\frac{N}{p}} |u(x-y)| \mathrm{d}y$$

$$\leqslant C_2 (R^{N-\frac{N}{p}} \|u\|_\infty + R^{\frac{N}{q'}-\frac{N}{p}} \|u\|_q).$$

由于 R 的任意性, 可以选择适当的 R 使得 $R^{\frac{N}{q}} = \frac{\|u\|_q}{\|u\|_\infty}$, 于是有 $R^{\frac{N}{p'}} = \|u\|_q^{\frac{q}{p'}} \|u\|_\infty^{-\frac{q}{p'}}$, 代入即可获得式 (3-8). $\qquad \square$

3.5.3 软化子

定义 3.4: 若 $\rho_n \in C_c^\infty(\mathbb{R}^N)$, $\mathrm{supp}\, \rho_n \subset \overline{B(0, \frac{1}{n})}$, $\int_{\mathbb{R}^N} \rho_n \mathrm{d}x = 1, \rho_n \geqslant 0, x \in \mathbb{R}^N$, 则称 $\{\rho_n\}$ 为 $\mathbb{R}^N$ 上的一列软化子.

注释 3.12: 软化子的存在性. 比如取

$$\rho(x) = \begin{cases} C\mathrm{e}^{-\frac{1}{1-|x|^2}}, & |x| < 1, \\ 0, & |x| \geqslant 1, \end{cases}$$

其中这里的常数 C 选择恰当使得 $\int_{\mathbb{R}^N} \rho(x) \mathrm{d}x = 1$. 对任意的 $\varepsilon > 0$, 定义 $\rho_\varepsilon(x) = \rho(x, \varepsilon) := \varepsilon^{-N} \rho(\frac{x}{\varepsilon})$, 则有 $\mathrm{supp}\, \rho(x, \varepsilon) \subset \overline{B(0, \varepsilon)}$ 且 $\int_{\mathbb{R}^N} \rho(x, \varepsilon) \mathrm{d}x = 1$.

比如取 $\varepsilon_n = \frac{1}{n}, \rho_n(x) = n^N \rho(nx)$ 可得一列软化子.

定理 3.35: $f \in C(\mathbb{R}^N)$, 则在任意的紧集 K 上 $(\rho_n \star f) \rightrightarrows f, \forall x \in K$.

证明 固定一个紧集 $K \subset \mathbb{R}^N$, $\forall \varepsilon > 0, \exists \delta > 0$ (依赖于 K 和 ε) 使得 $|f(x-y) - f(x)| < \varepsilon, \forall x \in K, \forall y \in B(0, \delta)$. 考虑对 $x \in \mathbb{R}^N$, 有

$$(\rho_n \star f)(x) - f(x) = \int_{\mathbb{R}^N} [f(x-y) - f(x)] \rho_n(y) \mathrm{d}y$$

$$= \int_{B(0,\frac{1}{n})} [f(x-y) - f(x)]\rho_n(y)\mathrm{d}y.$$

于是当取 $n > \dfrac{1}{\delta}$ 时, 对所有的 $x \in K$ 都一致有 $|(\rho_n \star f)(x) - f(x)| \leqslant \varepsilon \displaystyle\int_{\mathbb{R}^N} \rho_n(y) = \varepsilon.$ $\qquad\square$

下面几个结论非常重要, 指出了 L^p 中的元素经过软化子磨光之后, 在 L^p 中收敛到本身, 而由于磨光算子的光滑性 $\rho_n \in C_c^\infty(\mathbb{R}^N)$, 可知卷积之后得到的序列是一个光滑函数列 (见定理3.29), 从而可得 $C^\infty(\mathbb{R}^N)$ 在 $L^p(\mathbb{R}^N)$ 中的稠密性, 这就是这一节的核心内容: 用光滑函数逼近, 甚至具有紧支集的光滑函数逼近.

定理 3.36: 如果 $u \in L_{\text{loc}}^p(\Omega), 1 \leqslant p < \infty$, 则 $\forall \Omega_1 \subset\subset \Omega_2 \subset\subset \Omega$, 当 $\varepsilon < \text{dist}(\Omega_1, \partial\Omega_2)$ 时, 有 $\|u_\varepsilon\|_{L^p(\Omega_1)} \leqslant \|u\|_{L^p(\Omega_2)}$ 且在 $L^p(\Omega_1)$ 中 $u_\varepsilon \to u$. 特别地, 由于 Ω_1 的任意性, 在 $L_{\text{loc}}^p(\Omega)$ 中 $u_\varepsilon \to u$.

证明 考虑 $\forall x \in \Omega_1, 1 \leqslant p < \infty$, 都有

$$
\begin{aligned}
|u_\varepsilon(x)| &\leqslant \int_\Omega |\rho_\varepsilon(x-y)u(y)|\mathrm{d}y \\
&= \int_\Omega |[\rho_\varepsilon(x-y)]^{\frac{1}{p'}} \cdot [\rho_\varepsilon(x-y)]^{\frac{1}{p}} u(y)|\mathrm{d}y \\
(\text{由 Hölder 不等式}) \quad &\leqslant \left(\int_\Omega |u(y)|^p \rho_\varepsilon(x-y)\mathrm{d}y \right)^{\frac{1}{p}} \left(\int_\Omega \rho_\varepsilon(x-y)\mathrm{d}y \right)^{\frac{1}{p'}} \\
&\leqslant \left(\int_\Omega |u(y)|^p \rho_\varepsilon(x-y)\mathrm{d}y \right)^{\frac{1}{p}},
\end{aligned}
$$

所以 $|u_\varepsilon|^p \leqslant \displaystyle\int_\Omega |u(y)|^p \rho_\varepsilon(x-y)\mathrm{d}y$, 从而

$$
\begin{aligned}
\int_{\Omega_1} |u_\varepsilon(x)|^p \mathrm{d}x &\leqslant \int_{\Omega_1} \int_\Omega |u(y)|^p \rho_\varepsilon(x-y)\mathrm{d}y\mathrm{d}x = \int_{\Omega_1} \mathrm{d}x \int_{B_\varepsilon(x)} |u(y)|^p \rho_\varepsilon(x-y)\mathrm{d}y \\
&\leqslant \int_{y \in \Omega_2} |u(y)|^p \int_{B_\varepsilon(y)} \rho_\varepsilon(x-y)\mathrm{d}x\mathrm{d}y = \int_{\Omega_2} |u(y)|^p \mathrm{d}y. \qquad (3\text{-}10)
\end{aligned}
$$

$\forall \delta > 0, \exists v \in C(\overline{\Omega_2}), \|u-v\|_{L^p(\overline{\Omega_2})} < \delta$. 由定理3.35 可知在 $\overline{\Omega_2}$ 上 $v_\varepsilon \rightrightarrows v$, 从而在 $L^p(\Omega_1)$ 中 $v_\varepsilon \to v$, 进而由三角不等式可得

$$\|u - u_\varepsilon\|_{L^p(\Omega_1)} \leqslant \|u-v\|_{L^p(\Omega_1)} + \|v-v_\varepsilon\|_{L^p(\Omega_1)} + \|v_\varepsilon - u_\varepsilon\|_{L^p(\Omega_1)}$$

$$< \delta + \delta + \|u - v\|_{L^p(\Omega_2)} < 3\delta,$$

其中最后一步用到了上面的不等式(3-10)（这就是为什么要在中间选取Ω_2过渡）。根据δ的任意性可得, 在$L^p(\Omega_1)$中 $u_\varepsilon \to u$. □

注释 3.13: 通常记 $\Omega_\varepsilon = \Omega + B(0, \varepsilon)$, 则有关系 $\|u_\varepsilon\|_{L^p(\Omega)} \leqslant \|u\|_{L^p(\Omega_\varepsilon)}, \forall 1 \leqslant p \leqslant \infty$. 注意上面定理中不考虑$p = \infty$, 原因不是这个不等式不成立, 而是没有办法找到中间的连续函数v过渡, 因为它不可分.

定理 3.37: 如果$f \in L^p(\mathbb{R}^N), 1 \leqslant p < \infty$, 则在$L^p(\mathbb{R}^N)$中$(\rho_n \star f) \to f$.

证明 首先由上一节内容用连续函数逼近$L^p(\mathbb{R}^N)$ 中的元素, 可知$\forall \varepsilon > 0$, 可以找到某个$g \in C_c(\Omega)$ 使得 $\|g - f\|_p < \varepsilon$. 由于$\overline{\text{supp } g}$是$\mathbb{R}^N$中的一个紧集, 由定理3.27给出支集的关系可得 $\text{supp } (\rho_n \star g) \subset \overline{B(0, \tfrac{1}{n})} + \text{supp } g \subset \overline{B(0, 1)} + \text{supp } g$. 于是利用上面的定理3.35可知 $(\rho_n \star g) \rightrightarrows g$ 是一致的, 进而 $\|\rho_n \star g - g\|_p \to 0$ as $n \to \infty$. 最后利用Young 定理可得 $\|\rho_n \star (f - g)\|_p \leqslant \|\rho_n\|_1 \|f - g\|_p < \varepsilon$, 这样可得

$$\|\rho_n \star f - f\|_p \leqslant \|\rho_n \star (f - g)\|_p + \|\rho_n \star g - g\|_p + \|g - f\|_p$$

$$\leqslant 2\|f - g\|_p + \|\rho_n \star g - g\|_p \to 2\varepsilon.$$

由ε的任意性, 可得当$n \to \infty$时, $\|\rho_n \star f - f\|_p \to 0$. □

还可以得到下面更强的结论, 用具有紧支集的光滑函数来逼近$L^p(\Omega)$ 中的元素. 如果$\Omega = \mathbb{R}^N$, 上面定理中出现的$\rho_n \star g$ 就是有紧支集的光滑函数, 显然它在$L^p(\mathbb{R}^N)$ 中收敛到f. 下面考虑一般的开集Ω.

推论 3.2: （用具有紧支集的光滑函数来逼近） $\Omega \subset \mathbb{R}^N$ 为一个开集, $1 \leqslant p < \infty$, 则 $C_c^\infty(\Omega)$ 在 $L^p(\Omega)$ 中稠密.

证明 考虑$f \in L^p(\Omega)$, 令

$$\tilde{f}(x) = \begin{cases} f(x), & x \in \Omega, \\ 0, & x \in \mathbb{R}^N \backslash \Omega, \end{cases}$$

则有 $\tilde{f} \in L^p(\mathbb{R}^N)$. 取 $K_n = \{x \in \mathbb{R}^N : |x| \leqslant n, \operatorname{dist}(x, \Omega^c) \geqslant \frac{2}{n}\}$, 则 K_n 是 $\mathbb{R}^N$ 中的一个紧集, 并且 $\bigcup_n K_n = \Omega$. 令 $g_n = \chi_{K_n} \tilde{f}$, 则 $\operatorname{supp} g_n \subset K_n$. 又令 $f_n = \rho_n \star g_n$, 则根据定理3.27给出支集的关系可得 $\operatorname{supp} f_n \subset K_n + \overline{B(0, \frac{1}{n})} \subset\subset \Omega$. 这样, 可知 $f_n \in C_c^\infty(\Omega)$. 计算

$$
\begin{aligned}
\|f_n - f\|_{L^p(\Omega)} &= \|f_n - \tilde{f}\|_{L^p(\mathbb{R}^N)} \\
&\leqslant \|(\rho_n \star g_n) - (\rho_n \star \tilde{f})\|_{L^p(\mathbb{R}^N)} + \|(\rho_n \star \tilde{f}) - \tilde{f}\|_{L^p(\mathbb{R}^N)} \\
&\leqslant \|g_n - \tilde{f}\|_{L^p(\mathbb{R}^N)} + \|(\rho_n \star \tilde{f}) - \tilde{f}\|_{L^p(\mathbb{R}^N)}.
\end{aligned}
$$

最后利用控制收敛定理可得 $\|g_n - \tilde{f}\|_{L^p(\mathbb{R}^N)} \to 0$ as $n \to \infty$ 以及由上面的定理3.37 可得 $\|(\rho_n \star \tilde{f}) - \tilde{f}\|_{L^p(\mathbb{R}^N)} \to 0$ as $n \to \infty$. 这样就得到了 $\|f_n - f\|_{L^p(\Omega)} \to 0$ as $n \to \infty$.　　□

推论 3.3:　$\Omega \subset \mathbb{R}^N$ 为开集, $u \in L_{\mathrm{loc}}^1(\Omega)$ 使得 $\int_\Omega uf = 0, \forall f \in C_c^\infty(\Omega)$. 则 $u = 0$ a.e. on Ω.

证明　首先考虑 $g \in L^\infty(\mathbb{R}^N)$ 并且 $\operatorname{supp} g$ 紧包含于 Ω. 令 $g_n = \rho_n \star g$, 则根据定理3.27给出支集的关系可知 $\operatorname{supp} g_n \subset B(0, \frac{1}{n}) + \operatorname{supp} g$, 这样利用 g 的支集紧包含于 Ω 可知当 n 充分大时 $g_n \in C_c^\infty(\Omega)$ （光滑性由定理3.29 可得）. 因此不失一般性, 不妨设 $g_n \in C_c^\infty(\Omega), \forall n$. 于是利用已知条件可得 $\int_\Omega u g_n = 0, \forall n$. 因为根据定理3.37可知 $g_n \to g$ in $L^1(\Omega)$, 所以存在 $\{g_n\}$ 的一个子列, 不妨仍记为本身, 使得 $g_n \to g$ a.e. on Ω. 另外由Young 定理可得 $\|g_n\|_\infty \leqslant \|\rho_n\|_1 \cdot \|g\|_\infty = \|g\|_\infty$. 因此由Lebesgue 控制收敛定理可得 $\int_{\mathbb{R}^N} u g \, \mathrm{d}x = \lim\limits_{n \to \infty} \int_{\mathbb{R}^N} u g_n \, \mathrm{d}x = 0$. 下面考虑任意一个紧集 $K \subset \Omega$, 取 $g = \begin{cases} \operatorname{sign} u, & x \in K \\ 0, & x \in \mathbb{R}^N \backslash K. \end{cases}$ 根据上面的论述可得 $\int_K |u| \mathrm{d}x = 0$, 从而可得 $u = 0$ a.e. on K. 于是由 K 的任意性, 可得 $u = 0$ a.e. on Ω.　　□

注释 3.14:　取 $K_n = \{x \in \mathbb{R}^N : |x| \leqslant n, \operatorname{dist}(x, \Omega^c) \geqslant \frac{2}{n}\}$, 则 K_n 是 Ω 的一个紧子集, 并且 $\bigcup_n K_n = \Omega$. 对于任意的 n, 存在一个零测集 $U_n \subset K_n, |U_n| = 0$, 使得 $u = 0$ on $K_n \backslash U_n$. 若记 $U = \bigcup_n U_n$, 则 U 同样也是一个零测集, 对任

意的$x \in \Omega \backslash U$,都有 $u(x) = 0$. 事实上对任意的$x \in \Omega \backslash U$, 首先存在某个$n$ 使得$x \in K_n$, 又因为$x \notin U$, 从而$x \notin U_n$, 因此$x \in K_n \backslash U_n$, 故$u(x) = 0$. 这样就证明了$u = 0$ a.e. on Ω.

3.6　L^p空间的一致凸性

3.6.1　Clarkson不等式

下面介绍的几个引理，证明方法只用到中学数学，具体细节可参见参考文献[4].

引理 3.1：　若$p \in [1, \infty)$, 则

$$|a + b|^p \leqslant 2^{p-1}(|a|^p + |b|^p). \tag{3-11}$$

特别地，当$p \in [1, 2]$时有

$$|a + b|^p + |a - b|^p \geqslant 2^{p-1}(|a|^p + |b|^p). \tag{3-12}$$

证明　只需证明$a \geqslant 0, b \geqslant 0$ 结论成立即可. 而$a = 0$或者$b = 0$时，利用$2^{p-1} \geqslant 1$ 可得出结论（$2^{p-1} \leqslant 2$, 如果$p \leqslant 2$）. 因此只需讨论$a > 0, b > 0$的情形，不妨设$a \geqslant b > 0$.

两边除以a^p, 并用x替换$\dfrac{b}{a}$, 即等价于证明 $(1 + x)^p \leqslant 2^{p-1}(1 + x^p)$. 当$p = 1$时，这个不等式等号恒成立。所以下面考虑$p > 1$, 构造函数

$$f(x) = 2^{p-1}(1 + x^p) - (1 + x)^p, \quad x \in \mathbb{R}_+.$$

由于$f(0) = 2^{p-1} - 1 > 0$, $\lim\limits_{x \to +\infty} f(x) = +\infty$, 计算 $f'(x) = 2^{p-1}px^{p-1} - p(1 + x)^{p-1}$, 可得$f'(1) = 0, f'(x) > 0$ for $x > 1$ 以及$f'(x) < 0$ for $x \in [0, 1]$. 由此可得$f(x)$在$x = 1$处取到最小值，因此 $f(x) \geqslant f(1) = 2^{p-1} \cdot 2 - 2^p = 0$, 式 (3-11) 得证.

类似地，$p = 1$或者$p = 2$时不等式(3-12)显然成立. 并且对于它的证明，只需考虑$a \geqslant 0, b \geqslant 0$ 的情形，而其中之一取0 则结论显然成立，因此不妨设$a \geqslant b > 0$, 并记$x = \dfrac{a}{b} \geqslant 1$, 则证明不等式(3-12)等价于要证明

$$g(x) := (x + 1)^p + (x - 1)^p - 2^{p-1}(x^p + 1) \geqslant 0, x \in [1, +\infty). \tag{3-13}$$

注意到

$$g'(x) = p[(x+1)^{p-1}+(x-1)^{p-1}-2^{p-1}x^{p-1}] = p(x+1)^{p-1}[1+(\frac{x-1}{x+1})^{p-1}-(1+\frac{x-1}{x+1})^{p-1}],$$

(3-14)

下面往证 $g'(x) \geqslant 0, x \geqslant 1$, 从而可得

$$g(x) \geqslant g(1) = 0.$$

注意到 $p-1 \leqslant 1, \frac{x-1}{x+1} \geqslant 0$, 所以由伯努利不等式可得

$$(1 + \frac{x-1}{x+1})^{p-1} \leqslant 1 + (p-1)\frac{x-1}{x+1}.$$

(3-15)

记 $h(t) := t^{p-1} - (p-1)t$, 则 $h'(t) = (p-1)t^{p-2} - (p-1)$, 当 $p \leqslant 2, t \in [0,1]$ 时有 $h'(t) \geqslant h'(1) = 0$, 从而 $h(t) \geqslant h(1) = 2-p \geqslant 0, t \in [0,1]$. 注意到当 $x \geqslant 1$ 时, $\frac{x-1}{x+1} \in [0,1)$, 因此有

$$(\frac{x-1}{x+1})^{p-1} \geqslant (p-1)\frac{x-1}{x+1}.$$

(3-16)

结合式(3-14)至式(3-16), 可得 $g'(x) \geqslant 0, x \in [1, +\infty)$. □

引理 3.2: 当 $s \in (0,1)$ 时, $f(x) = (1-s^x)/x$ 在 $\mathbb{R}_+$ 上是递减函数.

证明 $f'(x) = \frac{1}{x^2}(s^x - s^x \ln s^x - 1)$, 等价于证明 $g(s^x) = s^x - s^x \ln s^x - 1 < 0$. 由于 $s \in (0,1), x > 0$, 所以有 $s^x \in (0,1)$, 用 $t = s^x$ 替换可得 $g(t) = t - t\ln t - 1$, 则有 $g(1) = 0, g'(t) = -\ln t > 0$ for $t \in (0,1)$. 于是有 $g(t) < g(1) = 0$. □

引理 3.3: 若 $p \in (1,2], t \in [0,1]$, p' 为 p 的共轭指数, 则

$$\left|\frac{1+t}{2}\right|^{p'} + \left|\frac{1-t}{2}\right|^{p'} \leqslant \left(\frac{1}{2} + \frac{1}{2}t^p\right)^{\frac{1}{p-1}}.$$

(3-17)

证明 当 $p = 2$ 或者 $t = 0, 1$ 时直接可以验证成立. 所以下面考虑 $p \in (1,2), t \in (0,1)$. 引入变换 $s : (0,1) \to (0,1)$, 其中 t 和 s 之间满足关系 $t = \frac{1-s}{1+s}$, 对应上面式子等价于要证明

$$\frac{1}{2}[(1+s)^p + (1-s)^p] - (1-s^{p'})^{p-1} \geqslant 0.$$

(3-18)

注意要证明这个不等式，如果直接用Jensen不等式放缩则容易放过头；如果用求导的方式求极值点，解方程也不容易. 所以对左边采取二项式定理展开

$$\frac{1}{2}\sum_{k=0}^{\infty}\binom{p}{k}s^k + \frac{1}{2}\sum_{k=0}^{\infty}\binom{p}{k}(-s)^k - \sum_{k=0}^{\infty}\binom{p-1}{k}s^{p'k}$$

$$= \sum_{k=0}^{\infty}\binom{p}{2k}s^{2k} - \sum_{k=0}^{\infty}\binom{p-1}{k}s^{p'k}$$

$$= \sum_{k=1}^{\infty}\left\{\binom{p}{2k}s^{2k} - \binom{p-1}{2k-1}s^{p'(2k-1)} - \binom{p-1}{2k}s^{2p'k}\right\}.$$

对于$s \in (0,1)$, 最后一个级数是收敛的. 下面通过证明这个级数的每一项都是正的，从而得出最后结论. 考虑它的第k项，有

$$\frac{p(p-1)(2-p)(3-p)\cdots(2k-1-p)}{(2k)!}s^{2k}-$$

$$\frac{(p-1)(2-p)(3-p)\cdots(2k-1-p)}{(2k-1)!}s^{p'(2k-1)} - \frac{(p-1)(2-p)\cdots(2k-p)}{(2k)!}s^{2kp'}$$

$$=\frac{(2-p)(3-p)\cdots(2k-p)}{(2k-1)!}s^{2k}\times\left[\frac{p(p-1)}{2k(2k-p)} - \frac{p-1}{2k-p}s^{p'(2k-1)-2k} - \frac{p-1}{2k}s^{2kp'-2k}\right]$$

$$=\frac{(2-p)(3-p)\cdots(2k-p)}{(2k-1)!}s^{2k}\times\left[\frac{1-s^{(2k-p)/(p-1)}}{(2k-p)/(p-1)} - \frac{1-s^{2k/(p-1)}}{2k/(p-1)}\right].$$

由于$p < 2$, 所以上面最后一个等式中的第一个因子是正的，同时第二个因子中，回顾引理3.2中指出的函数$f(x)$的单调性，此时利用$0 < \dfrac{2k-p}{p-1} < \dfrac{2k}{p-1}$，所以有

$$\frac{1-s^{(2k-p)/(p-1)}}{(2k-p)/(p-1)} - \frac{1-s^{2k/(p-1)}}{2k/(p-1)} = f(\frac{2k-p}{p-1}) - f(\frac{2k}{p-1}) > 0.$$

$\square$

引理 3.4： 设$z, w \in \mathbb{K}$, 如果$1 \leqslant p \leqslant 2$, 则

$$\left(\left|\frac{z+w}{2}\right|^{p'} + \left|\frac{z-w}{2}\right|^{p'}\right)^{p-1} \leqslant \frac{1}{2}|z|^p + \frac{1}{2}|w|^p \leqslant \left|\frac{z+w}{2}\right|^p + \left|\frac{z-w}{2}\right|^p \tag{3-19}$$

其中，p'为p的共轭指数.

如果$2 \leqslant p < \infty$, 则

$$\left|\frac{z+w}{2}\right|^p + \left|\frac{z-w}{2}\right|^p \leqslant \frac{1}{2}|z|^p + \frac{1}{2}|w|^p \leqslant \left(\left|\frac{z+w}{2}\right|^{p'} + \left|\frac{z-w}{2}\right|^{p'}\right)^{p-1}. \tag{3-20}$$

证明 若$z = 0$或者$w = 0$, 结论显然成立. 所以根据对称性, 不妨设$|z| \geqslant |w| > 0$. 此时两边同时除以$z^{p'}$, 并记$\frac{w}{z} = re^{i\theta}, r \geqslant 0, \theta \in [0, 2\pi)$, 则证明式(3-19)左边的不等式等价于证明

$$\left|\frac{1 + re^{i\theta}}{2}\right|^{p'} + \left|\frac{1 - re^{i\theta}}{2}\right|^{p'} \leqslant \left(\frac{1}{2} + \frac{1}{2}r^p\right)^{1/(p-1)}. \tag{3-21}$$

如果$\theta = 0$, 则回归到实值函数的情形, 此时结论已经被引理3.3所证明. 所以下面考虑$\theta \in (0, 2\pi)$. 引入函数

$$f(\theta) = \left|1 + re^{i\theta}\right|^{p'} + \left|1 - re^{i\theta}\right|^{p'} \tag{3-22}$$

进一步可以改写

$$f(\theta) = \left(1 + r^2 + 2r\cos\theta\right)^{p'/2} + \left(1 + r^2 - 2r\cos\theta\right)^{p'/2} \tag{3-23}$$

注意到这个周期函数满足$f(2\pi - \theta) = f(\pi - \theta) = f(\theta)$, 所以要研究$f$的最大值, 只需考虑$\theta \in [0, \frac{\pi}{2}]$即可。此时由于$p' \geqslant 2$, 可得这个区间上导函数

$$f'(\theta) = -p'r\sin\theta\left[\left(1 + r^2 + 2r\cos\theta\right)^{(p'/2)-1} - \left(1 + r^2 - 2r\cos\theta\right)^{(p'/2)-1}\right] \leqslant 0.$$

因此f的最大值在$\theta = 0$处达到, 这样就证明了式(3-19)中左边的不等式. 至于右边的不等式, 只需利用引理3.1中的不等式(3-12)可容易得出.

如果$p \geqslant 2$, 则有$p' \leqslant 2$, 因此利用式(3-19)有

$$\left|\frac{u+v}{2}\right|^p + \left|\frac{u-v}{2}\right|^p \leqslant \left(\frac{1}{2}|u|^{p'} + \frac{1}{2}|v|^{p'}\right)^{\frac{1}{p'-1}},$$

记$z = u + v, w = u - v$, 则$\left(\left|\frac{z}{2}\right|^p + \left|\frac{w}{2}\right|^p\right)^{p'-1} \leqslant \frac{1}{2}\left|\frac{z+w}{2}\right|^{p'} + \frac{1}{2}\left|\frac{z-w}{2}\right|^{p'}$, 化简即得 $\left(\frac{1}{2}|z|^p + \frac{1}{2}|w|^p\right)^{p'-1} \leqslant \left|\frac{z+w}{2}\right|^{p'} + \left|\frac{z-w}{2}\right|^{p'}$, 这个即等价于式(3-20)中右边的不等式, 即相当于$p \geqslant 2$时式(3-19)中的不等式方向反过来.

另外，如果 $p \geqslant 2$, 此时 $p' \in (1, 2]$, 通过交换 p 和 p' 的位置，并利用不等式(3-19), 可得

$$\left|\frac{z+w}{2}\right|^p + \left|\frac{z-w}{2}\right|^p \leqslant \left(\frac{1}{2}|z|^{p'} + \frac{1}{2}|w|^{p'}\right)^{1/(p'-1)} = \left(\frac{1}{2}|z|^{p'} + \frac{1}{2}|w|^{p'}\right)^{\frac{p}{p'}}$$

$$\leqslant 2^{(p/p')-1}\left[\left(\frac{1}{2}\right)^{p/p'}|z|^p + \left(\frac{1}{2}\right)^{p/p'}|w|^p\right] = \frac{1}{2}|z|^p + \frac{1}{2}|w|^p.$$

这样就证明了不等式(3-20). $\qquad\qquad\qquad\qquad\qquad\qquad\qquad\qquad\square$

定理 3.38： （**Clarkson 不等式**） 设 $u, v \in L^p(\Omega), p \in (1, \infty)$, p' 为 p 的共轭指数。如果 $p \geqslant 2$, 则

$$\left\|\frac{u+v}{2}\right\|_p^p + \left\|\frac{u-v}{2}\right\|_p^p \leqslant \frac{1}{2}\|u\|_p^p + \frac{1}{2}\|v\|_p^p, \qquad\qquad (3\text{-}24)$$

$$\left\|\frac{u+v}{2}\right\|_p^{p'} + \left\|\frac{u-v}{2}\right\|_p^{p'} \geqslant \left(\frac{1}{2}\|u\|_p^p + \frac{1}{2}\||v\|_p^p\right)^{p'-1}. \qquad\qquad (3\text{-}25)$$

如果 $1 < p \leqslant 2$, 则

$$\left\|\frac{u+v}{2}\right\|_p^{p'} + \left\|\frac{u-v}{2}\right\|_p^{p'} \leqslant \left(\frac{1}{2}\|u\|_p^p + \frac{1}{2}\|v\|_p^p\right)^{p'-1}, \qquad\qquad (3\text{-}26)$$

$$\left\|\frac{u+v}{2}\right\|_p^p + \left\|\frac{u-v}{2}\right\|_p^p \geqslant \frac{1}{2}\|u\|_p^p + \frac{1}{2}\|v\|_p^p \qquad\qquad (3\text{-}27)$$

证明 当 $p = 2$ 时，它就是平行四边形公式. 所以下面不再考虑 $p = 2$ 的情形.

当 $p > 2$ 时，在式(3-20)中令 $z = u(x), w = v(x)$, 然后在 Ω 上积分即可得结论(3-24).

任意的 $u \in L^p(\Omega), \left\||u|^{p'}\right\|_{p-1} = \|u\|_p^{p'}$, 此时利用式(3-20)中右边的不等式（即不等式(3-19)反方向的不等式），结合 Minkowski 不等式有

$$\left\|\frac{u+v}{2}\right\|_p^{p'} + \left\|\frac{u-v}{2}\right\|_p^{p'} = \left\|\left|\frac{u+v}{2}\right|^{p'}\right\|_{p-1} + \left\|\left|\frac{u-v}{2}\right|^{p'}\right\|_{p-1}$$

$$\geqslant \left[\int_\Omega \left(\left| \frac{u(x)+v(x)}{2} \right|^{p'} + \left| \frac{u(x)-v(x)}{2} \right|^{p'} \right)^{p-1} \mathrm{d}x \right]^{\frac{1}{p-1}}$$

$$\geqslant \left[\int_\Omega \left(\frac{1}{2}|u(x)|^p + \frac{1}{2}|v(x)|^p \right) \mathrm{d}x \right]^{p'-1} = \left(\frac{1}{2}\|u\|_p^p + \frac{1}{2}\|v\|_p^p \right)^{p'-1},$$

式(3-25)得证.

当 $1 < p < 2$ 时，由于 $0 < p-1 < 1$, 利用逆Minkowski 不等式以及不等式(3-19), 可得

$$\left\| \frac{u+v}{2} \right\|_p^{p'} + \left\| \frac{u-v}{2} \right\|_p^{p'} = \left\| \left| \frac{u+v}{2} \right|^{p'} \right\|_{p-1} + \left\| \left| \frac{u-v}{2} \right|^{p'} \right\|_{p-1}$$

$$\leqslant \left[\int_\Omega \left(\left| \frac{u(x)+v(x)}{2} \right|^{p'} + \left| \frac{u(x)-v(x)}{2} \right|^{p'} \right)^{p-1} \mathrm{d}x \right]^{\frac{1}{p-1}}$$

$$\leqslant \left[\int_\Omega \left(\frac{1}{2}|u(x)|^p + \frac{1}{2}|v(x)|^p \right) \mathrm{d}x \right]^{p'-1} = \left(\frac{1}{2}\|u\|_p^p + \frac{1}{2}\|v\|_p^p \right)^{p'-1},$$

这就是要证明的式(3-26).

当 $1 < p < 2$ 时，利用式(3-19)中右边的不等式，可容易证得式(3-27). □

3.6.2 $L^p(\Omega)$ 在 $1 < p < \infty$ 时是一致凸空间

定理 3.39： （L^p空间的一致凸性） 如果 $1 < p < \infty$, 则 $L^p(\Omega)$ 是一致凸的.

证明 设 $u, v \in L^p(\Omega)$ 满足 $\|u\|_p = \|v\|_p = 1$ 以及 $\|u-v\|_p \geqslant \varepsilon > 0$. 如果 $1 < p \leqslant 2$, 由不等式(3-26)可得 $\left\| \frac{u+v}{2} \right\|_p^{p'} \leqslant 1 - \left(\frac{\varepsilon}{2} \right)^{p'}$. 如果 $2 \leqslant p < \infty$, 则由不等式(3-24)可得 $\left\| \frac{u+v}{2} \right\|_p^p \leqslant 1 - \left(\frac{\varepsilon}{2} \right)^p$. 总而言之，总存在着某个 $\delta = \delta(\varepsilon) > 0$ 使得 $\left\| \frac{u+v}{2} \right\|_p \leqslant 1 - \delta$. 因此 $L^p(\Omega)$ 是一致凸空间（见定义2.49的等价描述）. □

3.7 自反性，以及 L^p 空间的对偶空间

3.7.1 $1 < p < \infty$ 的情形

定理 3.40： （$1 < p < \infty$, L^p自反） 若 $1 < p < \infty$, 则 $L^p(\Omega)$ 是自反空间.

证明 由定理3.20得知$L^p(\Omega)$是Banach空间. 又由定理3.39可知$1 < p < \infty$时, $L^p(\Omega)$ 是一致凸的. 因此$L^p(\Omega)$ 是一个一致凸的Banach空间. 这样利用Milman-Pettis定理（见定理2.62）可得$L^p(\Omega)$ 是自反空间. □

定理 3.41: （$1 < p < \infty$**的Riesz表示定理**） 若$1 < p < \infty, \phi \in (L^p(\Omega))'$, 则存在唯一的$u \in L^{p'}(\Omega)$ 使得 $\langle \phi, f \rangle = \int_\Omega uf\mathrm{d}x, \quad \forall f \in L^p(\Omega)$. 特别地, $\|u\|_{p'} = \|\phi\|_{(L^p(\Omega))'}$.

证明 考虑映射$T : L^{p'}(\Omega) \to (L^p(\Omega))'$, 满足 $\langle Tu, f \rangle = \int_\Omega uf\mathrm{d}x, \quad \forall u \in L^{p'}(\Omega), \forall f \in L^p(\Omega)$. 则首先$T$是线性的这一结论是显然成立的。

（1）证明$\|Tu\|_{(L^p(\Omega))'} = \|u\|_{p'}, \forall u \in L^{p'}(\Omega)$, 从而$T$是一个等距映射, 当然也就是单射了. 事实上, 首先由Hölder 不等式有 $|\langle Tu, f \rangle| = |\int_\Omega uf\mathrm{d}x| \leqslant \|u\|_{p'}\|f\|_p, \forall f \in L^p(\Omega)$, 因此 $\|Tu\|_{(L^p(\Omega))'} \leqslant \|u\|_{p'}$. 取 $f_0(x) = |u(x)|^{p'-2}\overline{u(x)}$ （$f_0(x) = 0$ 若 $u(x) = 0$）, 则$f_0 \in L^p(\Omega)$, 于是 $\langle Tu, f_0 \rangle = \int_\Omega uf_0\mathrm{d}x = \|u\|_{p'}^{p'}, \|f_0\|_p = \|u\|_{p'}^{p'-1}$, 可得 $\|Tu\|_{(L^p(\Omega))'} \geqslant \|u\|_{p'}$. 最后综合两个方向的不等式可得$\|Tu\|_{(L^p(\Omega))'} = \|u\|_{p'}, \forall u \in L^{p'}(\Omega)$.

（2）证明T是一个满射. 令$X = T(L^{p'}(\Omega))$, 即要证明$X = (L^p(\Omega))'$. 由T的保范性可知X是$(L^p(\Omega))'$的一个闭子空间。因此只需证明X在$(L^p(\Omega))'$中是稠密的即可. 利用Hahn-Banach定理, 只需证明任意的$h \in (L^p(\Omega))'', h|_X = 0$, 则必定有结论$h = 0$即可. 由于$L^p(\Omega)$是自反的, 这样就得到了$h \in L^p(\Omega)$, 则 $\langle h, Tu \rangle = \langle Tu, h \rangle = \int_\Omega uh = 0, \forall u \in L^{p'}(\Omega)$. 于是可以取 $u(x) = |h(x)|^{p-2}\overline{h(x)}$, （$u(x) = 0$ 若 $h(x) = 0$）, 则$u \in L^{p'}(\Omega)$ 以及 $0 = \int_\Omega uh = \|h\|_p^p \Rightarrow h = 0$.

这样就证明了T是一个保距双射, 从而它是一个保距同构, 可得定理结论。 □

注释 3.15: 至此可得结论: 当$1 < p < \infty$ 时, $L^p(\Omega)$ 是一个可分的、一致凸的、自反的**Banach**空间。

3.7.2　$p = 1$的情形

定理 3.42：　（$p = 1$时的**Riesz**表示定理）　若$\phi \in (L^1(\Omega))'$，则存在唯一的$u \in L^\infty(\Omega)$ 使得 $\langle \phi, f \rangle = \int_\Omega uf\mathrm{d}x$，　$\forall f \in L^1(\Omega)$. 特别地，　$\|u\|_\infty = \|\phi\|_{(L^1(\Omega))'}$.

证明　可以记$\Omega = \bigcup_{n=1}^\infty \Omega_n, |\Omega_n| < \infty$. u的唯一性容易证明。比如如果有u_1, u_2都满足定理中的表示，则有 $\int_\Omega (u_1 - u_2)f\mathrm{d}x = 0, \forall f \in L^1(\Omega)$. 可以取 $f_n = \chi_{\Omega_n}\mathrm{sign}\,(u_1 - u_2)$，则可得$u_1 - u_2 = 0$ a.e. on Ω_n，进而可得$u_1 = u_2$ a.e. on Ω.

下面证明u的存在性。不妨设$\phi \neq 0, \|\phi\|_{(L^1(\Omega))'} = 1$. 首先假定$|\Omega| < \infty$. 此时利用Hölder 不等式可得$L^p(\Omega) \hookrightarrow L^1(\Omega)$ 并且 $\|u\|_1 \leqslant |\Omega|^{1-\frac{1}{p}}\|u\|_p$. 所以对任意的$u \in L^p(\Omega), 1 < p < \infty$，有 $|\langle \phi, u \rangle| \leqslant \|\phi\|_{(L^1(\Omega))'}\|u\|_1 = \|u\|_1 \leqslant |\Omega|^{1-\frac{1}{p}}\|u\|_p$，可见$\phi \in (L^p(\Omega))'$. 于是根据上一节对$1 < p < \infty$建立起来的定理可得，存在唯一的$v_p \in L^{p'}(\Omega)$ 使得

$$\|v_p\|_{p'} \leqslant |\Omega|^{1-\frac{1}{p}}, \tag{3-28}$$

以及

$$\langle \phi, u \rangle = \int_\Omega u(x)v_p(x)\mathrm{d}x, \forall u \in L^p(\Omega). \tag{3-29}$$

回顾推论3.2，可知$C_c^\infty(\Omega)$ 在$L^p(\Omega), 1 \leqslant p < \infty$ 中稠密，这样对任意的$\varphi \in C_c^\infty(\Omega), 1 < p, q < \infty$，有 $\int_\Omega \varphi(x)v_p(x)\mathrm{d}x = \langle \phi, \varphi \rangle = \int_\Omega \varphi(x)v_q(x)\mathrm{d}x$，由此可得$v_p = v_q$ a.e. on Ω，可以用同一个函数v来替代它们。进而可得 $\|v\|_{p'} \leqslant |\Omega|^{1-\frac{1}{p}}$. 此时由于 $|\Omega|^{1-\frac{1}{p}} \leqslant \max\{1, |\Omega|\}$，这是一个不依赖$p$的常数，因此有$v \in L^\infty(\Omega)$，并且 $\|v\|_\infty = \lim_{p' \to \infty} \|v\|_{p'} \leqslant \lim_{p \to 1} |\Omega|^{1-\frac{1}{p}} = 1 = \|\phi\|_{(L^1(\Omega))'}$.

此时又有 $|\langle \phi, u \rangle| = |\int_\Omega vu| \leqslant \|v\|_\infty\|u\|_1, \forall u \in L^1(\Omega)$，因此 $1 = \|\phi\|_{(L^1(\Omega))'} \leqslant \|v\|_\infty$，进而可得 $\|\phi\|_{(L^1(\Omega))'} = \|v\|_\infty$.

对于$|\Omega| = \infty$的情形，记$\Omega = \bigcup_{n=1}^\infty \Omega_n, |\Omega_n| < \infty$ 是一族不交并，然后分别在每个Ω_n上考虑，再将$\chi_n(x)$记为Ω_n的特征函数，如果 $u_n \in L^1(\Omega_n)$，考虑它在Ω_n之外零延拓后的函数为$\tilde{u}_n(x)$，则$\tilde{u}_n \in L^1(\Omega)$. 设 $\langle \phi_n, u_n \rangle = \langle \phi, \tilde{u}_n \rangle$，此时利用上面有限测度时的结论可得出结论：存在$v_n \in L^\infty(\Omega_n), \|v_n\|_\infty \leqslant 1$ 使

得 $\langle \phi_n, u_n \rangle = \int_{\Omega_n} u_n(x)v_n(x)\mathrm{d}x = \int_\Omega \tilde{u}_n(x)v(x)$, 其中 $v(x) = v_n(x), \forall n = 1, 2, \cdots$ 以及 $\forall x \in \Omega_n$, 于是有 $\|v\|_\infty \leqslant 1$.

此时对于 $u \in L^1(\Omega)$, 有 $u = \sum_{n=1}^\infty \chi_n u$, 利用控制收敛定理可知这个级数在 $L^1(\Omega)$ 中收敛。由于 $\langle \phi, \sum_{n=1}^m \chi_n u \rangle = \sum_{n=1}^m \langle \phi_n, u_n \rangle = \int_\Omega \sum_{n=1}^m \chi_n(x)u(x)v(x)\mathrm{d}x$, 最后再次利用控制收敛定理对上面取极限可得 $\langle \phi, u \rangle = \int_\Omega u(x)v(x)\mathrm{d}x \Rightarrow 1 = \|\phi\|_{(L^1(\Omega))'} \leqslant \|v\|_\infty$, 从而 $1 = \|\phi\|_{(L^1(\Omega))'} = \|v\|_\infty$. □

注释 3.16: 由此可得, $L^1(\Omega)$ 的对偶空间为 $L^\infty(\Omega)$. 当 Ω 是由有限个原子构成的集合时, $L^1(\Omega)$ 是一个有限维空间。

定理 3.43: 假设 Ω 不是由有限个原子构成的集合, 则 $L^1(\Omega)$ 不是自反的。

证明 采取反证法, 假设 $L^1(\Omega)$ 是自反的, 则 $(L^\infty(\Omega))' = L^1(\Omega)$. 分两种情况讨论:

(1) $\forall \varepsilon > 0, \exists U \subset \Omega$ 可测并且 $0 < |U| < \varepsilon$;

(2) $\exists \varepsilon_0 > 0$ 使得 Ω 的任意具有正测度的可测集的测度都不小于 ε_0.

考虑情况 (1), 易知存在一个递减可测集合序列 $\{U_n\}$ 满足 $0 < |U_n| \to 0$. 于是令特征函数 $\chi_n = \chi_{U_n}$ 以及 $u_n = \frac{\chi_n}{\|\chi_n\|_1}$. 这样可得 $\|u_n\|_1 = 1, \forall n \in \mathbb{N}$, 由假设 L^1 自反, 根据定理 2.51 可知 $\{u_n\}$ 存在一个弱收敛子列, 不妨仍记为本身, 并假设存在 $u \in L^1(\Omega)$ 使得 $u_n \rightharpoonup u$ 在弱拓扑 $\sigma(L^1, L^\infty)$ 意义下成立, 即 $\int_\Omega u_n\phi \to \int_\Omega u\phi, \forall \phi \in L^\infty(\Omega)$. 特别地, 取 $\phi = \chi_j$ 固定, 则当 $n > j$ 时, $\int_\Omega u_n\chi_j = \int_{U_n} u_n = 1$, 从而可得 $\int_\Omega u\chi_j = 1, \forall j = 1, 2, \cdots$. 但是另外, 由于 $u \in L^1(\Omega)$ 以及 $|U_n| \to 0$, 利用积分的绝对连续性可知 $\int_\Omega u\chi_j \to 0$ as $j \to \infty$, 矛盾.

考虑情形 (2), 此时可知它完全是原子化的, 并且为可数多个不同的元素 $\{a_n\}$ 的并. 此时 $L^1(\Omega)$ 同构于 ℓ^1, 因此只需证明 ℓ^1 不是自反的即可. 考虑它的单位基 $e_n = (0, 0, \cdots, \underset{(n)}{1}, 0, 0, \cdots)$. 假设 ℓ^1 是自反的, 则存在弱收敛子列 $\{e_{n_k}\}$, 即存在某个 $x \in \ell^1$ 使得 $e_{n_k} \rightharpoonup x$ 在弱拓扑 $\sigma(\ell^1, \ell^\infty)$ 意义下成立, 也就是 $\langle \varphi, e_{n_k} \rangle \underset{k \to \infty}{\longrightarrow} \langle \varphi, x \rangle, \forall \varphi \in \ell^\infty$. 于是一方面可以取 $\varphi = \varphi_j =$

$(0, 0, \cdots, \underset{(j)}{1}, 1, 1, \cdots)$，则当 $n_k \geqslant j$ 时有 $\langle \varphi_j, e_{n_k} \rangle = 1$，可得 $\langle \varphi_j, x \rangle = 1$ 对任意的 $j = 1, 2, \cdots$ 都成立. 另一方面，利用 $x \in \ell^1$，可得 $\langle \varphi_j, x \rangle \to 0$ as $j \to \infty$，矛盾.

综上可知，当 Ω 不是有限原子构成的集合时，$L^1(\Omega)$ 不是自反的. □

3.7.3 $p = \infty$ 的情形

注释 3.17:

（1）由上一节的定理3.43，L^1 不是自反的，可知 L^∞ 的对偶空间不是 L^1，而应该是一个严格比 L^1 大的空间.

（2）L^∞ 也不是自反的. 这是因为由推论2.8可知Banach空间自反当且仅当它的对偶空间自反. 由上一节内容可知 $(L^1(\Omega))' = L^\infty(\Omega)$，于是 L^∞ 作为 L^1 的对偶空间，如果它自反的话，则可得出 L^1 自反，与定理3.43矛盾.

（3）L^∞ 不是一致凸空间，否则利用Milman-Pettis定理（见定理2.62）可得 L^∞ 是自反的，矛盾.

注释 3.18:

（1）由上一节内容可知 $(L^1(\Omega))' = L^\infty(\Omega)$，于是由Banach-Alaoglu 定理（见定理2.36）可得 $L^\infty(\Omega)$ 中的单位闭球 B_{L^∞} 在 w^*- 拓扑 $\sigma(L^\infty, L^1)$ 意义下是紧的。

（2）由于 $L^1(\Omega)$ 是可分的，$(L^1(\Omega))' = L^\infty(\Omega)$，于是由推论2.10可知：$\Omega \subset \mathbb{R}^N$ 可测，$\{f_n\}$ 是 $L^\infty(\Omega)$ 上的一个有界序列，则存在一个子列 $\{f_{n_k}\}$ 以及 $f \in L^\infty(\Omega)$，使得在 w^*-拓扑 $\sigma(L^\infty, L^1)$ 意义下收敛 $f_{n_k} \rightharpoonup f$.

综上分析，$L^1(\Omega)$ 通过典范映射只能同构于 $(L^\infty(\Omega))'$ 的一个闭真子空间，也就是说必定存在某个 $\phi \in (L^\infty(\Omega))'$，使得不能像Riesz 表示定理的结论那样：存在某个 $u \in L^1$ 使得

$$\langle \phi, f \rangle = \int uf, \forall f \in L^\infty.$$

比如说考虑泛函 $\phi_0 : C_c(\mathbb{R}^N) \to \mathbb{R}$，满足

$$\phi_0(f) = f(0), \ \forall \ f \in C_c(\mathbb{R}^N).$$

显然 ϕ_0 是 $(C_c(\mathbb{R}^N),\|\cdot\|_\infty)$ 上的一个连续线性泛函。利用Hahn-Banach定理，可以把 ϕ_0 延拓到整个 L^∞ 上的连续线性泛函 ϕ，即

$$\phi \in (L^\infty(\Omega))', \phi\big|_{(C_c(\mathbb{R}^N),\|\cdot\|_\infty)} = \phi_0.$$

下面可以说对于这个 ϕ，没法找到Riesz表示中的 $u \in L^1(\mathbb{R}^N)$。不然，有

$$\int_\Omega uf = 0, \forall f \in C_c(\mathbb{R}^N) \text{ 且 } f(0) = 0.$$

特别地，$\int_\Omega uf = 0, \forall f \in C_c(\mathbb{R}^N\backslash\{0\})$。因此由推论3.3可得 $u = 0$ a.e. on $\mathbb{R}^N\backslash\{0\}$，进而可得 $u = 0$ a.e. on $\mathbb{R}^N$。所以 $\langle\phi, f\rangle = \int_\Omega uf = 0, \forall f \in L^\infty(\mathbb{R}^N)$。但是另外，当考虑 $f \in C_c(\mathbb{R}^N), f(0) \neq 0$ 时，有 $\langle\phi, f\rangle = f(0) \neq 0$，矛盾。因此上面的 $u \in L^1(\Omega)$ 是不存在的。

注释 3.19： 具体来说 $L^\infty(\Omega)$ 的对偶空间长成什么样子呢？这个需要用到交换 C^*-代数和Gelfand表示等内容，比较复杂，这里我们就不讲细节了。若只提结论，就是

$$L^\infty(\Omega, \mathbb{C}) \approx K \text{ 上的一个复值Radon测度,}$$

其中，K 是 L^∞ 代数的谱，它是一个紧的拓扑空间，但是它不可度量化（除非 Ω 由有限个原子构成）。类似地，

$$L^\infty(\Omega, \mathbb{R}) \approx K \text{ 上的一个实值Radon测度.}$$

注释 3.20： 根据Milman-Pettis定理（见定理2.62）可知一致凸的Banach空间一定是自反的，因此 L^∞ 也不是一致凸的。此外，L^∞ 没办法用 $C(\Omega)$ 中的元素逼近，所以没办法像 $1 \leqslant p < \infty$ 时那样得出它的可分性。那它究竟可分还是不可分呢？下面的定理3.44将给出它是不可分的，由此结合定理2.58又可知 L^1 上的单位闭球 B_{L^1} 的弱拓扑 $\sigma(L^1, L^\infty)$ 是不可度量化的。

引理 3.5： X 是一个Banach空间，假设存在一族集合 $\{O_i\}_{i\in I}$ 满足

（1） $\forall i \in I, O_i$ 都是 X 的非空开集；

（2） $\forall i \neq j, O_i \cap O_j = \emptyset$；

（3）指标集 I 是不可数的，

则 X 不可分。

证明 采取反证法证明. 假设 X 可分,则它有一个可数稠密子集 $\{u_n\}_{n\geqslant 1}$. 对任意的 $i \in I$,由于 O_i 是开集,利用稠密性可知 $O_i \cap \{u_n\}_{n\geqslant 1} \neq \emptyset$,因此可以取到某个 $n(i)$ 使得 $u_{n(i)} \in O_i$. 由于当 $i \neq j$ 时, $O_i \cap O_j = \emptyset$,因此 $i \mapsto n(i)$ 是单射,由此可知 I 是一个可数集,矛盾. □

下面将构造一族 Ω 的不可数多个的可测子集族 $\{\omega_i\}_{i \in I}$,满足两两不同且满足对于任意的 $i \neq j$,对称差 $\omega_i \Delta \omega_j$ 具有严格正的测度,即 $\left|(\omega_i \backslash \omega_j) \cup (\omega_j \backslash \omega_i)\right| > 0$. 定义 $O_i = \{f \in L^\infty(\Omega) : \|f - \chi_{\omega_i}\|_\infty < \frac{1}{2}\}$,这个是 L^∞ 空间中包含 χ_{ω_i} 的一个开集. 由于当 ω_i 和 ω_j 有差别时, $\|\chi_{\omega_i} - \chi_{\omega_j}\|_\infty = 1$,因此可知当 $i \neq j$ 时,$O_i \cap O_j = \emptyset$. 至于 I 的不可数多个也容易,事实上当 $\Omega \subset \mathbb{R}^N$ 为一个开集时,可以找到 $x_0 \in \Omega, r > 0$ 使得 $B(x_0, r) \subset\subset \Omega$. 我们记 $B(x_0, r)$ 的球面为 S,它跟 Ω 的边界 $\partial\Omega$ 有严格正的距离,记为 d,则当取 ε 充分小时,对任意的 $x_i \in S$,都有 $\omega_i := B(x_i, \varepsilon) \subset \Omega$,此时对于不同的点 $x_i \neq x_j$,显然 ω_i 和 ω_j 的对称差是有正测度的. 特别地, x_i 可以取遍整个球面 S,因此有不可数多个.

对于一般的可测集 Ω,将 Ω 分裂成它的原子部分 Ω_a 和弥漫分布部分 Ω_d,则可以分两种情况讨论.

(1)Ω_d 非空,则对任意的 $t \in (0, |\Omega_d|)$,都存在某个可测子集 ω_t 使得它的测度 $|\omega_t| = t$,这样就得到不可数多个这样的 ω_t,进而可以构造出符合上面的三个要求的集族 O_t.

(2)Ω_d 是一个空集,则此时 Ω 是可数多个不同原子 $\{a_n\}$ 的并(因为我们假定了 Ω 不是由有限多个原子构成的集合),因此对任意的 $A \subset \mathbb{N}$,定义 $\omega_A = \bigcup_{n \in A} a_n$,则它有个数 $2^\mathbb{N}$,有不可数多个,进而也可构造出满足上面引理 3.5 中要求的三个条件的 O_A.

综合上面结论,可得到下面定理.

定理 3.44: 假设 $\Omega \subset \mathbb{R}^N$ 可测,不是由有限多个原子构成的集合,则 $L^\infty(\Omega)$ 不可分.

下面总结一下 $L^p(\Omega)$ 最重要的性质,其中 $\Omega \subset \mathbb{R}^N$ 是可测集.

	自反	可分	一致凸	对偶空间
$L^p, 1 < p < \infty$	是	是	是	$L^{p'}$
L^1	不是	是	不是	L^{∞}
L^{∞}	不是	不是	不是	严格大于L^1， 是一个紧拓扑空间上的Radon 测度

3.8　L^p 强收敛的判断准则

之前研究过距离空间中的紧集的一些性质，这里的 L^p 空间，当然也是一个距离空间，所以那些性质结论依旧在 L^p 空间中成立. 在应用中通常得到某个集合闭包是一个紧集（或者本身是列紧集）时，可以得到它有一个强收敛的子序列. 尤其是使用频率比较高的定理2.32，它是针对连续函数空间 $C(\Omega)$ 来使用的.

下面针对 L^p 空间的特殊性，学习 L^p-版本的Arzela-Ascoli定理（本质上利用了 $L^p, 1 \leqslant p < \infty$ 时可以用光滑函数逼近，借助Arzela-Ascoli定理来实现）.

首先引入记号**平移函数**：

$$(\tau_h f)(x) = f(x + h), x \in \mathbb{R}^N, h \in \mathbb{R}^N.$$

定理 3.45：　（**Kolmogorov-M. Riesz-Frechet**）　令 $\mathcal{F}$ 是 $L^p(\mathbb{R}^N), 1 \leqslant p < \infty$ 中的一个有界集. 假设对任意 $f \in \mathcal{F}$ 一致成立：

$$\lim_{|h| \to 0} \|\tau_h f - f\|_p = 0, \tag{3-30}$$

即 $\forall \varepsilon > 0, \exists \delta > 0$ 使得

$$\|\tau_h f - f\|_p < \varepsilon, \forall f \in \mathcal{F}, \forall h \in \mathbb{R}^N \text{ 且 } |h| < \delta,$$

则对任意的有限测度可测集 $\Omega \subset \mathbb{R}^N$，$\mathcal{F}\big|_{\Omega}$ 在 $L^p(\Omega)$ 上的闭包都是紧的（根据 L^p 是一个度量空间，利用定理2.31可得，换而言之，即 $\mathcal{F}\big|_{\Omega}$ 中有一个收敛子列，收敛的极限在 $L^p(\Omega)$ 中）.

证明　由于 L^p 是完备距离空间，借助定理2.31，要证明这个紧性，只需证明它是完全有界的即可. 此时可以利用光滑逼近，借助连续函数空间中的Arzela-Ascoli定理过渡，可以建立起这个 L^p 版本的判定准则.

（1）通过磨光逼近，建立起结论：$\|(\rho_n \star f) - f\|_p \leqslant \varepsilon, \forall f \in \mathcal{F}, \forall n > \dfrac{1}{\delta}$. 事实上，利用Hölder 不等式可得

$$
\begin{aligned}
|(\rho_n \star f)(x) - f(x)| &= \left| \int_{\mathbb{R}^N} [f(x-y) - f(x)]\rho_n(y)\mathrm{d}y \right| \\
&= \left| \int_{\mathbb{R}^N} [f(x-y) - f(x)]\rho_n(y)^{\frac{1}{p}} \rho_n(y)^{\frac{p-1}{p}} \mathrm{d}y \right| \\
&\leqslant \left(\int_{\mathbb{R}^N} |f(x-y) - f(x)|^p \rho_n(y)\mathrm{d}y \right)^{\frac{1}{p}}.
\end{aligned}
$$

进而我们有

$$
\begin{aligned}
\int_{\mathbb{R}^N} |(\rho_n \star f)(x) - f(x)|^p \mathrm{d}x &\leqslant \int_{\mathbb{R}^N} \int_{\mathbb{R}^N} |f(x-y) - f(x)|^p \rho_n(y)\mathrm{d}y\mathrm{d}x \\
&= \int_{B(0,\frac{1}{n})} \rho_n(y)\mathrm{d}y \int_{\mathbb{R}^N} |f(x-y) - f(x)|^p \mathrm{d}x \leqslant \varepsilon^p.
\end{aligned}
$$

（2）存在仅依赖于 n 的常数 C_n 使得

$$
\|\rho_n \star f\|_\infty \leqslant C_n \|f\|_p, \forall f \in \mathcal{F}, \tag{3-31}
$$

和

$$
|(\rho_n \star f)(x_1) - (\rho_n \star f)(x_2)| \leqslant C_n \|f\|_p |x_1 - x_2|, \forall f \in \mathcal{F}, \forall x_1, x_2 \in \mathbb{R}^N. \tag{3-32}
$$

事实上，利用Hölder 不等式可得

$$
|(\rho_n \star f)(x)| = \left| \int_{\mathbb{R}^N} f(x-y)\rho_n(y)\mathrm{d}y \right| \leqslant \|f\|_p \|\rho_n\|_{p'},
$$

所以只需取 $C_n = \|\rho_n\|_{p'}$ 即可得到不等式(3-31)。至于不等式(3-32)，注意到 $\nabla(\rho_n \star f) = (\nabla\rho_n) \star f$（见定理3.29，卷积的正则化作用），同上面类似用Hölder 不等式可得 $\|\nabla(\rho_n \star f)\|_\infty \leqslant \|\nabla\rho_n\|_{p'}\|f\|_p$，所以利用中值定理，可以取 $C_n = \|\nabla\rho_n\|_{p'}$ 可得证.

（3）$\forall \varepsilon > 0, \Omega \subset \mathbb{R}^N$ 是一个有有限测度的可测集，则利用测度的绝对连续

性，存在 Ω 的一个有界可测子集 ω，使得

$$\|f\|_{L^p(\Omega\setminus\omega)} < \varepsilon, \forall f \in \mathcal{F}. \tag{3-33}$$

（也把这个性质称为胎紧性.）

事实上，利用三角不等式

$$\|f\|_{L^p(\Omega\setminus\omega)} \leqslant \|f - (\rho_n \star f)\|_{L^p(\Omega\setminus\omega)} + \|\rho_n \star f\|_{L^p(\Omega\setminus\omega)}$$

$$\leqslant \|f - (\rho_n \star f)\|_{L^p(\mathbb{R}^N)} + \|\rho_n \star f\|_{L^p(\Omega\setminus\omega)},$$

其中第一项控制可以由步骤（1）中结论保证，第二项控制只需要保证 $|\Omega\setminus\omega|$ 充分小，则可以保证 $\|\rho_n\|_{L^{p'}(\Omega\setminus\omega)}$ 充分小，结合 $\mathcal{F}$ 为 L^p 的有界集，利用 Hölder 不等式可以控制它足够小.

（4）最后的结论.

由于 $L^p(\Omega)$ 是完备的度量空间，只需证明 $\mathcal{F}|_\Omega$ 是完全有界的即可. 由于 $\forall \varepsilon > 0$，选择 Ω 的子集 ω 使得式(3-33) 成立. 另外也固定 $n > \dfrac{1}{\delta}$，并考虑函数族 $\mathcal{H} = (\rho_n \star \mathcal{F})|_{\overline{\omega}}$，则由于此时挑选的 ω 是一个有界集，所以 $\overline{\omega}$ 是一个紧集. 根据步骤（2）中建立的结论可知 $\mathcal{H}$ 中的元素完全满足 Arzela-Ascoli 定理的条件要求，因此 $\mathcal{H}$ 在 $C(\overline{\omega})$ 中的闭包是紧的. 利用 $L^p(\omega)$ 空间中的光滑逼近结论（即光滑函数的稠密性），可得 $\mathcal{H}$ 在 $L^p(\omega)$ 中的闭包同样是紧的. 因此它是完全有界的，也就是说 $\forall \varepsilon > 0$，可以找到有限多个 $g_i \in L^p(\omega), i = 1, 2, \cdots, k$ 使得 $\mathcal{H} \subset \bigcup\limits_{i=1}^{k} B(g_i, \varepsilon)$. 先定义 $\bar{g}_i : \Omega \to \mathbb{R}, \bar{g}_i|_\omega = g_i, \bar{g}_i|_{\Omega\setminus\omega} = 0$. 于是有 $\bar{g}_i \in L^p(\mathbb{R}^N)$. 对任意的 $f \in \mathcal{F}$，首先有某个 i 使得 $\|\rho_n \star f - g_i\|_{L^p(\omega)} < \varepsilon$，其次根据 $\bar{g}_i$ 的定义有 $\|f - \bar{g}_i\|_{L^p(\Omega)}^p = \displaystyle\int_{\Omega\setminus\omega} |f|^p + \int_\omega |f - g_i|^p \Rightarrow \|f - \bar{g}_i\|_{L^p(\Omega)} \leqslant \|f\|_{L^p(\Omega\setminus\omega)} + \|f - g_i\|_{L^p(\omega)}$，于是有

$$\|f - \bar{g}_i\|_{L^p(\Omega)} \leqslant \varepsilon + \|f - g_i\|_{L^p(\omega)} \leqslant \varepsilon + \|f - (\rho_n \star f)\|_{L^p(\mathbb{R}^N)} + \|(\rho_n \star f) - g_i\|_{L^p(\omega)} < 3\varepsilon,$$

这表明了 $\mathcal{F} \subset \bigcup\limits_{i=1}^{k} B(\bar{g}_i, 3\varepsilon)$. 根据 ε 的任意性可得 $\mathcal{F}$ 是完全有界的. 于是由于 $L^p(\Omega)$ 是完备度量空间，可得 $\mathcal{F}$ 是列紧集，即它的闭包是一个紧集. $\qquad\square$

推论 3.4:　$\mathcal{F}$ 是 $L^p(\mathbb{R}^N)$, $1 \leqslant p < \infty$ 中的一个有界集. 假设不等式(3-30)成立并且

$$\forall \varepsilon > 0, \exists \text{ 有界可测集 } \Omega \subset \mathbb{R}^N \text{ s.t. } \|f\|_{L^p(\mathbb{R}^n \setminus \Omega)} < \varepsilon, \quad \forall f \in \mathcal{F}, \tag{3-34}$$

则 $\mathcal{F}$ 在 $L^p(\mathbb{R}^N)$ 中是列紧的（即它的闭包是紧的）.

证明　此时虽然是在全空间 $\mathbb{R}^N$ 上考虑问题，但是上面的条件(3-34)保证了上面定理3.45证明过程中的步骤（3）仍旧成立（即所谓的胎紧性）. 因此，对 $\forall \varepsilon > 0$, 我们先固定一个 Ω 使得上面条件(3-34)满足，于是可以对 $\mathcal{F}|_\Omega$ 利用定理3.45, 得到它的列紧性. 即存在有限个 $g_i \in L^p(\Omega), i = 1, 2, \cdots, k$ 使得 $\mathcal{F}|_\Omega \subset \bigcup\limits_{i=1}^{k} B(g_i, \varepsilon)$. 于是考虑延拓

$$\tilde{g}_i(x) = \begin{cases} g_i(x), & x \in \Omega, \\ 0, & x \in \mathbb{R}^N \setminus \Omega, \end{cases}$$

则 $\tilde{g}_i \in L^p(\mathbb{R}^N)$, 此时有 $\mathcal{F} \subset \bigcup\limits_{i=1}^{k} B(\tilde{g}_i, 2\varepsilon)$. 可见 $\mathcal{F}$ 是完全有界的，最后由 $L^p(\mathbb{R}^N)$ 是完备的度量空间，可得 $\mathcal{F}$ 是列紧集，即它的闭包是一个紧集. □

注释 3.21:　上面推论3.4 的逆命题也成立，留作习题. 因此上面的推论3.4 可以作为 $L^p(\mathbb{R}^N)$ 中列紧集的一个判定准则. 而对于一般的区域 Ω, 可以像上面那样对 Ω 之外做简单的0延拓，则可以采用上面这个判定准则.

推论 3.5:　令 $G \in L^1(\mathbb{R}^N)$ 是一个固定的函数，$\mathcal{B}$ 为 $L^p(\mathbb{R}^N)$ $(1 \leqslant p < \infty)$ 中的一个有界集，记函数族 $\mathcal{F} = G \star \mathcal{B}$, 则对于任意的有限测度可测集 Ω, $\mathcal{F}|_\Omega$ 在 $L^p(\Omega)$ 上都是列紧的.

证明　只需验证条件(3-30) 成立，即可由定理3.45得出结论. 注意到一个事实，对于 $f = G \star u, u \in \mathcal{B}$, 有 $\|\tau_h f - f\|_p = \|(\tau_h G - G) \star u\|_p \leqslant \|u\|_p \|\tau_h G - G\|_1$, 而 $\mathcal{B}$ 为 $L^p(\mathbb{R}^N), 1 \leqslant p < \infty$ 上的一个有界集，所以只需证明 $\lim\limits_{|h| \to 0} \|\tau_h G - G\|_1 = 0$, 这个由下面的引理可得. □

引理 3.6:　（**L^p 空间的整体连续性，也称平移连续性**）　令 $G \in L^p(\mathbb{R}^N), 1 \leqslant p < \infty$，则 $\lim\limits_{|h| \to 0} \|\tau_h G - G\|_p = 0$.

证明　主要用到紧支集光滑函数逼近以及一致连续性结论. 当 $\forall \varepsilon > 0$ 时，首先可以找到某个 $G_1 \in C_c(\mathbb{R}^N)$ 使得 $\|G - G_1\|_p < \varepsilon$. 利用三角不等式有

$$\|\tau_h G - G\|_p \leqslant \|\tau_h G - \tau_h G_1\|_p + \|\tau_h G_1 - G_1\|_p + \|G_1 - G\|_p < 2\varepsilon + \|\tau_h G_1 - G_1\|_p.$$

由于 G_1 是具有紧支集的光滑函数，所以 G_1 具有一致连续性，从而 $\lim\limits_{|h| \to 0} \|\tau_h G_1 - G_1\|_p = 0$，这样就得到了 $\lim\limits_{|h| \to 0} \|\tau_h G - G\|_p \leqslant 2\varepsilon$. 根据 ε 的任意性，最后得 $\lim\limits_{|h| \to 0} \|\tau_h G - G\|_p = 0$.　□

3.9　$L^p(\Omega)$ 中其他常用重要性质汇总

性质1:　若 $f \in L^p(\Omega), p > 0, 0 < |\Omega| < \infty$，则 $\Phi(f, p) = \left(\dfrac{1}{|\Omega|} \displaystyle\int_\Omega |f|^p \mathrm{d}x\right)^{\frac{1}{p}}$ 关于 p 单调递增（事实上关于 $p \in \mathbb{R}$ 单增）.

性质2:　若 $|\Omega| < \infty, f \in L^\infty(\Omega)$，则 $\lim\limits_{p \to \infty} \|f\|_p = \|f\|_\infty$.

性质3:　若 $\forall \lambda > 0$，则分布函数满足 Chebyshev 不等式或者 Markov 不等式 $|\{f > \lambda\}| \leqslant \displaystyle\int_\Omega \dfrac{|f(x)|^p}{\lambda^p} \mathrm{d}x$.

性质4:　若 f 是 Ω 上的可测函数，$\forall \alpha > 0$，分布函数定义为 $\lambda_f(\alpha) := |\{x \in \Omega : |f(x)| > \alpha\}|$，则对 $\forall 1 \leqslant p < \infty$，都有

$$\int_\Omega |f(x)|^p \mathrm{d}x = \int_0^\infty p\alpha^{p-1} \lambda_f(\alpha) \mathrm{d}\alpha = -\int_0^\infty \alpha^p \mathrm{d}\lambda_f(\alpha).$$

（这就是所谓的 Layer cake representation，本质上只看 $p = 1$，当 $p > 1$ 时，做适当换元即可.）

性质5:　设 $\phi : [0, +\infty) \to [0, +\infty), \phi$ 在任意的 $[0, T]$ 上绝对连续，$\phi(0) = 0$，则

$$\int_\Omega \phi(|f(x)|) \mathrm{d}x = \int_0^\infty \phi'(\alpha) \lambda_f(\alpha) \mathrm{d}\alpha.$$

（取 $\phi(t) = t^p$ 时，则回到上面提到的 Layer cake representation.）

性质6：若存在一个序列 $p_n \to \infty$ 使得 $f \in L^{p_n}(\Omega)$, 且有一致的控制 $\|f\|_{p_n} \leqslant M, \forall n$, 则 $f \in L^\infty(\Omega)$ 且 $\|f\|_\infty \leqslant M$ （此处不用假设 $|\Omega|$ 有限，可直接研究其分布函数并应用 Chebyshev 不等式即可。这也是将来接触到用 Morse 迭代做 L^∞ 估计的一个依据）.

性质7：$L_{\mathrm{loc}}^p(\Omega)$ 是不可赋范的，考虑 $1 \leqslant p \leqslant \infty$, 则它是局部凸空间，此时可以对它引入半范，进而可度量化（可以参考例2.14）. 设 f 是 Ω 上的可测函数，如何从 $f \in L_{\mathrm{loc}}^p(\Omega)$ 推出 $f \in L^p(\Omega)$ 呢？结论是当且仅当存在 $M > 0$ 使得 $\|f\|_{L^p(\omega)} \leqslant M, \forall \omega \subset\subset \Omega$. （证明方法：用 Levi 单调收敛定理即可.）

性质8：（**Radon-Riesz 定理**）设 $1 < p < \infty, f_n \in L^p(\Omega), f \in L^p(\Omega)$. 若在 $L^p(\Omega)$ 中有 $f_n \rightharpoonup f$ 并且 $\lim\limits_{n \to \infty} \|f_n\|_p = \|f\|_p$, 则在 $L^p(\Omega)$ 中 $f_n \to f$.

（简单记忆就是：弱收敛+范数收敛=强收敛. 事实上对于一致凸赋范空间，这种结论都成立（见定理2.64）. 此时 $1 < p < \infty, L^p(\Omega)$ 恰好就是一致凸的.）

性质9：（**Brezis-Lieb 引理**）$\Omega \subset \mathbb{R}^N$ 是开集，$\{f_n\} \subset L^p(\Omega), 1 \leqslant p < \infty$. 如果

（1）$\{f_n\}$ 在 $L^p(\Omega)$ 中有界；

（2）在 Ω 上几乎处处成立 $f_n \to f$,

则有结论 $\lim\limits_{n \to \infty} (\|f_n\|_p^p - \|f_n - f\|_p^p) = \|f\|_p^p$.

注释 3.22：

（1）从 Brezis-Lieb 引理中可以看出 "几乎处处收敛+范数收敛⇔强收敛".

（2）注意如果仅仅有 $f_n \rightharpoonup f$ in $L^p(\Omega)$ 是不足以得到 Brezis-Lieb 引理的结论的. 对于一般的 $1 < p < \infty, p \neq 2$, 虽然弱收敛得不到几乎处处收敛，从而得不到等式关系 $\lim\limits_{n \to \infty} (\|f_n\|_p^p - \|f_n - f\|_p^p) = \|f\|_p^p$, 但对 $1 < p < \infty$ 时，用一致凸赋范空间中的"弱收敛+范数收敛=强收敛"性质，也能得到强收敛的结论.

（3）$p = 2$ 比较特殊，因为此时它是一个 Hilbert 空间，

$$f_n \rightharpoonup u \Rightarrow \lim\limits_{n \to \infty} (\|f_n\|_2^2 - \|f_n - f\|_2^2) = \|f\|_2^2.$$

（4）回顾 Fatou 引理，$f_n \xrightarrow{\text{a.e.}} f \Rightarrow \|f\|_p^p \leqslant \liminf \|f_n\|_p^p$, 这个丢失的部分是什

么呢? 由Brezis-Lieb引理可知这个丢失的东西就是 $\lim\limits_{n\to\infty}\|f_n - f\|_p^p$. 搞清楚丢失的项在处理紧性的时候是非常重要的.

（5）实际上Brezis-Lieb引理对所有的 $0 < p < \infty$ 都成立，而不仅仅是 $p \geqslant 1$, 只是常用到的情况是 $p \geqslant 1$ 而已. 可以参见参考文献[12]的Section 1.9.

第 4 章　其他预备知识和相关技巧

4.1　Hölder空间

$\Omega \subset \mathbb{R}^N$为开集，$Z_N = \{\alpha = (\alpha_1, \cdots, \alpha_N) : \alpha_i \in \mathbb{Z}, \alpha_i \geqslant 0\}$. 记$|\alpha| = \sum_{i=1}^{N} \alpha_i, u$是$\Omega$中有定义的函数.

$$D^\alpha u = \frac{\partial^\alpha}{\partial x_1^{\alpha_1} \cdots \partial x_N^{\alpha_N}}, \alpha = (\alpha_1, \cdots, \alpha_N).$$

$$u_i = D^{e_i} u, e_i = (0, 0, \cdots, \underset{(i)}{1}, 0, 0, \cdots), u_{ij} = D^{e_i + e_j} u.$$

定义

$$C^m \underset{(\overline{\Omega})}{(\Omega)} = \left\{ u \in C \underset{(\overline{\Omega})}{(\Omega)} : \forall \alpha \in Z_N, |\alpha| \leqslant m, D^\alpha u \in C \underset{(\overline{\Omega})}{(\Omega)} \right\}.$$

记 $\|u\|_{C\underset{(\overline{\Omega})}{(\Omega)}} (\equiv \|u\|_{0,\Omega}) = \sup_{\underset{(\max)}{x \in \Omega}} |u(x)|$, 以及

$$\|u\|_{C^m(\overline{\Omega})} = \sum_{\substack{\alpha \in Z_N \\ |\alpha| \leqslant m}} \|D^\alpha u\|_{C(\overline{\Omega})}. \tag{4-1}$$

命题 4.1：　若$m \in \mathbb{Z}, m \geqslant 0$, 则$C^m(\overline{\Omega})$ 按式(4-1)是一个Banach空间.

证明　留作练习. 先验证式(4-1)定义了一个范数, 再验证完备性.　　□

定义 4.1：　$\Omega \subset \mathbb{R}^N$为开集，$0 < \gamma \leqslant 1$. 考虑实值函数$u : \Omega \to \mathbb{R}$ 满足

$$|u(x) - u(y)| \leqslant C|x - y|^\gamma, \quad x, y \in \Omega,$$

其中，C为常数, 此时称函数$u(x)$以指标γ Hölder 连续.

注释 4.1：
（1）从定义可以看出Hölder连续的函数一定满足我们常常提到的连续性;
（2）$\gamma = 1$ 时, 即所谓的Lipschitz 连续.

由于Hölder连续函数空间是点态意义下的, 所以通常讨论$\overline{\Omega}$.

定义 4.2: u是以指标γ Hölder连续的, 可定义

$$[u]_{C^{0,\gamma}(\overline{\Omega})} = \sup_{\substack{x,y \in \Omega \\ x \neq y}} \frac{|u(x) - u(y)|}{|x - y|^\gamma},$$

这是一个半范 (常值函数$[c]_{C^{0,\gamma}(\overline{\Omega})} = 0$, 不满足非退化性).

(留作练习去验证.)

记 $C^{m,\gamma}(\overline{\Omega}) = \left\{ u \in C^m(\overline{\Omega}) : \forall \beta \in Z_N, |\beta| = m, [D^\beta u]_{C^{0,\gamma}(\overline{\Omega})} < +\infty \right\}$, 令

$$\|u\|_{C^{m,\gamma}(\overline{\Omega})} = \|u\|_{C^m(\overline{\Omega})} + \sum_{\substack{\beta \in Z_N \\ |\beta| = m}} [D^\beta u]_{C^{0,\gamma}(\overline{\Omega})}. \tag{4-2}$$

命题 4.2: $C^{m,\gamma}(\overline{\Omega})$ 按(4-2) 是一个Banach空间.

证明 留作练习. 先验证(4-2)定义了一个范数, 再验证完备性. □

注释 4.2: $u \in C^m(\Omega) \Leftrightarrow \forall K \subset\subset \Omega, u \in C^m(\overline{K})$.

注释 4.3: $\forall 0 < \nu < \gamma \leqslant 1, C^{m,\gamma}(\bar{\Omega}) \subsetneqq C^{m,\nu}(\bar{\Omega}) \subsetneqq C^m(\bar{\Omega})$,

$$C^{m,\gamma}(\bar{\Omega}) \hookrightarrow C^{m,\nu}(\bar{\Omega}) \hookrightarrow C^m(\bar{\Omega}).$$

证明 $C^{m,\nu}(\bar{\Omega}) \hookrightarrow C^m(\bar{\Omega})$这个结论从范数定义中即可看出. 当$\gamma > \nu$ 时, 由于Ω 有界, 记$M = \mathrm{diam}(\Omega)$, 则有

$$[u]_{C^{0,\nu}(\overline{\Omega})} = \sup_{\substack{x,y \in \Omega \\ x \neq y}} \frac{|u(x) - u(y)|}{|x - y|^\nu} = \sup_{\substack{x,y \in \Omega \\ x \neq y}} \frac{|u(x) - u(y)|}{|x - y|^\gamma} \cdot |x - y|^{\gamma - \nu}$$

$$\leqslant M^{\gamma - \nu} \sup_{\substack{x,y \in \Omega \\ x \neq y}} \frac{|u(x) - u(y)|}{|x - y|^\gamma} = M^{\gamma - \nu} [u]_{C^{0,\gamma}(\overline{\Omega})},$$

进而可得 $\|u\|_{C^{m,\nu}(\overline{\Omega})} \leqslant C\|u\|_{C^{m,\gamma}(\overline{\Omega})}$, 所以 $C^{m,\gamma}(\bar{\Omega}) \hookrightarrow C^{m,\nu}(\bar{\Omega})$. □

注释 4.4: $C^1(\overline{\Omega}) \hookrightarrow C^{0,1}(\overline{\Omega})$. 事实上, 对于半范值 $\dfrac{|u(x) - u(y)|}{|x - y|}$的取值, 如果$x, y$距离很远, 它有限是显然成立的, 而当$x, y$充分靠近时, 不妨假定$x, y$的连线构成的直线段都完全落在 Ω中, 此时利用中值定理即可得 $\dfrac{|u(x) - u(y)|}{|x - y|} = |\nabla u(\xi)| \leqslant \|u\|_{C^1(\overline{\Omega})}$.

定理 4.1:　若 $m \in \mathbb{N}, 0 < \nu, \gamma \leqslant 1$, 则

$$C^{m+1,\nu}(\bar{\Omega}) \hookrightarrow C^{m,\gamma}(\bar{\Omega}) \tag{4-3}$$

证明　这是因为 $C^{m+1,\nu}(\bar{\Omega}) \hookrightarrow C^{m+1}(\bar{\Omega}) \hookrightarrow C^{m,\gamma}(\bar{\Omega})$. □

4.2　截断函数或切断因子

在 PDE 的研究中经常用到截断的技巧, 思路就是把整体分成局部来研究, 即所谓的局部化技巧. 它既能完整保留被切断函数的局部性质, 又能有效避免小邻域以外各种因素的影响.

命题 4.3:　Ω 是开集, $\Omega' \subset\subset \Omega$, 则存在函数 $\eta \in C_c^\infty(\Omega)$ 使得

$$\begin{cases} 0 \leqslant \eta(x) \leqslant 1, & x \in \Omega, \\ \eta(x) = 1, & x \in \Omega', \\ |D^\alpha \eta| \leqslant \dfrac{C}{(\text{dist}(\Omega', \partial\Omega))^{|\alpha|}}, & x \in \Omega, \end{cases}$$

其中, C 仅依赖于 Ω 的体积, 不依赖于 η 和 $\text{dist}(\Omega', \partial\Omega)$.

证明　由于 Ω' 为开集, $\partial\Omega$ 为闭集, $d = \text{dist}(\Omega', \partial\Omega) > 0$. 取开集 $\Omega_1 = \left\{ x \in \mathbb{R}^N : \text{dist}(x, \Omega') < \dfrac{d}{3} \right\}, \Omega_2 = \left\{ x \in \mathbb{R}^N : \text{dist}(x, \Omega') < \dfrac{2d}{3} \right\}$, 则有关系 $\Omega' \subset\subset \Omega_1 \subset\subset \Omega_2 \subset\subset \Omega$. 取 $\rho(x)$ 为光滑子, 取 $\varepsilon = \dfrac{d}{3}$, 并对 $\chi_{\Omega_1}(x)$ 进行磨光, 令 $\eta(x) = \rho_\varepsilon \star \chi_{\Omega_1}(x) = \displaystyle\int_{\mathbb{R}^N} \rho_\varepsilon(y) \chi_{\Omega_1}(x - y) dy$, 则利用定理 3.29 卷积的正则性作用可得 $\eta(x) \in C^\infty$. 另外 $\text{supp}\, \eta(x) \subset \overline{B(0, \varepsilon)} + \overline{\Omega_1} \subset\subset \Omega_2$, 根据定理 3.24 可得 $\|\eta\|_\infty = 1 \Rightarrow 0 \leqslant \eta(x) \leqslant 1, x \in \Omega$. 当 $x \in \Omega'$ 时, 由于 $\text{dist}(\Omega', \partial\Omega_1) = \dfrac{d}{3} = \varepsilon$, 可知当 $|y| < \varepsilon$ 时, $x - y \in \Omega_1$, 所以

$$\eta(x) = \int_{\mathbb{R}^N} \rho_\varepsilon(y) \chi_{\Omega_1}(x - y) dy = \int_{B(0, \varepsilon)} \rho_\varepsilon(y) \chi_{\Omega_1}(x - y) dy = \int_{B(0, \varepsilon)} \rho_\varepsilon(y) dy = 1.$$

类似地, 当 $x \notin \Omega_2$ 时, 对于 $|y| < \varepsilon$, 由于 $\text{dist}(\Omega_1, \partial\Omega_2) = \dfrac{d}{3} = \varepsilon$, 可得 $x - y \notin \Omega_1$, 从而

$$\eta(x) = \int_{\mathbb{R}^N} \rho_\varepsilon(y) \chi_{\Omega_1}(x - y) dy = \int_{B(0, \varepsilon)} \rho_\varepsilon(y) \chi_{\Omega_1}(x - y) dy = \int_{B(0, \varepsilon)} \rho_\varepsilon(y) \cdot 0 \, dy = 0.$$

由 $\rho_\varepsilon(x) = \varepsilon^{-N}\rho(\frac{x}{\varepsilon})$ 可得 $D^\alpha\rho_\varepsilon = \varepsilon^{-|\alpha|}(D^\alpha\rho)_\varepsilon$，并再次利用定理3.29，则有

$$D^\alpha\eta(x) = D^\alpha(\rho_\varepsilon \star \chi_{\Omega_1})(x) = (D^\alpha\rho_\varepsilon) \star \chi_{\Omega_1}(x) = \varepsilon^{-|\alpha|}\big((D^\alpha\rho)_\varepsilon \star \chi_{\Omega_1}\big)(x),$$

因 此 $|D^\alpha\eta(x)| = \varepsilon^{-|\alpha|}\big|\big((D^\alpha\rho)_\varepsilon \star \chi_{\Omega_1}\big)(x)\big| \leqslant \varepsilon^{-|\alpha|}\|(D^\alpha\rho)_\varepsilon\|_\infty \|\chi_{\Omega_1}\|_1 \leqslant C(N,|\alpha|)d^{-|\alpha|}.$ □

4.3 单位分解

上一节讲到截断函数的作用是把整体问题局部化去研究，在 PDE 的研究中，我们还希望局部化后的结果还能整合而得到全局性结果. 为此需要借助另外一种手段，即所谓的单位分解.

定理 4.2： （$\mathbb{R}^N$ 中紧集的有限开覆盖的单位分解） K 为 $\mathbb{R}^N$ 中的紧集，$\{\Omega_i : i = 1, 2, \cdots, n\}$ 是 K 的一个有限开覆盖，则存在开集 $\Omega \supset K$ 和函数族 $\{\alpha_i(x) : i = 1, 2, \cdots, n\}$ 满足

（1） $\alpha_i(x) \in C_c^\infty(\Omega_i)$;

（2） $\alpha_i(x) \geqslant 0$，$\sum_{i=1}^n \alpha_i(x) = 1$，$x \in \Omega(\supset K)$,

称 $\alpha_1, \cdots, \alpha_n$ 为从属于 $\Omega_1, \cdots, \Omega_n$ 的单位分解.

注释 4.5： 为了保证（1）需要对 χ_{Ω_i} 做一个截断，但是又不能截得太小，因为还要保持在 K 上 $\sum_{i=1}^n \alpha_i(x) = 1$.

证明 记 $O = \bigcup_{i=1}^n \Omega_i$，则 $O \supset K$，而 O 为开集，K 为紧集，所以 $\mathrm{dist}(K, \partial\Omega) = d > 0$. 令 $\Omega = \{x : \mathrm{dist}(x, K) < \frac{d}{2}\}$，则有关系 $K \subset\subset \Omega \subset\subset O$. 做开球覆盖集 $\Lambda := \{B_{r(x)}(x) : x \in \Omega_i, i = 1, 2, \cdots, n, \overline{B_{r(x)}(x)} \subset \Omega_i\}$，则由于 $\Omega \subset\subset O$，可知 Λ 是 $\overline{\Omega}$ 的一个开覆盖. 又 $\overline{\Omega}$ 是一个紧集，所以可以找到有限子覆盖，记为 $\{B_j : j = 1, 2, \cdots, T\}$. 根据 Λ 的定义可知上面这些球都落在开集 Ω_i 中，因此可以对它们进行分类. 将含于 Ω_i 中的那些球 B_j 的并集记为 $\tilde{\Omega}_i, i = 1, 2, \cdots, n$. 则有 $\overline{\tilde{\Omega}_i} = \cup_{B_j \subset \Omega_i} \overline{B_j} \subset \Omega_i$ $(\because \overline{B_j} \subset \Omega_i)$ 以及 $\overline{\Omega} \subset \cup_{j=1}^T B_j = \cup_{i=1}^n \tilde{\Omega}_i$. 因此 $\tilde{\Omega}_i \subset\subset \Omega_i$，进而由上一节的命题4.3可知存在 $\beta_i \in C_c^\infty(\Omega_i)$ 使得 $0 \leqslant \beta_i \leqslant 1, \beta_i(x) = 1, \forall x \in \tilde{\Omega}_i, \beta_i(x) = 0, \forall x \notin \Omega_i$. 令

$$\alpha_1(x) = \beta_1(x),$$

$$\alpha_2(x) = (1 - \beta_1(x))\beta_2(x),$$

$$\cdots\cdots$$

$$\alpha_i(x) = [(1 - \beta_1(x))(1 - \beta_2(x)) \cdots (1 - \beta_{i-1}(x))]\beta_i(x),$$

$$\cdots\cdots$$

$$\alpha_n(x) = [(1 - \beta_1(x))(1 - \beta_2(x)) \cdots (1 - \beta_{n-1}(x))]\beta_n(x).$$

由此可得 $\operatorname{supp} \alpha_i(x) \subset \operatorname{supp} \beta_i(x) \subset\subset \Omega_i, 0 \leqslant \alpha_i(x) \leqslant 1, \forall i = 1, 2, \cdots, n.$ 特别地，$\forall x \in \Omega,$ 由于 $\overline{\Omega} \subset \bigcup_{i=1}^{n} \tilde{\Omega}_i,$ 有 $\prod_{i=1}^{n}(1 - \beta_i(x)) \equiv 0,\ x \in \Omega.$ 于是

$$
\begin{aligned}
\sum_{i=1}^{n} \alpha_i(x) =& \beta_1(x) + (1 - \beta_1(x))\beta_2(x) + \cdots + \\
& [(1 - \beta_1(x))(1 - \beta_2(x)) \cdots (1 - \beta_{n-1}(x))]\beta_n(x) \\
=& 1 - (1 - \beta_1(x)) + (1 - \beta_1(x))\beta_2(x) + \cdots + \\
& [(1 - \beta_1(x))(1 - \beta_2(x)) \cdots (1 - \beta_{n-1}(x))]\beta_n(x) \\
=& 1 - \prod_{i=1}^{n}(1 - \beta_i(x)) \equiv 1,\ x \in \Omega.
\end{aligned}
$$

$\square$

注释 4.6:

（1）回顾**加细**的定义：设集族 $\mathscr{A}$ 和 $\mathscr{B}$ 都是 X 的覆盖。如果 $\mathscr{A}$ 中的每个元素都包含于 $\mathscr{B}$ 的某一个元素中，则称 $\mathscr{A}$ 是 $\mathscr{B}$ 的一个加细.

（2）回顾**局部有限覆盖**的定义：X 是一个拓扑空间，$A \subset X$, 集族 $\mathscr{A}$ 是 A 的一个覆盖。如果对任意的 $x \in A$, 点 x 有一个邻域 U 仅与集族 $\mathscr{A}$ 中有限个元素有非空的交，即 $\{B \in \mathscr{A} \mid B \cap U \neq \emptyset\}$ 是一个有限集，则称 $\mathscr{A}$ 是集合 A 的一个局部有限覆盖.

（3）回顾**仿紧致空间**的定义：如果拓扑空间 X 的每一个开覆盖都有一个局部有限的开覆盖是它的加细，则称 X 为仿紧致空间.

（4）度量空间是仿紧致空间.

下面是一般化的单位分解定理.

定理 4.3:　（一般化的单位分解定理）　$\Omega \subset \mathbb{R}^N$ 为任意子集，Ξ 为 $\mathbb{R}^N$ 中 Ω 的一族开覆盖，即 $\Omega \subset \bigcup_{U \in \Xi} U$，则存在函数族 Ψ 满足下面一序列性质：

（1）$\forall \alpha \in \Psi, \alpha \in C_c^\infty(\mathbb{R}^N)$；

（2）$\forall \alpha \in \Psi, 0 \leqslant \alpha(x) \leqslant 1$；

（3）$\forall K \subset\subset \Omega$，在 Ψ 中只有有限多个 α 在 K 上的限制不恒为 0；

（4）$\forall \alpha \in \Psi, \exists U \in \Xi$ 使得 $\operatorname{supp} \alpha \subset U$；

（5）$\forall x \in \Omega$，都有 $\sum_{\alpha \in \Psi} \alpha(x) = 1$。

证明

（1）设 Ω 为紧集，则 $\exists M$, s.t. $\cup_{i=1}^M U_i \supset \Omega$，其中 $U_i \in \Xi$，所以可以取紧集 $\Omega_i \subset\subset U_i$ s.t. $\Omega \subset \cup_{i=1}^M \Omega_i$。将 χ_{Ω_i} 光滑化至 $g_i \in C_c^\infty(U_i)$，$g_i \geqslant 0$ 且 $g_i > 0, x \in \Omega_i$。令 $g = \sum_{i=1}^M g_i \Rightarrow g > 0, x \in \Omega$。构造 $h \in C^\infty(\mathbb{R}^N)$ s.t. $h = g, x \in \Omega$ 且 $h > 0, x \in \mathbb{R}^N$。令 $\Psi = \bigcup_{i=1}^M \{\alpha_i : \alpha_i = \frac{g_i}{h}\}$，注意到 $\operatorname{supp} \alpha_i = \operatorname{supp} g_i \subset U_i$，可见此时的 Ψ 满足结论的一系列要求。

（2）当 Ω 为开集时，令 $\Omega_i = B(0, i) \cap \overline{\Omega_{\frac{1}{i}}}$，其中，$\Omega_\varepsilon := \{x \in \Omega : \operatorname{dist}(x, \partial\Omega) > \varepsilon\}$，则可见 Ω_i 是紧的且 $\Omega = \cup_{i=1}^\infty \Omega_i = \cup_{i=1}^\infty (\Omega_{i+1}^o \backslash \overline{\Omega_{i-1}})$。令 $\Xi_i = \left\{ U \cap \{\Omega_{i+1}^o \backslash \overline{\Omega_{i-2}}\} : U \in \Xi \right\}$，上面出现的 $\Omega_0 = \Omega_{-1} = \Omega_{-2} = \varnothing$，则 $\{\Xi_i\}_{i=1}^\infty$ 是 Ω 的一个开覆盖，且 Ξ_i 为 $\Omega_i \backslash \Omega_{i-1}^o$ 的开覆盖。此时，利用 $\Omega_i \backslash \Omega_{i-1}^o$ 为紧集，根据（1）得出的结论可知存在 Ψ_i 是 $\Omega_i \backslash \Omega_{i-1}^o$ 从属于 Ξ_i 的单位分解。令 $S(x) = \sum_{i=1}^\infty \sum_{g \in \Psi_i} g(x) : x \in \Omega$，则上面级数求和中对每个固定的 x 来说都是有限项求和。我们构造

$$\Psi = \left\{ \alpha : \alpha(x) = \begin{cases} \dfrac{g(x)}{S(x)}, & g \in \Psi_i, x \in \Omega_i \backslash \Omega_{i-1}^o, \\ 0, & x \notin \Omega. \end{cases} \right\}$$

则 Ψ 是 Ω 从属于 Ξ 的单位分解。

（3）当 Ω 为任意集合时，对 $\tilde{\Omega} = \bigcup_{U \in \Xi} U$ 这个开集来使用（2），得到的 Ψ 自然也是 Ω 从属于 Ξ 的单位分解。　□

4.4　边界拉直

在PDE的研究中, 经常要涉及边值问题古典解，这个时候就需要涉及区域的光滑性. 边界的光滑性，通常通过边界的局部拉直按下面方式来定义.

定义 4.3：　$\Omega \subset \mathbb{R}^N$为有界区域，如果对任意的$x_0 \in \partial\Omega$, 均存在$x_0$的一个邻域$U$和一个属于$C^k$的可逆映射$\Psi : U \to B_1(0) = \{x \in \mathbb{R}^N : \|x\| < 1\}$, 使得

$$\Psi(U \cap \partial\Omega) = \partial B_1^+(0) \cap \{y \in \mathbb{R}^N : y_N = 0\},$$

则称$\partial\Omega$具有C^k光滑性，并记为$\partial\Omega \in C^k$。若$\Psi, \Psi^{-1} \in C^\infty$, 则$\partial\Omega \in C^\infty$.

注释 4.7：　此时可以发现，通过Ψ的作用，$\partial\Omega$被拉到了一个超平面上，称这个作用为边界拉直（平）. 对于很多问题，都是通过拉平之后去研究讨论一些性质，然后再逆变换回去原问题.

第 5 章　Sobolev 空间 $W^{k,p}(\Omega)$

5.1　弱导数（广义导数或者分布意义下的导数）

假设$u \in C^1(\Omega)$, 则对任意的$\varphi \in C_c^\infty(\Omega)$, 利用散度定理有

$$\int_\Omega u_{x_i} \cdot \varphi \mathrm{d}x + \int_\Omega \varphi_{x_i} \cdot u \mathrm{d}x = \int_\Omega \mathrm{div}(\varphi(0,\cdots,0,\underset{i}{u},0,\cdots,0)) = \int_{\partial\Omega} \varphi u e_i \cdot \overrightarrow{n} \mathrm{d}s = 0,$$

所以$\int_\Omega u_{x_i} \cdot \varphi \mathrm{d}x = -\int_\Omega u \cdot \varphi_{x_i} \mathrm{d}x, \forall \varphi \in C_c^\infty(\Omega)$. 以此类推, 则有

$$\int_\Omega D^\alpha u\, \varphi \mathrm{d}x = (-1)^{|\alpha|} \int_\Omega u D^\alpha \varphi \mathrm{d}x, \forall \varphi \in C_c^\infty(\Omega).$$

定义 5.1:　（弱导数的定义）　设$u, v \in L_{\mathrm{loc}}^1(\Omega), \alpha$ 是一个多重指标, 如果

$$\int_\Omega v\varphi \mathrm{d}x = (-1)^{|\alpha|} \int_\Omega u D^\alpha \varphi \mathrm{d}x, \forall \varphi \in C_c^\infty(\Omega),$$

则称v 是u的弱导数, 记为$v = D^\alpha u$　(in Ω).

推论 5.1:　（广义性——推广了经典意义下的导数定义）　如果$u \in C^m(\Omega)$, 则$\forall \alpha \in Z_N, |\alpha| \leqslant m$, 广义导数

$$D^\alpha u = \frac{\partial^{|\alpha|} u}{\partial x_1^{\alpha_1} \cdots \partial x_N^{\alpha_N}}, \quad (\alpha = (\alpha_1, \cdots, \alpha_N)),$$

其中, 右边是经典意义下的导数.

推论 5.2:　（唯一性）　$v_i = D^\alpha u, \quad (i = 1, 2) \Rightarrow v_1 = v_2$ a.e. on Ω.

证明　根据定义可得 $\int_\Omega (v_1 - v_2)\varphi \mathrm{d}x = 0, \ \forall \varphi \in C_c^\infty(\Omega)$. 于是由推论3.3可得 $v_1 - v_2 = 0$ a.e. on Ω.　□

例 5.1:　设$u(x) = |x|, x \in (-1, 1) \equiv \Omega$, 求$D^1 u$.

证明　$\forall \varphi \in C_c^\infty(\Omega)$,

$$\int_{-1}^1 u(x) D^1 \varphi = \int_{-1}^1 |x|\varphi'(x)\mathrm{d}x = \int_{-1}^0 |x|\varphi'(x)\mathrm{d}x + \int_0^1 x\varphi'(x)\mathrm{d}x$$

$$= -\int_{-1}^{0} x\varphi'(x)\mathrm{d}x + \int_{0}^{1} x\varphi'(x)\mathrm{d}x$$

$$= -\left[x\varphi(x)\big|_{-1}^{0} - \int_{-1}^{0}\varphi(x)\mathrm{d}x\right] + \left[x\varphi(x)\big|_{0}^{1} - \int_{0}^{1}\varphi(x)\mathrm{d}x\right]$$

$$= \int_{-1}^{0}\varphi(x)\mathrm{d}x - \int_{0}^{1}\varphi(x)\mathrm{d}x = -\int_{-1}^{1} v(x)\varphi(x)\mathrm{d}x,$$

其中

$$v(x) = \begin{cases} -1, & -1 < x < 0, \\ \text{可以取任意值，} & x = 0, \\ 1, & 0 < x < 1, \end{cases}$$

也就是弱导数 $D^1 u$. $\qquad\qquad\square$

例 5.2：　设 $a \neq 0, H_a^b(x) = \begin{cases} a, & x \geqslant b, \\ 0, & x < b. \end{cases}$ 研究其广义导函数.

证明　$\forall \varphi \in C_c^\infty(\mathbb{R}), \int_{\mathbb{R}} H_a^b(x)\varphi'(x)\mathrm{d}x = \int_{b}^{+\infty} a\varphi'(x)\mathrm{d}x = -a\varphi(b)$. 因此它的广义导数存在当且仅当 $\exists v \in L_{\mathrm{loc}}^1(\mathbb{R}), a\varphi(b) = \int_{\mathbb{R}} v\varphi\mathrm{d}x$. 可以找到一序列 $\varphi_m \in C_c^\infty(\mathbb{R})$ 满足 $\varphi_m(b) = 1, |\mathrm{supp}\ \varphi_m| \to 0$ 且 $\|\varphi_m\|_\infty \leqslant C, \forall m$, 则有 $0 \neq a \equiv a\varphi_m(b) = \int_{\mathbb{R}} v\varphi_m\mathrm{d}x \to 0$, 所以不存在弱导数. $\qquad\square$

注释 5.1：

$$D^{e_i}|x| = \begin{cases} \dfrac{x_i}{|x|}, & x_i > 0, \\ \text{任意值，} & x_i = 0, \\ -\dfrac{x_i}{|x|}, & x_i < 0. \end{cases}$$

5.2　Sobolev空间的定义和基本性质

设 $\Omega \subset \mathbb{R}^N$ 为开集, $k \in \mathbb{N}, 1 \leqslant p \leqslant \infty$.

定义 5.2： （**Sobolev 空间** $W^{k,p}(\Omega)$ **的定义**）

$$W^{k,p}(\Omega) = \left\{ v \in L^p(\Omega) : \forall \alpha \in Z_N, |\alpha| \leqslant k, \text{弱导数 } D^\alpha u \in L^p(\Omega) \right\}$$

称为Sobolev 空间.（验证 $W^{k,p}(\Omega)$ 是一个线性空间.）

这个也称为Sobolev空间的第一逼近.

定理 5.1： （**弱导数的基本性质**）　设 $p \geqslant 1, k \in \mathbb{N}, \alpha \in Z_N, |\alpha| \leqslant k, \forall u, v \in W^{k,p}(\Omega)$, 则

（1）$D^\alpha u \in W^{k-|\alpha|,p}(\Omega)$ 且 $\forall \beta \in Z_N, |\beta| < k - |\alpha|$ 均有 $D^\beta(D^\alpha u) = D^\alpha(D^\beta u) = D^{\alpha+\beta}u$;

（2）$\forall \lambda_i \in \mathbb{R}, \lambda_1 u + \lambda_2 v \in W^{k,p}(\Omega)$;

（3）$\forall \Omega_1 \subset \Omega, u \in W^{k,p}(\Omega_1)$;

（4）若 $\xi \in C_c^\infty(\Omega)$, 则 $\xi u \in W^{k,p}(\Omega)$ 且

$$D^\alpha(\xi u) = \sum_{\beta \leqslant \alpha} \binom{\alpha}{\beta} D^\beta \xi D^{\alpha-\beta} u \quad \text{（莱布尼茨公式）},$$

这里的 $\beta \leqslant \alpha$ 是指 $\beta_i \leqslant \alpha_i, \forall i = 1, 2, \cdots, N$, 以及 $\binom{\alpha}{\beta} = \dfrac{\alpha!}{\beta!(\alpha-\beta)!}$, 其中 $\alpha! = \alpha_1! \alpha_2! \cdots \alpha_N!$.

证明　从定义出发，比较简单，留作练习. □

定义 5.3： （**Sobolev 范数**）　对任意的 $u \in W^{k,p}(\Omega)$, 定义

$$\|u\|_{k,p}(= \|u\|_{k,p,\Omega}) := \left(\sum_{0 \leqslant |\alpha| \leqslant k} \|D^\alpha u\|_p^p \right)^{\frac{1}{p}}, \ 1 \leqslant p < \infty, \tag{5-1}$$

$$\|u\|_{k,\infty} := \max_{0 \leqslant |\alpha| \leqslant k} \|D^\alpha u\|_\infty. \tag{5-2}$$

可称之为Sobolev 范数.（验证它是一个范数，逐一验证非负性及非退化性、齐次性、三角不等式.）

注释 5.2:

（1）有时候为了强调积分区域的不同会对范数$\|u\|_{k,p}$采取记号$\|u\|_{k,p,\Omega}$.

（2）考虑Sobolev空间 $W_0^{k,p}(\Omega)$ 时有些教材会把范数定义为

$$\|u\|_{k,p} = \left(\|u\|_p^p + \sum_{|\alpha|=k} \|D^\alpha u\|_p^p \right)^{\frac{1}{p}}.$$

实际上这两种不同形式定义出来的范数是等价的，这个在后面学习了中间导数的内插不等式之后就会清楚，见第5.5.2小节的定理5.10.

（3）一些教材也会把范数定义为

$$\|u\|_{k,p} = \sum_{0 \leqslant |\alpha| \leqslant k} \|D^\alpha u\|_p.$$

容易验证它跟式(5-1)中所定义的范数是等价的. 一些教材为了方便会把上式记为

$$\|u\|_{k,p} = \|u\|_{L^p} + \sum_{m=1}^{k} \|\nabla^m u\|_{L^p},$$

其中，$\nabla^m u$ 表示这样的$\partial^\alpha u, |\alpha| = m$ 所构成的向量. 在后面的学习中，为了便利，也会采用这种记号.

定理 5.2:　Sobolev 空间 $W^{k,p}(\Omega)$ 装备范数$\| \cdot \|_{k,p}$ 是一个Banach空间.

证明　证明它完备即可. 假设$1 \leqslant p < \infty$, 考虑$\{u_n\} \subset W^{k,p}(\Omega)$ 是一个Cauchy列，即 $\lim\limits_{m,n\to\infty} \|u_n - u_m\|_{k,p} = 0$, 则对任意的$0 \leqslant |\alpha| \leqslant k$, $\{D^\alpha u_n\}$ 都是$L^p(\Omega)$ 中的一个Cauchy列. 因此由$L^p(\Omega)$ 的完备性，可知存在$u, u_\alpha \in L^p(\Omega), 0 \leqslant |\alpha| \leqslant k$ 使得在$L^p(\Omega)$中 $u_n \to u, D^\alpha u_n \to u_\alpha$. 由于$L^p(\Omega) \subset L^1_{\mathrm{loc}}(\Omega)$, 所以每个$u_n$都对应着广义函数空间中的某个分布$T_{u_n} \in \mathscr{D}'(\Omega)$ 使得对任意的$\varphi \in C_c^\infty(\Omega)$, 都有

$$|T_{u_n}(\varphi) - T_u(\varphi)| \leqslant \int_\Omega |u_n(x) - u(x)||\varphi(x)|\mathrm{d}x \leqslant \|\varphi\|_{p'}\|u_n - u\|_p,$$

其中最后一步用到了Hölder不等式. 因此对任意的$\varphi \in \mathscr{D}(\Omega)$ 都有，当$n \to \infty$时，$T_{u_n}(\varphi) \to T_u(\varphi)$. 类似地，我们可以证明对任意的$\varphi \in \mathscr{D}(\Omega)$, 当$n \to \infty$时，$T_{D^\alpha u_n}(\varphi) \to T_{u_\alpha}(\varphi)$. 因此 $T_{u_\alpha}(\varphi) = \lim\limits_{n\to\infty} T_{D^\alpha u_n}(\varphi) = \lim\limits_{n\to\infty} (-1)^{|\alpha|} T_{u_n}(D^\alpha \varphi) =$

$(-1)^{|\alpha|} T_u(D^\alpha \varphi)$. 故对于 $0 \leqslant |\alpha| \leqslant m$ 在分布意义下有 $u_\alpha = D^\alpha u$, 则 $u \in W^{k,p}(\Omega)$ 并且 $\lim\limits_{n \to \infty} \|u_n - u\|_{k,p} = 0$, 所以 $(W^{k,p}(\Omega), \|\cdot\|_{k,p})$ 是一个Banach空间.

$p = \infty$ 留作习题. □

注释 5.3:　除了上面提到的Sobolev 空间$W^{k,p}(\Omega)$, 我们还关心下面几个空间:

（1）　$H^{k,p}(\Omega) \equiv \{u \in C^k(\Omega) : \|u\|_{k,p} < \infty\}$ 关于范数$\|u\|_{k,p}$ 的完备化, 它是一个Banach空间;

（2）　$W_0^{k,p}(\Omega) \equiv C_c^\infty(\Omega)$ 在$W^{k,p}(\Omega)$中的闭包 $= \{u \in W^{k,p}(\Omega) : \exists \{u_n\} \subset C_c^\infty(\Omega) \text{ s.t. } u_n \to u \text{ in } W^{k,p}(\Omega)\}$, 它也是一个Banach空间;

（3）　当$p = 2$时, $L^2(\Omega)$ 是一个Hilbert 空间, 此时通常记

$$H^k(\Omega) = W^{k,2}(\Omega), \quad (k = 0, 1, 2, \cdots),$$

其中它的内积定义为 $\langle u, v \rangle_k := \sum\limits_{0 \leqslant |\alpha| \leqslant k} \langle D^\alpha u, D^\alpha v \rangle$, $\langle u, v \rangle = \int_\Omega u(x)\overline{v(x)}\mathrm{d}x$ 为$L^2(\Omega)$中的内积. 此时特别地, $\langle u, u \rangle_k^{\frac{1}{2}} = \|u\|_{k,2}$.

（4）　$H_0^k(\Omega)$ 也是Hilbert 空间.

前面讲过弱导数实际上是经典偏导数的一个推广, 所以当经典偏导数存在的时候, 弱导数其实就是经典意义下的偏导数. 因此 $S = \{u \in C^k(\Omega) : \|u\|_{k,p} < \infty\}$ 是$W^{k,p}(\Omega)$的一个线性子空间. 上面的$H^{k,p}(\Omega)$ 即S关于范数$\|\cdot\|_{k,p}$ 的完备化. 由于 $W^{k,p}(\Omega)$ 是一个Banach空间, 所以S上的恒等算子定义了$H^{k,p}(\Omega)$ 到S在$W^{k,p}(\Omega)$ 中的闭包之间的一个等距同构映射. 因此可以自然地把$H^{k,p}(\Omega)$跟这个闭包看作是一样的, 这样就得到下面结论.

推论 5.3:　$H^{k,p}(\Omega) \hookrightarrow W^{k,p}(\Omega)$.

另外还有下面的嵌入关系.

推论 5.4:　$W_0^{k,p}(\Omega) \hookrightarrow W^{k,p}(\Omega) \hookrightarrow L^p(\Omega)$.

满足$\alpha \in Z_N, |\alpha| \leqslant k$的多重指标$\alpha$ 只有有限多个, 记总数为 $M = M(k, N)$. 考虑笛卡儿积空间

$$L_M^p(\Omega) := \prod_{j=1}^M L^p(\Omega)$$

并且在上面装备范数

$$\begin{cases} \|u\|_{(p)} := \left(\sum_{j=1}^{M} \|u_j\|_p^p\right)^{\frac{1}{p}}, & 1 \leqslant p < \infty, \\ \|u\|_{(\infty)} = \max_{1 \leqslant j \leqslant M} \|u_j\|_\infty, & p = \infty. \end{cases}$$

则根据定理2.65 可知 $L_M^p(\Omega)$ 是一个Banach空间。在此特别地回顾之前学习了 $L^p(\Omega)$ 的性质：

	自反	可分	一致凸	对偶空间
$L^p, 1 < p < \infty$	是	是	是	$L^{p'}$
L^1	不是	是	不是	L^∞
L^∞	不是	不是	不是	严格大于L^1，是一个紧拓扑空间上的Radon 测度

于是利用定理2.65可得 $L_M^p(\Omega)$ 具备下面性质：

	自反	可分	一致凸
$L_M^p(\Omega), 1 < p < \infty$	是	是	是
$L_M^1(\Omega)$	不是	是	不是
$L_M^\infty(\Omega)$	不是	不是	不是

现在考虑映射 $P : W^{k,p}(\Omega) \to L_M^p(\Omega)$，当指定了指标 α 与 $1 \leqslant j \leqslant M = M(k, N)$ 之间的对应关系之后，可以定义 $Pu = (D^\alpha u)_{0 \leqslant |\alpha| \leqslant k}$，可见每一个 $u \in W^{k,p}(\Omega)$，通过P都跟$L_M^p(\Omega)$中的一个向量联系了起来. 因为 $\|Pu; L_M^p\| = \|u\|_{k,p}$，所以$P$是$W^{k,p}(\Omega)$到$L_M^p(\Omega)$ 的一个子空间（记为W）的一个等距同构映射. 由于$W^{k,p}(\Omega)$ 是完备的，因此W是$L_M^p(\Omega)$的一个闭线性子空间. 因此由闭子空间遗传性质可得出下面结论：

	自反	可分	一致凸
$W, 1 < p < \infty$	是	是	是
$W, p = 1$	不是	是	不是
$W, p = \infty$	不是	不是	不是

然后利用 P 是一个同构映射，可得 $W^{k,p}(\Omega) = P^{-1}(W)$,同样具备上面的性质：

	自反	可分	一致凸
$W^{k,p}(\Omega), 1 < p < \infty$	是	是	是
$W^{k,1}(\Omega)$	不是	是	不是
$W^{k,\infty}(\Omega)$	不是	不是	不是

例 5.3：　考虑外区域 $\Omega := \left\{ x \in \mathbb{R}^N : \|x\| > 1 \right\}$,令

$$u(x) = \begin{cases} 1 - \|x\|^{2-N}, & N \geqslant 3, \\ \log \|x\|, & N = 2. \end{cases}$$

（1）证明 u 是下面 Dirichlet 问题的经典解

$$\begin{cases} \Delta u = 0, & x \in \Omega, \\ u = 0, & x \in \partial\Omega. \end{cases}$$

（2）证明 $u \in L^q_{\mathrm{loc}}(\Omega), \forall 1 \leqslant q < \infty$, 但是 $u \notin L^q(\Omega), \forall 1 \leqslant q < \infty$.

（3）证明 $\nabla u \in L^p\left(\Omega; \mathbb{R}^N\right), \forall \frac{N}{N-1} < p < \infty$.

（4）证明 $\dfrac{\partial^2 u}{\partial x_1 \partial x_j} \in L^p(\Omega), \forall 1 < p < \infty$.

5.3　对偶性，空间 $W^{-m,p'}(\Omega)$

同上一节，$\Omega, k, p, M = M(k, p)$ 都固定，仍沿用 $L^p_M(\Omega), W$ 空间的记号，以及 P 映射记号. 还定义 $\langle u, v \rangle = \displaystyle\int_\Omega uv\mathrm{d}x$ 使之右端对一切有意义的 u, v 有定义. 对于 p, p' 总表示它的共轭指数

$$p' = \begin{cases} \infty, & p = 1, \\ \frac{p}{p-1}, & 1 < p < \infty, \\ 1, & p = \infty. \end{cases}$$

引理 5.1：　（乘积空间中 **Riesz** 表示定理）　设 $1 \leqslant p < \infty$, 对每一个 $L \in (L^p_M(\Omega))'$, 存在唯一的 $v \in L^{p'}_M(\Omega)$ 与之相对应，使得对任意的 $u \in L^p_M(\Omega)$, 都

有 $L(u) = \sum_{j=1}^{M} \langle u_j, v_j \rangle$. 特别地， $\|L; (L_M^p(\Omega))'\| = \|v; L_M^{p'}(\Omega)\|$. 因此 $(L_M^p(\Omega))' \cong L_M^{p'}(\Omega)$.

证明 $\forall L \in (L_M^p(\Omega))'$, 考虑 $w = (w_1, w_2, \cdots, w_M) \in L_M^p(\Omega)$, 则有 $w_j \in L^p(\Omega), \forall j = 1, 2, \cdots, M$. 考虑将$L$ 在 X_j 上的限制记为L_j, 则

$$Lw = \sum_{j=1}^{M} L(0, \cdots, w_j, 0, \cdots, 0) = \sum_{j=1}^{M} L_j w_j.$$

可见$L_j \in (L^p(\Omega))' = L^{p'}(\Omega)$, 根据Riesz表示定理可知存在唯一的$v_j \in L^{p'}(\Omega)$ 与L_j 相对应使得

$$L_j u = \langle v_j, u \rangle = \int_{\Omega} v_j u \mathrm{d}x, \forall u \in L^p(\Omega).$$

于是存在唯一的$v = (v_1, \cdots, v_M) \in L_M^{p'}(\Omega)$ 使得它与L 相对应并且 $L(u) = \sum_{j=1}^{M} \langle v_j, u_j \rangle$, 于是有

$$|L(u)| \leqslant \sum_{j=1}^{M} \|v_j\|_{p'} \|u_j\|_p \leqslant \|v; L_M^{p'}(\Omega)\| \, \|u; L_M^p(\Omega)\|,$$

其中最后一步用到有限和版本的Hölder不等式. 因此有 $\|L; (L_M^p(\Omega))'\| \leqslant \|v; L_M^{p'}(\Omega)\|$.

反过来，当$1 < p < \infty$ 时，考虑

$$u_j(x) = \begin{cases} |v_j|^{p'-2} \overline{v_j(x)}, & v_j(x) \neq 0, \\ 0, & v_j(x) = 0, \end{cases}$$

则可见这样构造的$u \in L_M^p(\Omega)$. 此时有 $L(u) = \sum_{j=1}^{M} \int_{\Omega} |v_j|^{p'} \mathrm{d}x = \|v; L_M^{p'}(\Omega)\|^{p'}$, 而 $\|u; L_M^p(\Omega)\| = \|v; L_M^{p'}(\Omega)\|^{\frac{p'}{p}}$, 可见 $\|L; (L_M^p(\Omega))'\| \geqslant \|v; L_M^{p'}(\Omega)\|$, 综合起来可得 $\|L; (L_M^p(\Omega))'\| = \|v; L_M^{p'}(\Omega)\|$.

对于$p = 1$ 时，选择k 使得 $\|v_k\|_\infty = \max_{1 \leqslant j \leqslant M} \|v_j\|_\infty$, 根据本性上界的定义可知，对任意的$\varepsilon > 0$, 总能找到$\Omega$的某个可测子集 A 使得$0 < |A| < \infty$ 并且

对 $\forall x \in A$, 都有 $|v_k(x)| \geqslant \|v_k\|_\infty - \varepsilon > 0$. 构造 $u(x) = (0, \cdots, 0, u_k(x), 0, \cdots, 0)$, 其中

$$u_k(x) = \begin{cases} \dfrac{\overline{v_k(x)}}{|v_k(x)|}, & x \in A, \\ 0, & \text{其他点处}, \end{cases}$$

则此时构造出来的 $u(x) \in L_M^1(\Omega)$, 并且

$$Lu = \langle u_k, v_k \rangle = \int_\Omega |v_k| \mathrm{d}x \geqslant (\|v_k\|_\infty - \varepsilon)|A|$$

$$= (\|v_k\|_\infty - \varepsilon)\|u_k\|_1 = (\|v_k\|_\infty - \varepsilon)\|u; L_M^1(\Omega)\|,$$

可见 $\|L; (L_M^1(\Omega))'\| \geqslant \|v_k\|_\infty - \varepsilon = \max\limits_{1 \leqslant j \leqslant M} \|v_j\|_\infty - \varepsilon$. 由 ε 的任意性可得 $\|L; (L_M^1(\Omega))'\| \geqslant \max\limits_{1 \leqslant j \leqslant M} \|v_j\|_\infty = \|v; L_M^\infty(\Omega)\|$, 所以此时综合起来同样可得 $\|L; (L_M^1(\Omega))'\| = \max\limits_{1 \leqslant j \leqslant M} \|v_j\|_\infty = \|v; L_M^\infty(\Omega)\|$. 至此, 由 Riesz 表示定理得到了一个等距同构映射, 因此 $(L_M^p(\Omega))' \cong L_M^{p'}(\Omega)$. $\qquad\square$

前面讲了 $W^{k,p}(\Omega)$ 同构于 $L_M^p(\Omega)$ 的一个闭子空间 W, 所以自然地, 对偶空间 $W^{k,p}(\Omega)'$ 也同构于 W'. 而对于子空间 W 上的有界线性算子, 利用 Hahn-Banach 延拓定理可知, W' 中的元素可以延拓到整个空间 $L_M^p(\Omega)$ 的有界线性算子, 即 W' 可以当作 $L_M^{p'}(\Omega)$ 中的子空间, 从而 W' 中的元素也可以具备上面的表示形式, 因此可得下面定理.

定理 5.3: （**Sobolev 空间 $W^{k,p}(\Omega)$ 的对偶**） 设 $1 \leqslant p < \infty$, 对每个 $L \in (W^{k,p}(\Omega))'$, 存在一个元素 $v \in L_M^{p'}(\Omega)$ 使得把向量 v 写成 $(v_\alpha)_{0 \leqslant |\alpha| \leqslant k}$ 的形式时, 对一切的 $u \in W^{k,p}(\Omega)$, 都有

$$Lu = \sum_{0 \leqslant |\alpha| \leqslant k} \langle D^\alpha u, v_\alpha \rangle, \tag{5-3}$$

而且

$$\|L; (W^{k,p}(\Omega))'\| = \inf \| v; L_M^{p'}(\Omega)\| = \min \| v; L_M^{p'}(\Omega)\|. \tag{5-4}$$

其中上面的 inf 是针对所有符合上面要求的 v 的集合来取, min 表示的是这个下确界一定是可达的, 即保范连续延拓的存在性.

注释 5.4:　注意Hahn-Banach延拓定理只是提供了上面 v 的存在性，因为有些时候这种连续延拓可能不唯一，这样就需要处理上面提到的对满足这样的 v 的集合上取下确界了. 但是至少在 $1 < p < \infty$ 时，可得 $1 < p' < \infty$，根据之前学习的知识可知 $L^{p'}(\Omega)$ 是一致凸的，从而可得 $L_M^{p'}(\Omega)$ 是一致凸的，进而是严格凸的. 故 W' 保范连续延拓到 $(L_M^p(\Omega))' \cong L_M^{p'}(\Omega)$ 上是唯一确定的（见定理2.47）.

证明　引入线性泛函 L^*

$$L^*(Pu) = L(u), \forall u \in W^{k,p}(\Omega),$$

其中，P 同之前引入定义一样，它是 $W^{k,p}(\Omega)$ 和 $L_M^p(\Omega)$ 的闭子空间 W 之间的等距同构. 因此由 P 的等距同构性质可得 $L^* \in W'$ 并且根据算子范数定义可得 $\|L^*; W'\| = \|L; (W^{k,p}(\Omega))'\|$. 由Hahn-Banach延拓定理（见定理2.40）可知存在 L^* 的保范连续延拓 $\hat{L} \in (L_M^p(\Omega))'$. 这样利用引理5.1可知存在唯一的 $v \in L_M^{p'}(\Omega)$ 与 $\hat{L}$ 对应（**所以此时可见满足的 v 是否唯一，依赖于延拓 $\hat{L}$ 是否唯一**），使得

$$\hat{L}(u) = \sum_{0 \leqslant |\alpha| \leqslant k} \langle u_\alpha, v_\alpha \rangle.$$

因此，对于 $u \in W^{k,p}(\Omega)$，可得 $L(u) = L^*(Pu) = \hat{L}(Pu) = \sum_{0 \leqslant |\alpha| \leqslant k} \langle D^\alpha u, v_\alpha \rangle$. 特别地，$\|L; (W^{k,p}(\Omega))'\| = \|L^*; W'\| = \|\hat{L}; (L_M^p(\Omega))'\| = \|v; L_M^{p'}(\Omega)\|$.

注意连续延拓后的范数绝对不会小于原来的范数，定理中最后式子等号能取到的原因本质上是由定理2.40中得出保范连续延拓的存在性.　□

当 $1 \leqslant p < \infty$ 时前面学习过了 $C_c^\infty(\Omega)$ 的稠密性，对应地可知 $C_c^\infty(\Omega)$ 按照 $\|\cdot\|_{k,p}$ 范数意义下的完备化即 $W_0^{k,p}(\Omega)$，后面也将深入学习它的光滑逼近理论. 这样的话，对于广义函数 $T \in \mathscr{D}'(\Omega)$，它是作用在 $C_c^\infty(\Omega)$ 上的，则延拓至 $W^{k,p}(\Omega)$ 可得 $(W^{k,p}(\Omega))'$ 中的元素. 根据稠密性可以断定反过来对任意的 $L \in (W^{k,p}(\Omega))'$，则 L 在迹0空间 $W_0^{k,p}(\Omega)$ 上的限制 $L|_{W_0^{k,p}(\Omega)} \in (W_0^{k,p}(\Omega))'$，所以 L 应该也由是某个 $T \in \mathscr{D}'(\Omega)$ 延拓到 $W^{k,p}(\Omega)$ 得来的，即下面的结论.

定理 5.4:　$1 \leqslant p < \infty, \forall L \in (W^{k,p}(\Omega))'$，则存在一个广义函数 $T \in \mathscr{D}'(\Omega)$ 使得 L 为 T 在 $W^{k,p}(\Omega)$ 上的延拓.

证明　假设 $L \in (W^{k,p}(\Omega))'$ 由某个 $v \in L_M^{p'}(\Omega)$ 以式(5-3)关系给出。定义 $T_{v_\alpha} \in \mathscr{D}'(\Omega), 0 \leqslant |\alpha| \leqslant k$

$$T_{v_\alpha}(\phi) = \langle \phi, v_\alpha \rangle, \forall \phi \in \mathscr{D}(\Omega) = C_c^\infty(\Omega).$$

再定义

$$T = \sum_{0 \leqslant |\alpha| \leqslant k} (-1)^{|\alpha|} T_{D^\alpha v_\alpha}, \tag{5-5}$$

此时，$T \in \mathscr{D}'(\Omega)$，并且对任意的 $\phi \in \mathscr{D}(\Omega) \subset W^{k,p}(\Omega)$，有

$$T(\phi) = \sum_{0 \leqslant |\alpha| \leqslant k} (-1)^{|\alpha|} T_{D^\alpha v_\alpha}(\phi) = \sum_{0 \leqslant |\alpha| \leqslant k} (-1)^{|\alpha|} \langle \phi, D^\alpha v_\alpha \rangle$$

$$= \sum_{0 \leqslant |\alpha| \leqslant k} \langle D^\alpha \phi, v_\alpha \rangle = L(\phi),$$

所以 L 显然是 T 的一个延拓。特别地，由 Hahn-Banach 保范延拓定理可知，存在延拓 L 使得 $\|L; (W^{k,p}(\Omega))'\| = \min\{\|v; L_M^{p'}(\Omega)\| : L$ 延拓了由式(5-3)给出来的 $T\}$。　□

注释 5.5：　对于 $L \in (W_0^{k,p}(\Omega))'$ 来说，上面的结论同样成立，因为任何这样的一个泛函，都存在着一个到 $W^{k,p}(\Omega)$ 上的保范延拓。如果仅仅考虑连续延拓（不要求保范），则通常 T 延拓到 $W^{k,p}(\Omega)$ 上对应的 L 可能不是唯一的。引入一个空间

$$X := \{T = \sum_{0 \leqslant |\alpha| \leqslant k} (-1)^{|\alpha|} T_{D^\alpha v_\alpha} : v \in L_M^{p'}(\Omega)\},$$

则 X 是 $\mathscr{D}'(\Omega)$ 的一个线性子空间，在上面考虑范数

$$\|T\| = \inf\{\|v; L_M^{p'}(\Omega)\| : v 满足关系 T = \sum_{0 \leqslant |\alpha| \leqslant k} (-1)^{|\alpha|} T_{D^\alpha v_\alpha}\}.$$

（即相当于这个关系是一个等价类，X 相当于是 $L_M^{p'}(\Omega)$ 的一个商空间，也就是下面我们将用到的空间记号 $W^{-k,p'}(\Omega)$）。下面等距同构定理表明了 T 延拓到 $(W_0^{k,p}(\Omega))'$ 是唯一的（不唯一则不是同构了）。

定理 5.5：　X 在上面范数意义下是一个 Banach 空间，并且对偶空间 $(W_0^{k,p}(\Omega))'$ 与它等距同构。

证明　事实上对于 $T \in \mathscr{D}'(\Omega)$, 它本来只作用在 $C_c^\infty(\Omega)$ 上，连续延拓到 $W_0^{k,p}(\Omega)$ 上的存在性已经由上面定理给出. 所以下面只需证明唯一性，有了唯一性即可定义双射，结合保范可得该映射自然是一个等距同构映射.

为了证明这点，对任意的 $u \in W_0^{k,p}(\Omega)$, 令 $\{\phi_n\} \subset C_c^\infty(\Omega)$ 使得 $\phi_n \to u$ in $W_0^{k,p}(\Omega)$, 于是

$$|T(\phi_m) - T(\phi_n)| = \left| \sum_{0 \leqslant |\alpha| \leqslant k} T_{v_\alpha}(D^\alpha \phi_m - D^\alpha \phi_n) \right| \leqslant \sum_{0 \leqslant |\alpha| \leqslant k} \left| T_{v_\alpha}(D^\alpha \phi_m - D^\alpha \phi_n) \right|$$

$$\leqslant \sum_{0 \leqslant |\alpha| \leqslant k} \|D^\alpha(\phi_m - \phi_n)\|_p \|v_\alpha\|_{p'} \leqslant \|\phi_m - \phi_n\|_{k,p} \|v; L_M^{p'}(\Omega)\| \to 0 \text{ as } m, n \to \infty.$$

因此 $\{T(\phi_n)\}$ 是 $\mathbb{K}$ 上的一个 Cauchy 列，因此它收敛，根据连续性定义极限为 $L(u)$. 可以证明这个定义是好的，也就是说它不依赖于 Cauchy 列的选取，事实上假设有另外一个序列 $\{\psi_n\} \subset C_c^\infty(\Omega), \psi_n \to u$ in $W_0^{k,p}(\Omega)$, 则可得 $T(\phi_n) - T(\psi_n) \to 0$ as $n \to \infty$. 同时这样定义下来的 L 显然是线性并且连续的，从而 $L \in (W_0^{k,p}(\Omega))'$. 事实上如果 $u = \lim\limits_{n\to\infty} \phi_n$, 则有

$$|L(u)| = \lim_{n\to\infty} |T(\phi_n)| \leqslant \lim_{n\to\infty} \|\phi_n\|_{k,p} \|v; L_M^{p'}(\Omega)\| = \|u\|_{k,p} \|v; L_M^{p'}(\Omega)\|.$$

根据 u 的任意性可知这种连续延拓是完全唯一确定下来的.　　　　□

注释 5.6:　一般来说 $W_0^{k,p}(\Omega)$ 是 $W^{k,p}(\Omega)$ 的真子空间，不能期待 $(W^{k,p}(\Omega))'$ 也有这么好的表示. 什么时候它们会相等呢？ 在小节 5.4.4 将会用**极集**来刻画研究它.

注释 5.7:　考虑 $k = 1, 2, \cdots, 1 \leqslant p < \infty$, p' 表示它的共轭指数，通常用 $W^{-k,p'}(\Omega)$ 来表示 Ω 上的广义函数所构成的 Banach 空间（上面的定义表明了它等距同构于 $L_M^{p'}(\Omega)$ 的一个商空间 X). 其中 $W^{-k,p'}(\Omega)$ 的完备性是这个等距同构的一个简单推论. 同时对于 $1 < p < \infty$, 有 $1 < p' < \infty$, 从而 $L_M^{p'}(\Omega)$ 是可分自反一致凸的 Banach 空间，X 作为它的一个商空间（等距同构于它的某个闭子空间），所以也是可分自反一致凸的 Banach 空间，进而由等距同构可知 $W^{-k,p'}(\Omega)$ 是一个可分自反一致凸的 Banach 空间.

考虑$1 < p < \infty, \forall v \in L^{p'}(\Omega)$, 也唯一确定了$(W_0^{k,p}(\Omega))'$ 中的一个元素L_v, 这是因为对任意的$u \in W_0^{k,p}(\Omega) \subset L^p(\Omega)$,

$$L_v(u) = \langle v, u \rangle \leqslant \|v\|_{p'}\|u\|_p \leqslant \|v\|_{p'}\|u\|_{k,p}.$$

可以定义$v \in L^{p'}(\Omega)$ 的$(-k, p')$范数为

$$\|v\|_{-k,p'} = \|L_v; (W_0^{k,p}(\Omega))'\| = \sup_{u \in W_0^{k,p}(\Omega), \|u\|_{k,p} \leqslant 1} |\langle u, v \rangle|.$$

综合上面两个式子可得 $\|v\|_{-k,p'} \leqslant \|v\|_{p'}$. 另外对于$\forall u \in W_0^{k,p}(\Omega)$ 和 $v \in L^{p'}(\Omega)$, 有

$$|\langle u, v \rangle| = \|u\|_{k,p} \left| \left\langle \frac{u}{\|u\|_{k,p}}, v \right\rangle \right| \leqslant \|u\|_{k,p} \|v\|_{-k,p'}, \tag{5-6}$$

把它称为一般化的Hölder 不等式.

上面说了任给的$v \in L^{p'}(\Omega)$, 唯一对应着某个$L_v \in (W_0^{k,p}(\Omega))'$, 如果记 $V = \left\{ L_v : v \in L^{p'}(\Omega) \right\}$, 它是$(W_0^{k,p}(\Omega))'$的一个线性子空间. 下面将证明$V$在$(W_0^{k,p}(\Omega))'$ 中是稠密的. 为了证明这一点, 只需证明对任意的$F \in (W_0^{k,p}(\Omega))''$, 满足 $F|_V = 0$, 则必定在$(W_0^{k,p}(\Omega))''$中有$F = 0$. 由于对于$1 < p < \infty, W_0^{k,p}(\Omega)$ 是自反的, 所以存在某个$f \in W_0^{k,p}(\Omega)$ 使之与$F \in (W_0^{k,p}(\Omega))''$ 相对应,

$$\langle f, v \rangle = L_v(f) = F(L_v) = 0, \forall v \in L^{p'}(\Omega).$$

则在Ω上几乎处处有$f = 0$. 从而在$W_0^{k,p}(\Omega)$中$f = 0$, 在$(W_0^{k,p}(\Omega))''$中$F = 0$.

所以可以记$H^{-k,p'}(\Omega)$ 为$L^{p'}(\Omega)$ 关于范数$\| \cdot \|_{-k,p'}$ 的完备化. 则根据上面的稠密性可得

$$H^{-k,p'}(\Omega) \equiv (W_0^{k,p}(\Omega))' \equiv W^{-k,p'}(\Omega).$$

（第一个恒等是由稠密性给出, 第二个恒等是由前面定理等距同构给出.）

这个关系表明了对应关系: $\forall v \in H^{-m,p'}(\Omega), \exists! T_v \in W^{-k,p'}(\Omega)$ 使得

$$T_v(\phi) = \lim_{n \to \infty} \langle \phi, v_n \rangle, \forall \phi \in \mathscr{D}(\Omega), \forall \{v_n\} \subset L^{p'}(\Omega), \|v_n - v\|_{-k,p'} \to 0.$$

反过来，对任意的 $T \in W^{-k,p'}(\Omega)$ 一定存在着某个 $v \in H^{-k,p'}(\Omega)$ 使得 $T = T_v$. 特别地，由不等式(5-6) 可得

$$|T_v(\phi)| \leqslant \|\phi\|_{k,p} \, \|v\|_{-k,p'}.$$

注释 5.8： 当 $1 < p < \infty$ 时，采取上面类似的讨论, 对偶空间$(W^{k,p}(\Omega))'$ 也可以表征为$L^{p'}(\Omega)$ 关于范数 $\|v\|_{-k,p}^* = \sup_{u \in W^{k,p}(\Omega), \|u\|_{k,p} \leqslant 1} |\langle u, v \rangle|$ 的完备化.

5.4 稠密性定理：用Ω上的光滑函数逼近

5.4.1 局部逼近（$k \in \mathbb{N}$, $1 \leqslant p < \infty$）

局部逼近的意思是，对于$u \in W_{\text{loc}}^{k,p}(\Omega)$, 能用光滑函数也在这种$W_{\text{loc}}^{k,p}(\Omega)$的意义下去逼近它.

定理 5.6： （局部光滑逼近）若$u \in W_{\text{loc}}^{k,p}(\Omega)$, 则当$\varepsilon \to 0$时，其光滑化$u_\varepsilon := \rho_\varepsilon \star u$在$W_{\text{loc}}^{k,p}(\Omega)$上强收敛到$u$.

证明 因为$u \in W_{\text{loc}}^{k,p}(\Omega)$, 于是由定理3.37可知对任意的$\alpha, 0 \leqslant |\alpha| \leqslant k$, 都有当$\varepsilon \to 0$时，在$L_{\text{loc}}^p(\Omega)$中 $(D^\alpha u) \star \rho_\varepsilon \to D^\alpha u$. 由卷积的正则化作用（见定理3.29）可知 $D^\alpha u_\varepsilon = D^\alpha (u \star \rho_\varepsilon) = (D^\alpha u) \star \rho_\varepsilon$, 当$\varepsilon \to 0$时，在$L_{\text{loc}}^p(\Omega)$中 $D^\alpha u_\varepsilon \to D^\alpha u, \forall 0 \leqslant |\alpha| \leqslant k$. 因此，在$W_{\text{loc}}^{k,p}(\Omega)$中 $u_\varepsilon \to u$. □

注意当u为有紧支集的函数的时候，逼近的函数同样可以要求是具有紧支集的.

推论 5.5： 若$u \in W^{k,p}(\Omega)$ 且$\text{supp } u \subset\subset \Omega$, 则存在$u_n \in C_c^\infty(\Omega)$ 使得在$W^{k,p}(\Omega)$中 $u_n \to u$.

证明 取$\text{supp } u \subset\subset \Omega_1 \subset\subset \Omega$, 则当$\varepsilon < \dfrac{1}{2}\text{dist}(\text{supp } u, \partial\Omega_1)$ 时，有 $u_\varepsilon \in C_c^\infty(\Omega_1) \subset C_c^\infty(\Omega)$. 特别地，在$W^{k,p}(\Omega_1)$中$u_\varepsilon \to u$. 利用$\|D^\alpha u_\varepsilon\|_{L^p(\Omega)} = \|D^\alpha u_\varepsilon\|_{L^p(\Omega_1)}$, 最后可得在$W^{k,p}(\Omega)$中 $u_\varepsilon \to u$. □

5.4.2　全局逼近

全局逼近的意思是，对于$u \in W^{k,p}(\Omega)$, 能用光滑函数也在这种$W^{k,p}(\Omega)$ 的意义下去逼近它. 之前学习了局部逼近，根据局部化后的结果整合而得到全局性结果，这个时候单位分解定理就起到了非常关键的作用.

定理 5.7:　（全局光滑逼近）　设$\Omega \subset \mathbb{R}^N$ 为任意有正测度开集，$u \in W^{k,p}(\Omega), 1 \leqslant p < \infty$, 则存在 $\{u_m\} \subset C^\infty(\Omega) \cap W^{k,p}(\Omega)$ s.t. 在$W^{k,p}(\Omega)$中 $u_m \to u$.

证明　只要证明$\forall \varepsilon > 0, \exists v \in C^\infty(\Omega) \cap W^{k,p}(\Omega)$ 使得 $\|v - u\|_{W^{k,p}(\Omega)} < \varepsilon$.

记 $\Omega_i = \{x \in \Omega : |x| < i, \mathrm{dist}(x, \Omega^c) > \dfrac{1}{i}\}$, 则有关系$\Omega_i \subset\subset \Omega_{i+1} \subset\subset \Omega$ 且$\Omega = \bigcup\limits_{i=1}^{\infty} \Omega_i = \bigcup\limits_{i=1}^{\infty}(\Omega_{i+3} \backslash \overline{\Omega_i}) \bigcup \Omega_4 \equiv \bigcup\limits_{i=0}^{\infty} V_i$, 其中，记$V_0 = \Omega_4, V_i = \Omega_{i+3} \backslash \overline{\Omega_i} \subset\subset \Omega$, 由一般化的单位分解定理（见定理4.3）可知，存在 $\{\xi_i\}_{i=0}^{\infty}$ 为Ω从属于$\{V_i\}_{i=0}^{\infty}$的一个单位分解，即 $0 \leqslant \xi_i \leqslant 1, \xi_i \in C_c^\infty(V_i), \sum\limits_{i=0}^{\infty} \xi_i \equiv 1, x \in \Omega$. 于是有 $u = \sum\limits_{i=0}^{\infty}(\xi_i u), \mathrm{supp}(\xi_i u) \subset\subset V_i$. 根据推论5.5, 对每个$i$, 都可以找到某个$h_i \in C_c^\infty(V_i)$ 使得 $\|h_i - \xi_i u\|_{W^{k,p}(V_i)} < \dfrac{\varepsilon}{2^{i+1}}$. 下面令$v(x) = \sum_{i=0}^{\infty} h_i(x)$, 则有

$$\|v - u\|_{W^{k,p}(\Omega)} \leqslant \sum_{i=0}^{\infty} \|h_i - \xi_i u\|_{W^{k,p}(\Omega)} = \sum_{i=0}^{\infty} \|h_i - \xi_i u\|_{W^{k,p}(V_i)} < \sum_{i=0}^{\infty} \frac{\varepsilon}{2^{i+1}} = \varepsilon. \qquad \square$$

注释 5.9:　上面的全局逼近定理表明了当$1 \leqslant p < \infty$时，$C^\infty(\Omega) \cap W^{k,p}(\Omega)$ 在$W^{k,p}(\Omega)$ 中的稠密性. 回顾空间定义$H^{k,p}(\Omega)$为$C^k(\Omega) \cap W^{k,p}(\Omega)$ 在范数$\|\cdot\|_{k,p,\Omega}$ 意义下的完备化，于是有下面结论.

推论 5.6:　（**Meyers and Serrin：Sobolev空间的第二逼近**）　假设$\Omega \subset \mathbb{R}^N$为开集，$1 \leqslant p < \infty$, 则$H^{k,p}(\Omega) = W^{k,p}(\Omega)$.

证明　由推论5.3可知$H^{k,p}(\Omega) \subset W^{k,p}(\Omega)$. 下面只需证明反过来的包含关系，而这个由上面的稠密性定理5.7可得. $\qquad \square$

注释 5.10:　上面定理对$p = \infty$ 不成立.

5.4.3 光滑至边界

定理 5.8: （光滑至边界）设 $1 \leqslant p < \infty, \Omega \subset \mathbb{R}^N$ 为有界开集，$\partial\Omega \in C^1$，则 $C^\infty(\overline{\Omega})$ 在 $W^{k,p}(\Omega)$ 中稠密.

证明

（1）$\forall$ 给定 $x^0 \in \partial\Omega$，由于 $\partial\Omega \in C^1$，故存在一个半径 $r > 0$ 和一个 $\varphi \in C^1, \varphi:\mathbb{R}^{N-1} \to \mathbb{R}$ s.t. $\Omega \cap B(x^0, r) = \{x \in B(x^0, r) : x_N > \varphi(x_1, \cdots, x_{N-1})\}$. 令 $V := \Omega \cap B(x^0, \frac{r}{2})$.

（2）定义 $x^\varepsilon := x + \lambda\varepsilon e_n, (x \in V, \varepsilon > 0)$. 由于给定一个足够大的 λ 时（实际上只需 > 1 保证卷积作用之后支集不能跑到 $\Omega \cap B(x^0, r)$ 外头去即可），即当 ε 足够小时，可保证 $B(x^\varepsilon, \varepsilon) \subset \Omega \cap B(x^0, r)$ 对任意的 $x \in V$ 成立。现在定义 $u_\varepsilon(x) = u(x^\varepsilon)$，这个相当 u 在 e_n 方向上平移 $\lambda\varepsilon$ 个单位的平移变换函数. 接着记 $v^\varepsilon = \rho_\varepsilon \star u_\varepsilon$. （**这个做法很自然，平移上去目的就是要有足够的空间来光滑化，直接做卷积可能跑到跟下半平面 $\{x_N < 0\}$ 有交集.**）显然有 $v^\varepsilon \in C^\infty(\overline{V})$.

（3）断言在 $W^{k,p}(V)$ 中 $v^\varepsilon \to u$. 为了证明这点，取 $\forall\alpha, 0 \leqslant |\alpha| \leqslant k$，有

$$\|D^\alpha v^\varepsilon - D^\alpha u\|_{L^p(V)} \leqslant \|D^\alpha v^\varepsilon - D^\alpha u_\varepsilon\|_{L^p(V)} + \|D^\alpha u_\varepsilon - D^\alpha u\|_{L^p(V)}.$$

由于微分算子 D^α 的连续性以及 L^p 空间的平移连续性（见引理 3.6），当 $\varepsilon \to 0$,

$$\|D^\alpha u_\varepsilon - D^\alpha u\|_{L^p(V)} = \|(D^\alpha u)_\varepsilon - D^\alpha u\|_{L^p(V)} \to 0$$

对 V 一致成立. 因此当 ε 充分小时，不管 V 是如何选取的，都可以保证第二项足够小. 而对于第一项来说，注意到 v^ε 恰好就是 u_ε 的磨光，因此，当 $\varepsilon \to 0$ 时，在 $L^p(\overline{V})$ 中 $D^\alpha v^\varepsilon - D^\alpha u_\varepsilon \to 0$，故断言成立.

（4）由于 $\partial\Omega$ 是有界闭集，所以它是紧的. 因 $\forall\delta > 0$，可以找到有限个点 $x_i^0 \in \partial\Omega$，半径 $r_i > 0$ 以及相关的集合 $V_i = \Omega \cap B(x_i^0, \frac{r_i}{2})$ 和函数 $v_i \in C^\infty(\overline{V_i}), i = 1, 2, \cdots, M$ s.t. $\partial\Omega \subset \cup_{i=1}^M B(x_i^0, \frac{r_i}{2})$ 和 $\|v_i - u\|_{k,p,V_i} < \delta$. 取 $U_i = B(x_i^0, \frac{r_i}{2}), 1 \leqslant i \leqslant M$，故可以取开集 $U_0 \subset\subset \Omega$ 使得 $\Omega \subset \cup_{i=0}^M U_i$，根据这个局部逼近定理 5.6，可以取到适当的 $v_0 \in C^\infty(\overline{U_0})$ 使得 $\|v_0 - u\|_{k,p,U_0} < \delta$ （注意上面的集合 V_i, U_i 以及覆盖的个数与 δ 无关，只是函数 v_i 是通过磨光因子中的 ε 足够小来确保误差小

于 δ, 也就是说 v_i 与 δ 有关).

（5）令 $\{\xi_i\}_{i=0}^M$ 为一个 Ω 从属于 $\{U_i\}_{i=0}^M$ 的一个单位分解. 定义 $v := \sum_{i=0}^M \xi_i v_i$, 则由 $\cup_{i=0}^M U_i \supset \overline{\Omega}$ 显然可见 $v \in C^\infty(\overline{\Omega})$. 同时 $\forall \alpha, 0 \le |\alpha| \le k$, 有

$$\|D^\alpha v - D^\alpha u\|_{L^p(\Omega)} \le \sum_{i=0}^M \|D^\alpha(\xi_i v_i) - D^\alpha(\xi_i u)\|_{L^p(V_i)}. \tag{5-7}$$

利用莱布尼茨公式（见定理5.1-(iv)）可得

$$D^\alpha(\xi_i v_i) - D^\alpha(\xi_i u) = D^\alpha[\xi_i(v_i - u)] = \sum_{\beta \le \alpha} \binom{\alpha}{\beta} D^\beta \xi_i D^{\alpha - \beta}(v_i - u).$$

根据命题4.3中对截断函数各阶导数的控制可知上面的 $|D^\beta \xi_i|_\infty$ 只依赖于 r_i, 从而它是与 δ 无关的常数, 因此可以取到某个适当大的常数 C 使得

$$\|D^\alpha(\xi_i v_i) - D^\alpha(\xi_i u)\|_{L^p(V_i)} \le C\|v_i - u\|_{k,p,V_i},$$

从而式(5-7) $\le C \sum_{i=0}^M \|v_i - u\|_{k,p,V_i} < C(M+1)\delta$.

（6）结论. 至此, 由于 $\forall \delta > 0$, 有 $v \in C^\infty(\overline{\Omega})$ 使得 $\|v - u\|_{k,p,\Omega} \le \left[\sum_{0 \le |\alpha| \le k} C(M+1)\right]\delta$, 而 $\sum_{0 \le |\alpha| \le k} C(M+1)$ 是一个常数, 所以定理结论成立. □

注释 5.11: 当 Ω 是无界的情形, 可以令 $\Omega_i = \Omega \cap B_i(0) \Rightarrow \bigcup_{i=1}^\infty \Omega_i = \Omega$. 利用单位分解 $u = \sum_{i=1}^\infty \xi_i u$. $\forall \varepsilon > 0$, 对 Ω_i 应用上面的定理结论, 存在 $v_i \in C^\infty(\overline{\Omega_i})$（**特别地, 如果 $\Omega_i \subset\subset \Omega$, 结合前面的推论5.5, 可以要求 $v_i \in C^\infty(\overline{\Omega_i}) \cap C_c^\infty(\Omega)$**）, 使得 $\|v_i - \xi_i u\|_{k,p,\Omega} < \dfrac{\varepsilon}{2^{i+1}}$. 然后定义 $v = \sum_{i=1}^\infty v_i \in C^\infty(\overline{\Omega})$, 并且 $\|v - u\|_{k,p,\Omega} < \varepsilon$.

注释 5.12: $\partial\Omega \in C^1$ 是为了保证可以平移出一个空间来进行磨光, 事实上这个条件可以放松到 Ω 满足所谓的**线段性质: $\forall x \in \partial\Omega$, 都存在一个 x 的开邻域 U_x 以及某个非零 y_x 使得**

$$[\overline{\Omega} \cap U_x] + ty_x \subset \Omega, \forall 0 < t < 1.$$

上面定理证明中, 对于 $\partial\Omega \in C^1$, 可以选定 $y_x = \lambda e_n$, 其中 $\lambda > 1$, 这表明了 $\partial\Omega \in C^1$ 的话则满足线段性质. 在线段性质的条件下, 证明方法与之类似, 也是针对每个点 x, 对应一个 U_x 为开集, 然后 $\Omega \cap U_x$ 通过平移 y_x 之后得到 Ω

中的开集，在这个开集上可以对它进行磨光或者截断函数适当的伸缩变换（原理跟磨光类似，只是正则性没有磨光算子那么高，此时需要用到莱布尼茨公式）. 当 x 取遍 $\partial\Omega$ 时，$\{U_x\}_{x\in\partial\Omega}$ 即为 $\partial\Omega$ 的一个开覆盖，与 $\partial\Omega\in C^1$ 的证明本质就一样了. 利用截断后的函数过渡，最后可以找到 $C_c^\infty(\mathbb{R}^N)$ 中的元素逼近（详细证明可见参考文献[5]的定理3.18）.

推论 5.7：　$W_0^{k,p}(\mathbb{R}^N) = W^{k,p}(\mathbb{R}^N)$.

注释 5.13：　注意当 $\Omega\neq\mathbb{R}^N$ 时，上面结论可能不成立. 因为此时 $\partial\Omega\neq\emptyset$, 对应于 $x_i^0\in\partial\Omega$ 时的 V_i, 可见 $\overline{V_i}\backslash\Omega\neq\emptyset$, 而我们只知道 $v_i\in C^\infty(\overline{V_i})$, 这是因为单位分解中的 ξ_i 只能保证 $\mathrm{supp}\,\xi_i\subset U_i$, 所以并不能保证 $\xi_i v_i\in C_c^\infty(\Omega)$. 那什么样的情况下 $W_0^{k,p}(\Omega)=W^{k,p}(\Omega)$ 可以成立呢？下面就来研究它. 这个需要从对偶空间的角度入手，比如假设 $u\in W^{k,p}(\Omega), u_n\in C_c^\infty(\Omega)=\mathscr{D}(\Omega), u_n\to u$ in $W^{k,p}(\Omega)$. 考虑它对偶空间中的 $f\in(W_0^{k,p}(\Omega))'=W^{-k,p'}(\Omega)$, 则此时 $\langle f,u_n\rangle\to\langle f,u\rangle$. 由于 $u_n\in\mathscr{D}(\Omega)$, 可见 $f\in\mathscr{D}'(\Omega)$ 是一个广义函数. 因此可以通过对广义函数来研究它.

5.4.4　用 $C_c^\infty(\Omega)$ 中的函数逼近；(k,p')-极集

在这一小节都假设 $1<p<\infty$, 因为我们需要自反性这一条件成立.

定义 5.4：　（广义函数的支集）$T\in\mathscr{D}'(\Omega)$, 闭集 $F\subset\mathbb{R}^N$, 如果对任意的 $\phi\in\mathscr{D}(\mathbb{R}^N), \phi\big|_F=0$, 都有 $T(\phi)=0$, 则称 T 的支集在 F 中，记为 $\mathrm{supp}\,T\subset F$.

定义 5.5：　（极集）$F\subset\mathbb{R}^N$ 为闭集，如果

$$\{T\in\mathscr{D}'(\mathbb{R}^N)\cap W^{-k,p'}(\mathbb{R}^N);\ \mathrm{supp}\,T\subset F\}=\{0\},$$

其中上面右端项的0是指广义函数意义下（并不是我们几乎处处的意义下）的0函数，则称 F 是 (k,p')-极集.

注释 5.14：

（1）如果 F 具有正测度，则 F 不可能是极集. 利用Lebesgue测度的内正则性，可以找到一个正测度的紧子集 A, 此时特征函数 $\chi_A(x)\in L^{p'}(\mathbb{R}^N)$, 则此

时 $0 \neq \chi_A(x) \in W^{-k,p'}(\mathbb{R}^N)$, 故 F 不是极集.

（2）当 $kp > N$ 时, F 为极集当且仅当 $F = \emptyset$. 这是因为只要 $F \neq \emptyset$, 就可以取到某个 $x \in F$, 并考虑 Dirac 广义函数 δ_x. 后面学习完 Sobolev 嵌入之后, 会发现 $W^{k,p}(\mathbb{R}^N) \hookrightarrow C(\mathbb{R}^N)$, 也就是说对任意的 $u \in W^{k,p}(\mathbb{R}^N)$, 均能找到某个 $u_0 \in C(\mathbb{R}^N)$ 使得 $u_0 = u$ a.e. $x \in \mathbb{R}^N$, 并且 $\|u_0\|_{C(\mathbb{R}^N)} \leqslant C\|u\|_{k,p,\mathbb{R}^N}$, 这里的 C 不依赖于 u. 于是在 $kp > N$ 这种情况下有 $|\delta_x(u)| = |u(x)| \leqslant \|u\|_\infty \leqslant C\|u\|_{k,p,\mathbb{R}^N}$, 这表明了 $\|\delta_x\|_{(W^{k,p}(\mathbb{R}^N))'} \leqslant C$, 即 $0 \neq \delta_x \in (W^{k,p}(\mathbb{R}^N))' = (W_0^{k,p}(\mathbb{R}^N))' = W^{-k,p'}(\mathbb{R}^N)$, $0 \neq \delta_x$, 所以 F 不是极集.

注释 5.15： 由于这个问题在编者所研究方向的方程应用中几乎没有涉及, 感兴趣的读者可以参阅参考文献[5]. 我们只需要记得如果 Ω^c 是正测度集（特别地, Ω 为有界开集）, 则此时 $W_0^{k,p}(\Omega)$ 肯定是 $W^{k,p}(\Omega)$ 的真闭子空间.

5.5　内插不等式与延拓定理

5.5.1　区域的几何性质

定义 5.6： （**有限锥**） $x \in \mathbb{R}^N$, B_1 为圆心为 x 的一个开球, B_2 为不包含 x 的一个开球, 则集合 $C_x := B_1 \cap \{x + \lambda(y - x) : y \in B_2, \lambda > 0\}$ 称为顶点在 x 的 $\mathbb{R}^N$ 内**有限锥**.

注释 5.16： 记 0 点的有限锥为 C_0, 则经过平移之后到 x 点的有限锥可以记为 $x + C_0 := \{x + y : y \in C_0\}$.

定义 5.7： （**平行多面体**） $y_1, y_2, \cdots, y_N \in \mathbb{R}^N$ 线性无关, 集合

$$P := \left\{\sum_{i=1}^N \lambda_i y_i : 0 < \lambda_i < 1, 1 \leqslant i \leqslant N\right\}$$

称为有一个顶点在原点的**平行多面体**. 类似地, $x + P$ 为有一个顶点在 x 处的平行多面体。$x + P$ 的中心为 $x + \dfrac{1}{2}\sum_{i=1}^N y_i$.

注释 5.17： 每个有一个顶点在 x 处的平行多面体都包含一个顶点在 x 处的有限锥. 反之, 每个有一个顶点在 x 处的平行多面体也会被某个顶点在 x 处的有限锥所包含.

$\Omega \subset \mathbb{R}^N$ 为开集,通常考虑的五个正则性条件如下.

第一：Ω 具有线段性质. 如果存在 $\partial\Omega$ 的局部有限开覆盖 $\{U_j\}$ 以及非零向量 $\{y_j\}$ 使得对任意的 j,任意的 $x \in \overline{\Omega} \cap U_j$,都有 $x + ty_j \in \Omega, \forall 0 < t < 1$.

第二：Ω 具有锥性质. 如果存在有限锥 C 使得 $x \in \Omega$ 当且仅当存在 $C_x \cong C, C_x \subset \Omega$, x 为有限锥 C_x 的顶点. （其中这里的 C_x 不仅仅是 $x + C$ 这样平移的结果，它也可以是旋转等刚体运动.）

第三：Ω 具有一致锥性质. 如果 $\partial\Omega$ 有局部有限的开覆盖 $\{U_j\}$,以及对应的有限锥序列 $\{C_j\}, C_j \cong C, \forall j$,使得

（1）$\exists M > 0, \sup_j \operatorname{diam}(U_j) \leqslant M$；

（2）$\exists \delta > 0, \cup_{j=1}^\infty U_j \supset \Omega_\delta \equiv \{x \in \Omega; \operatorname{dist}(x, \partial\Omega) < \delta\}$；

（3）$\forall j, \cup_{x \in \Omega \cap U_j}(x + C_j) \equiv Q_j \subset \Omega$；

（4）$\exists R \in \mathbb{N}, \{Q_j\}$ 中任意 $R + 1$ 个交非空.

第四：Ω 具有强局部 Lipschitz 性质. $\exists \delta > 0, M > 0$ 和 $\partial\Omega$ 的一个局部有限开覆盖 $\{U_j\}$,以及 $\forall U_j, \exists f_j$ 为一个 $N - 1$ 个实变量的实值函数，使得下面条件成立.

（1）$\exists R \in \mathbb{N}, \{U_j\}$ 中任意 $R + 1$ 个交非空.

（2）对任意的 $x, y \in \Omega_\delta$ 且 $|x - y| < \delta$, 存在某个 j 使得 $x, y \in \mathscr{V}_j := \{x \in U_j : \operatorname{dist}(x, \partial U_j) > \delta\}$.

（3）$\forall j$ 满足关于常数 M 的 Lipschitz 条件：

$$|f(\xi_1, \cdots, \xi_{N-1}) - f(\eta_1, \cdots, \eta_{N-1})| \leqslant M|(\xi_1 - \eta_1, \cdots, \xi_{N-1} - \eta_{N-1})|.$$

（4）$\forall j$, 有 U_j 内的笛卡儿坐标系 $(\xi_{j,1}, \cdots, \xi_{j,N})$, 集合 $\Omega \cap U_j$ 由不等式 $\xi_{j,N} < f_j(\xi_{j,1}, \cdots, \xi_{j,N-1})$ 表示.

注释 5.18：　当 Ω 有界时，上面相当复杂的条件简化为 Ω 有局部 Lipschitz 边界，即 Ω 的边界上每一点 x 有一个邻域 U_x 使得 $\partial\Omega \cap U_x$ 是一个 Lipschitz 连续函数的图.

第五：Ω 具有一致 C^k-正则性. 如果存在 $\partial\Omega$ 的一个局部有限开覆盖 $\{U_j\}$,以及对应的 k-光滑一一变换的序列 $\{\Phi_j\}, \Phi_j : U_j \to B(0, 1)$ 使得

（1）$\exists \delta > 0$ 使得 $\bigcup_{j=1}^\infty \Phi_j^{-1}\left(B(0, \frac{1}{2})\right) \supset \Omega_\delta$；

（2）$\exists R \in \mathbb{N}$，$\{U_j\}$ 中任意 $R+1$ 个交非空；

（3）$\forall j, \Phi_j(U_j \cap \Omega) = B(0,1) \cap \{y : y_N > 0\}$；

（4）如果用 $(\phi_{j,1}, \cdots, \phi_{j,N})$ 和 $(\psi_{j,1}, \cdots, \psi_{j,N})$ 分别表示 Φ_j 和 $\Psi_j := \Phi_j^{-1}$ 的分量，则存在 $M > 0$ 使得对所有的 $\alpha, |\alpha| \leqslant k$，对所有的 $1 \leqslant i \leqslant N$ 以及所有的 j，都有

$$|D^\alpha \phi_{j,i}(x)| \leqslant M, \quad x \in U_j, \quad |D^\alpha \psi_{j,i}(y)| \leqslant M, \quad y \in B.$$

注释 5.19：　对任意的区域 Ω，有下面关系：

一致 C^k-正则性（$k \geqslant 1$）$\Rightarrow$ 强局部Lipschitz性质 $\Rightarrow$ 一致锥性质 $\Rightarrow$ 线段性质.

5.5.2　中间导数的内插不等式

回顾 L^p-插值不等式（见定理3.18），一句话描述它的本质就是**中间的可积性被两边的可积性所控制。由定理3.18可知可以用乘积的形式来控制，结合Young 不等式（见定理3.10），最后结果也可以用和的形式控制.**

由于所考虑的Sobolev空间 $W^{k,p}(\Omega)$ 的范数涉及各阶导数的 L^p-积分，这一小节所学习的中间导数的内插不等式，思路类似，就是中间导数的 L^p-积分，可以用更高阶导数的 L^p-积分和更低阶的 L^p- 积分来控制。

首先学习一个很重要的引理。

引理 5.2：　设 $-\infty \leqslant a < b \leqslant \infty$，$1 \leqslant p < \infty$，$\Omega = (a,b)$，$\varepsilon_0 \in (0, \infty)$，则存在有限常数 $K = K(\varepsilon_0, p, b-a)$ 连续依赖于 $b - a \in (0, \infty]$ 使得对任意的 $\varepsilon \in (0, \varepsilon_0]$ 以及任意的 $u \in C^2(\Omega)$，都有

$$\|u'\|_p^p \leqslant K\varepsilon \|u''\|_p^p + K\varepsilon^{-1}\|u\|_p^p, \tag{5-8}$$

其中，$\|\cdot\|_p^p = \int_a^b |\cdot|^p \mathrm{d}x$，并且如果 $b - a = \infty$，则可取到 $K = K(p)$ 仅依赖于 p 的常数使得不等式(5-8) 对所有的 $\varepsilon > 0$ 成立.

证明　先指出只需证明 $\varepsilon_0 = 1$ 的情形，这是因为假设 $\varepsilon_0 = 1, \varepsilon \in (0,1)$ 上面不等式都成立，则对于任意的 ε_0，由于 $\varepsilon < \varepsilon_0$，有 $\dfrac{\varepsilon}{\varepsilon_0} \in (0,1)$，根据假设已经证明了

$$\|u'\|_p^p \leqslant K(1, p, b-a)\frac{\varepsilon}{\varepsilon_0}\|u''\|_p^p + K(1, p, b-a)\left(\frac{\varepsilon}{\varepsilon_0}\right)^{-1}\|u\|_p^p,$$

于是只需取 $K(\varepsilon_0, p, b-a) = K(1, p, b-a) \max\{\varepsilon_0, \dfrac{1}{\varepsilon_0}\}$ 即可.

下面先对有限区域 (a,b) 进行证明，此时通过变量替换 $t = \dfrac{x-a}{b-a}$, $g(t) = g(\dfrac{x-a}{b-a}) = f(x)$ 进行讨论，此时

$$\begin{cases} \|f\|_p^p = \int_a^b |f(x)|^p \mathrm{d}x = (b-a)^p \int_0^1 |g(t)|^p \mathrm{d}t, \\ \|f'\|_p^p = \int_a^b |f'(x)|^p \mathrm{d}x = \int_0^1 |g'(t)|^p \mathrm{d}t = \|g'\|_p^p, \\ \|f''\|_p^p = \int_a^b |f''(x)|^p \mathrm{d}x = \int_0^1 |g''(t)|^p (b-a)^{-p} \mathrm{d}t = (b-a)^{-p} \|g''\|_p^p. \end{cases}$$

假设已经证明了 $(a,b) = (0,1)$ 时 $\|g'\|_p^p \leqslant K(\varepsilon_0, p, 1)\varepsilon \|g''\|_p^p + K(\varepsilon_0, p, 1)\varepsilon^{-1}\|g\|_p^p$，则相当于得到了

$$\|f'\|_p^p \leqslant K(\varepsilon_0, p, 1)(b-a)^p \varepsilon \|f''\|_p^p + K(\varepsilon_0, p, 1)(b-a)^{-p}\varepsilon^{-1}\|f\|_p^p, \tag{5-9}$$

因此对一般的 (a,b), 只需取

$$\begin{aligned} K(\varepsilon_0, p, b-a) &= K(\varepsilon_0, p, 1) \max\{(b-a)^p, (b-a)^{-p}\} \\ &= K(1, p, 1) \max\{\varepsilon_0, \frac{1}{\varepsilon_0}\} \cdot \max\{(b-a)^p, (b-a)^{-p}\} \end{aligned}$$

即可.

所以下面主要证明 $\varepsilon_0 = 1, (a,b) = (0,1)$ 的情形. 对于 $\xi \in (0, \dfrac{1}{3}), \eta \in (\dfrac{2}{3}, 1)$, 利用中值定理可知存在某个 $\gamma \in (\xi, \eta)$ 使得

$$|f'(\gamma)| = |\frac{f(\eta) - f(\xi)}{\eta - \xi}| \leqslant 3|f(\eta) - f(\xi)| \leqslant 3|f(\xi)| + 3|f(\eta)|.$$

于是利用牛顿-莱布尼茨公式有

$$\forall x \in (0,1), |f'(x)| = |f'(\gamma) + \int_\gamma^x f''(t)\mathrm{d}t| \leqslant |f'(\gamma)| + |\int_\gamma^x f''(t)\mathrm{d}t|$$

$$\leqslant 3|f(\xi)| + 3|f(\eta)| + \int_0^1 |f''(t)|\mathrm{d}t, \forall \xi \in (0, \frac{1}{3}), \eta \in (\frac{2}{3}, 1).$$

为了消去 ξ, η 的影响，对 ξ 在 $(0, \dfrac{1}{3})$ 和 $\eta \in (\dfrac{2}{3}, 1)$ 进行积分，有

$$\int_0^{\frac{1}{3}} \mathrm{d}\xi \int_{\frac{2}{3}}^1 \mathrm{d}\eta |f'(x)| \leqslant \int_0^{\frac{1}{3}} \mathrm{d}\xi \int_{\frac{2}{3}}^1 \mathrm{d}\eta [3|f(\xi)| + 3|f(\eta)| + \int_0^1 |f''(t)|\mathrm{d}t],$$

即

$$\frac{1}{9}|f'(x)| \leqslant \int_0^{\frac{1}{3}} |f(\xi)|\mathrm{d}\xi + \int_{\frac{2}{3}}^1 |f(\eta)|\mathrm{d}\eta + \frac{1}{9}\int_0^1 |f''(t)|\mathrm{d}t \leqslant \int_0^1 |f(x)|\mathrm{d}x + \frac{1}{9}\int_0^1 |f''(x)|\mathrm{d}x.$$

进而有 $|f'(x)| \leqslant 9\int_0^1 |f(x)|\mathrm{d}x + \int_0^1 |f''(x)|\mathrm{d}x$. 对于 $1 \leqslant p < \infty$, 利用不等式 $(|s| + |t|)^p \leqslant 2^{p-1}(|s|^p + |t|^p)$ 以及 Hölder 不等式,

$$|f'(x)|^p \leqslant (9\int_0^1 |f(x)|\mathrm{d}x + \int_0^1 |f''(x)|\mathrm{d}x)^p \leqslant 2^{p-1}[(9\int_0^1 |f(x)|\mathrm{d}x)^p + (\int_0^1 |f''(x)|\mathrm{d}x)^p]$$

$$\leqslant 2^{p-1}9^p \int_0^1 |f(x)|^p\mathrm{d}x + 2^{p-1}\int_0^1 |f''(x)|^p\mathrm{d}x,$$

因此 $\int_0^1 |f'(x)|^p\mathrm{d}x \leqslant 2^{p-1}9^p \int_0^1 |f(x)|^p\mathrm{d}x + 2^{p-1}\int_0^1 |f''(x)|^p\mathrm{d}x$, 这样只需取 $K(1, p, 1) = 2^{p-1} \cdot 9^p$. 此时可见, 可以取

$$K(\varepsilon_0, p, b-a) = 2^{p-1} \cdot 9^p \cdot \max\{\varepsilon_0, \varepsilon_0^{-1}\} \cdot \max\{(b-a)^p, (b-a)^{-p}\},$$

对于 $0 < b - a < \infty$, $K(\varepsilon_0, p, b-a)$ 有限且连续依赖于 $b - a$.

最后考虑 $b - a = \infty$ 的情形, 此时只需考虑 $a = 0, b = \infty$ 的情形, 这是因为假设已经证明了 $(0, \infty)$ 的情形找到的常数 $K = K_p$ 只依赖于 p, 则对于 $a > -\infty, b = \infty$ 的一般情形, 只需考虑一个平移变量代换即可. 而对于一般的 $a = -\infty, b < \infty$ 的一般情形, 考虑变换 $t = -x$, 则可转化成 $(-b, \infty)$ 的情形. 如果对于 $a = -\infty, b = \infty$ 的情形,

$$\int_{-\infty}^\infty |f'(x)|^p\mathrm{d}x = \int_{-\infty}^0 |f'(x)|^p\mathrm{d}x + \int_0^\infty |f'(x)|^p\mathrm{d}x$$

$$\leqslant K_p\varepsilon \int_{-\infty}^0 |f''(x)|^p\mathrm{d}x + K_p\varepsilon^{-1} \int_{-\infty}^0 |f(x)|^p\mathrm{d}x +$$

$$K_p\varepsilon \int_0^\infty |f''(x)|^p\mathrm{d}x + K_p\varepsilon^{-1} \int_0^\infty |f(x)|^p\mathrm{d}x$$

$$= K_p\varepsilon \int_{-\infty}^\infty |f''(x)|^p\mathrm{d}x + K_p\varepsilon^{-1} \int_{-\infty}^\infty |f(x)|^p\mathrm{d}x,$$

可知结论亦成立. 所以接下来只需证明 $a = 0, b = \infty$ 的情形. 此时对任意的 $\varepsilon \in (0, 1)$, 取区间长度 $\delta = \varepsilon^{\frac{1}{p}} > 0$, 此时记 $a_j = j\delta$, 则根据前面不等式 (5-9) 证

明的结论

$$\int_{a_j}^{a_{j+1}} |f'(x)|^p \mathrm{d}x \leqslant K(1,p,1)[\delta^p \int_{a_j}^{a_{j+1}} |f''(x)|^p \mathrm{d}x + \delta^{-p} \int_{a_j}^{a_{j+1}} |f(x)|^p \mathrm{d}x]$$

$$= K(1,p,1)[\varepsilon \int_{a_j}^{a_{j+1}} |f''(x)|^p \mathrm{d}x + \varepsilon^{-1} \int_{a_j}^{a_{j+1}} |f(x)|^p \mathrm{d}x],$$

对 j 进行求和，

$$\int_0^\infty |f'(x)|^p \mathrm{d}x = \sum_{j=0}^\infty \int_{a_j}^{a_{j+1}} |f'(x)|^p \mathrm{d}x$$

$$\leqslant \sum_{j=0}^\infty K(1,p,1)[\varepsilon \int_{a_j}^{a_{j+1}} |f''(x)|^p \mathrm{d}x + \varepsilon^{-1} \int_{a_j}^{a_{j+1}} |f(x)|^p \mathrm{d}x]$$

$$= K(1,p,1)\varepsilon \int_0^\infty |f''(x)|^p \mathrm{d}x + K(1,p,1)\varepsilon^{-1} \int_0^\infty |f(x)|^p \mathrm{d}x,$$

只需取 $K_p = K(1,p,1) = 2^{p-1} \cdot 9^p$ 即可. $\quad\square$

对于 $1 \leqslant p < \infty$ 以及整数 $j, 0 \leqslant j \leqslant k$, 在 $W^{k,p}(\Omega)$ 上引入泛函 $|\cdot|_{j,p}$：

$$|u|_{j,p} = |u|_{j,p,\Omega} = \left\{ \sum_{|\alpha|=j} \int_\Omega |D^\alpha u|^p \mathrm{d}x \right\}^{\frac{1}{p}}.$$

则此时 $|u|_{0,p} = \|u\|_{0,p} = \|u\|_p$ 为通常的 L^p-范数. 而对于一般的 $1 \leqslant j \leqslant k, |\cdot|_{j,p}$ 是一个半范（非退化性不成立）. 下面将研究在某些情形下， $|\cdot|_{k,p}$ 在空间 $W_0^{k,p}(\Omega)$ 中是一个等价范数. 首先根据定义容易看出 $|u|_{k,p} \leqslant \|u\|_{k,p}$ 是显然成立的。所以要证明它们等价，只需证明反过来的控制不等式 $\|u\|_{k,p} \leqslant C|u|_{k,p}$，为了证明它，又只需证明 $0 \leqslant j \leqslant k-1$ 时， $|u|_{j,p} \leqslant C|u|_{k,p}$ 即可.

在这一小节中先建立起一些插值型结果

$$|u|_{j,p} \leqslant K\varepsilon|u|_{k,p} + K\varepsilon^{-\frac{j}{k-j}}|u|_{0,p}, \tag{5-10}$$

从而回答了前面注释 5.2 中提到的范数等价的问题.

首先建立一个引理，它也是很多相关问题能采取归纳假设论证的基础. 在它的基础之上，只需针对 $j=1, k=2$ 证明式 (5-10) 即可。

引理 5.3: 设 $0 < \delta_0 < \infty, k \geqslant 2$, 并记 $\varepsilon_0 = \min\{\delta_0, \delta_0^2, \cdots, \delta_0^{k-1}\}$. 假设对给定的 $\Omega \subset \mathbb{R}^N, 1 \leqslant p < \infty$, 存在 $K = K(\delta_0, p, \Omega)$ 使得对所有的 $\delta \in (0, \delta_0]$ 以及 $u \in W^{2,p}(\Omega)$, 都有

$$|u|_{1,p} \leqslant K\delta|u|_{2,p} + K\delta^{-1}|u|_{0,p}. \tag{5-11}$$

则存在常数 $K = K(\varepsilon_0, k, p, \Omega)$ 使得对所有的有限 $\varepsilon \in (0, \varepsilon_0]$, 以及所有的整数 $0 \leqslant j \leqslant k-1, u \in W^{k,p}(\Omega)$, 都有

$$|u|_{j,p} \leqslant K\varepsilon|u|_{k,p} + K\varepsilon^{-\frac{j}{k-j}}|u|_{0,p}. \tag{5-12}$$

证明 当 $j = 0$ 时结论显然成立. 下面只考虑 $1 \leqslant j \leqslant k-1$ 的情形. 首先对 $j = k-1$, 以及 k 进行归纳证明. 当 $k = 2, j = 1$ 时, 式 (5-12) 恰好就是式 (5-11), 结论成立. 现在假设已经证明了对某个 $2 \leqslant m \leqslant k-1$, 有结论

$$|u|_{m-1,p} \leqslant K_1\delta|u|_{m,p} + K_1\delta^{-(m-1)}|u|_{0,p}, \forall \delta \in (0, \delta_0], \forall u \in W^{m,p}(\Omega). \tag{5-13}$$

如果 $u \in W^{m+1,p}$, 对于 $|\alpha| = m-1$, 根据式 (5-11), 有

$$|D^\alpha u|_{1,p} \leqslant K_2\delta|D^\alpha u|_{2,p} + K_2\delta^{-1}|D^\alpha u|_{0,p}, \tag{5-14}$$

代入式 (5-13) 中, 则有

$$|u|_{m,p} \leqslant K_3 \sum_{|\alpha|=m-1} |D^\alpha u|_{1,p} \leqslant K_4\delta|u|_{m+1,p} + K_4\delta^{-1}|u|_{m-1,p} \quad (由式 (5-11))$$

$$\leqslant K_4\delta|u|_{m+1,p} + K_4K_1\delta^{-1}\eta|u|_{m,p} + K_4K_1\delta^{-1}\eta^{-(m-1)}|u|_{0,p}, \forall \eta \in (0, \delta_0].$$

不妨设 $2K_1K_4 \geqslant 1$, 可取 $\eta = \frac{\delta}{2K_1K_4}$, 则可进一步得

$$|u|_{m,p} \leqslant 2K_4\delta|u|_{m+1,p} + 2K_4K_1\delta^{-1}\left(\frac{\delta}{2K_1K_4}\right)^{-(m-1)}|u|_{0,p} = 2K_4\delta|u|_{m+1,p} + K_5\delta^{-m}|u|_{0,p}.$$

这样就完成了 $j = m-1, 2 \leqslant m \leqslant k$ 的证明.

下面对 j 做反向归纳来证明:

$$|u|_{j,p} \leqslant K_6\delta^{k-j}|u|_{k,p} + K_6\delta^{-j}|u|_{0,p}. \tag{5-15}$$

首先, 当 $j = k-1$ 时, 上面结论表明已经成立. 现在假设已经证明了对某个 $2 \leqslant j \leqslant k-1$ 不等式 (5-15) 成立, 则对于 $j-1$, 结合第一步归纳证明的结

果可得

$$|u|_{j-1,p} \leqslant K_7\delta|u|_{j,p} + K_7\delta^{1-j}|u|_{0,p} \leqslant K_7\delta\left[K_6\delta^{k-j}|u|_{k,p} + K_6\delta^{-j}|u|_{0,p}\right] + K_7\delta^{1-j}|u|_{0,p}$$
$$\leqslant K_8\delta^{k-(j-1)}|u|_{k,p} + K_8\delta^{-(j-1)}|u|_{0,p},$$

所以式(5-15)成立. 在式(5-15)中令 $\delta = \varepsilon^{\frac{1}{k-j}}$, 则有 $|u|_{j,p} \leqslant K_6\varepsilon|u|_{k,p} + K_6\varepsilon^{-\frac{j}{k-j}}|u|_{0,p}$, 特别是此时 $\delta \leqslant \delta_0 \Leftrightarrow \varepsilon \leqslant \delta_0^{k-j}$. 所以根据 ε_0 的定义, 可取到恰当的 K 使得式(5-12) 对所有的整数 $0 \leqslant j \leqslant k-1$ 以及 $\varepsilon \in (0, \varepsilon_0]$ 都成立. □

下面给出关于中间导数的插值不等式定理。

定理 5.9: 存在一个常数 $K = K(k, p, N)$ 使得对任意的 $\Omega \subset \mathbb{R}^N$ 以及任意的 $\varepsilon > 0$, 任意的整数 $0 \leqslant j \leqslant k-1$, 以及任意的 $u \in W_0^{k,p}(\Omega)$,

$$|u|_{j,p} \leqslant K\varepsilon|u|_{k,p} + K\varepsilon^{-\frac{j}{k-j}}|u|_{0,p}. \tag{5-16}$$

证明 证明 $\Omega = \mathbb{R}^N$ 的情形. 根据引理5.3, 只需证明 $j = 1, k = 2$ 时结论成立即可. 另外利用稠密性定理只需证明结论对 $u \in C_0^\infty(\mathbb{R}^N)$ 成立即可. 此时对任意的 $\varepsilon > 0$, 利用引理5.2 中 $b - a = \infty$ 情形的结论, 有

$$\int_{-\infty}^{+\infty} |\frac{\partial\phi(x)}{\partial x_j}|^p \mathrm{d}x_j \leqslant K\varepsilon^p \int_{-\infty}^{+\infty} |\frac{\partial^2\phi(x)}{\partial x_j^2}|^p \mathrm{d}x_j + K\varepsilon^{-p} \int_{-\infty}^{+\infty} |\phi(x)|^p \mathrm{d}x_j,$$

两边同时对 x 的其他分量进行积分可得 $\|D_j\phi\|_p^p \leqslant K\varepsilon^p\|D_j^2\phi\|_p^p + K\varepsilon^{-p}\|\phi\|_p^p$. 对 j 进行求和可得

$$|\phi|_{1,p}^p = \sum_{j=1}^N \|D_j\phi\|_p^p \leqslant K\varepsilon^p \sum_{j=1}^N \|D_j^2\phi\|_p^p + K\varepsilon^{-p} \sum_{j=1}^N \|\phi\|_p^p \leqslant K\varepsilon^p|\phi|_{2,p}^p + NK\varepsilon^{-p}\|\phi\|_p^p.$$

两边同时取 p 次方根, 可得 $|\phi|_{1,p} \leqslant \left(K\varepsilon^p|\phi|_{2,p}^p + NK\varepsilon^{-p}\|\phi\|_p^p\right)^{\frac{1}{p}} \leqslant \bar{K}\varepsilon|\phi|_{2,p} + \bar{K}\varepsilon^{-1}\|\phi\|_p$.

对于一般的 $\Omega \subset \mathbb{R}^N$, 只需要考虑它的零延拓, 则它是 $W_0^{k,p}(\Omega)$ 到 $W^{k,p}(\mathbb{R}^N)$ 的等距同态. 所以最后可得结论对一般的 Ω 以及 $u \in W_0^{k,p}(\Omega)$ 成立. □

注释 5.20: 对于一些特殊区域（比如区域满足一致锥性质, 又或者为具有锥性质的有界区域等）, 可以把这种形式的定理推广到Sobolev 空间 $W^{k,p}(\Omega)$.

总而言之我们有下面定理结论.

定理 5.10：　在下面空间上:

（1）$W_0^{k,p}(\Omega), \forall \Omega \subset \mathbb{R}^N$;

（2）$W^{k,p}(\Omega), \forall \Omega \subset \mathbb{R}^N$ 具有一致锥性质;

（3）$W^{k,p}(\Omega), \forall \Omega \subset \mathbb{R}^N$ 有界，具有锥性质，则可以定义跟通常范数$\|\cdot\|_{k,p,\Omega}$ 等价的一个范数 $((u))_{k,p,\Omega} = \left(|u|_{k,p,\Omega}^p + \|u\|_p^p \right)^{\frac{1}{p}}$.

证明　（1）的情形上面定理5.9已经给出. 其他两种情形的具体证明请参见参考文献[5]. □

定理 5.11：　如果$1 \leqslant p < \infty$, 则存在$K = K(k,p,N)$ 使得对$0 \leqslant j \leqslant k$, 任意的$\Omega \subset \mathbb{R}^N$ 和任意的$u \in W_0^{k,p}(\Omega)$ 都有

$$\|u\|_{j,p} \leqslant K\|u\|_{k,p}^{\frac{j}{k}}\|u\|_{0,p}^{\frac{k-j}{k}}. \tag{5-17}$$

证明　只需证明$1 \leqslant j \leqslant k-1$以及$u \neq 0$的情形. 根据式(5-12)，结合范数的定义可得

$$\|u\|_{j,p} \leqslant K_1\varepsilon\|u\|_{k,p} + K_1\varepsilon^{-\frac{j}{k-j}}\|u\|_{0,p}, \forall \varepsilon \in (0,1], \forall u \in W_0^{k,p}(\Omega). \tag{5-18}$$

（这里约束$\varepsilon \in (0,1]$ 是根据范数定义，对$0 \leqslant \ell \leqslant j$时运用式(**5-12**)并求和，为了在对$\ell = 0,1,\cdots,j$ 求和的过程中保证$\varepsilon^{-\frac{\ell}{k-\ell}}$ 的最大值在$\ell = j$的时候取到.）因此只需令 $\varepsilon = \left(\frac{\|u\|_{0,p}}{\|u\|_{k,p}} \right)^{\frac{k-j}{k}}$ 即可得到结论(5-17). □

注释 5.21：

（1）如果$W^{k,p}(\Omega), \forall \Omega \subset \mathbb{R}^N$ 具有一致锥性质，或者$W^{k,p}(\Omega), \forall \Omega \subset \mathbb{R}^N$ 有界，具有锥性质，则类似可以找到某个$K = K(k,p,\Omega)$ 使得式(5-17)成立.

（2）注意和形式(5-18) 与乘积形式(5-17)实际上是等价的. 由乘积形式(5-17)结合Young 不等式（见定理3.10）可得和形式(5-18).

5.5.3　包含紧子区域的内插不等式

这一小节的目的是建立起 $u \in W^{k,p}(\Omega)$ 的中间导数 $\|D^\beta u\|_p, |\beta| \leqslant k-1$ 被 $|u|_{k,p,\Omega}$ 和 $\|u\|_{0,p,\Omega_\delta}$ 所控制，其中 $\Omega_\delta = \{x \in \Omega; \mathrm{dist}(x, \partial\Omega) > \delta\}$. 思路跟上一节类似，也是首先建立下面一个很重要的引理.

引理 5.4:　$\Omega = (a,b)$ 是 $\mathbb{R}$ 上的一个有限开区间，$1 \leqslant p < \infty$, 则存在有限常数 $K = K(p, b-a), \forall \varepsilon > 0, \exists \delta = \delta(\varepsilon, b-a)$ 满足 $0 < 2\delta < b-a$ 使得 $\forall f \in C^1(a,b)$ 都满足

$$\|f\|_{p,\Omega}^p \leqslant K\varepsilon \|f'\|_{p,\Omega}^p + K\|f\|_{p,\Omega_\delta}^p, \tag{5-19}$$

其中，$\Omega_\delta = (a+\delta, b-\delta)$.

证明　与引理 5.2 类似，首先证明 $(a,b) = (0,1)$ 的情形. 此时令 $\eta \in \left(\frac{1}{3}, \frac{2}{3}\right)$, 则对任意的 $x \in (0,1)$, 利用牛顿-莱布尼茨公式有

$$|f(x)| = \left| f(\eta) + \int_\eta^x f'(t)\mathrm{d}t \right| \leqslant |f(\eta)| + \int_0^1 |f'(t)|\mathrm{d}t, \forall \eta \in \left(\frac{1}{3}, \frac{2}{3}\right).$$

为了消去 η 的影响，对 η 在 $\left(\frac{1}{3}, \frac{2}{3}\right)$ 上积分，可得 $|f(x)| \leqslant 3 \int_{\frac{1}{3}}^{\frac{2}{3}} |f(\eta)|\mathrm{d}\eta + \int_0^1 |f'(t)|\mathrm{d}t$. 利用 Hölder 不等式对 $1 \leqslant p < \infty$ 有

$$|f(x)|^p \leqslant 2^{p-1} \left\{ 3^p \int_{\frac{1}{3}}^{\frac{2}{3}} |f(\eta)|^p \mathrm{d}\eta \left(\int_{\frac{1}{3}}^{\frac{2}{3}} 1\mathrm{d}\eta \right)^{\frac{p}{p'}} + \int_0^1 |f'(t)|^p \mathrm{d}t \right\}$$

$$= 3 \cdot 2^{p-1} \int_{\frac{1}{3}}^{\frac{2}{3}} |f(\eta)|^p \mathrm{d}\eta + 2^{p-1} \int_0^1 |f'(t)|^p \mathrm{d}t. \tag{5-20}$$

最后对 $x \in (0,1)$ 积分可得 $\int_0^1 |f(t)|^p \mathrm{d}t \leqslant K_p \int_0^1 |f'(t)|^p \mathrm{d}t + K_p \int_{\frac{1}{3}}^{\frac{2}{3}} |f(t)|^p \mathrm{d}t$, 其中这里的 $K_p = 3 \cdot 2^{p-1}$, 这样就完成了 $(a,b) = (0,1)$ 的证明。对于一般的开区

间(a,b), 考虑换元变换 $x = a + t(b-a)$, 此时 $f(x) = f(a + t(b-a)) := g(t)$, 则有

$$\begin{cases} \int_0^1 |g(t)|^p \mathrm{d}t = \int_a^b |f(x)|^p \frac{1}{b-a} \mathrm{d}x = (b-a)^{-1} \int_a^b |f(x)|^p \mathrm{d}x, \\ \int_0^1 |g'(t)|^p \mathrm{d}t = \int_a^b |f'(x)|(b-a)^p \frac{1}{b-a} \mathrm{d}x = (b-a)^{p-1} \int_a^b |f'(x)|^p \mathrm{d}x, \\ \int_{\frac{1}{3}}^{\frac{2}{3}} |g(t)|^p \mathrm{d}t = (b-a)^{-1} \int_{a+\frac{b-a}{3}}^{b-\frac{b-a}{3}} |f(x)|^p \mathrm{d}x, \end{cases}$$

于是对$g(t)$应用不等式(5-20)可得

$$\int_a^b |f(x)|^p \mathrm{d}x \leqslant K_p (b-a)^p \int_a^b |f'(x)|^p \mathrm{d}x + K_p \int_{a+\frac{b-a}{3}}^{b-\frac{b-a}{3}} |f(x)|^p \mathrm{d}x. \tag{5-21}$$

于是对任意的$\varepsilon > 0$, 总能取到足够大的正整数n使得$n^{-p} \leqslant \varepsilon$. 这样对$(a,b)$区间做$n$等分, 并记分点分别为 $a_j = a + (b-a)\frac{j}{n}, j = 0, 1, \cdots, n$. 对每个小区间采取上面的不等式估计, 并取$\delta \in (0, \frac{b-a}{3n})$, 则有

$$\int_a^b |f(x)|^p \mathrm{d}x = \sum_{j=1}^n \int_{a_{j-1}}^{a_j} |f(x)|^p \mathrm{d}x$$

$$\leqslant \sum_{j=1}^n \left[K_p (\frac{b-a}{n})^p \int_{a_{j-1}}^{a_j} |f'(x)|^p \mathrm{d}x + K_p \int_{a_{j-1}+\delta}^{a_j-\delta} |f(x)|^p \mathrm{d}x \right]$$

$$\leqslant K_p (\frac{b-a}{n})^p \int_a^b |f'(x)|^p \mathrm{d}x + K_p \int_{a+\delta}^{b-\delta} |f(x)|^p \mathrm{d}x$$

$$\leqslant K_p \max\{1, (b-a)^p\} \left\{ \varepsilon \int_a^b |f'(x)|^p \mathrm{d}x + \int_{a+\delta}^{b-\delta} |f(x)|^p \mathrm{d}x \right\},$$

这样就完成了引理的证明. □

定理 5.12: Ω是$\mathbb{R}^N$中具有线段性质的有界区域, 则存在$K = K(p, \Omega)$ 使得对$\forall \varepsilon > 0$, 存在某个$\Omega_\varepsilon \subset\subset \Omega$ 使得

$$|u|_{0,p,\Omega} \leqslant K\varepsilon |u|_{1,p,\Omega} + K|u|_{0,p,\Omega_\varepsilon}, \tag{5-22}$$

对所有的$u \in W^{1,p}(\Omega)$ 成立.

证明　因为Ω有界, 所以$\partial\Omega$是一个有界闭集, 从而紧. 因此$\partial\Omega$的局部有限开覆盖$\{U_j\}$和线段性质要求的非零向量构成的对应集合$\{y_j\}$ 可以做到都是有限多个. 进而可以找到开集$\mathscr{V}_j \subset\subset U_j$ 使得 $\partial\Omega \subset \cup_j \mathscr{V}_j$ 并且存在某

个 $\delta > 0$ 使得 $\{x \in \Omega : \text{dist}(x, \partial\Omega) < \delta\} := \Omega_\delta \subset \cup_j \mathscr{V}_j$. 于是可以找到另外一个 $\tilde{\Omega} \subset\subset \Omega$ 使得 $\Omega = \cup_j \mathscr{V}_j \cup \tilde{\Omega}$. 下面只需证明对每个 j 都有 $|u|^p_{0,p,\mathscr{V}_j \cap \Omega} \leqslant K_1 \varepsilon^p |u|^p_{1,p,\Omega} + K_1 |u|^p_{0,p,\Omega_{\varepsilon,j}}$, 对某个 $\Omega_{\varepsilon,j} \subset\subset \Omega$ 成立即可（**最后对 j 求和，因为是有限项，取 $\Omega_\varepsilon = \cup_j \Omega_{\varepsilon,j} \cup \tilde{\Omega}$ 以及修正前面的系数 K 即可**）.

接下来，为了方便叙述，省略下标 j. 对于 $0 \leqslant \eta < 1$, 考虑集合

$$Q = \{x + ty : x \in U \cap \Omega, 0 < t < 1\}, Q_\eta = \{x + ty : x \in \mathscr{V} \cap \Omega, \eta < t < 1\}.$$

则当 $\eta > 0$ 时结合 $\mathscr{V} \subset\subset U$ 可知 $Q_\eta \subset\subset Q$. 此时的 y 由线段性质所得，所以有 $Q \subset \Omega$ 并且任意的平行于 y 的直线 L, 如果 $L \cap (\mathscr{V} \cap \Omega) \neq \emptyset$, 则 L 与 Q_0 交于有限个区间，并且每个区间的长度必定是介于 $|y|$ 和 $\text{diam}(\Omega)$ 之间的. 因此由引理 5.4, 存在 $\eta > 0$ 和常数 K 使得对任意的 $u \in C^\infty(\Omega)$ 和任意这样的直线 L

$$\int_{L \cap Q_0} |u(x)|^p \mathrm{d}s \leqslant K_1 \varepsilon^p \int_{L \cap Q_0} |D_y u(x)|^p \mathrm{d}s + K_1 \int_{L \cap Q_\eta} |u(x)|^p \mathrm{d}s,$$

其中，$\mathrm{d}s$ 表示沿着 L 方向线积分，D_y 表示在 y 这个方向的方向导数. 把 Q_0 投影在垂直于 y 的超平面上，在此投影上积分这个不等式，可得

$$|u|^p_{0,p,\mathscr{V} \cap \Omega} \leqslant |u|^p_{0,p,Q_0} \leqslant K_1 \varepsilon^p |u|^p_{1,p,Q_0} + K_1 |u|^p_{0,p,Q_\eta} \leqslant K_1 \varepsilon^p |u|^p_{1,p,\Omega} + K_1 |u|^p_{0,p,\Omega_\varepsilon},$$

其中，取 $\Omega_\varepsilon = \Omega_\eta \subset\subset \Omega$. 最后由稠密性，可知这个不等式对任意的 $u \in W^{1,p}(\Omega)$ 都成立. $\qquad\square$

推论 5.8:　如果 Ω 是有界的且具有锥性质，则上面定理 5.12 的结论也成立。

证明　需要用到 Gagliardo 定理（见参考文献 [5] 的定理 4.8），具有锥性质的有界区域可以写成有限多个具有强局部 Lipschitz 性质的区域的并集. 而具有强局部 Lipschitz 性质的区域具有线段性质（见注释 5.19），从而可以应用上面的定理 5.12. 最后根据有限多个这样的区域，取常数 K 中出现的最大值进行修正即可. $\qquad\square$

引理 5.5:　在 $\mathbb{R}^N$ 上 $\Omega_0 \subset\subset \Omega$, 则必定存在一个具有锥性质的 Ω' 使得 $\Omega_0 \subset \Omega' \subset\subset \Omega$.

证明　由于 $\overline{\Omega}_0$ 为 Ω 的紧子集，所以它有界并且存在 $\delta < \mathrm{dist}(\overline{\Omega}_0, \partial\Omega)$. 这样，取 $\Omega' = \{y \in \mathbb{R}^N; \exists x \in \Omega_0 \text{ s.t. } |x - y| < \delta\}$, 则此时根据定义可知 $\Omega_0 \subset \Omega'$, 又由于 $\delta < \mathrm{dist}(\overline{\Omega}_0, \partial\Omega)$, 所以有 $\Omega' \subset\subset \Omega$. 另外，由于 Ω' 的有界性, 并且距离函数是 Lipschitz 连续的，因此它必然满足锥性质.　□

定理 5.13：　$\Omega \subset \mathbb{R}^N$ 有界，满足下面性质之一：

（1）Ω 具有线段性质；

（2）Ω 具有锥性质.

设 $0 < \varepsilon_0 < \infty, 1 \leqslant p < \infty$, 并且设 j, k 为整数满足 $0 \leqslant j \leqslant k - 1$, 则有常数 $K = K(\varepsilon_0, k, p, \Omega)$, 使得对任意的 $\varepsilon \in (0, \varepsilon_0]$, 都存在某个区域 $\Omega_\varepsilon \subset\subset \Omega$ 使得对任意的 $u \in W^{k,p}(\Omega)$,

$$|u|_{j,p,\Omega} \leqslant K\varepsilon|u|_{k,p,\Omega} + K\varepsilon^{-\frac{j}{k-j}}|u|_{0,p,\Omega_\varepsilon}. \tag{5-23}$$

证明　把定理 5.12 或者推论 5.8 应用到 $D^\beta u, |\beta| = k - 1$ 上，可得

$$|u|_{k-1,p,\Omega} \leqslant K_1\varepsilon|u|_{k,p,\Omega} + K_1|u|_{k-1,p,\Omega_\varepsilon}, \tag{5-24}$$

其中，$\Omega_\varepsilon \subset\subset \Omega$. 由上面的引理 5.5, 不妨设 Ω_ε 具有锥性质. 于是在 Ω_ε 上有中间导数插值不等式的估计结论（见定理 5.10 或者参考文献[5]的定理 4.15），于是有

$$K_1|u|_{k-1,p,\Omega_\varepsilon} \leqslant K_2\varepsilon|u|_{k,p,\Omega_\varepsilon} + K_2\varepsilon^{-(k-1)}|u|_{0,p,\Omega_\varepsilon}. \tag{5-25}$$

这样联合不等式 (5-24) 和 (5-25), 可得结论 (5-23) 中 $j = k - 1$ 时成立.

下面对 j 采取反向归纳法来证明最后的结论，假设已经证明了不等式 (5-23) 对某个 $j \geqslant 1$ 成立，根据 ε 的条件，可以把 ε 用 ε^{k-j} 来代替，对应地，此时需要对 K, Ω_ε 也适当改变，此时可得

$$|u|_{j,p,\Omega} \leqslant K_3\varepsilon^{k-j}|u|_{k,p,\Omega} + K_3\varepsilon^{-j}|u|_{0,p,\Omega_\varepsilon'}. \tag{5-26}$$

此时把 j, k 分别换成 $j - 1, j$, 则根据上面的归纳假设相当于已经证明了

$$|u|_{j-1,p,\Omega} \leqslant K_4\varepsilon|u|_{j,p,\Omega} + K_4\varepsilon^{-j+1}|u|_{0,p,\Omega_\varepsilon''} \tag{5-27}$$

联立不等式(5-26) 和(5-27), 可得

$$|u|_{j-1,p,\Omega} \leqslant K_5\varepsilon^{k-(j-1)}|u|_{j,p,\Omega} + K_5\varepsilon^{-(j-1)}|u|_{0,p,\Omega_\varepsilon}, \tag{5-28}$$

其中, $K_5 = K_4(K_3 + 1), \Omega_\varepsilon = \Omega'_\varepsilon \cup \Omega''_\varepsilon$. 最后把$\varepsilon$ 换成$\varepsilon^{\frac{1}{k-j+1}}$, 则完成归纳的证明. □

5.5.4　延拓定理

定义 5.8:　（简单(k, p)-延拓算子）$\Omega \subset \mathbb{R}^N$为一个区域, 给定$k, p$, 算子$E : W^{k,p}(\Omega) \to W^{k,p}(\mathbb{R}^N)$ 是线性的, 如果

（1）$Eu(x) = u(x)$ a.e. $x \in \Omega$;

（2）存在常数$K = K(k, p, \Omega)$使得对所有的$u \in W^{k,p}(\Omega), \|Eu\|_{k,p,\mathbb{R}^N} \leqslant K\|u\|_{k,p,\Omega}$, 则称$E$为$\Omega$的简单$(k, p)$**-延拓算子。**

注释 5.22:　上面要求条件中的不等式意味着算子$E : W^{k,p}(\Omega) \to W^{k,p}(\mathbb{R}^N)$ 是连续的.

定义 5.9:　（强k-延拓算子）$\Omega \subset \mathbb{R}^N$为一个区域, 算子$E$ 把Ω上几乎处处有定义的函数映到$\mathbb{R}^N$上几乎处处有定义的函数, 它满足线性性质并且对$\forall 1 \leqslant p < \infty, \forall 0 \leqslant m \leqslant k, E\big|_{W^{m,p}(\Omega)}$ 是Ω的简单(m, p)-延拓算子, 则称它为Ω的强k**-延拓算子.**

定义 5.10:　（全延拓算子）如果对所有的k, E都是Ω的强k-延拓算子, 则称它为Ω的全延拓算子.

注释 5.23:　假设在全空间中有Sobolev 嵌入$W^{k,p}(\mathbb{R}^N) \hookrightarrow L^q(\mathbb{R}^N)$ 成立, 则区域Ω的一个简单(k, p)-延拓算子即足够继承全空间这种嵌入关系, 从而得$W^{k,p}(\Omega) \hookrightarrow L^q(\Omega)$. 这是因为利用$Eu(x) = u(x)$ a.e. $x \in \Omega$, 可得

$$\|u\|_{q,\Omega} = \|Eu\|_{q,\Omega} \leqslant \|Eu\|_{q,\mathbb{R}^N} \leqslant K_1\|Eu\|_{k,p,\mathbb{R}^N} \leqslant KK_1\|u\|_{k,p,\Omega}.$$

定理 5.14: 假设 $\Omega = \mathbb{R}^N_+ = \{x \in \mathbb{R}^N : x_N > 0\}$ 为半空间，则对任意的正整数 k 都存在 Ω 的强 k-延拓算子 E. 另外对于多重指标 α, γ 满足 $|\gamma| \leqslant |\alpha| \leqslant k$, 都存在对应的线性算子 $E_{\alpha,\gamma}$ 使得

$$E_{\alpha,\gamma} : W^{j,p}(\Omega) \to W^{j,p}(\mathbb{R}^N), \forall 1 \leqslant j \leqslant k - |\alpha|$$

连续，并且对所有的 $u \in W^{|\alpha|,p}(\Omega)$, 都成立着

$$D^\alpha E u(x) = \sum_{|\gamma| \leqslant |\alpha|} E_{\alpha,\gamma} D^\gamma u(x) \quad \text{a.e.} \quad x \in \mathbb{R}^N. \tag{5-29}$$

证明 对于 a.e. 定义在 $\mathbb{R}^N_+$ 上的函数 u 以及 $|\alpha| \leqslant k$, 定义 a.e. 在 $\mathbb{R}^N$ 的延拓算子 $E u$ 和 $E_\alpha u$ 如下：

$$\begin{aligned}
E u(x) &= \begin{cases} u(x), & x_N > 0, \\ \sum_{j=1}^{k+1} \lambda_j u(x_1, \cdots, x_{N-1}, -j x_N), & x_N \leqslant 0, \end{cases} \\
E_\alpha u(x) &= \begin{cases} u(x), & x_N > 0, \\ \sum_{j=1}^{k+1} (-j)^{\alpha_N} \lambda_j u(x_1, \cdots, x_{N-1}, -j x_N), & x_N \leqslant 0, \end{cases}
\end{aligned} \tag{5-30}$$

为了保证 E 是 Ω 的强 k-延拓算子，对于 $u \in C^k(\overline{\mathbb{R}^N_+})$, 根据 E 的定义，需要在边界 $\{x_N = 0\}$ 处的 m 阶导数 $0 \leqslant m \leqslant k$, 能够恰好连接起来，从而保证 $E u \in C^k(\mathbb{R}^N)$. 因此 $\lambda_1, \cdots, \lambda_{k+1}$ 的选取应该满足下面 $(k+1) \times (k+1)$ 线性方程组

$$\sum_{j=1}^{k+1} (-j)^m \lambda_j = 1, m = 0, 1, \cdots, k.$$

根据范德蒙德行列式可知这个系数矩阵的行列式为 $D_{k+1} = \Pi_{1 \leqslant j < i \leqslant k+1}(i - j) \neq 0$, 因此上面方程组能解出唯一解 $(\lambda_1, \cdots, \lambda_{k+1})$. 特别地，此时对于 $u \in C^k(\overline{\mathbb{R}^N_+})$, 可以直接简单验证得 $D^\alpha E u(x) = E_\alpha D^\alpha u(x), |\alpha| \leqslant k$. 因此

$$\int_{\mathbb{R}^N} |D^\alpha E u(x)|^p \mathrm{d}x$$

$$= \int_{\mathbb{R}^N_+} |D^\alpha u(x)|^p \mathrm{d}x + \int_{\mathbb{R}^N_-} |\sum_{j=1}^{k+1} (-j)^{\alpha_N} \lambda_j D^\alpha u(x_1, \cdots, x_{N-1}, -j x_N)|^p \mathrm{d}x$$

$$\leqslant K(k, p, \alpha) \int_{\mathbb{R}^N_+} |D^\alpha u(x)|^p \mathrm{d}x.$$

最后利用稠密性可以把这个不等式推广到 $u \in W^{m,p}(\mathbb{R}^N_+), |\alpha| \leqslant m \leqslant k$. 因此 E 是 $\mathbb{R}^N_+$ 的强 k-延拓算子. 根据定义容易验证 $D^\beta E_\alpha u(x) = E_{\alpha+\beta} D^\beta u(x)$, 采取上面类似的计算, 可以证明 E_α 是 $\mathbb{R}^N_+$ 的一个强 $(k - |\alpha|)$-延拓. 于是此时对于 $\alpha \neq \gamma$ 时, 取 $E_{\alpha\gamma} = 0$, 以及取 $E_{\alpha\alpha} = E_\alpha$, 这样利用 $D^\alpha Eu(x) = E_\alpha D^\alpha u(x)$, 可以得到延拓函数的求导公式 (5-29), 从而完成了定理的证明. □

定理 5.15:　假设 Ω 是 $\mathbb{R}^N$ 内具有一致 C^k-正则性的区域, 并且 $\partial\Omega$ 有界, 则定理 5.14 的结论也成立.

证明　由于 Ω 一致 C^k-正则并且 $\partial\Omega$ 有界, 所以 $\partial\Omega$ 有有限覆盖 $\{U_j\}, 1 \leqslant j \leqslant M$, 以及对应的 $\Phi_j : U_j \to B := B(0, 1), 1 \leqslant j \leqslant M$ 都是 k-光滑映射. 记 $y = (y', y_N), y' \in \mathbb{R}^{N-1}$, 令 $Q = \{y \in \mathbb{R}^N : |y'| < \frac{1}{2}, |y_N| < \frac{\sqrt{3}}{2}\}$, 则有 $B(0, \frac{1}{2}) \subset Q \subset B$. 根据一致 C^k-正则的定义可知存在 $\delta > 0$, 使得开集族 $\mathscr{V}_j = \Psi_j(Q), 1 \leqslant j \leqslant M$ 构成了 $\Omega_\delta = \{x \in \Omega : \text{dist}(x, \partial\Omega) < \delta\}$ 的一个开覆盖, 其中 $\Psi_j = \Phi_j^{-1}$. 于是可以找到一个适当的开集 $\mathscr{V}_0 \subset\subset \Omega$ 使得 $\Omega \subset \bigcup_{j=0}^M \mathscr{V}_j$. 于是存在 $\omega_j, 0 \leqslant j \leqslant M$ 为从属于 $\mathscr{V}_j, 0 \leqslant j \leqslant M$ 的一个单位分解（见第 4.3 节中的定理 4.3）, 即有

（1）$\text{supp}\,\omega_j \subset \mathscr{V}_j, 0 \leqslant j \leqslant M$;

（2）$\omega_j(x) \geqslant 0, \sum_{j=0}^M \omega_j(x) = 1, \forall x \in \Omega$.

特别地, 如果此时的 Ω 无界, 则 $\text{supp}\,\omega_0$ 可以不是紧的.

因为 Ω 是一致 C^k-正则的, 所以它具有线段性质并且 $C_0^\infty(\mathbb{R}^N)$ 在 Ω 上的限制在 $W^{m,p}(\Omega)$ 中稠密. 对于 $\phi \in C_0^\infty(\mathbb{R}^N)$, 定义 $\phi_j = \omega_j \cdot \phi, 0 \leqslant j \leqslant M$, 则有 $\text{supp}\,\phi_j \subset \text{supp}\,\omega_j \subset\subset \mathscr{V}_j$ 以及 $\phi(x) = \sum_{j=0}^M \phi_j(x), \forall x \in \Omega$.

对于 $1 \leqslant j \leqslant M$ 和 $y \in B$, 记 $\psi_j(y) = \phi_j(\Psi_j(y))$, 则有 $\psi_j \in C_0^\infty(Q)$. 在 Q 外部延拓 ψ_j 都恒等于 0. 采用上面定理 5.14 中那样的方法去定义 E 和 E_α, 则有 $E\psi_j \in C_0^k(Q), 1 \leqslant j \leqslant M$, 并且由定理 5.14 可知在 $Q_+ := \{x \in Q : x_N > 0\}$ 上有 $E\psi_j = \psi_j$ 以及 $\|E\psi_j\|_{m,p,Q} \leqslant K_1 \|\psi_j\|_{m,p,Q}, 0 \leqslant m \leqslant k$, 其中, 常数 K_1 依赖于 m, k, p.

由于 $\mathscr{V}_j = \Psi_j(Q) = \Phi_j^{-1}(Q)$, 因此 $\theta_j(x) := E\psi_j(\Phi_j(x)) \in C_0^k(\mathscr{V}_j), 1 \leqslant j \leqslant M$, 特别地, 如果 $x \in \Omega$, 有 $\theta_j(x) = \phi_j(x)$（因为此时 $\Phi_j(x) \in Q_+$）. 首先利用坐标变换公式有 $D_x^\alpha E\psi_j(\Phi_j(x)) = \sum_{|\beta| \leqslant |\alpha|} a_{j;\alpha\beta}(x) D_y^\beta E\psi_j(y)$. 而利用定

理5.14中已经证明了的 $D_y^\beta E\psi_j(y) = E_\beta D_y^\beta \psi_j(y)$, 再次利用坐标变换的公式有 $D_y^\beta \psi_j(y) = \sum_{|\gamma|\leqslant|\beta|} b_{j;\beta\gamma}(y) D_x^\gamma \psi_j(\Phi_j(x))$, 从而可以引入适当的 $a_{j;\alpha\beta}(x) \in C^{k-|\alpha|}(\overline{U_j})$ 和 $b_{j;\beta\gamma} \in C^{k-|\alpha|}(\overline{B})$ 使得

$$
\begin{aligned}
D^\alpha \theta_j(x) &= D^\alpha E\psi_j(\Phi_j(x)) \\
&= \sum_{|\beta|\leqslant|\alpha|} \sum_{|\gamma|\leqslant|\beta|} a_{j;\alpha\beta}(x) \Big[E_\beta\big(b_{j;\beta\gamma}(y) \cdot D^\gamma \psi_j(\Phi_j(x))\big) \Big] \\
&= \sum_{|\beta|\leqslant|\alpha|} \sum_{|\gamma|\leqslant|\beta|} a_{j;\alpha\beta}(x) \Big[E_\beta\big(b_{j;\beta\gamma} \cdot (D^\gamma \phi_j \circ \Psi_j)\big) \Big] (\Phi_j(x)).
\end{aligned}
$$

由于坐标变换 Φ_j 和 Ψ_j 互逆, 于是有

$$
\sum_{|\beta|\leqslant|\alpha|} a_{j;\alpha\beta}(x) b_{j;\beta\gamma}(\Phi_j(x)) = \delta_{\alpha\gamma} = \begin{cases} 1, & \gamma = \alpha, \\ 0, & \text{其他情形}. \end{cases} \tag{5-31}
$$

对于 $m \leqslant k$, 再次利用坐标变换公式计算可知存在 K_2 使得 $\|\theta_j\|_{m,p,\mathbb{R}^N} \leqslant K_2\|E\psi_j\|_{m,p,Q}$, 其中, 常数 K_2 仅依赖于坐标变换 Φ_j, Ψ_j, 而与 θ_j 无关, 也就是说把 θ_j 换成其他 $C_0^k(\mathscr{V}_j)$ 上的元素, 不等式仍旧成立.

于是再次结合定理5.14, 有 $\|\theta_j\|_{m,p,\mathbb{R}^N} \leqslant K_2\|E\psi_j\|_{m,p,Q} \leqslant K_1 K_2\|\psi_j\|_{m,p,Q_+} \leqslant K_3\|\phi_j\|_{m,p,\Omega}$, 特别地, 由于 $1 \leqslant j \leqslant M$ 有限多个, 可以取得 K_3 与 j 无关. 这样可以定义算子 $\tilde{E}$ 为 $\tilde{E}\phi(x) = \phi_0(x) + \sum_{j=1}^M \theta_j(x)$, 此时对于 $x \in \Omega$, 有 $\tilde{E}\phi(x) = \phi_0(x) + \sum_{j=1}^M \theta_j(x) = \phi_0(x) + \sum_{j=1}^M \phi_j(x) = \sum_{j=0}^M \omega_j(x) \cdot \phi(x) = \phi(x)$, 并且

$$
\begin{aligned}
\|\tilde{E}\phi\|_{m,p,\mathbb{R}^N} &\leqslant \|\phi_0\|_{m,p,\Omega} + \sum_{j=1}^M \|\theta_j\|_{m,p,\mathbb{R}^N} \leqslant \|\phi_0\|_{m,p,\Omega} + \sum_{j=1}^M K_3\|\phi_j\|_{m,p,\Omega} \\
&\leqslant K_4(1 + MK_3)\|\phi\|_{m,p,\Omega},
\end{aligned}
$$

其中, $K_4 = \max_{0\leqslant j\leqslant M} \max_{|\alpha|\leqslant k} \sup_{x\in\mathbb{R}^N} |D^\alpha \omega_j(x)| < \infty$. 可见 $\tilde{E}$ 是 Ω 的强 k-延拓算子, 同样有求导公式 $D^\alpha \tilde{E}\phi(x) = \sum_{|\gamma|\leqslant|\alpha|}(E_{\alpha\gamma} D^\gamma \phi)(x)$, 其中当 $\alpha \neq \gamma$ 时,

$$
E_{\alpha\gamma} v(x) = \sum_{j=1}^M \sum_{|\beta|\leqslant|\alpha|} a_{j;\alpha\beta}(x) \Big[E_\beta\big(b_{j;\beta\gamma} \cdot (v \cdot \omega_j) \circ \Psi_j\big) \Big] (\Phi_j(x));
$$

当 $\alpha = \gamma$ 时,

$$E_{\alpha\alpha}v(x) = (v \cdot \omega_0)(x) + \sum_{j=1}^{M} \sum_{|\beta| \leqslant |\alpha|} a_{j;\alpha\beta}(x) \left[E_\beta(b_{j;\beta\alpha} \cdot (v \cdot \omega_j) \circ \Psi_j) \right] (\Phi_j(x)).$$

利用式(5-31), 当 $x \in \Omega$ 时, 有 $E_{\alpha\gamma}v(x) = v(x) \cdot \delta_{\alpha\gamma}$. 显然 $E_{\alpha\gamma}$ 是一个线性算子. 另外由于 $a_{j;\alpha\beta}, b_{j;\beta\gamma}$ 的可微性, 对于 $1 \leqslant j \leqslant k - |\alpha|$, $E_{\alpha\gamma}$ 限制在 $W^{j,p}(\Omega)$, 是一个从 $W^{j,p}(\Omega)$ 到 $W^{j,p}(\mathbb{R}^N)$ 的连续算子. 这样就完成了定理的证明. □

注释 5.24:

（1）定理5.14和定理5.15中的结论强 k-延拓算子可以加强为得到 Ω 的全延拓算子, 具体可以参见参考文献[5]的定理4.28.

（2）由于需要用到光滑函数逼近, 所以上面的 p 都不考虑 $p = \infty$ 的情形.

5.6　Sobolev 函数的迹

$u \in C(\Omega)$ 且在 Ω 中一致连续, 则对 $\forall x_0 \in \partial\Omega$, 可以选择 $\{x_k\} \subset \Omega$ s.t. $x_k \to x_0$, 定义 $u(x_0) = \lim\limits_{k \to \infty} u(x_k) \Rightarrow u|_{\partial\Omega}$ 有定义 $\Rightarrow u \in C(\overline{\Omega})$.

定理 5.16:　（迹定理）$\Omega \subset \mathbb{R}^N$ 是有界开集且 $\partial\Omega \in C^1$, $1 \leqslant p < \infty$, 则存在一个线性算子 $T : W^{1,p}(\Omega) \to L^p(\partial\Omega)$ 满足

（1）$Tu = u|_{\partial\Omega}$, $u \in C(\overline{\Omega}) \cap W^{1,p}(\Omega)$;

（2）$\|Tu\|_{L^p(\partial\Omega)} \leqslant C(N, p, \Omega)\|u\|_{W^{1,p}(\Omega)}$, $\forall u \in W^{1,p}(\partial\Omega)$.

证明　因为 $\partial\Omega$ 是紧集, $\partial\Omega \in C^1$, 所以存在有限个点附近的边界拉直, 使得 $\bigcup_{i=1}^{n} \Gamma_i = \partial\Omega$, 且 Γ_i 相对于 $\partial\Omega$ 是开集. 为证明（2）成立, 只要证明

$$\|Tu\|_{L^p(\Gamma_i)} \leqslant C(N, p, \Omega)\|u\|_{W^{1,p}(\Omega)}. \tag{5-32}$$

（1）先设 $u \in C^\infty(\overline{\Omega})$.

情形一: 考虑 $\Gamma_i \subset \{x_N = 0\}$, 即这一段边界本身就是直的. 此时取 $B_1 = B(x_0, r)_+ := \{x \in B(x_0, r) : x_N \geqslant 0\}$, $B_2 = B(x_0, \frac{r}{2})_+ := \{x \in B(x_0, \frac{r}{2}) : x_N \geqslant 0\}$ 使得 $\Gamma_i \subset B_2 \subset B_1 \subset \overline{\Omega}$. 取截断函数 $\xi \in C_0^\infty(B_1)$ 使得 $0 \leqslant \xi \leqslant 1, \xi = 1$ in B_2. 下面

记 $x' = (x_1, \cdots, x_{N-1})$, 则利用微积分基本定理结合 $\Gamma_i \subset \{x_N = 0\}$ 可得

$$\int_{\Gamma_i} |u|^p \mathrm{d}x' = \int_{\Gamma_i} |u|^p \xi \mathrm{d}x' = -\int_0^{+\infty} \mathrm{d}x_N \left(\int_{\Gamma_i} |u|^p \xi \mathrm{d}x' \right)_{x_N}$$

$$= -\int_0^{+\infty} \mathrm{d}x_N \int_{\Gamma_i} \left(\xi_{x_N} |u|^p + p|u|^{p-1} \cdot sgn(u) \cdot u_{x_N} \cdot \xi \right) \mathrm{d}x'$$

$$\leqslant \int_0^{+\infty} \int_{\Gamma_i} |\xi_{x_N}| |u|^p \mathrm{d}x' \mathrm{d}x_N + C(p) \int_0^{+\infty} \mathrm{d}x_N \int_{\Gamma_i} |\xi| \left(|u|^p + |Du|^p \right) \mathrm{d}x'$$

（这里用到了 Young 不等式）

$$\leqslant C(p, N, \Omega) \int_{B_1} \left(|u|^p + |Du|^p \right) \mathrm{d}x,$$

不等式 (5-32) 成立.

情形二：考虑一般的 Γ_i, 设 Φ 为其对应的边界拉直, 即 $\Phi^{-1}(B_1) \subset \Omega$.

$$\int_{\Gamma_i} |u(x)|^p \mathrm{d}s_x \xrightarrow{x=\Phi^{-1}(y)} \leqslant C(\Omega) \int_{\Gamma_i'} |u(\Phi^{-1}(y))|^p \mathrm{d}s_y$$

（其中这里的 $C(\Omega)$ 跟雅可比行列式有关）

$$\text{记 } v(y) = u(\Phi^{-1}(y)) \leqslant C(N, p, \Omega) \int_{B_1} \left(|v|^p + |Dv|^p \right) \mathrm{d}y$$

（这里利用了情形一已经证明的结论）

$$\text{再次换元回去, } y = \Phi(x) \leqslant C(N, p, \Omega) \int_{\Omega} \left(|u|^p + |Du|^p \right) \mathrm{d}x,$$

这样结合两种情形的结论, 完成了不等式 (5-32) 的证明.

（2）利用稠密性定理（由于 $\partial\Omega \in C^1$, 我们可以使用光滑至边界的版本, 见定理 5.8）, 对于任意的 $u \in W^{1,p}(\Omega)$, 则存在 $\{u_m\} \subset C^\infty(\overline{\Omega})$ 使得 $\|u_m - u\|_{W^{1,p}(\Omega)} \to 0$ (as $m \to \infty$), 则 $\{u_m\}$ 是 $W^{1,p}(\Omega)$ 中的 Cauchy 列. 注意到此时 $u_m - u_\ell \in C^\infty(\overline{\Omega})$, 所以由（1）中已经证明的结论可知, 当 $m, \ell \to \infty$,

$$\|u_m - u_\ell\|_{L^p(\partial\Omega)} \leqslant C(N, p, \Omega) \|u_m - u_\ell\|_{W^{1,p}(\Omega)} \to 0.$$

故可定义 $Tu = \lim_{m\to\infty} \left(u_m|_{\partial\Omega} \right)$ in $L^p(\partial\Omega)$. 由（1）的结论可知它是良定的. T 是 $W^{1,p}(\Omega) \to L^p(\partial\Omega)$ 的线性算子且

$$\|Tu\|_{L^p(\partial\Omega)} = \lim_{m\to\infty} \|u_m\|_{L^p(\partial\Omega)} \leqslant \liminf_{m\to\infty} C(N, p, \Omega) \|u_m\|_{W^{1,p}(\Omega)} = C(N, p, \Omega) \|u\|_{W^{1,p}(\Omega)}.$$

（3）当$u \in C(\overline{\Omega}) \cap W^{1,p}(\Omega)$ 时，要证明$u\big|_{\partial\Omega} = Tu$. 取$\varepsilon_m = \dfrac{1}{m}, \rho_m(x) = m^N \rho(mx)$ 为之前提到的一列软化子，并记$u_m = \rho_m \star u = (u)_{\frac{1}{m}}$，则由$u \in C(\overline{\Omega}) \Rightarrow \{u_m\}$ 在 $\overline{\Omega}$ 上一致收敛于u, 可得

$$u\big|_{\partial\Omega} = \left(\lim_{m\to\infty} u_m\right)\Big|_{\partial\Omega} = \lim_{m\to\infty} \left(u_m\big|_{\partial\Omega}\right).$$

又在$W^{1,p}(\Omega)$中 $u_m \to u$, $Tu = \lim_{m\to\infty} \left(u_m\big|_{\partial\Omega}\right)$. 因此，若$u \in C(\overline{\Omega}) \cap W^{1,p}(\Omega)$, 则 $Tu = u\big|_{\partial\Omega}$. □

定理 5.17： （迹0定理） 设$\Omega \subset \mathbb{R}^N$ 有界且$\partial\Omega \in C^1$, 若$p \geqslant 1, u \in W^{1,p}(\Omega)$, 则

$$u \in W_0^{1,p}(\Omega) \Leftrightarrow Tu = 0, \ x \in \partial\Omega.$$

证明 $\Rightarrow$ 这个方向的证明比较简单. 设$u \in W_0^{1,p}(\Omega)$, 根据定义可知存在$u_m \in C_c^\infty(\Omega)$ 使得在$W^{1,p}(\Omega)$中 $u_m \to u$. 此时有$Tu_m = 0 \in L^p(\partial\Omega), m = 1, 2, \cdots$ 并且 $T : W^{1,p}(\Omega) \to L^p(\partial\Omega)$ 是一个有界线性算子，因此根据定义有 $Tu = \lim_{m\to\infty} Tu_m = 0 \in L^p(\partial\Omega)$.

$\Leftarrow$ 这个方向的证明稍微复杂一点. 现在假设 $Tu = 0, x \in \partial\Omega$. 接下来目标是构造适当的$u_m \in C_c^\infty(\Omega)$ 使得在$W^{1,p}(\Omega)$中$u_m \to u$, 这样就能证明$u \in W_0^{1,p}(\Omega)$ 了.

（1）首先考虑$\partial\Omega$ 是平坦的情形，不失一般性可以假设

$$\begin{cases} u \in W^{1,p}(\mathbb{R}_+^N), u在 \overline{\mathbb{R}_+^N}有紧支集, \\ Tu = 0 \text{ on } \partial\mathbb{R}_+^N = \mathbb{R}^{N-1}. \end{cases}$$

（1-1） 由于$Tu = 0$ 在 $\mathbb{R}^{N-1}$ 上, 利用稠密性定理可知存在$u_m \in C^1(\overline{\mathbb{R}_+^N})$ 使得在$W^{1,p}(\mathbb{R}_+^N)$中 $u_m \to u$ 并且在$L^p(\mathbb{R}^{N-1})$中 $Tu_m = u_m\big|_{\mathbb{R}^{N-1}} \to Tu = 0$. 考虑$x' \in \mathbb{R}^{N-1}, x_N \geqslant 0$, 利用牛顿-莱布尼茨公式有 $|u_m(x', x_N)| \leqslant |u_m(x', 0)| + \int_0^{x_N} |u_{m,x_N}(x', t)|\mathrm{d}t$. 于是利用Young 不等式和Hölder不等式可得

$$\int_{\mathbb{R}^{N-1}} |u_m(x', x_N)|^p \mathrm{d}x' \leqslant C\left(\int_{\mathbb{R}^{N-1}} |u_m(x', 0)|^p \mathrm{d}x' + x_N^{p-1} \int_0^{x_N} \int_{\mathbb{R}^{N-1}} |Du_m(x', t)|^p \mathrm{d}x' \mathrm{d}t\right)$$

令$m \to \infty$ 可得

$$\int_{\mathbb{R}^{N-1}} |u(x', x_N)|^p \mathrm{d}x' \leqslant C x_N^{p-1} \int_0^{x_N} \int_{\mathbb{R}^{N-1}} |Du|^p \mathrm{d}x' \mathrm{d}t \text{ for a.e. } x_N > 0. \tag{5-33}$$

（1-2）接着引入截断函数 $\xi \in C^\infty(\mathbb{R})$ 满足 $\xi \equiv 1, x \in [0,1], \xi \equiv 0, x \in \mathbb{R}\backslash[0,2], 0 \leqslant \xi \leqslant 1$，并记

$$\begin{cases} \xi_m(x) := \xi(mx_N) & (x \in \mathbb{R}_+^N) \\ \omega_m := u(x)(1 - \xi_m), \end{cases}$$

根据这个定义可得

$$\begin{cases} \omega_{m,x_N} = u_{x_N}(1 - \xi_m) - mu\xi' \\ D_{x'}\omega_m = D_{x'}u(1 - \xi_m). \end{cases}$$

下面需要说明在 $W^{1,p}(\mathbb{R}_+^N)$ 中 $\omega_m \to u$. 由于 $\xi_m(x) \neq 0$ 只发生在 $0 \leqslant x_N \leqslant \dfrac{2}{m}$ 这个范围内，因此首先有在 $L^p(\mathbb{R}_+^N)$ 中 $\omega_m \to u$. 其次有

$$\int_{\mathbb{R}_+^N} |D\omega_m - Du|^p \mathrm{d}x \leqslant C \int_{\mathbb{R}_+^N} |\xi_m|^p |Du|^p \mathrm{d}x + Cm^p \int_0^{\frac{2}{m}} \int_{\mathbb{R}^{N-1}} |u|^p \mathrm{d}x' \mathrm{d}t$$

$$:= A + B.$$

由于当 $m \to \infty$ 时，$\{x : \xi_m(x) \neq 0\}$ 这个集合的测度趋于 0, 而 $|Du|^p$ 是可积的，因此利用勒贝格积分的绝对连续性可得，当 $m \to \infty$ 时，$A \to 0$. 利用（1-1）中证明的结论(5-33), 有

$$B = Cm^p \int_0^{\frac{2}{m}} \int_{\mathbb{R}^{N-1}} |u|^p \mathrm{d}x' \mathrm{d}t$$

$$\leqslant Cm^p \int_0^{\frac{2}{m}} \left(t^{p-1} \int_0^t \int_{\mathbb{R}^{N-1}} |Du|^p \mathrm{d}x' \mathrm{d}x_N \right) \mathrm{d}t$$

$$\leqslant Cm^p \left(\int_0^{\frac{2}{m}} t^{p-1} \mathrm{d}t \right) \left(\int_0^{\frac{2}{m}} \int_{\mathbb{R}^{N-1}} |Du|^p \mathrm{d}x' \mathrm{d}x_N \right)$$

$$\leqslant C(p) \int_0^{\frac{2}{m}} \int_{\mathbb{R}^{N-1}} |Du|^p \mathrm{d}x' \mathrm{d}x_N \to 0 \text{ as } m \to \infty.$$

这样就证明了，在 $W^{1,p}(\mathbb{R}_+^N)$ 中 $\omega_m \to u$.

根据定义可知当 $0 < x_N < \dfrac{1}{m}$ 时, 可以把 ω_m 适当磨光成某个 $u_m \in C_c^\infty(\mathbb{R}_+^N)$, 使得 $u_m \to u$ in $W^{1,p}(\mathbb{R}_+^N)$. 因此 $u \in W_0^{1,p}(\mathbb{R}_+^N)$.

（2）接着我们考虑一般的有界开集 Ω. 利用 $\partial\Omega$ 是紧集且 $\partial\Omega \in C^1$, 可知

存在有限覆盖 $\bigcup_{i=1}^{n} U_i \supset \partial\Omega$. 并且存在某个适当的 $\delta > 0$ 使得 $\cup_{i=1}^{n} U_i \supset \Omega_\delta :=$ $\{x \in \Omega : \text{dist}(x, \partial\Omega) < \delta\}$. 因此可以选择适当的 $U_0 \subset\subset \Omega$ 使得 $\Omega \subset \bigcup_{i=0}^{n} U_i$. 记 $\xi_i, i = 0, 1, \cdots, n$ 为从属于 $\{U_i\}_{i=0}^{n}$ 的单位分解（见定理4.2），即

$$\xi_i \in C_c^{\infty}(U_i), \xi_i(x) \geqslant 0, \sum_{i=0}^{n} \xi_i(x) = 1, \forall x \in \Omega.$$

因此有 $u(x) = \sum_{i=0}^{n} \xi_i(x) \cdot u(x) := \sum_{i=0}^{n} v_i(x)$, 此时可见 $\text{supp}(v_i) \subset\subset U_i$. 如果对 $1 \leqslant i \leqslant n$, 都能对应找到某个序列 $\{u_{i,m}(x) \in C_c^{\infty}(U_i \cap \Omega)\}$, 在 $W^{1,p}(U_i \cap \Omega)$ 中 $u_{i,m} \to v_i$, 则可以考虑 $u_m = v_0 + \sum_{i=1}^{n} u_{i,m}$, 则可见 $u_m \in C_c^{\infty}(\Omega)$ 并且在 $W^{1,p}(\Omega)$ 中 $u_m \to v_0 + \sum_{i=1}^{n} v_i = u$.

下面对固定的 i, 记 Φ_i 为对应的边界拉直函数, 对应地, 考虑 $w_i(y) = v_i(\Phi^{-1}(y)) = v_i(x)$. 由于 $Tv_i(x) = 0, x \in \partial\Omega$, 可知 $Tw_i = 0, x \in \{y_N = 0\}$. 于是利用（1）中已经证明的结论可知存在 $w_{i,m} \in C_c^{\infty}(\mathbb{R}_+^N)$, 在 $W^{1,p}(\mathbb{R}_+^N)$ 中 $w_{i,m} \to w_i$. 于是令 $u_{i,m}(x) = w_{i,m}(\Phi(x))$, 则可得 $\{u_{i,m}\}$ 满足上面要求, 至此证明了 $u \in W_0^{1,p}(\Omega)$. $\qquad\square$

第 6 章　全空间中的嵌入不等式

定义 6.1：　（嵌入）　设 $X \subset Y$ 都是赋范线性空间，若恒等算子 $I_d : X \to Y$ 是一个有界线性（紧）算子，则称 X 可（紧）嵌入到 Y 中，记为 $X \hookrightarrow Y$ $(X \hookrightarrow\hookrightarrow Y)$.

注释 6.1：　当我们谈及 $X \hookrightarrow Y$ 时，首先从集合的包含关系来说 $X \subset Y$. 现在涉及了恒等算子连续，这个就涉及了拓扑，这表明了开集的原象是开集，也就是假设集合 $A \subset X \subset Y$，当它相对于 (Y, τ_Y) 来说是开集时，则它相对于 (X, τ_X) 来说也必定是开集。这表明了 τ_X 中的开集更加丰富也就是拓扑更强，即强拓扑嵌入更弱的拓扑中. 而赋范线性空间中的拓扑是由范数诱导的度量所诱导的，范数的强弱等价于拓扑的强弱，因此存在某个常数 $C > 0$ 使得

$$\|x\|_Y \leqslant C\|x\|_X, \forall x \in X.$$

或者以 0 点处的 τ_Y 单位开球 $\{x : \|x\|_Y < 1\}$ 为例，则它相对于 τ_X 来说它必定也是 0 点处的一个开邻域，因此必定存在某个 $c > 0$ 使得 $\{x : \|x\|_X < c\} \subset \{x : \|x\|_Y < 1\}$，这表明了 $\|x\|_Y \leqslant \dfrac{1}{c}\|x\|_X, \forall x \in \{x : \|x\|_X < c\}$. 最后利用范数的性质 $\|\lambda x\|_i = |\lambda|\|x\|_i, i = X, Y$ 可得

$$\|x\|_Y \leqslant \frac{1}{c}\|x\|_X, \forall x \in X.$$

注释 6.2：

（1）如果 $X \hookrightarrow Y, Y \hookrightarrow Z$，则我们有传递性结论 $X \hookrightarrow Z$. 这个只需用到复合映射的连续性即可.

（2）特别地，如果还有 $X \hookrightarrow Y$ 是紧的，或者 $Y \hookrightarrow Z$ 是紧的，则可得结论 $X \hookrightarrow Z$ 也是紧的. 这是因为如果 $X \hookrightarrow Y$ 是紧的，则对于 X 中的有界集 A，通过恒等映射之后 A 为 Y 的列紧集，由于连续映射保持紧性，可得再次通过恒等映射之后 A 同样也是 Z 中的列紧集，因此 $X \hookrightarrow\hookrightarrow Z$. 如果换成 $Y \hookrightarrow Z$ 是紧的，则首先利用连续映射把有界集映成有界集可知对于 X 中的有界集 A，通过

恒等映射之后 A 仍为 Y 中的有界集，进而利用 $Y \hookrightarrow Z$ 是紧的，可得 A 是 Z 中的列紧集，所以同样可以得到结论 $X \hookrightarrow\hookrightarrow Z$.

6.1　Sobolev不等式以及 $kp < N$ 情形的嵌入

定义 6.2：　（齐次**Sobolev空间**）　$\dot{W}^{k,p}(\Omega) := \{u \in L^1_{\text{loc}}(\Omega) : D^\alpha u \in L^p(\Omega), \forall \alpha, |\alpha| = k\}$.

根据定义可知 $W^{k,p}(\Omega) \subseteq \dot{W}^{k,p}(\Omega)$. 当 Ω 具有有限测度并且边界具备适当的正则性时，结合Poincáre 不等式可以证明这两个空间其实是完全一致的. 但是当 Ω 测度无限或者 Ω 测度有限但正则性很差时，它们不是同一个空间.

空间 $\dot{W}^{k,p}(\Omega)$ 中定义的半范为

$$|u|_{\dot{W}^{k,p}(\Omega)} := \left\|\nabla^k u\right\|_{L^p(\Omega)}, \tag{6-1}$$

有时候也采用它的等价半范 $u \mapsto \sum_{|\alpha|=k} \|\partial^\alpha u\|_{L^p(\Omega)}$. 由于 $|u|_{\dot{W}^{k,p}(\Omega)} = 0$ 当且仅当 u 在 Ω 的每一个连通分支上都是一个次数不超过 $k - 1$ 的多项式，当 Ω 只有有限个连通分支时（特别是 Ω 是连通的），在 $\dot{W}^{k,p}(\Omega)$ 中可以定义一个范数（见后面的例9.1）.

注释 6.3：　但是对于连通区域 Ω 来说，当 u 的半范值为0时，可得 u 在 Ω 上恒为常数. 因此非退化性成立当且仅当在迹0空间中讨论. 故当 Ω 是一个连通的区域时，$\dot{W}^{k,p}_0(\Omega)$ 按照上面定义出来的半范实际上是一个范数，并且 $C^\infty_c(\Omega)$ 在 $\dot{W}^{k,p}_0(\Omega)$ 中稠密. 所以有时候也记它为 $D^{k,p}_0(\Omega)$. 特别地，对于 $\Omega = \mathbb{R}^N$，由于 $W^{k,p}(\mathbb{R}^N) = W^{k,p}_0(\mathbb{R}^N)$，所以有些文献上也把 $D^{k,p}_0(\mathbb{R}^N)$ 直接就记为 $D^{k,p}(\mathbb{R}^N)$.

首先学习PDE 中的一个重要变分不等式

$$\|u\|_{L^q(\mathbb{R}^N)} \leqslant C\|Du\|_{L^p(\mathbb{R}^N)}, \forall u \in \dot{W}^{1,p}_0(\mathbb{R}^N). \tag{6-2}$$

其中，C 不能依赖于 u. 因此假设对于函数 $u \in \dot{W}^{1,p}_0(\mathbb{R}^N)$ 上面不等式成立，则对于任意的 $\lambda > 0$，考虑 u 的伸缩变换 $u_\lambda(x) = u(\lambda x)$，则有 $u_\lambda \in \dot{W}^{k,p}_0(\mathbb{R}^N)$，并且

$$\begin{cases} \int_{\mathbb{R}^N} |u_\lambda(x)|^q \mathrm{d}x = \int_{\mathbb{R}^N} |u(y)|^q \lambda^{-N} \mathrm{d}y = \lambda^{-N} \int_{\mathbb{R}^N} |u(y)|^q \mathrm{d}y, \\ \int_{\mathbb{R}^N} |D_x u_\lambda(x)|^p \mathrm{d}x = \int_{\mathbb{R}^N} \lambda^p |D_y u(y)|^p \lambda^{-N} \mathrm{d}y = \lambda^{p-N} \int_{\mathbb{R}^N} |Du(y)|^p \mathrm{d}y, \end{cases}$$

进而 $\dfrac{\|u_\lambda\|_{L^q(\mathbb{R}^N)}}{\|Du_\lambda\|_{L^p(\mathbb{R}^N)}} = \dfrac{\|u\|_{L^q(\mathbb{R}^N)}}{\|Du\|_{L^p(\mathbb{R}^N)}}\lambda^{\frac{N-p}{p}-\frac{N}{q}}$，于是有 $\dfrac{\|u\|_{L^q(\mathbb{R}^N)}}{\|Du\|_{L^p(\mathbb{R}^N)}}\lambda^{\frac{N-p}{p}-\frac{N}{q}} \leqslant C, \forall \lambda > 0$. 由此满足的条件只可能是

$$\frac{N-p}{p} - \frac{N}{q} = 0, \text{i.e.}, q = \frac{Np}{N-p} =: p^* \text{（维数平衡条件）},$$

也称 p^* 为 Sobolev 临界指数（或共轭指数）.

首先对于 $u \in C_0^\infty(\mathbb{R}^N)$, 简记 $D_i = D^{e_i}$, 则有

$$u(x) = \int_{-\infty}^{x_i} \underset{i}{D_i u(x_1, \cdots, x_{i-1}, y, x_{i+1}, \cdots, x_N)} \mathrm{d}y,$$

以及

$$u^N(x) = \prod_{i=1}^{N} \int_{-\infty}^{x_i} D_i u(x_1, \cdots, x_{i-1}, y_i, x_{i+1}, \cdots, x_N) \mathrm{d}y_i. \tag{6-3}$$

定理 6.1: **（Gagliardo-Nirenberg-Sobolev 不等式）** 设 $1 \leqslant p < N$, 则存在 $C = C(p, N)$ 使得

$$\|u\|_{L^{p^*}(\mathbb{R}^N)} \leqslant C(p, N)\|Du\|_{L^p(\mathbb{R}^N)}, \ \forall u \in \dot{W}_0^{1,p}(\mathbb{R}^N). \tag{6-4}$$

其中，$p^* := \frac{Np}{N-p}$ 称为 Sobolev 临界指数（或者共轭指数）. 特别地，有嵌入关系 $W^{1,p}(\mathbb{R}^N) \hookrightarrow L^q(\mathbb{R}^N), \forall p \leqslant q \leqslant p^*$.

注释 6.4: 利用稠密性定理只需证明式(6-4) 对任意的 $u \in C_c^\infty(\mathbb{R}^N)$ 成立即可.

证明

（1）先证明 $p = 1$ 的情形，只要证明

$$\left(\int_{\mathbb{R}^N} |u|^{\frac{N}{N-1}} \mathrm{d}x\right)^{\frac{N-1}{N}} \leqslant C \int_{\mathbb{R}^N} |Du| \mathrm{d}x. \tag{6-5}$$

利用上面的式(6-3), 可得

$$|u(x)|^{\frac{N}{N-1}} \leqslant \left(\prod_{i=1}^{N} \int_{-\infty}^{\infty} D_i u(x_1, \cdots, x_{i-1}, y_i, x_{i+1}, \cdots, x_N) \mathrm{d}y_i\right)^{\frac{1}{N-1}},$$

所以

$$\int_{-\infty}^{\infty} |u(x_1, \cdots, x_N)|^{\frac{N}{N-1}} \mathrm{d}x_1$$

$$\leqslant \int_{-\infty}^{\infty} \mathrm{d}x_1 \left(\prod_{i=1}^{N} \int_{-\infty}^{\infty} D_i u(x_1, \cdots, x_{i-1}, y_i, x_{i+1}, \cdots, x_N) \mathrm{d}y_i \right)^{\frac{1}{N-1}}$$

$$= \left(\int_{-\infty}^{\infty} |D_1 u(y_1, x_2, \cdots, x_N)| \mathrm{d}y_1 \right)^{\frac{1}{N-1}} \cdot$$

$$\int_{-\infty}^{\infty} \left(\prod_{i=2}^{N} \int_{-\infty}^{\infty} D_i u(x_1, \cdots, x_{i-1}, y_i, x_{i+1}, \cdots, x_N) \mathrm{d}y_i \right)^{\frac{1}{N-1}} \mathrm{d}x_1,$$

对上面右端乘积的第二项中针对$\mathrm{d}x_1$的积分利用多重指标的Hölder不等式，

$$\int_{-\infty}^{\infty} |u(x_1, \cdots, x_N)|^{\frac{N}{N-1}} \mathrm{d}x_1$$

$$\leqslant \left(\int_{-\infty}^{\infty} |D_1 u(y_1, x_2, \cdots, x_N)| \mathrm{d}y_1 \right)^{\frac{1}{N-1}} \cdot \prod_{i=2}^{N} \left(\int_{-\infty}^{\infty} \int_{-\infty}^{\infty} |D_i u| \mathrm{d}y_i \mathrm{d}x_1 \right)^{\frac{1}{N-1}}$$

于是可得

$$\int_{-\infty}^{\infty} \int_{-\infty}^{\infty} |u(x_1, \cdots, x_N)|^{\frac{N}{N-1}} \mathrm{d}x_1 \mathrm{d}x_2$$

$$\leqslant \left(\int_{-\infty}^{\infty} \int_{-\infty}^{\infty} |D_2 u(x_1, y_2, \cdots, x_N)| \mathrm{d}x_1 \mathrm{d}y_2 \right)^{\frac{1}{N-1}} \cdot \int_{-\infty}^{\infty} \prod_{i=1, i\neq 2}^{N} I_i^{\frac{1}{N-1}} \mathrm{d}x_2, \qquad (6\text{-}6)$$

其中

$$\begin{cases} I_1 := \int_{-\infty}^{\infty} |D_1 u(y_1, x_2, \cdots, x_N)| \mathrm{d}y_1, \\ I_i := \int_{-\infty}^{\infty} \int_{-\infty}^{\infty} |D_i u(x_1, \cdots, \underset{i}{y_i}, \cdots, x_N)| \mathrm{d}x_1 \mathrm{d}y_i, i = 3, \cdots, N. \end{cases}$$

再次针对积分$\mathrm{d}x_2$类似前面那样采取Hölder不等式，可得

$$\int_{-\infty}^{\infty} \int_{-\infty}^{\infty} |u(x_1, \cdots, x_N)|^{\frac{N}{N-1}} \mathrm{d}x_1 \mathrm{d}x_2$$

$$\leqslant \left(\int_{-\infty}^{\infty} \int_{-\infty}^{\infty} |D_2 u(x_1, y_2, \cdots, x_N)| \mathrm{d}x_1 \mathrm{d}y_2 \right)^{\frac{1}{N-1}} \cdot \prod_{i=1, i\neq 2}^{N} \left(\int_{-\infty}^{\infty} I_i \mathrm{d}x_2 \right)^{\frac{1}{N-1}}$$

$$= \left(\int_{-\infty}^{\infty} \int_{-\infty}^{\infty} |D_2 u(x_1, y_2, \cdots, x_N)| \mathrm{d}x_1 \mathrm{d}y_2 \right)^{\frac{1}{N-1}} \cdot$$

$$\left(\int_{-\infty}^{\infty} \int_{-\infty}^{\infty} |D_1 u(y_1, x_2, \cdots, x_N)| \mathrm{d}y_1 \mathrm{d}x_2 \right)^{\frac{1}{N-1}} \cdot$$

$$\prod_{i=3}^{N}\left(\int_{-\infty}^{\infty}\int_{-\infty}^{\infty}\int_{-\infty}^{\infty}|D_iu|\mathrm{d}x_1\mathrm{d}x_2\mathrm{d}y_i\right)^{\frac{1}{N-1}}.$$

对于$N=2$结论已经成立，当$N\geqslant 3$时可以类似讨论下去，得

$$\int_{\mathbb{R}^N}|u|^{\frac{N}{N-1}}\mathrm{d}x\leqslant\prod_{i=1}^{N}\left(\int_{-\infty}^{\infty}\cdots\int_{-\infty}^{\infty}|D_iu|\mathrm{d}x_1\cdots\mathrm{d}y_i\cdots\mathrm{d}x_N\right)^{\frac{1}{N-1}}$$

$$\leqslant\prod_{i=1}^{N}\left(\int_{-\infty}^{\infty}\cdots\int_{-\infty}^{\infty}|Du|\mathrm{d}x_1\cdots\mathrm{d}y_i\cdots\mathrm{d}x_N\right)^{\frac{1}{N-1}}=\left(\int_{\mathbb{R}^N}|Du|\mathrm{d}x\right)^{\frac{N}{N-1}},$$

即$p=1$时，结论成立.

（2）下面考虑$1<p<N$. 对$v=|u|^r$使用上面的结论有

$$\int_{\mathbb{R}^N}|u|^{\frac{Nr}{N-1}}\mathrm{d}x\leqslant C\left(\int_{\mathbb{R}^N}r\cdot|u|^{r-1}\cdot|Du|\mathrm{d}x\right)^{\frac{N}{N-1}}$$

由 Hölder 不等式 $\leqslant Cr\left(\int_{\mathbb{R}^N}|Du|^p\mathrm{d}x\right)^{\frac{N}{p(N-1)}}\cdot\left(\int_{\mathbb{R}^N}|u|^{(r-1)\frac{p}{p-1}}\mathrm{d}x\right)^{\frac{p-1}{p}\cdot\frac{N}{N-1}}.$

为了能化简，取r使得 $\dfrac{Nr}{N-1}=(r-1)\cdot\dfrac{p}{p-1}$,i.e.,$r=\dfrac{(N-1)p}{N-p}>1$. 此时

$$1-\frac{p-1}{p}\cdot\frac{N}{N-1}=\frac{N-p}{(N-1)p}=\frac{1}{r},\frac{Nr}{N-1}=\frac{Np}{N-p}=p^*,\frac{r}{p^*}=\frac{N-1}{N},$$

所以进而有

$$\left(\int_{\mathbb{R}^N}|u|^{p^*}\mathrm{d}x\right)^{\frac{1}{r}}\leqslant Cr\left(\int_{\mathbb{R}^N}|Du|^p\mathrm{d}x\right)^{\frac{1}{p}\cdot\frac{N}{N-1}}$$

$$\Rightarrow\left(\int_{\mathbb{R}^N}|u|^{p^*}\mathrm{d}x\right)^{\frac{1}{p^*}}\leqslant(Cr)^{\frac{N-1}{N}}\left(\int_{\mathbb{R}^N}|Du|^p\mathrm{d}x\right)^{\frac{1}{p}}$$

$$\Rightarrow\|u\|_{L^{p^*}(\mathbb{R}^N)}\leqslant C(N,p)\|Du\|_{L^p(\mathbb{R}^N)}.$$

最后，对任意的$u\in L^q(\mathbb{R}^N),q\in[p,p^*]$. 如果$q=p$则根据范数定义显然有 $\|u\|_{L^p(\mathbb{R}^N)}\leqslant\|u\|_{W^{1,p}(\mathbb{R}^N)}$. 如果$q=p^*$，根据范数定义以及上面证明的不等式，有

$$\|u\|_{L^{p^*}(\mathbb{R}^N)}\leqslant C(N,p)\|Du\|_{L^p(\mathbb{R}^N)}\leqslant C(N,p)\|u\|_{W^{1,p}(\mathbb{R}^N)}.$$

最后考虑 $p < q < p^*$, 取 $\theta \in (0,1)$ 满足 $\dfrac{1}{q} = \theta\dfrac{1}{p} + (1-\theta)\dfrac{1}{p^*}$, 于是利用插值不等式（见定理3.18）有 $\|u\|_{L^q(\mathbb{R}^N)} \leqslant \|u\|_{L^p(\mathbb{R}^N)}^{\theta} \cdot \|u\|_{L^{p^*}(\mathbb{R}^N)}^{1-\theta}$. 再结合Young不等式（见定理3.10），最后可有

$$\|u\|_{L^q(\mathbb{R}^N)} \leqslant \|u\|_{L^p(\mathbb{R}^N)} + C(N,p)\|\nabla u\|_{L^p(\mathbb{R}^N)} \leqslant C(N,p)\|u\|_{W^{1,p}(\mathbb{R}^N)},$$

故有嵌入关系 $W^{1,p}(\mathbb{R}^N) \hookrightarrow L^q(\mathbb{R}^N)$. $\qquad\square$

注释 6.5:

（1）如果 $1 < p < N$, 不等式(6-4)中的最佳常数为

$$C(N,p) = \frac{1}{\pi^{1/2}} \frac{1}{N^{1/p}} \left(\frac{p-1}{N-p}\right)^{1-1/p} \left\{\frac{\Gamma(1+N/2)\Gamma(N)}{\Gamma(N/p)\Gamma(1+N-N/p)}\right\}^{1/N},$$

并且 $u(x) = \left(a + b|x|^{p/(p-1)}\right)^{1-N/p}$, $x \in \mathbb{R}^N$, 其中, a,b 是依赖于N的正的常数, 并且在伸缩的意义下，除了相差一个常数倍，$u(x)$是唯一确定的.

（2）当$p = 1$时，不等式(6-4)中的最佳常数 $C = \dfrac{1}{\pi^{1/2}}\dfrac{1}{N}(\Gamma(1+N/2))^{1/N}$. 为了说明这一点，只需取

$$u_n(x) := \begin{cases} 1, & \|x\| \leqslant 1, \\ 1 + n - n\|x\|, & 1 < \|x\| \leqslant 1 + 1/n, \\ 0, & \|x\| > 1 + 1/n, \end{cases}$$

这是一个Lipschitz连续的函数列，并且收敛到单位球的特征函数.

下面接着把Gagliardo-Nirenberg-Sobolev不等式推广到高阶的版本，即对$u \in \dot{W}^{k,p}(\mathbb{R}^N)$建立类似的结论，其中$k \geqslant 2, 1 \leqslant p < \infty$ 使得$kp < N$. 这样对$m = 0, 1, 2, \cdots, k$, 引入一个记号

$$p_{k,m}^* := \frac{Np}{N - (k-m)p}$$

来表示Sobolev临界指标，则有 $p_{k,k}^* = p$ 以及 $p_{k,k-1}^* = p^*$, 此时的p^*即为前面所定义的Sobolev临界指标. 为了便利采用记号$\nabla^m u$（见注释5.2-(3)）.

推论 6.1: （**高阶的Gagliardo-Nirenberg-Sobolev不等式**）考虑$k \in \mathbb{N}$ 为自然数， $1 \leqslant p < \infty$ 满足$kp < N$, 则存在$C = C(N,k,p)$ 使得对任意的$u \in$

$\dot{W}_0^{k,p}(\mathbb{R}^N)$ 以及任意的 $m = 0, 1, 2, \cdots, k-1$, 都有

$$\|\nabla^m u\|_{L^{p^*_{k,m}}(\mathbb{R}^N)} \leqslant C(N, k, p)\|\nabla^k u\|_{L^p(\mathbb{R}^N)}. \tag{6-7}$$

特别地, 有

$$W^{k,p}(\mathbb{R}^N) \hookrightarrow L^{q_0}(\mathbb{R}^N) \cap W^{1,q_1}(\mathbb{R}^N) \cap \cdots \cap W^{k-1,q_{k-1}}(\mathbb{R}^N),$$

其中, 这里的 $p \leqslant q_m \leqslant p^*_{k,m}$.

证明 利用数学归纳法即可证明. $\qquad\qquad\square$

那如果仅仅针对齐次Sobolev空间 $\dot{W}^{k,p}(\mathbb{R}^N)$, 又会嵌入什么样的空间中去呢? 首先给出下面一个引理.

引理 6.1: (弱导数和位势理论的联系) 任意的 $u \in C_c^k(\mathbb{R}^N), k \in \mathbb{N}$, 都有

$$u = \sum_{|\alpha|=k} K_\alpha \star \partial^\alpha u,$$

其中

$$K_\alpha(x) = \frac{k}{\omega_N \alpha!} \frac{x^\alpha}{\|x\|^N}, x \in \mathbb{R}^N \setminus \{0\},$$

而 $\omega_N = \mathcal{H}^{N-1}(\mathbb{S}^{N-1}) = \dfrac{2\pi^{\frac{N}{2}}}{\Gamma(\frac{N}{2})}$ 为 $\mathbb{R}^N$ 中单位球面的表面积.

证明 只需用简单的极坐标换元即可证明. 首先对 $\forall x \in \mathbb{R}^N, \forall \theta \in \mathbb{S}^{N-1}$, 定义 $g(r) = u(x + r\theta), r \in \mathbb{R}$. 运用 $k-1$ 次分部积分公式可得

$$g(0) = -\int_0^\infty g'(r)\mathrm{d}r = \int_0^\infty g''(r)r\mathrm{d}r = \cdots = \frac{(-1)^k}{(k-1)!}\int_0^\infty g^{(k)}(r)r^{k-1}\mathrm{d}r.$$

利用求导的链式法则有 $g^{(k)}(r) = \sum_{|\alpha|=k} \frac{k!}{\alpha!}\partial^\alpha u(x + r\theta) \cdot \theta^\alpha$, 因此

$$u(x) = k \cdot (-1)^k \sum_{|\alpha|=k} \frac{1}{\alpha!} \int_0^\infty r^{k-1}\theta^\alpha \partial^\alpha u(x + r\theta)\mathrm{d}r.$$

由于这个等式对任意的 $\theta \in \mathbb{S}^{N-1}$ 都成立, 所以可以对它取平均

$$u(x) = \frac{1}{\omega_N} \int_{\mathbb{S}^{N-1}} u(x)\mathrm{d}\mathcal{H}^{N-1}(\theta)$$

$$
\begin{aligned}
&= \frac{k \cdot (-1)^k}{\omega_N} \sum_{|\alpha|=k} \frac{1}{\alpha!} \int_{\mathbb{S}^{N-1}} \int_0^\infty r^{k-1} \theta^\alpha \partial^\alpha u(x+r\theta) \mathrm{d}r \mathrm{d}\mathcal{H}^{N-1}(\theta) \\
&= \frac{k \cdot (-1)^k}{\omega_N} \sum_{|\alpha|=k} \frac{1}{\alpha!} \int_{\mathbb{S}^{N-1}} \int_0^\infty r^{k-N} \theta^\alpha \partial^\alpha u(x+r\theta) \mathrm{d}r r^{N-1} \mathrm{d}\mathcal{H}^{N-1}(\theta) \\
&= \frac{k \cdot (-1)^k}{\omega_N} \sum_{|\alpha|=k} \frac{1}{\alpha!} \int_{\mathbb{R}^N} \frac{1}{|y-x|^{N-k}} \cdot \frac{(y-x)^\alpha}{|y-x|^{|\alpha|}} \cdot \partial^\alpha u(y) \mathrm{d}y \\
&= \frac{k}{\omega_N} \sum_{|\alpha|=k} \frac{1}{\alpha!} \int_{\mathbb{R}^N} \frac{1}{|y-x|^{N-k}} \cdot \frac{(x-y)^\alpha}{|y-x|^{|\alpha|}} \cdot \partial^\alpha u(y) \mathrm{d}y \\
&= \sum_{|\alpha|=k} K_\alpha \star \partial^\alpha u. \qquad\qquad\qquad\qquad\qquad \square
\end{aligned}
$$

定理 6.2: （**齐次空间的GNS嵌入**） 令 $k \in \mathbb{N}, 1 \leqslant p < \infty$ 满足 $kp < N$, 则对任意的 $u \in \dot{W}^{k,p}(\mathbb{R}^N)$, 都存在着某个多项次（至多 $k-1$ 次）使得

$$
\|\nabla^m(u - P_u)\|_{L^{p_{k,m}^*}(\mathbb{R}^N)} \leqslant C \|\nabla^k u\|_{L^p(\mathbb{R}^N)}, \tag{6-8}
$$

其中，$m = 0, 1, 2, \cdots, k-1$ 以及 $C = C(N, k, p)$ 不依赖 u 的选取. 特别地，

$$
P_u = u - \sum_{|\alpha|=k} K_\alpha \star \partial^\alpha u.
$$

证明 $\forall u \in \dot{W}^{k,p}(\mathbb{R}^N)$, 由稠密性定理可知存在 $\{u_n\}_n \subset C_c^\infty(\mathbb{R}^N)$ 使得

$$
\partial^\alpha u_n \to \partial^\alpha u \text{ in } L^p(\mathbb{R}^N), \forall \alpha, |\alpha| = k.
$$

注意这个稠密性只对 $N \geqslant 2$ 或者 $p > 1$ 时结论成立. 也就是说对于 $N = 1, p = 1$ 时是有反例的，见下面的注释6.6. 由于 $\forall \ell, n \in \mathbb{N}, u_n - u_\ell \in W^{k,p}(\mathbb{R}^N)$ （此时相当于模掉 $\mathbb{R}$），因此由高阶的GNS 不等式（见式(6-7)），有

$$
\|\nabla^m(u_n - u_\ell)\|_{L^{p_{k,m}^*}(\mathbb{R}^N)} \leqslant C \|\nabla^k(u_n - u_\ell)\|_{L^p(\mathbb{R}^N)}, \forall m = 0, 1, \cdots, k-1.
$$

这表明了 $\{\nabla^m u_n\}_n$ 在 $L^{p_{k,m}^*}(\mathbb{R}^N)$ 中是一个Cauchy列，因此由完备性可知存在

$$
v \in L^{p_{k,0}^*}(\mathbb{R}^N) \cap W^{1,p_{k,1}^*}(\mathbb{R}^N) \cap \cdots \cap W^{k,p_{k,k}^*}(\mathbb{R}^N)
$$

使得在 $L^{p_{k,m}^*}(\mathbb{R}^N)$ 中 $\nabla^m u_n \to \nabla^m v$. 但是已有结论，在 $L^p(\mathbb{R}^N)$ 中 $\nabla^k u_n \to \nabla^k u$，所以 $\nabla^k u = \nabla^k v$ a.e. $x \in \mathbb{R}^N$. 因此存在某个多项式 P_u （次数不超过 $k-1$）使得

$$u(x) = v(x) + P_u(x) \text{ a.e. } x \in \mathbb{R}^N.$$

再次对 $u_n \in W^{k,p}(\mathbb{R}^N)$ 使用 GNS 不等式 $\|\nabla^m u_n\|_{L^{p_{k,m}^*}(\mathbb{R}^N)} \leqslant C\|\nabla^k u_n\|_{L^p(\mathbb{R}^N)}$，两边同时令 $n \to \infty$，则左边的极限为 $\|\nabla^m v\|_{L^{p_{k,m}^*}(\mathbb{R}^N)}$，而右边的极限为 $C\|\nabla^k u\|_{L^p(\mathbb{R}^N)}$，即得到了 $\|\nabla^m(u - P_u(x))\|_{L^{p_{k,m}^*}(\mathbb{R}^N)} \leqslant C\|\nabla^k u\|_{L^p(\mathbb{R}^N)}$.

记 $\tilde{K}_\alpha(x) = K_\alpha(-x)$，则对任意的 $\psi \in C_c^\infty(\mathbb{R}^N)$ 都有

$$|K_\alpha \star \psi| \leqslant |\tilde{K}_\alpha| \star |\psi| \leqslant C(N,k)I_k|\psi|,$$

其中，I_k 为 Riesz 位势 （见 7.4 节），由此可知当 $1 < p < \frac{N}{k}$ 时，I_k 是强 $(p, p_{k,0}^*)$ 型的（这样可得 $\tilde{K}_\alpha \star \psi$ 及 $K_\alpha \star u_n$ 属于 $L_{\text{loc}}^1(\mathbb{R}^N)$，可以把它们当作广义函数）. 由引理 6.1，可得 $u_n = \sum_{|\alpha|=k} K_\alpha \star \partial^\alpha u_n$. 于是结合 Fubini 定理交换积分顺序可得

$$
\begin{aligned}
\int_{\mathbb{R}^N} u_n(x)\psi(x)\mathrm{d}x &= \int_{\mathbb{R}^N}\left(\sum_{|\alpha|=k} K_\alpha \star \partial^\alpha u_n\right)\cdot\psi(x)\mathrm{d}x \\
&= \sum_{|\alpha|=k}\int_{\mathbb{R}^N}\int_{\mathbb{R}^N} K_\alpha(x-y)\partial^\alpha u_n(y)\mathrm{d}y\psi(x)\mathrm{d}x \\
&= \sum_{|\alpha|=k}\int_{\mathbb{R}^N}\int_{\mathbb{R}^N} K_\alpha(x-y)\psi(x)\mathrm{d}x\partial^\alpha u_n(y)\mathrm{d}y \\
&= \sum_{|\alpha|=k}\int_{\mathbb{R}^N} \partial^\alpha u_n(y)\left(\tilde{K}_\alpha \star \psi\right)(y)\mathrm{d}y.
\end{aligned}
$$

两边取极限并再次使用 Fubini 定理，可得

$$\int_{\mathbb{R}^N} v(x)\psi(x)\mathrm{d}x = \sum_{|\alpha|=k}\int_{\mathbb{R}^N} \partial^\alpha u(y)\left(\tilde{K}_\alpha \star \psi\right)(y)\mathrm{d}y = \sum_{|\alpha|=k}\int_{\mathbb{R}^N}(K_\alpha \star \partial^\alpha u)(x)\cdot\psi(x)\mathrm{d}x,$$

即 $\displaystyle\int_{\mathbb{R}^N}(u - P_u)\psi\mathrm{d}x = \int_{\mathbb{R}^N}\left(\sum_{|\alpha|=k} K_\alpha \star \partial^\alpha u\right)\psi\mathrm{d}x$. 由 $\psi \in C_c^\infty(\mathbb{R}^N)$ 的任意性，得

$$P_u = u - \sum_{|\alpha|=k} K_\alpha \star \partial^\alpha u. \qquad\qquad \square$$

特别地，如果 u 在无穷远处消逝，则有下面结论 $P_u = 0$.

注释 6.6:　（具有紧支集光滑函数空间在$\dot{W}^{k,1}(\mathbb{R})$中不稠密）　取$\phi \in C_c^\infty(\mathbb{R})$使得$\int_\mathbb{R} \phi(t)\mathrm{d}t \neq 0$. u 使得$u^{(k)}(t) = \phi(t)$, 则有$u \in \dot{W}^{k,1}(\mathbb{R})$. 假设存在$u_n \in C_c^\infty(\mathbb{R})$使得 $u_n^{(k)} \to u^{(k)}(t) = \phi(t)$ in $L^1(\mathbb{R})$, 则利用微积分基本定理可得

$$0 = \int_\mathbb{R} u_n^{(k)}(t)\mathrm{d}t \to \int_\mathbb{R} u^{(k)}(t)\mathrm{d}t = \int_\mathbb{R} \phi(t)\mathrm{d}t \neq 0,$$

矛盾.

推论 6.2:　（迹0齐次空间的嵌入）　令$k \in \mathbb{N}, 1 \leqslant p < \infty$ 满足$kp < N$, 则对任意的$u \in \dot{W}^{k,p}(\mathbb{R}^N)$, 并且$u$在无穷远处消逝, 有

$$\|\nabla^m u\|_{L^{p_{k,m}^*}(\mathbb{R}^N)} \leqslant C\|\nabla^k u\|_{L^p(\mathbb{R}^N)}, \tag{6-9}$$

其中这里的$C = C(N, k, p)$ 不依赖于u的选取.

证明　由上面定理的证明可知$v = u - P_u \in L^{p_{k,0}^*}(\mathbb{R}^N)$, 所以$v$ 在无穷远处消逝. 而u也在无穷远处消逝, 所以$P_u = 0$（注意P_u是由u所决定的关于变量x的多项式）. □

注释 6.7:　从形式上看, 这个不等式跟推论6.1中的结论一样. 回顾定理6.1中的证明可知, 在迹0前提下, 其实只需要用到$u \in \dot{W}^{k,p}(\mathbb{R}^N)$. 由于一般$\dot{W}^{k,p}(\mathbb{R}^N)$定义出来的只是一个半范, 其中非退化性条件不成立, 因此在模掉$\mathbb{R}$ 之后它就是商空间的一个范数了. 特别地, 考虑迹0齐次空间, 此时它就是一个范数了（见注释6.3）, 此时也记这个空间为$D_0^{k,p}(\mathbb{R}^N)$. 根据定义有嵌入

$$W^{k,p}(\mathbb{R}^N) = W_0^{k,p}(\mathbb{R}^N) \hookrightarrow \dot{W}_0^{k,p}(\mathbb{R}^N) := D_0^{k,p}(\mathbb{R}^N).$$

因此总体有嵌入链应该是

$$W^{k,p}(\mathbb{R}^N) \hookrightarrow D_0^{k,p}(\mathbb{R}^N) \hookrightarrow \cap_{m=0}^{k-1} D_0^{m,p_{k,m}^*}(\mathbb{R}^N).$$

6.2　Morrey不等式以及$N < kp < \infty$情形的嵌入

对于$N < p < \infty$的情形, 如果$u \in W^{1,p}(\mathbb{R}^N)$, 则此时在等价类的意义下, u 实际上是一个Hölder连续的函数.

定理 6.3：　（**Morrey 不等式**）　设 $n < p < \infty, \gamma = 1 - \dfrac{N}{p}$，则存在 $C = C(N, p)$ 使得对任意的 $u \in W^{1,p}(\mathbb{R}^N)$，存在 $\tilde{u} \in C^{0,\gamma}(\mathbb{R}^N)$ 使得 $u = \tilde{u}$ a.e. $x \in \mathbb{R}^N$ 且

$$\|\tilde{u}\|_{C^{0,\gamma}(\mathbb{R}^N)} \leqslant C\|u\|_{W^{1,p}(\mathbb{R}^N)}.$$

注释 6.8：

（1）要证明Morrey不等式，只需利用光滑逼近定理对光滑函数证明即可，或者用 $C_0^1(\mathbb{R}^N)$ 中的元素来证明即可. 根据 $\|\tilde{u}\|_{C^{0,\gamma}(\mathbb{R}^N)}$ 范数的定义，这个证明可以拆分成证明两部分：

$$u(x) \leqslant C\|u\|_{W^{1,p}(\mathbb{R}^N)}$$

和

$$\sup_{x,y\in\mathbb{R}^N, x\neq y}\left\{\frac{|u(y) - u(x)|}{|y - x|^\gamma}\right\} \leqslant C\|u\|_{W^{1,p}(\mathbb{R}^N)}.$$

思路：

$$\begin{aligned}
|u(y) - u(x)| &= |u(x + |y - x| \cdot \frac{(y - x)}{|y - x|}) - u(x)| \\
&= \int_0^{|y-x|} \frac{\mathrm{d}}{\mathrm{d}t} u(x + t\frac{y - x}{|y - x|})\mathrm{d}t \\
&= \int_0^{|y-x|} Du(x + t\theta) \cdot \theta \mathrm{d}t,
\end{aligned}$$

其中，$\theta = \dfrac{y - x}{|y - x|} \in S^N = \partial B(0, 1)$. 结合极坐标换元、 Hölder不等式以及一些三角不等式可以证明.

证明

（1）首先证明存在常数 $C = C(N)$ 使得对于任意的球 $B(x, r)$ 和任意的 $u \in C_0^1(\mathbb{R}^N)$ 都有

$$\fint_{B(x,r)} |u(y) - u(x)|\mathrm{d}y \leqslant C \int_{B(x,r)} \frac{|Du(y)|}{|y - x|^{N-1}}\mathrm{d}y, \tag{6-10}$$

其中，记号 $\fint_\Omega f(x)\mathrm{d}x := \dfrac{1}{|\Omega|} \int_\Omega f(x)\mathrm{d}x$ 表示的是积分平均. 利用极坐标换元

可得

$$
\begin{aligned}
\int_{B(x,r)} |u(y) - u(x)| \mathrm{d}y &= \int_0^r s^{N-1} \mathrm{d}s \int_{S^N} |u(x + s\theta) - u(x)| \mathrm{d}S \\
&= \int_0^r s^{N-1} \mathrm{d}s \int_{S^N} \left| \int_0^s \frac{\mathrm{d}}{\mathrm{d}t} u(x + t\theta) \mathrm{d}t \right| \mathrm{d}S \\
&= \int_0^r s^{N-1} \mathrm{d}s \int_{S^N} \left| \int_0^s Du(x + t\theta) \cdot \theta \mathrm{d}t \right| \mathrm{d}S \\
&\leqslant \int_0^r s^{N-1} \mathrm{d}s \int_{S^N} \int_0^s |Du(x + t\theta)| \mathrm{d}t \mathrm{d}S \\
&= \int_0^r s^{N-1} \mathrm{d}s \int_0^s \int_{S^N} |Du(x + t\theta)| \mathrm{d}S \, \mathrm{d}t \\
&= \int_0^r s^{N-1} \mathrm{d}s \int_0^s \int_{S^N} |Du(x + t\theta)| \frac{t^{N-1}}{t^{N-1}} \mathrm{d}S \, \mathrm{d}t \\
&= \int_0^r s^{N-1} \mathrm{d}s \int_{B(x,s)} \frac{|Du(y)|}{|y - x|^{N-1}} \mathrm{d}y \\
&\leqslant \int_0^r s^{N-1} \mathrm{d}s \int_{B(x,r)} \frac{|Du(y)|}{|y - x|^{N-1}} \mathrm{d}y \\
&= \frac{r^N}{N} \int_{B(x,r)} \frac{|Du(y)|}{|y - x|^{N-1}} \mathrm{d}y,
\end{aligned}
$$

这样就证明了不等式(6-10).

（2）估计u的L^∞模. 对任意的$x \in \mathbb{R}^N$, 以及任意的$r > 0$, 特别地，取$r = 1$，利用式(6-10)结合Hölder不等式可得

$$
\begin{aligned}
|u(x)| &= \fint_{B(x,1)} |u(x)| \mathrm{d}y \\
&\leqslant \fint_{B(x,1)} |u(x) - u(y)| \mathrm{d}y + \fint_{B(x,1)} |u(y)| \mathrm{d}y \\
&\leqslant C(N) \int_{B(x,1)} \frac{|Du(y)|}{|y - x|^{N-1}} \mathrm{d}y + C(N) \int_{B(x,1)} |u(y)| \mathrm{d}y \\
&\leqslant C(N) \left(\int_{\mathbb{R}^N} |Du|^p \mathrm{d}y \right)^{\frac{1}{p}} \cdot \left(\int_{B(x,1)} \frac{1}{|y - x|^{(N-1) \cdot \frac{p}{p-1}}} \mathrm{d}y \right)^{\frac{p-1}{p}} + C(N, p) \|u\|_{L^p(\mathbb{R}^N)} \\
&\leqslant C(N, p) \|Du\|_{L^p(\mathbb{R}^N)} + C(N, p) \|u\|_{L^p(\mathbb{R}^N)} \\
&\leqslant C(N, p) \|u\|_{W^{1,p}(\mathbb{R}^N)},
\end{aligned}
$$

其中用到了

$$p > N \Rightarrow (N-1)\frac{p}{p-1} < N \Rightarrow \int_{B(x,1)} \frac{1}{|y-x|^{(N-1)\cdot\frac{p}{p-1}}} \mathrm{d}y = \int_{B(0,1)} |x|^{(1-N)\cdot\frac{p}{p-1}} \mathrm{d}x < \infty.$$

由 x 的任意性可得

$$\sup_{x\in\mathbb{R}^N} |u| \leqslant C\|u\|_{W^{1,p}(\mathbb{R}^N)}.$$

（3）证明

$$\sup_{x,y\in\mathbb{R}^N, x\neq y} \left\{ \frac{|u(y) - u(x)|}{|y-x|^\gamma} \right\} \leqslant C\|u\|_{W^{1,p}(\mathbb{R}^N)}.$$

对任意的 $x, y \in \mathbb{R}^N, x \neq y$, 记 $r = |y - x|$, 并考虑

$$U := B(x,r) \cap B(y,r).$$

则有

$$|u(y) - u(x)| = |u(y) - u(z) + u(z) - u(x)| \leqslant |u(y) - u(z)| + |u(x) - u(z)|, \forall z \in U.$$

因此

$$|u(y) - u(x)| = \fint_U |u(y) - u(x)| \mathrm{d}z$$

$$\leqslant \fint_U |u(y) - u(z)| \mathrm{d}z + \fint_U |u(x) - u(z)| \mathrm{d}z.$$

利用式(6-10)可得

$$\fint_U |u(y) - u(z)| \mathrm{d}z \leqslant C(N) \fint_{B(y,r)} |u(y) - u(z)| \mathrm{d}z$$

$$\leqslant C(N,p) \int_{B(y,r)} \frac{|Du(z)|}{|z-y|^{N-1}} \mathrm{d}z$$

$$\leqslant C(N,p) \left(\int_{B(y,r)} |Du|^p \mathrm{d}z \right)^{\frac{1}{p}} \cdot \left(\int_{B(y,r)} \frac{1}{|z-y|^{(N-1)\frac{p}{p-1}}} \mathrm{d}z \right)^{\frac{p-1}{p}}$$

$$\leqslant C(N,p) r^{1-\frac{N}{p}} \|Du\|_{L^p(\mathbb{R}^N)}.$$

类似可证 $\fint_U |u(y) - u(z)| \mathrm{d}z \leqslant C(N,p)r^{1-\frac{N}{p}}\|Du\|_{L^p(\mathbb{R}^N)}$, 综合起来最后可得 $|u(y) -$

$u(x)| \leqslant C(N,p)|y-x|^{1-\frac{N}{p}}\|Du\|_{L^p(\mathbb{R}^N)}$. 因此

$$[u]_{C^{0,1-\frac{N}{p}}(\mathbb{R}^N)} = \sup_{y \neq x} \left\{ \frac{|u(y)-u(x)|}{|y-x|^{1-\frac{N}{p}}} \right\} \leqslant C(N,p)\|Du\|_{L^p(\mathbb{R}^N)}.$$

这样利用光滑函数的稠密性就完成了定理的证明. □

定理 6.4: （**有界区域的Morrey不等式**） 假设$\Omega \subset \mathbb{R}^N$ 是一个有界开集并且$\partial\Omega \in C^1, N < p < \infty, \gamma = 1 - \dfrac{N}{p}$,则对任意的$u \in W^{1,p}(\Omega)$, 存在$\tilde{u} \in C^{0,\gamma}(\overline{\Omega})$, 并且有不等式控制

$$\|\tilde{u}\|_{C^{0,\gamma}(\overline{\Omega})} \leqslant C\|u\|_{W^{1,p}(\Omega)},$$

其中，$C = C(N,p,\Omega)$,它不依赖于u的选取.

证明

（1）（**延拓**）：首先利用Ω有界并且$\partial\Omega \in C^1$,利用延拓定理（见第5.5.4小节），$\exists \bar{u} \in W^{1,p}(\mathbb{R}^N)$,使得$\bar{u} = u$ a.e. $x \in \Omega$, $\mathrm{supp}(\bar{u}) \subset\subset \Omega_1 := \{x \in \mathbb{R}^N : \mathrm{dist}(x,\overline{\Omega}) < 1\}$, 以及存在$C = C(N,p,\Omega)$ 使得 $\|\bar{u}\|_{W^{1,p}(\mathbb{R}^N)} \leqslant C\|u\|_{W^{1,p}(\Omega)}$.

（2）（**光滑化**）：存在$u_m \in C_c^\infty(\Omega_2), \Omega_2 := \{x \in \mathbb{R}^N : \mathrm{dist}(x,(\overline{\Omega_1})) < 1\}$, 使得在$W^{1,p}(\mathbb{R}^N)$中 $u_m \to \bar{u}$, 则$\{u_m\}$ 为$W^{1,p}(\mathbb{R}^N)$的一个Cauchy列， i.e., 当$m,n \to \infty$时， $\|u_m - u_n\|_{W^{1,p}(\mathbb{R}^N)} \to 0$.

（3）利用全空间中的Morrey不等式（见定理6.3），可得当$m,n \to \infty$时，

$$\|u_m - u_n\|_{C^{0,\gamma}(\mathbb{R}^N)} \leqslant C(N,p)\|u_m - u_n\|_{W^{1,p}(\mathbb{R}^N)} \to 0$$

这表明了$\{u_m\}$也为Hölder空间$C^{0,\gamma}(\mathbb{R}^N)$ 中的一个Cauchy列. 因此利用Hölder空间的完备性（见命题4.2）可知存在$\tilde{u} \in C^{0,\gamma}(\overline{\Omega_2}), \tilde{u} = \bar{u}$ a.e. $x \in \Omega_2$ 使得在$C^{0,\gamma}(\overline{\Omega_2})$中 $u_m \to \tilde{u}$. 因此$\tilde{u} = \bar{u}$ a.e. $x \in \Omega_2$, 从而$\tilde{u} = u$ a.e. $x \in \Omega$. 特别地，再次利用Morrey不等式有 $\|u_m\|_{C^{0,\gamma}(\mathbb{R}^N)} \leqslant C(N,p)\|u_m\|_{W^{1,p}(\mathbb{R}^N)}$. 最后令$m \to \infty$ 可得

证明 $\|\tilde{u}\|_{C^{0,\gamma}(\overline{\Omega})} \leqslant \|\tilde{u}\|_{C^{0,\gamma}(\overline{\mathbb{R}^N})} = \lim\limits_{m\to\infty} \|u_m\|_{C^{0,\gamma}(\mathbb{R}^N)}$

$\leqslant \lim\limits_{m\to\infty} C(N,p)\|u_m\|_{W^{1,p}(\mathbb{R}^N)} = C(N,p)\|\bar{u}\|_{W^{1,p}(\mathbb{R}^N)} \leqslant C(N,p,\Omega)\|u\|_{W^{1,p}(\Omega)}$. □

第 7 章　Poincaré不等式和BMO空间

在这一章中，为了方便，对于集合Ω,用$\mu(\Omega)$来表示它的测度，有时候也用$|\Omega|$来表示，在$\mathbb{R}^N$中讨论的时候测度μ就是通常的Lebesgue测度$\mathcal{L}^N$.

7.1　Poincaré不等式及其推广

为了便利，给一个记号: $(u)_\Omega = \fint_\Omega u\mathrm{d}x = \dfrac{1}{|\Omega|}\int_\Omega u\mathrm{d}x$,表示$u(x)$在$\Omega$上的积分平均.

定理 7.1:　（**Poincaré 不等式**）　设$\Omega \subset \mathbb{R}^N$为一个有界连通开集并且$\partial\Omega \in C^1$, $p \geqslant 1$,则

$$\|u - (u)_\Omega\|_{L^q(\Omega)} \leqslant C(N, p, \Omega)\|Du\|_{L^p(\Omega)}, \forall u \in W^{1,p}(\Omega),$$

其中

$$q = \begin{cases} \in [1, p^*), & p < N, \\ \in [1, +\infty), & p = N, \\ \in [1, +\infty], & p > N. \end{cases}$$

证明　采用反证法。假设不正确，$\exists\{u_n\} \subset W^{1,p}(\Omega)$ 使得 $\|u_n - (u_n)_\Omega\|_{L^q(\Omega)} > n\|Du_n\|_{L^p(\Omega)}$. 令$v_n := \dfrac{u_n - (u_n)_\Omega}{\|u_n - (u_n)_\Omega\|_{L^q(\Omega)}} \in W^{1,p}(\Omega) \hookrightarrow\hookrightarrow L^q(\Omega)$,则当$n \to \infty$时,$\|Dv_n\|_{L^p(\Omega)} < \dfrac{1}{n} \to 0$. 所以在定理规定$q$的取值范围内, $\{v_n\}$ 是$L^q(\Omega)$ 中的一个列紧集（**见注释9.12中的一个重要观察**）. 因此存在$v \in L^q(\Omega)$ 使得在$L^q(\Omega)$ 中 $v_{n_j} \to v$. 因此得 $(v)_\Omega = 0, \|v\|_{L^q(\Omega)} = 1$. 因为对任意的$\varphi \in C_c^\infty(\Omega)$,都有

$$-\int_\Omega Dv\varphi\mathrm{d}x = \int_\Omega vD\varphi\mathrm{d}x = \lim_{n\to\infty}\int_\Omega v_nD\varphi\mathrm{d}x = -\lim_{n\to\infty}\int_\Omega Dv_n\varphi\mathrm{d}x = 0,$$

所以$Dv = 0$ a.e. $x \in \Omega$. 又因为Ω 是连通的,所以$v \equiv \mathrm{const}$ a.e. $x \in \Omega$. 结合$(v)_\Omega = 0$ 可得$v \equiv 0$ a.e. $x \in \Omega$,这又与$\|v\|_{L^q(\Omega)} = 1$ 矛盾. $\qquad\square$

关于Poincaré不等式的一个特殊情形就是考虑$\Omega = B(x,r)$, 此时给记号:

$$(u)_{x,r} = \fint_{B(x,r)} u\mathrm{d}y.$$

定理 7.2:　（**球上的Poincaré不等式**）假设$1 \leqslant p < \infty$, 则存在$C = C(N,p)$ 使得

$$\|u - (u)_{x,r}\|_{L^q(B(x,r))} \leqslant Cr^{1+N(\frac{1}{q}-\frac{1}{p})}\|Du\|_{L^p(B(x,r))}, \tag{7-1}$$

对任意的$B(x,r) \subset \mathbb{R}^N$ 和任意的$u \in W^{1,p}(B^0(x,r))$ 都成立, 其中q的取值范围同定理7.1.

注释 7.1:　证明思路主要是用到任意的球$B(x,r)$之间存在着伸缩平移变换.

证明　首先考虑$\Omega = B(0,1)$, 利用上面定理7.1的结论有 $\|v - (v)_\Omega\|_{L^q(\Omega)} \leqslant C(N,p)\|v\|_{W^{1,p}(\Omega)}$. 于是对任意的$u \in W^{1,p}(B(x,r))$, 记$v(z) = u(x+rz)$, 则有$v(z) \in W^{1,p}(B(0,1))$ 并且有关系

$$(u)_{x,r} = \frac{1}{|B|r^N}\int_{B(x,r)} u(y)\mathrm{d}y \xlongequal{y=x+rz} \frac{r^N}{|B|r^N}\int_B v(z)\mathrm{d}z = (v)_B.$$

$$\begin{cases} \int_{B(x,r)}|u(y)|^q\mathrm{d}y = r^N\int_B |v(z)|^q\mathrm{d}z, \\ \int_{B(x,r)}|Du(y)|^p\mathrm{d}y = \int_B r^{-p}|Dv(z)|^p r^N\mathrm{d}z, \end{cases}$$

所以

$$\|u - (u)_{x,r}\|_{L^q(B(x,r))} = r^{\frac{N}{q}}\|v-(v)_B\|_{L^q(B)} \leqslant r^{\frac{N}{q}}C(N,p)\|v\|_{W^{1,p}(B)}$$
$$= r^{\frac{N}{q}}C(N,p)r^{\frac{p-N}{p}}\|Du\|_{L^p(B(x,r))} = C(N,p)r^{1+N(\frac{1}{q}-\frac{1}{p})}\|Du\|_{L^p(B(x,r))}. \quad\square$$

定理 7.3:　（**长方体上的Poincaré不等式**）$1 \leqslant p < \infty$, 令$R = (0,a_1) \times \cdots \times (0,a_N) \subset \mathbb{R}^N$ 为一个长方体, 则存在常数$C = C(N,p) > 0$ 使得

$$\|u - (u)_R\|_{L^p(R)} \leqslant C\max\{a_1,\cdots,a_N\}\|\nabla u\|_{L^p(R)}, \forall u \in W^{1,p}(R). \tag{7-2}$$

证明　根据稠密性定理只需考虑$u \in C^\infty(\bar{R})$. 首先考虑

$$\max\{a_1,\cdots,a_N\} = 1,$$

由微积分基本定理可得对$\forall x, y \in R$,

$$|u(x) - u(y)| \leqslant |u(x) - u(x_1, \cdots, x_{N-1}, y_N)| + \cdots + |u(x_1, y_2, \cdots, y_N) - u(y)|$$

$$= \sum_{i=1}^{N} \left| \int_0^1 \frac{\mathrm{d}}{\mathrm{d}t} u(x_1, \cdots, x_{i-1}, x_i + t(y_i - x_i), y_{i+1}, \cdots, y_N) \mathrm{d}t \right|$$

$$\leqslant \sum_{i=1}^{N} \int_0^{a_i} |\partial_i u(x_1, \cdots, x_{i-1}, t, y_{i+1}, \cdots, y_N)| \, \mathrm{d}t$$

$$\leqslant \sum_{i=1}^{N} \left(\int_0^{a_i} |\partial_i u(x_1, \cdots, x_{i-1}, t, y_{i+1}, \cdots, y_N)|^p \, \mathrm{d}t \right)^{\frac{1}{p}} (a_i)^{\frac{1}{p'}},$$

最后一步用到了Hölder不等式，这里的p'为p的共轭指数，满足$\dfrac{1}{p} + \dfrac{1}{p'} = 1$.
因此由$a_i \leqslant 1, \forall i = 1, \cdots, N$, 最后得出

$$|u(x) - u(y)| \leqslant \sum_{i=1}^{N} \left(\int_0^{a_i} |\partial_i u(x_1, \cdots, x_{i-1}, t, y_{i+1}, \cdots, y_N)|^p \, \mathrm{d}t \right)^{\frac{1}{p}}.$$

两边同时取p次幂可得

$$|u(x) - u(y)|^p \leqslant \left\{ \sum_{i=1}^{N} \left(\int_0^{a_i} |\partial_i u(x_1, \cdots, x_{i-1}, t, y_{i+1}, \cdots, y_N)|^p \, \mathrm{d}t \right)^{\frac{1}{p}} \right\}^p$$

$$\leqslant N^{p-1} \sum_{i=1}^{N} \int_0^{a_i} |\partial_i u(x_1, \cdots, x_{i-1}, t, y_{i+1}, \cdots, y_N)|^p \, \mathrm{d}t.$$

最后一步用到了$g(t) = |t|^p$的凸函数的性质（Jensen's inequality）

$$g\left(\frac{b_1 + \cdots + b_N}{N}\right) \leqslant \frac{1}{N}[g(b_1) + \cdots + g(b_N)].$$

注意到一个事实$u(x) - (u)_R = (u(x) - u(y))_R$, 其中右边的积分平均是针对变量$y$进行积分. 于是有

$$\int_R |u(x) - (u)_R|^p \mathrm{d}x = \int_R |(u(x) - u(y))_R|^p \mathrm{d}x$$

$$= \int_R \left| \frac{1}{\mu(R)} \int_R [u(x) - u(y)] \mathrm{d}y \right|^p \mathrm{d}x$$

$$= \frac{1}{\mu(R)^p} \int_R \left| \int_R [u(x) - u(y)] \mathrm{d}y \right|^p \mathrm{d}x$$

$$（由 \text{ Hölder}不等式）\leqslant \frac{1}{\mu(R)^p} \int_R \left| \left(\int_R |u(x) - u(y)|^p \mathrm{d}y \right)^{\frac{1}{p}} \mu(R)^{\frac{1}{p'}} \right|^p \mathrm{d}x$$

$$= \frac{1}{\mu(R)^{p - \frac{p}{p'}}} \int_R \int_R |u(x) - u(y)|^p \mathrm{d}y \mathrm{d}x$$

$$\leqslant \frac{N^{p-1}}{\mu(R)^{p - \frac{p}{p'}}} \sum_{i=1}^N \int_R \int_R \int_0^{a_i} |\partial_i u(x_1, \cdots, x_{i-1}, t, y_{i+1}, \cdots, y_N)|^p \, \mathrm{d}t \mathrm{d}y \mathrm{d}x.$$

利用Fubini定理有

$$\int_R \int_R \int_0^{a_i} |\partial_i u(x_1, \cdots, x_{i-1}, t, y_{i+1}, \cdots, y_N)|^p \, \mathrm{d}t \mathrm{d}y \mathrm{d}x$$

$$= \int_0^{a_i} \int_R \left(\int_R |\partial_i u(z)|^p \mathrm{d}z \right) \mathrm{d}\eta \mathrm{d}t = a_i \mu(R) \int_R |\partial_i u(z)|^p \mathrm{d}z,$$

结合 $p - \dfrac{p}{p'} = 1$ 以及 $a_i \leqslant 1, i = 1, 2, \cdots, N$, 最后可得

$$\int_R |u(x) - (u)_R|^p \mathrm{d}x \leqslant N^{p-1} \sum_{i=1}^N \int_R |\partial_i u(z)|^p \mathrm{d}z = N^{p-1} \|\nabla u\|_p^p.$$

如果$\max\{a_1, \cdots, a_N\} := \lambda \neq 1$, 则令

$$v(y) := u(\lambda y), y \in \frac{1}{\lambda} R,$$

则此时有

$$\begin{cases} (v)_{\frac{R}{\lambda}} = \dfrac{1}{\mu(\frac{R}{\lambda})} \int_{\frac{R}{\lambda}} v(y) \mathrm{d}y = (u)_R, \\[2mm] \|v(y) - (v)_{\frac{R}{\lambda}}\|_{L^p(\frac{R}{\lambda})} = \lambda^{-\frac{N}{p}} \|u(x) - (u)_R\|_{L^p(R)}, \\[2mm] \|\nabla v\|_{L^p(\frac{R}{\lambda})} = \lambda^{1 - \frac{N}{p}} \|\nabla u\|_{L^p(R)}. \end{cases}$$

此时对v使用上面已经证明的结论可得

$$\|v(y) - (v)_{\frac{R}{\lambda}}\|_{L^p(\frac{R}{\lambda})} \leqslant N^{\frac{p-1}{p}} \|\nabla v\|_{L^p(\frac{R}{\lambda})}$$

$$\Leftrightarrow \|u(x) - (u)_R\|_{L^p(R)} \leqslant \lambda N^{\frac{p-1}{p}} \|\nabla u\|_{L^p(R)},$$

即对一般的长方体证明了结论

$$\|u(x) - (u)_R\|_{L^p(R)} \leqslant N^{\frac{p-1}{p}} \max\{a_1, \cdots, a_N\} \|\nabla u\|_{L^p(R)},$$

完成了定理的证明，相当于取 $C(N,p) = N^{\frac{p-1}{p}}$.　□

注释 7.2：　（**方体上的Poincaré不等式**）　对于一般的顶点不在原点的长方体，只需做平移即可，特别是接下来学习BMO空间考虑的是方体 Q 的时候，即相当于上面的 $a_1 = a_2 = \cdots = a_N := a$, 此时方体的棱长和测度之间就会有关系 $\mu(Q) = a^N$, 所以上面的结论可以记为

$$\|u(x) - (u)_R\|_{L^p(Q)} \leqslant N^{\frac{p-1}{p}} \mu(Q)^{\frac{1}{N}} \|\nabla u\|_{L^p(R)}. \tag{7-3}$$

注释 7.3：　也可以把凸集版本的Poincaré不等式建立起来，关于这方面的知识可以参见参考文献[6]的第13.2节. 利用数学归纳法可以把上面的定理进一步推广到高阶的版本，这个高阶版本也是研究当 $kp = N$ 时 $W^{k,p}(\mathbb{R}^N)$ 嵌入 BMO 空间的依据.

7.2　Marcinkiewicz插值定理

定义 7.1：　（**弱(p,q)型算子**）　T 为一个映射，$p, q \in (0, +\infty)$, 如果存在 C 使得

$$\mu(\{x : |Tu(x)| > t\}) \leqslant \left(\frac{C\|u\|_p}{t}\right)^q$$

对所有的 $u \in L^p$ 和所有的 $t > 0$ 成立，则称 T 是弱(p,q)的.

$q = \infty$ 时,如果存在 $C > 0$ 使得 $\|Tu\|_{L^\infty} \leqslant C\|u\|_{L^p}$, 则称 T 为弱(p, ∞)的.

定义 7.2：　（**强(p,q)型算子**）　如果存在 $C > 0$ 使得

$$\|Tu\|_{L^q} \leqslant C\|u\|_{L^p}, \forall u \in L^p,$$

则称 T 是强(p,q)型的. 此时记 $\|T\|_{p \to q} \leqslant C$.

注释 7.4：

（1）注意上面的映射 T 并不要求是线性的，当然如果 T 是线性的也包含在我们的讨论范围中. 如果 $|T(u + v)| \leqslant |Tu| + |Tv|, \forall u, v \in D(T)$, 称 T 为**次线性的**.

（2）从上面定义可以看出$q = \infty$时弱(p, ∞)和强(p, ∞)是一回事.

（3）强(p, q)型算子自然是弱(p, q)型的. 这是因为

$$\int_{\{Tu>t\}} t^q \mathrm{d}\mu \leqslant \int_{\{Tu>t\}} |Tu|^q \mathrm{d}\mu \leqslant \|Tu\|_q^q \leqslant C\|u\|_p^q,$$

从而可得

$$\mu\left(\{x : |Tu(x)| > t\}\right) \leqslant \left(\frac{C\|u\|_p}{t}\right)^q.$$

定理 7.4:　（**Marcinkiewicz 插值**）　假设$0 < p_0 < p_1 \leqslant \infty$以及$T$是一个次线性映射. 如果$T$是弱$(p_i, p_i)$型的$(i = 0, 1)$, 则对任意的$p \in (p_0, p_1)$, T都是强(p, p)型的, 并且

（1）$p_1 < \infty, \|Tu\|_{L^p} \leqslant 2\left(\dfrac{pC_0^{p_0}}{p - p_0} + \dfrac{pC_1^{p_1}}{p_1 - p}\right)^{\frac{1}{p}} \|u\|_{L^p}$.

（2）$p_1 = \infty, \|Tu\|_{L^p} \leqslant (1 + C_1)\left(\dfrac{pC_0^{p_0}}{p - p_0}\right)^{\frac{1}{p}} \|u\|_{L^p}$.

其中, 常数C_0, C_1来自于弱(p_i, p_i)的定义中出现的常数.

证明思路:　$u \in L^p$, 改写$u = u_t + u^t$, 其中

$$u_t = \begin{cases} u, & |u| < t, \\ 0, & |u| \geqslant t; \end{cases} \qquad u^t = \begin{cases} u, & |u| \geqslant t, \\ 0, & |u| < t. \end{cases}$$

$\Rightarrow u_t \in L^{p_1}$, 利用Layer cake representation （见第3.9节中的第4条性质）, 有

$$\int |u_t|^{p_1} = \int_{|u|<t} |u|^p \cdot |u|^{p_1-p} \leqslant t^{p_1-p}\|u\|_p^p < \infty.$$

$\Rightarrow u^t \in L^{p_0}$, 类似地有

$$\int |u^t|^{p_0} = \int_{|u|\geqslant t} |u|^p \cdot |u|^{p_0-p} \leqslant t^{p_0-p}\|u\|_p^p.$$

最后利用T是次线性的可得

$$|Tu| \leqslant |Tu_t| + |Tu^t| \Rightarrow \cdots.$$

证明　先考虑$p_1 < \infty$的情形.

$$\mu\left(|Tu| > 2t\right) \leqslant \mu\left(|Tu_t| > t\right) + \mu\left(|Tu^t| > t\right)$$

$$\leqslant \left(\frac{C_0 \|u^t\|_{p_0}}{t} \right)^{p_0} + \left(\frac{C_1 \|u_t\|_{p_1}}{t} \right)^{p_1}$$

于是由Layer cake representation, 可得

$$\|Tu\|_p^p = p \int_0^\infty t^{p-1} \mu\left(|Tu| > t\right) \mathrm{d}t$$

$$\xrightarrow{\text{用}2t\text{代替}t} p \cdot 2^p \int_0^\infty t^{p-1} \mu\left(|Tu| > 2t\right) \mathrm{d}t$$

$$\leqslant 2^p \cdot p \int_0^\infty t^{p-1} \left[\left(\frac{C_0 \|u^t\|_{p_0}}{t} \right)^{p_0} + \left(\frac{C_1 \|u_t\|_{p_1}}{t} \right)^{p_1} \right] \mathrm{d}t.$$

而

$$\int_0^\infty \left(\frac{C_0 \|u^t\|_{p_0}}{t} \right)^{p_0} t^{p-1} \mathrm{d}t = C_0^{p_0} \int_0^\infty t^{p-p_0-1} \|u^t\|_{p_0}^{p_0} \mathrm{d}t$$

$$= C_0^{p_0} \int_0^\infty t^{p-p_0-1} \left(\int_{|u| \geqslant t} |u|^{p_0} \mathrm{d}\mu \right) \mathrm{d}t = C_0^{p_0} \int_{\mathbb{R}^N} |u|^{p_0} \left(\int_0^{|u|} t^{p-p_0-1} \mathrm{d}t \right) \mathrm{d}\mu$$

$$= C_0^{p_0} \int_{\mathbb{R}^N} \frac{|u|^{p-p_0}}{p-p_0} \cdot |u|^{p_0} \mathrm{d}\mu = \frac{C_0^{p_0}}{p-p_0} \|u\|_p^p.$$

类似地, 可以证明 $\int_0^\infty \left(\frac{C_1 \|u_t\|_{p_1}}{t} \right)^{p_1} t^{p-1} \mathrm{d}t = \frac{C_1^{p_1}}{p_1 - p} \|u\|_p^p$, 因此 $\|Tu\|_p^p \leqslant p \cdot$ $2^p \left[\frac{C_0^{p_0}}{p-p_0} + \frac{C_1^{p_1}}{p_1 - p} \right] \|u\|_p^p$, 这样就证明了$T$是强$(p,p)$ 型的.

　　下面考虑$p_1 = \infty$的情形. 此时 $\|Tu\|_\infty \leqslant C_1 \|u\|_\infty$. 利用$T$是弱$(\infty, \infty)$ 型的, 结合Lebesgue 测度的完备性可知

$$\mu\left(\{x : |Tu_t| > C_1 t\}\right) = 0. (\text{因为 } \|Tu_t\|_\infty \leqslant C_1 \|u_t\|_\infty \leqslant C_1 t),$$

因此利用测度的次可加性可得

$$\mu\left(|Tu| > (1 + C_1)t\right) \leqslant \mu\left(|Tu_t| > C_1 t\right) + \mu\left(|Tu^t| > t\right)$$

$$= \mu\left(|Tu^t| > t\right) \leqslant \left(\frac{C_0 \|u^t\|_{p_0}}{t} \right)^{p_0}.$$

进而

$$\|Tu\|_p^p = p \int_0^\infty t^{p-1} \mu\left(|Tu| > t\right) \mathrm{d}t$$

196

$$=p \int_0^\infty [(1 + C_1)t]^{p_1} \mu\left(|Tu| > (1 + C_1)t\right)(1 + C_1)\mathrm{d}t$$

$$\leqslant p(1 + C_1)^p \int_0^\infty t^{p-1}\left(\frac{C_0\|u^t\|_{p_0}}{t}\right)^{p_0} \mathrm{d}t$$

$$=p(1 + C_1)^p C_0^{p_0} \int_0^\infty t^{p-p_0-1}\left(\int_{|u| \geqslant t} |u|^{p_0}\mathrm{d}\mu\right)\mathrm{d}t$$

$$=p(1 + C_1)^p C_0^{p_0} \int_{\mathbb{R}^N} |u|^{p_0}\left(\int_0^{|u|} t^{p-p_0-1}\mathrm{d}t\right)\mathrm{d}\mu$$

$$=p(1 + C_1)^p \frac{C_0^{p_0}}{p - p_0}\|u\|_p^p. \qquad \square$$

7.3　极大函数

定义 7.3：　对$u \in L_{\mathrm{loc}}^1(\mathbb{R}^N)$, 它的（Hardy-Littlewood）极大函数定义为

$$M(u)(x) := \sup_{r>0}(|u|)_{x,r}, \forall x \in \mathbb{R}^N,$$

其中记号 $(u)_{x,r} = \fint_{B(x,r)} u\mathrm{d}y.$

注释 7.5：　根据定义，

$$M(u + v)(x) = \sup_r(|u + v|)_{x,r} \leqslant \sup_r\left((|u|)_{x,r} + (|v|)_{x,r}\right)$$

$$\leqslant \sup_r(|u|)_{x,r} + \sup_r(|v|)_{x,r}$$

$$=M(u)(x) + M(v)(x),$$

所以M是次线性的。

定义 7.4：　（上半连续和下半连续）称函数u在x_0处是上半连续的，如果对任意的$\varepsilon > 0, \exists x_0$ 的某个邻域U 使得

$$u(x) \leqslant u(x_0) + \varepsilon, \forall x \in U,$$

它等价于 $\limsup_{x \to x_0} u(x) \leqslant u(x_0).$

类似地，称u在x_0处是下半连续的，如果对任意的$\varepsilon > 0$，$\exists x_0$ 的某个邻域U 使得

$$u(x) \geqslant u(x_0) - \varepsilon, \forall x \in U,$$

它等价于 $\liminf\limits_{x \to x_0} u(x) \geqslant u(x_0)$.

命题 7.1：

（1）一个函数$u(x)$ 是上半连续的当且仅当$\{x : u(x) < t\}$ 对任意的t为开集.

（2）一个函数$u(x)$ 是下半连续的当且仅当$\{x : u(x) > t\}$ 对任意的t为开集.

证明　我们这里仅证明（2），类似讨论可以证明（1）.

假设$u(x)$ 是下半连续的，对$\forall t$，考虑 $\forall x_0 \in \{x : u(x) > t\}$，即 $u(x_0) > t$. 取$\varepsilon = \dfrac{u(x_0) - t}{2} > 0$, 则根据下半连续的定义可知存在$x_0$ 的某个邻域U 使得 $u(x) > u(x_0) - \varepsilon, \forall x \in U$, 即得到了 $u(x) > u(x_0) - \dfrac{u(x_0) - t}{2} = \dfrac{u(x_0) + t}{2} > t, \forall x \in U \Rightarrow U \subset \{x : u(x) > t\}$. 根据$x_0$的任意性得知$\{x : u(x) > t\}$ 为开集.

反过来，假设已经知道对$\forall t > 0$, $\{x : u(x) > t\}$ 都为开集. 现在对$\forall x_0 \in \mathbb{R}^N$ 以及$\forall \varepsilon > 0$, 取$t = u(x_0) - \varepsilon$, 则 $\{x : u(x) > u(x_0) - \varepsilon\}$ 为一个开集. 因$x_0 \in \{x : u(x) > u(x_0) - \varepsilon\}$, 故存在某个$x_0$的邻域$U$使得 $U \subset \{x : u(x) > u(x_0) - \varepsilon\}$, 这表明了 $u(x) > u(x_0) - \varepsilon, \forall x \in U$. 因此$u$是下半连续的. □

引理 7.1：　$u \in L^1_{\text{loc}}(\mathbb{R}^N), \forall t, \{x \in \mathbb{R}^N : M(u)(x) > t\}$ 为$\mathbb{R}^N$中的开集，从而$M(u)(x)$ 是可测函数并且它是下半连续的.

证明　考虑$y \in \{x \in \mathbb{R}^N : M(u)(x) > t\}$, 即$M(u)(y) > t$, 因此存在某个$r_y > 0$ 使得

$$(|u|)_{y, r_y} = \frac{1}{|B(y, r_y)|} \int_{B(y, r_y)} |u(s)| \mathrm{d}s := \tau > t.$$

则对任意的$z \in B(y, \eta), \eta$ 待定，于是有 $B(z, r_y + \eta) \supset B(y, r_y)$, 从而

$$\frac{1}{|B(z, r_y + \eta)|} \int_{B(z, r_y + \eta)} |u(s)| \mathrm{d}s \geqslant \frac{1}{|B(z, r_y + \eta)|} \int_{B(y, r_y)} |u(s)| \mathrm{d}s$$
$$= \tau \frac{|B(y, r_y)|}{|B(z, r_y + \eta)|}.$$

注意当$\eta \to 0$时，$z \to y$，所以有 $\dfrac{|B(y, r_y)|}{|B(z, r_y + \eta)|} \to 1$ as $\eta \to 0$. 利用$\tau > t$, 可知必存在某个η_y 使得对任意的$0 < \eta < \eta_y$ 都有 $\tau \dfrac{|B(y, r_y)|}{|B(z, r_y + \eta)|} > t$. 从而 $M(u)(z) = \sup\limits_{r>0}(|u|)_{z,r} \geqslant (|u|)_{z,r_y+\eta} > t$. 这样就证明了 $B(y, \eta_y) \subset \{x \in \mathbb{R}^N : M(u)(x) > t\}$, 即$y$为内点, 所以 $\{x \in \mathbb{R}^N : M(u)(x) > t\}$为开集. 利用$M(u)(x)$是可测函数结合命题7.1-（2）可知$M(u)(x)$是下半连续的. $\qquad\square$

定理 7.5：

（1）M是弱(∞, ∞)型的，

$$\|M(u)\|_{L^\infty(\mathbb{R}^N)} \leqslant \|u\|_{L^\infty(\mathbb{R}^N)}. \tag{7-4}$$

从而如果$1 \leqslant p \leqslant \infty, u \in L^p(\mathbb{R}^N)$, 则$M(u)(x) < \infty$ a.e. $x \in \mathbb{R}^N$.

（2）如果$u \in L^1(\mathbb{R}^N)$, 则存在$C = C(N) > 0$ 使得

$$\mu(Mu > t) \leqslant \frac{C}{t}\|f\|_1, \forall t > 0. \tag{7-5}$$

事实上，$C(N) = 2 \cdot 3^N$,这表明了M是弱$(1, 1)$型的.

（3）如果$u \in L^p(\mathbb{R}^N), 1 < p \leqslant \infty$, 则存在$C(N, p) > 0$ 使得

$$\|M(u)\|_{L^p(\mathbb{R}^N)} \leqslant C(N, p)\|u\|_{L^p(\mathbb{R}^N)}. \tag{7-6}$$

从而M是强(p, p)型的.

证明

（1）根据Hardy-Littlewood极大函数的定义以及Lebesgue测度的完备性可得$\|M(u)\|_{L^\infty(\mathbb{R}^N)} \leqslant \|u\|_{L^\infty(\mathbb{R}^N)}$. 而对于$u \in L^p(\mathbb{R}^N), 1 \leqslant p \leqslant \infty$, 可得$|u| < \infty$ a.e. $x \in \mathbb{R}^N$, 从而可得 $M(u)(x) < \infty$ a.e. $x \in \mathbb{R}^N$.

（2）令$E_t = \{x : Mu(x) > t\}$, 并选择一个可测集$E \subset E_t$ 使得E具有有限测度. 对于$x \in E_t$, 存在某个球B_x 使得 $\dfrac{1}{\mu(B_x)} \displaystyle\int_{B_x} |u(y)|\mathrm{d}y > t$. 对球集族$\mathscr{B} = \{B_x : x \in E\}$利用Vitali覆盖引理（见下面的引理7.2）, 从中找到有限个球记为$\{B_1, B_2, \cdots, B_n\} \subset \mathscr{B}$, 使得它们之间两两不交, 并且

$$\frac{1}{2 \cdot 3^N}\mu(E) \leqslant \sum_{j=1}^n \mu(B_j) \leqslant \sum_{j=1}^n \frac{1}{t}\int_{B_j} |u(y)|\mathrm{d}y \leqslant \frac{1}{t}\|u\|_1.$$

根据E选取的任意性，再次利用Lebesgue测度的内正则性最后可得 $\mu(E_t) \leqslant \dfrac{2 \cdot 3^N}{t}\|u\|_1$.

（3）如果$p = \infty$，则（1）已经给出了结论. 由于M是次线性的（见注释7.5），所以对于$p \in (1, \infty)$，在（1）和（2）结论的基础上利用Marcinkiewicz 插值定理（见定理7.4）可得 $\|Mu\|_p \leqslant 2\left(\dfrac{pC(N)}{p-1}\right)^{\frac{1}{p}}\|u\|_p$, $1 < p < \infty$. □

注释 7.6： （关于最佳常数）

（1） $1 < p \leqslant \infty$ 时， E. M. Stein 和 J. O. Strömberg 1983年证明了$C = C(p)$, 即可以取到一个跟N无关的常数. 对于弱$(1,1)$型中的常数C能否做到跟N无关，又或者最佳常数是多少，他们猜测有结论$C \sim N(\log N)$[15].

（2） $p = 1, N = 1$ 时， Antonios D. Melas 2003年给出了最佳常数

$$C = \frac{11 + \sqrt{61}}{12} \approx 1.5675208 \cdots \quad (N = 1),$$

这个数是代数方程$12c^2 - 22c + 5 = 0$的最大根[16]。

（3） $p = 1, N \geqslant 2$ 时， J. M. Aldaz 2011年证明了当$N \to \infty$时，$C(N) \uparrow \infty$[17].

（4） $p = 1, N \geqslant 2$时，最佳常数$C(N)$为多少至今仍是未知的.

（5） $p > 1, N \geqslant 1$ 时，虽然证明了$C(N, p)$ 有一个一致的上界，可以取到某个$C = C(p)$ 与N无关，但是最佳常数是多少仍是未知的.

引理 7.2： （**Vitali覆盖引理**） 假设E为$\mathbb{R}^N$的一个测度有限的可测集，并且球集族$\mathscr{B} = \{B_\alpha\}$ 为E的一个覆盖，即 $E \subset \bigcup_\alpha B_\alpha$，则可以从中选择有限多个球，记为$\{B_1, B_2, \cdots, B_n\}$，使得它们之间两两不交，并且满足

$$\sum_{j=1}^n \mu(B_j) \geqslant C\mu(E), \text{其中 } C = \frac{1}{2 \cdot 3^N}.$$

证明 如果$\mu(E) = 0$, 结论自然成立. 下面考虑$\mu(E) > 0$. 根据Lebesgue测度的内正则性，可以取紧集$K \subset E$ 使得 $\mu(K) > \frac{1}{2}\mu(E)$. 相对于紧集$K$来说，$\mathscr{B} = \{B_\alpha\}$ 自然为K的一个覆盖，所以存在有限子覆盖$\mathscr{B}_1$, 取$B_1 \in \mathscr{B}_1$ 为半径最大的那个球. 令$\mathscr{B}_2 \subset \mathscr{B}_1$ 为与B_1没有交的那些球，同时取$B_2 \in \mathscr{B}_2$ 为半径最大的那个球. 重复这个操作，直到某一次得到 $B_{n+1} = \emptyset$. 于是根据这个规则所选取出来的 $\{B_1, B_2, \cdots, B_n\}$ 两两不交. 如果$B \in \mathscr{B}_1$, 根据操作规则可知，

必定存在某个所选的球B_j与之相交，并且B的半径不会超过B_j的半径. 因此$K \subset \bigcup\limits_{B \in \mathscr{B}_1} B \subset \bigcup\limits_{j=1}^{n} 3B_j$，其中这里的$3B$表示的是与$B$同球心，但是半径扩大至3倍. 于是$\mu(E) < 2\mu(K) \leqslant 2\sum\limits_{j=1}^{n} \mu(3B_j) = 2 \cdot 3^N \sum\limits_{j=1}^{n} \mu(B_j)$. □

定理 7.6： **（Lebesgue 微分定理）** 如果$u \in L^1_{\text{loc}}(\mathbb{R}^N)$, 则

$$\limsup_{r \to 0} \frac{1}{\mu(B(x,r))} \int_{B(x,r)} |u(y) - u(x)| \mathrm{d}y = 0$$

对几乎处处的$x \in \mathbb{R}^N$成立. 进而

$$u(x) = \lim_{r \to 0} \frac{1}{\mu(B(x,r))} \int_{B(x,r)} u(y) \mathrm{d}y$$

对几乎处处的$x \in \mathbb{R}^N$成立.

证明　记

$$\Lambda(u)(x) = \limsup_{r \to 0} \frac{1}{\mu(B(x,r))} \int_{B(x,r)} |u(y) - u(x)| \mathrm{d}y,$$

容易验证Λ是次线性的（即$\Lambda(u+v)(x) \leqslant \Lambda(u)(x) + \Lambda(v)(x)$），并且作用在连续函数上为0（即$\Lambda(u) \equiv 0$, 如果$u$处处连续）. 另外有关系$\Lambda(u) \leqslant M(u) + |u|$成立，因此对任意的$t > 0$, 以及任意连续函数$v(x)$都有

$$\mu(\Lambda(u) > t) \leqslant \mu(\Lambda(u-v) > t) \leqslant \mu\left(M(u-v) > \frac{t}{2}\right) + \mu\left(|u-v| > \frac{t}{2}\right)$$

$$\leqslant \frac{C_1}{t}\|u-v\|_1 + \frac{C_2}{t}\|u-v\|_1 \leqslant \frac{C}{t}\|u-v\|_1,$$

上面用到了M是弱$(1,1)$型的以及Chebyshev不等式。于是由光滑函数逼近可以取得连续函数列v_n使得$\|u - v_n\|_1 \to 0$ as $n \to \infty$. 这样就得到了$\mu(\Lambda(u) > t) = 0$. 最后利用可数个零测集的并仍为零测集可得$\mu(\Lambda(u) > 0) = \mu\left(\bigcup\limits_{n=1}^{\infty} \Lambda(u) > \frac{1}{n}\right) = 0$. □

7.4　Sobolev空间的第三逼近

注释 7.7：　**Sobolev**空间的第一逼近指的是：若$1 \leqslant p \leqslant \infty$, 向量空间

$$f \in L^p(\mathbb{R}^N), \text{弱导数} \partial_i f \in L^p(\mathbb{R}^N), \forall i = 1, 2, \cdots, N$$

称为Sobolev空间$W^{1,p}(\mathbb{R}^N)$, 在上面赋予范数

$$\|f\|_{1,p} = \|f\|_p + \|\nabla f\|_p$$

为一个Banach空间.

注释 7.8：　**Sobolev空间的第二逼近指的是：若$1 \leqslant p < \infty$, 称$C^\infty(\mathbb{R}^N)$ 在$\|f\|_p + \|\nabla f\|_p$ 这个范数意义下的完备化空间为$W^{1,p}(\mathbb{R}^N)$ （注意第二逼 近不包括$p = \infty$, 这是因为$L^\infty(\mathbb{R}^N)$不是可分的）.**

　　下面学习Sobolev空间的第三逼近，它用热核作用来定义Sobolev空间， 这种定义方式有它自身的优势.

　　首先给出两种位势的定义.

定义 7.5：　（**Bessel potential and Riesz potential**）　对$\alpha > 0$, Bessel 位 势J_α和Riesz位势I_α分别定义为

$$J_\alpha f(x) = \frac{1}{\Gamma(\frac{\alpha}{2})} \int_0^\infty t^{\frac{\alpha}{2}-1} e^{-t} P_t f(x) dt, \tag{7-7}$$

$$I_\alpha f(x) = \frac{1}{\Gamma(\frac{\alpha}{2})} \int_0^\infty t^{\frac{\alpha}{2}-1} P_t f(x) dt, \tag{7-8}$$

其中，　$P_t f(x) = \int_{\mathbb{R}^N} P_t(x, y) f(y) dy, P_t(x, y) = \frac{1}{(4\pi t)^{\frac{N}{2}}} e^{-\frac{|x-y|^2}{4t}}.$

注释 7.9：　Bessel 位势和Riesz 位势非常重要，是因为$J_\alpha = (I - \Delta)^{-\frac{\alpha}{2}}$ 为$(I - \Delta)^{\frac{\alpha}{2}}$ 的逆算子，特别地，$(I - \Delta)^{-1} = J_2 = \int_0^\infty e^{-t} P_t f(x) dt$. 而 $I_\alpha = (-\Delta)^{-\frac{\alpha}{2}}$, 把$P_t f(x)$代入计算可得

$$I_\alpha f(x) = \frac{1}{\Gamma(\frac{\alpha}{2})} \int_0^\infty t^{\frac{\alpha}{2}-1} \left(\int_{\mathbb{R}^N} \frac{1}{(4\pi t)^{\frac{N}{2}}} e^{-\frac{|x-y|^2}{4t}} f(y) dy \right) dt = C(N, \alpha) \int_{\mathbb{R}^N} \frac{f(y)}{|y - x|^{N-\alpha}} dy. \tag{7-9}$$

（用 $s = \dfrac{|x-y|^2}{4t}$ 换元即可验证出来，上面出现的Gauss-Weierstrass函数 $P_t(x, y)$ 就是一个热核，热核满足半群性质等.）

注释 7.10： 某些特殊的Sobolev空间还可以从Fourier变换的角度来定义. 其中 $f \in L^1(\mathbb{R}^N)$ 的Fourier变换定义为

$$\hat{f}(\xi) = \int_{\mathbb{R}^N} e^{-ix \cdot \xi} f(x) \mathrm{d}x. \tag{7-10}$$

比如 $W^{1,2}(\mathbb{R}^N)$ 这个空间由于此时它是一个内积空间，通常记为 $H^1(\mathbb{R}^N)$，这个在物理上是一个非常重要的空间. 比如可以有下面定理.

假设 $f \in L^2(\mathbb{R}^N)$, $\hat{f}$ 为它的Fourier变换，则 $f \in H^k(\mathbb{R}^N)$ 当且仅当函数 $\xi \mapsto (1 + |\xi|^k)\hat{f}(\xi) \in L^2(\mathbb{R}^N)$. 并且有关系

$$\widehat{\nabla f}(\xi) = i\xi \hat{f}(\xi).$$

特别地，有（Plancherel公式）：

假设 $f \in L^2(\mathbb{R}^N)$, 则 $\hat{f} \in L^2(\mathbb{R}^N)$ 并且 $\|f\|_2^2 = \dfrac{1}{(2\pi)^N}\|\hat{f}\|_2^2$. 从而得到范数的等价关系

$$\frac{1}{C}\|u\|_{H^k(\mathbb{R}^N)} \leqslant \|(1 + |\xi|^k)\hat{u}\|_{L^2(\mathbb{R}^N)} \leqslant C\|u\|_{H^k(\mathbb{R}^N)}, \forall u \in H^k(\mathbb{R}^N). \tag{7-11}$$

所以关于上面的热核 $P_t(x, y)$ 有些书也会把它记为 $e^{-t\Delta}(x, y)$, 对应地记

$$\left(e^{t\Delta} f\right)(x) = \int_{\mathbb{R}^N} e^{-t\Delta}(x, y) f(y) \mathrm{d}y.$$

于是，如果 $f \in L^p(\mathbb{R}^N), 1 \leqslant p \leqslant 2$, 则可以证明

$$\widehat{e^{t\Delta} f}(\xi) = e^{-|\xi|^2 t} \hat{f}(\xi). \tag{7-12}$$

而 Δ 作用之后对应的Fourier变换为

$$\widehat{\Delta f}(\xi) = -|\xi|^2 \hat{f}(\xi),$$

对比上面的热核作用之后的Fourier变换则是乘上 $e^{-|\xi|^2 t}$, 因此把这个热核记为 $e^{t\Delta}$ 是比较自然的. 特别地，采用这样的记号之后有算子作用关系

$$\frac{\mathrm{d}}{\mathrm{d}t} e^{t\Delta} = \Delta e^{t\Delta}. \tag{7-13}$$

所以我们也可以用卷积来改写它 $I_\alpha f = C(N,\alpha)\dfrac{1}{|x|^{N-\alpha}} \star f$. 特别地，$(-\Delta)^{-1}f =$ $C(N)\dfrac{1}{|x|^{N-2}} \star f$.

定义 7.6： （**Sobolev空间的第三逼近**） 空间$B_\alpha^{1,p}(\mathbb{R}^N)$ 定义为

$$B_\alpha^{1,p}(\mathbb{R}^N) = \{f \in L^p(\mathbb{R}^N) : \exists \text{ 某个 } \varphi \in L^p(\mathbb{R}^N) \text{ s.t. } f = J_\alpha\varphi\},$$

其中范数定义为

$$\|f\|_{B_\alpha^{1,p}(\mathbb{R}^N)} = \|\varphi\|_p.$$

特别地，当$1 \leqslant p < \infty$ 时，

$$(C^{-1}\|f\|_{B_1^{1,p}} \leqslant \|f\|_{W^{1,p}} \leqslant C\|f\|_{B_1^{1,p}}),$$

从而$W^{1,p}(\mathbb{R}^N) \approx B_1^{1,p}(\mathbb{R}^N)$.

定理 7.7： 次线性算子

$$I_1 f(x) := \int_{\mathbb{R}^N} \frac{f(y)}{|y-x|^{N-1}}\mathrm{d}y$$

满足性质

$$\mu(\{I_1(f) > t\}) \leqslant C(N)\left(\frac{\|f\|_1}{t}\right)^{\frac{N}{N-1}},$$

$$\|I_1(f)\|_{\frac{Np}{N-p}} \leqslant C(N,p)\|f\|_p, 1 < p < N.$$

也就是说映射I_1 是弱$(1, \dfrac{N}{N-1})$型和强$(p, \dfrac{Np}{N-p})$型的，其中$1 < p < N$.

证明　只需考虑$f \geqslant 0$的情形. 把积分$I_1 f$ 分成两部分：一个好（good）的部分和一个不好（bad）的部分，

$$\begin{aligned}
I_1 f(x) &= \int_{\mathbb{R}^N} \frac{f(y)}{|y-x|^{N-1}}\mathrm{d}y \\
&= \int_{B(x,r)} \frac{f(y)}{|y-x|^{N-1}}\mathrm{d}y + \int_{\mathbb{R}^N \setminus B(x,r)} \frac{f(y)}{|y-x|^{N-1}}\mathrm{d}y \\
&= b_r(x) + g_r(x), r > 0.
\end{aligned}$$

此时利用Hölder不等式有

$$g_r(x) \leqslant \left(\int_{B(x,r)^c} f^p \mathrm{d}y\right)^{\frac{1}{p}} \cdot \left(\int_{B(x,r)^c} |y-x|^{(1-N)p'} \mathrm{d}y\right)^{\frac{1}{p'}}$$

$$\leqslant \|f\|_p \left(\int_r^\infty \int_{\mathbb{S}^{N-1}} s^{(1-N)p'} s^{N-1} \mathrm{d}s \mathrm{d}\theta\right)^{\frac{1}{p'}} \leqslant C(N,p)\|f\|_p r^{1-\frac{N}{p}}.$$

（其中上面用到了 $\int_r^\infty s^{N-1-(N-1)p'} \mathrm{d}s \sim s^{N-(N-1)p'}\big|_r^\infty < \infty, N-(N-1)p' = \frac{p-N}{p-1} < 0.$）

而 $b_r(x) = \int_{B(x,r)} \frac{f(y)}{|y-x|^{N-1}} \mathrm{d}y$, 定义环带区域 $A_j = B(x,2^{-j}r)\backslash B(x,2^{-(j+1)}r)$, 于是

$$b_r(x) = \sum_{j=0}^\infty \int_{A_j} \frac{f(y)}{|y-x|^{N-1}} \mathrm{d}y \leqslant \sum_{j=0}^\infty (2^{-(j+1)}r)^{-(N-1)} \int_{B(x,2^{-j}r)} f(y)\mathrm{d}y$$

$$= \sum_{j=0}^\infty (2^{-(j+1)}r)^{1-N} \frac{C(N)(2^{-j}r)^N}{\mu(B(x,2^{-j}r))} \int_{B(x,2^{-j}r)} f(y)\mathrm{d}y$$

$$\leqslant C(N) \sum_{j=0}^\infty 2^{-j} r M f(x) = C(N) r M f(x).$$

因此得 $I_1 f(x) \leqslant C(N,p)\left(r^{1-\frac{N}{p}}\|f\|_p + rMf(x)\right), \forall r > 0.$ 根据r的任意性, 令 $rMf(x) = r^{1-\frac{N}{p}}\|f\|_p \Rightarrow r = \left(\frac{\|f\|_p}{Mf(x)}\right)^{\frac{p}{N}}$, 可得 $I_1 f(x) \leqslant C(N,p)\|f\|_p^{\frac{p}{N}}(Mf(x))^{1-\frac{p}{N}}.$ 当$1 < p < N$时, M 是强(p,p)型的（见定理7.5-(3)）, 于是有

$$\int_{\mathbb{R}^N} I_1 f(x)^{\frac{Np}{N-p}} \mathrm{d}x \leqslant C(N,p)\|f\|_p^{\frac{p^2}{N-p}}\|Mf\|_p^p$$

$$\leqslant C(N,p)\|f\|_p^{\frac{p^2}{N-p}}\|f\|_p^p = C(N,p)\|f\|_p^{\frac{Np}{N-p}},$$

故 $\|I_1 f\|_{\frac{Np}{N-p}} \leqslant C(N,p)\|f\|_p$, 即$I_1$是强$(p, \frac{Np}{N-p})$型的.

当$p = 1$时, $I_1 f(x) \leqslant C(N)\|f\|_1^{\frac{1}{N}}(Mf(x))^{1-\frac{1}{N}}$, 所以 $\{I_1 f > t\} \subset \{Mf(x) > \tilde{t}\}$, 其中 $\tilde{t} = C(N)^{\frac{N}{N-1}}\|f\|_1^{-\frac{1}{N-1}} t^{\frac{N}{N-1}}$. 利用$M$是弱$(1,1)$型的（见定理7.5-(2)）, 有 $|\{Mf(x) > \tilde{t}\}| \leqslant C(N)\frac{\|f\|_1}{\tilde{t}}$, 因此 $\{I_1 f > t\} \leqslant C(N)\left(\frac{\|f\|_1}{t}\right)^{\frac{N}{N-1}}$, 故$I_1$ 是弱$(1, \frac{N}{N-1})$ 型的. □

注释 7.11： （一般的I_α） 事实上对一般的$\alpha \in (0, N)$以及$1 < p < \dfrac{N}{\alpha}$，$I_\alpha$都是强$(p, q)$型的，其中$q = \dfrac{Np}{N - \alpha p}$，即

$$\left(\int_{\mathbb{R}^N} \left| \int_{\mathbb{R}^N} \frac{f(y)}{|y - x|^{N-\alpha}} \mathrm{d}y \right|^q \mathrm{d}x \right)^{\frac{1}{q}} \leqslant C(N, p, \alpha) \|f\|_p.$$

7.5 BMO空间

BMO空间指的是平均振荡有界空间. 沿用之前的记号$(u)_\Omega$表示u在Ω上的积分平均，称

$$\frac{1}{\mu(\Omega)} \int_\Omega |u(x) - (u)_\Omega| \mathrm{d}x$$

为u在Ω上的平均振荡.

定义 7.7： （**BMO空间**） 称一个函数$u \in L^1_{\mathrm{loc}}(\mathbb{R}^N)$具有有界平均振荡，并记为$u \in \mathrm{BMO}(\mathbb{R}^N)$，如果

$$|u|_{\mathrm{BMO}} := \sup \frac{1}{\mu(Q)} \int_Q |u(x) - (u)_Q| \mathrm{d}x < \infty, \tag{7-14}$$

其中，上确界取遍所有的方体Q.

注释 7.12：

（1）可以验证空间$\mathrm{BMO}(\mathbb{R}^N)$是一个线性空间并且$|\cdot|_{\mathrm{BMO}}$是一个半范. $|u|_{\mathrm{BMO}} = 0$当且仅当$u \equiv \mathrm{const}$.

（2）因此$|\cdot|_{\mathrm{BMO}}$为商空间$\mathrm{BMO}(\mathbb{R}^N)/\mathbb{R}$上的一个范数.

引理 7.3： 考虑$u \in L^1_{\mathrm{loc}}(\mathbb{R}^N)$，则$u \in \mathrm{BMO}(\mathbb{R}^N)$当且仅当对任意的方体$Q$，都存在某个常数$c_{Q,u} \in \mathbb{R}$使得

$$\sup \frac{1}{\mu(Q)} \int_Q |u(x) - c_{Q,u}| \mathrm{d}x < \infty.$$

证明 必要性显然成立，因为只需取$c_{Q,u} = (u)_Q$即可. 下面证明充分性. 假设后者成立，则有

$$u(x) - (u)_Q = u(x) - c_{Q,u} - \frac{1}{\mu(Q)} \int_Q (u(y) - c_{Q,u}) \, \mathrm{d}y,$$

于是

$$|u(x) - (u)_Q| \leqslant |u(x) - c_{Q,u}| + \frac{1}{\mu(Q)} \int_Q |u(y) - c_{Q,u}| \, \mathrm{d}y,$$

两边关于x在Q上积分平均可得

$$\frac{1}{\mu(Q)} \int_Q |u(x) - (u)_Q| \, \mathrm{d}x \leqslant 2 \frac{1}{\mu(Q)} \int_Q |u(x) - c_{Q,u}| \, \mathrm{d}x < \infty. \tag{7-15}$$

□

注释 7.13：　由上面的引理7.3, 如果定义

$$|u|_{\mathrm{BMO}}^* := \sup \frac{1}{\mu(Q)} \inf_{c_Q \in \mathbb{R}} \int_Q |u(x) - c_Q| \, \mathrm{d}x,$$

则有关系 $\frac{1}{2}|u|_{\mathrm{BMO}} \leqslant |u|_{\mathrm{BMO}}^* \leqslant |u|_{\mathrm{BMO}}$. 同样地, $|u|_{\mathrm{BMO}}^*$ 也是一个半范.

定理 7.8：　$L^\infty(\mathbb{R}^N) \subsetneqq \mathrm{BMO}(\mathbb{R}^N)$.

证明　考虑$u \in L^\infty(\mathbb{R}^N)$并取$c_{Q,u} = 0$, 则 $\frac{1}{\mu(Q)} \int_Q |u(x) - 0| \mathrm{d}x \leqslant \|u\|_{L^\infty}$, 于是由上面的引理7.3可知$u \in \mathrm{BMO}(\mathbb{R}^N)$. 下面证明$u(x) = \log|x| \in \mathrm{BMO}(\mathbb{R}^N)$, 但它显然不属于$L^\infty(\mathbb{R}^N)$. 考虑方体$Q = Q(x_0, r)$, 如果 $Q \cap B(0, 2r) = \emptyset$, 则取$c_{Q,u} = \log|x_0|$, 于是由中值定理可得对$x \in Q$,

$$\log|x| - c_{Q,u} = \log|x| - \log|x_0| = \frac{y \cdot (x - x_0)}{|y|^2},$$

其中y介于x和x_0之间, 因此有

$$|\log|x| - c_{Q,u}| \leqslant \left| \frac{y \cdot (x - x_0)}{|y|^2} \right| \leqslant \frac{|x - x_0|}{|y|} \leqslant \frac{\sqrt{N}r}{2r} = \frac{\sqrt{N}}{2},$$

进而可得 $\frac{1}{\mu(Q)} \int_Q |u(x) - c_{Q,u}| \mathrm{d}x \leqslant \frac{\sqrt{N}}{2}$. 另外, 如果$Q \cap B(0, 2r) \neq \emptyset$, 则可知$Q \subset B(0, 2r + \sqrt{N}r)$, 此时取$c_{Q,u} = \log r$, 于是

$$\frac{1}{\mu(Q)} \int_Q |u(x) - c_{Q,u}| \mathrm{d}x = \frac{1}{r^N} \int_Q |\log|x| - \log r| \, \mathrm{d}x \leqslant \frac{1}{r^N} \int_{B(0, 2r + \sqrt{N}r)} \left| \log \frac{|x|}{r} \right| \mathrm{d}x$$

$$= \frac{C_N}{r^N} \int_0^{2r + \sqrt{N}r} s^{N-1} |\log \frac{s}{r}| \mathrm{d}s = C_N \int_0^{2 + \sqrt{N}} t^{N-1} |\log t| \mathrm{d}t < \infty,$$

综上可得$u(x) = \log|x| \in \mathrm{BMO}(\mathbb{R}^N)$. □

207

注释 7.14： 注意BMO($\mathbb{R}^N$)中的函数乘以一个特征函数后并不能保证仍旧属于BMO($\mathbb{R}^N$). 比如考虑$N = 1$,

$$u(x) = \log|x| \in \text{BMO}(\mathbb{R}), v(x) := u(x) \cdot \chi_{(0,+\infty)} = \begin{cases} \log x, & x > 0, \\ 0, & x \leqslant 0. \end{cases}$$

考虑$Q_\varepsilon = (-\varepsilon, \varepsilon)$, 则对任意的$c \in \mathbb{R}$, 有

$$\frac{1}{\mu(Q_\varepsilon)} \int_{-\varepsilon}^{\varepsilon} |v(x) - c| dx = \frac{1}{2\varepsilon} \left[\int_{-\varepsilon}^{0} |c| dx + \int_{0}^{\varepsilon} |u(x) - c| dx \right]$$

$$= \frac{|c|}{2} + \frac{1}{2} \frac{1}{\varepsilon} \int_{0}^{\varepsilon} |u(x) - c| dx \geqslant \frac{|c|}{2} + \frac{1}{2} \left((|u|)_{(0,\varepsilon)} - |c| \right) = \frac{1}{2} (|u|)_{(0,\varepsilon)} \to +\infty \text{ as } \varepsilon \to 0.$$

因此$v(x) \notin \text{BMO}(\mathbb{R})$.

从上面证明中可以看出根本原因在于积分平均可能会跑到无穷. 如果函数取值也都保持大致的速度跑到无穷, 则考虑它的平均振荡是可以满足有界性的. 但是如果直接乘以一个特征函数, 这个时候强制赋值为0, 而另一部分函数值保持不变, 仍旧跑到无穷, 则可能会产生激烈的振荡, 可能就保证不了平均振荡的有界性了.

定理 7.9： $|\cdot|_{\text{BMO}}^*$ 是BMO($\mathbb{R}^N$)/$\mathbb{R}$上的范数.

证明 首先$|\lambda u|_{\text{BMO}}^* = |\lambda| |u|_{\text{BMO}}^*$ 显然, 同时$|u|_{\text{BMO}}^* \geqslant 0$ 并且等于零当且仅当$u \equiv \text{const}$, i.e., $\bar{u} = \bar{0}$, 所以非退化性在商空间上成立, 下面证明三角不等式即可. 首先对任意给定的方体Q, 考虑$\forall \varepsilon > 0$, 可以取到某个$c_1 \in \mathbb{R}, c_2 \in \mathbb{R}$ 使得

$$\begin{cases} \frac{1}{\mu(Q)} \int_Q |u(x) - c_1| dx < \inf_{c \in \mathbb{R}} \frac{1}{\mu(Q)} \int_Q |u(x) - c| dx + \varepsilon, \\ \frac{1}{\mu(Q)} \int_Q |v(x) - c_2| dx < \inf_{c \in \mathbb{R}} \frac{1}{\mu(Q)} \int_Q |v(x) - c| dx + \varepsilon, \end{cases}$$

从而有

$$\inf_{c \in \mathbb{R}} \frac{1}{\mu(Q)} \int_Q |u(x) + v(x) - c| dx \leqslant \frac{1}{\mu(Q)} \int_Q |u(x) + v(x) - (c_1 + c_2)| dx$$

$$\leqslant \frac{1}{\mu(Q)} \int_Q |u(x) - c_1| dx + \frac{1}{\mu(Q)} \int_Q |v(x) - c_2| dx$$

$$< \inf_{c \in \mathbb{R}} \frac{1}{\mu(Q)} \int_Q |u(x) - c| dx + \varepsilon + \inf_{c \in \mathbb{R}} \frac{1}{\mu(Q)} \int_Q |v(x) - c| dx + \varepsilon.$$

由ε的任意性可得

$$\inf_{c\in\mathbb{R}}\frac{1}{\mu(Q)}\int_Q|u(x)+v(x)-c|\mathrm{d}x\leqslant\inf_{c\in\mathbb{R}}\frac{1}{\mu(Q)}\int_Q|u(x)-c|\mathrm{d}x+\inf_{c\in\mathbb{R}}\frac{1}{\mu(Q)}\int_Q|v(x)-c|\mathrm{d}x.$$

从而

$$
\begin{aligned}
|u+v|^*_{\mathrm{BMO}} &= \sup_Q\inf_{c\in\mathbb{R}}\frac{1}{\mu(Q)}\int_Q|u(x)+v(x)-c|\mathrm{d}x\\
&\leqslant \sup_Q\left(\inf_{c\in\mathbb{R}}\frac{1}{\mu(Q)}\int_Q|u(x)-c|\mathrm{d}x+\inf_{c\in\mathbb{R}}\frac{1}{\mu(Q)}\int_Q|v(x)-c|\mathrm{d}x\right)\\
&\leqslant \sup_Q\inf_{c\in\mathbb{R}}\frac{1}{\mu(Q)}\int_Q|u(x)-c|\mathrm{d}x+\sup_Q\inf_{c\in\mathbb{R}}\frac{1}{\mu(Q)}\int_Q|v(x)-c|\mathrm{d}x\\
&= |u|^*_{\mathrm{BMO}}+|v|^*_{\mathrm{BMO}}.\qquad\qquad\qquad\qquad\qquad\qquad\qquad\qquad\square
\end{aligned}
$$

定理 7.10:　假设$u,v\in\mathrm{BMO}(\mathbb{R}^N)$, 则有

（1）$|u|\in\mathrm{BMO}(\mathbb{R}^N)$, 并且$\big\||u|\big\|^*_{\mathrm{BMO}}\leqslant|u|^*_{\mathrm{BMO}}$.

（2）$\min\{u,v\}\in\mathrm{BMO}(\mathbb{R}^N)$, $\max\{u,v\}\in\mathrm{BMO}(\mathbb{R}^N)$ 并且

$$|\min\{u,v\}|^*_{\mathrm{BMO}}\leqslant|u|^*_{\mathrm{BMO}}+|v|^*_{\mathrm{BMO}},\ |\max\{u,v\}|^*_{\mathrm{BMO}}\leqslant|u|^*_{\mathrm{BMO}}+|v|^*_{\mathrm{BMO}}.$$

（3）对任意的$t>0$, 截断函数 $u_t(x):=\min\{t,\max\{u,-t\}\}\in\mathrm{BMO}(\mathbb{R}^N)$ 并且 $|u_t|^*_{\mathrm{BMO}}\leqslant|u|^*_{\mathrm{BMO}}$.

证明

（1）首先证明

$$\inf_{c\in\mathbb{R}}\frac{1}{\mu(Q)}\int_Q\big||u|-c\big|\mathrm{d}x\leqslant\max\left\{\inf_{c\in\mathbb{R}}\frac{1}{\mu(Q)}\int_Q|u-c|\mathrm{d}x,\inf_{c\in\mathbb{R}}\frac{1}{\mu(Q)}\int_Q|-u-c|\mathrm{d}x\right\}.\tag{7-16}$$

情形一：$\displaystyle\inf_{c\in\mathbb{R}}\frac{1}{\mu(Q)}\int_Q|u-c|\mathrm{d}x=\inf_{c>0}\frac{1}{\mu(Q)}\int_Q|u-c|\mathrm{d}x$, 则此时有

$$
\begin{aligned}
&\inf_{c\in\mathbb{R}}\frac{1}{\mu(Q)}\int_Q\big||u|-c\big|\mathrm{d}x=\inf_{c>0}\frac{1}{\mu(Q)}\int_Q\big||u|-c\big|\mathrm{d}x\leqslant\inf_{c>0}\frac{1}{\mu(Q)}\int_Q|u-c|\mathrm{d}x\\
&=\inf_{c\in\mathbb{R}}\frac{1}{\mu(Q)}\int_Q|u-c|\mathrm{d}x\leqslant\max\left\{\inf_{c\in\mathbb{R}}\frac{1}{\mu(Q)}\int_Q|u-c|\mathrm{d}x,\inf_{c\in\mathbb{R}}\frac{1}{\mu(Q)}\int_Q|-u-c|\mathrm{d}x\right\}.
\end{aligned}
$$

情形二：　$\displaystyle\inf_{c\in\mathbb{R}}\frac{1}{\mu(Q)}\int_Q|u-c|\mathrm{d}x = \inf_{c<0}\frac{1}{\mu(Q)}\int_Q|u-c|\mathrm{d}x$，则此时对应有

$\displaystyle\inf_{c\in\mathbb{R}}\frac{1}{\mu(Q)}\int_Q|-u-c|\mathrm{d}x = \inf_{c>0}\frac{1}{\mu(Q)}\int_Q|-u-c|\mathrm{d}x$. 因此利用情形一的结论可得

$$\inf_{c\in\mathbb{R}}\frac{1}{\mu(Q)}\int_Q\big||u|-c\big|\mathrm{d}x = \inf_{c\in\mathbb{R}}\frac{1}{\mu(Q)}\int_Q\big||-u|-c\big|\mathrm{d}x$$

$$\leqslant \max\left\{\inf_{c\in\mathbb{R}}\frac{1}{\mu(Q)}\int_Q|-u-c|\mathrm{d}x, \inf_{c\in\mathbb{R}}\frac{1}{\mu(Q)}\int_Q|-(-u)-c|\mathrm{d}x\right\}$$

$$= \max\left\{\inf_{c\in\mathbb{R}}\frac{1}{\mu(Q)}\int_Q|u-c|\mathrm{d}x, \inf_{c\in\mathbb{R}}\frac{1}{\mu(Q)}\int_Q|-u-c|\mathrm{d}x\right\}.$$

这样就证明了式(7-16). 于是

$$\||u|\|^*_{\mathrm{BMO}} = \sup_Q\inf_{c\in\mathbb{R}}\frac{1}{\mu(Q)}\int_Q\big||u|-c\big|\mathrm{d}x$$

$$\leqslant \sup_Q\max\left\{\inf_{c\in\mathbb{R}}\frac{1}{\mu(Q)}\int_Q|u-c|\mathrm{d}x, \inf_{c\in\mathbb{R}}\frac{1}{\mu(Q)}\int_Q|-u-c|\mathrm{d}x\right\}$$

$$= \max\left\{\sup_Q\inf_{c\in\mathbb{R}}\frac{1}{\mu(Q)}\int_Q|u-c|\mathrm{d}x, \sup_Q\inf_{c\in\mathbb{R}}\frac{1}{\mu(Q)}\int_Q|-u-c|\mathrm{d}x\right\}$$

$$= \max\{|u|^*_{\mathrm{BMO}}, |-u|^*_{\mathrm{BMO}}\} = |u|^*_{\mathrm{BMO}}.$$

（2）由于事实 $\max\{u,v\} = \dfrac{u+v}{2} + \dfrac{|u-v|}{2}$，所以利用（1）的结论以及三角不等式可得

$$|\max\{u,v\}|^*_{\mathrm{BMO}} = \left|\frac{u+v}{2} + \frac{|u-v|}{2}\right|^*_{\mathrm{BMO}} \leqslant \frac{1}{2}|u+v|^*_{\mathrm{BMO}} + \frac{1}{2}\big\||u-v|\big\|^*_{\mathrm{BMO}}$$

$$\text{由（1）} \leqslant \frac{1}{2}|u+v|^*_{\mathrm{BMO}} + \frac{1}{2}|u-v|^*_{\mathrm{BMO}}$$

$$\leqslant \frac{1}{2}(|u|^*_{\mathrm{BMO}} + |v|^*_{\mathrm{BMO}}) + \frac{1}{2}(|u|^*_{\mathrm{BMO}} + |v|^*_{\mathrm{BMO}}) = |u|^*_{\mathrm{BMO}} + |v|^*_{\mathrm{BMO}}.$$

同理，利用 $\min\{u,v\} = \dfrac{u+v}{2} - \dfrac{|u-v|}{2}$ 可类似证明取小的结论. 或者由于事实

$$|u|^*_{\mathrm{BMO}} = |-u|^*_{\mathrm{BMO}} \text{ and } \min\{u,v\} = -\max\{-u,-v\}.$$

所以在上面结论的基础上有

$$|\min\{u,v\}|^*_{\mathrm{BMO}} = |-\max\{-u,-v\}|^*_{\mathrm{BMO}} = |\max\{-u,-v\}|^*_{\mathrm{BMO}}$$

$$\leqslant |-u|^*_{\text{BMO}} + |-v|^*_{\text{BMO}} = |u|^*_{\text{BMO}} + |v|^*_{\text{BMO}}.$$

（3）一方面可以改写

$$\min\{t, \max\{u, -t\}\} = \frac{t + \max\{u, -t\}}{2} - \frac{|t - \max\{u, -t\}|}{2}$$
$$= \frac{t}{2} + \frac{u-t}{4} + \frac{|u+t|}{4} - \left| \frac{t}{2} - \frac{u-t}{4} - \frac{|u+t|}{4} \right|,$$

另一方面由于 $|u|^*_{\text{BMO}} = |u + c|^*_{\text{BMO}}, \forall c \in \mathbb{R}$，而现在的$t > 0$是一个固定的常数，所以利用三角不等式以及（1）的结论有

$$| \min\{t, \max\{u, -t\}\} |^*_{\text{BMO}} = \left| \frac{t}{2} + \frac{u-t}{4} + \frac{|u+t|}{4} - \left| \frac{t}{2} - \frac{u-t}{4} - \frac{|u+t|}{4} \right| \right|^*_{\text{BMO}}$$
$$\leqslant \left| \frac{t}{2} + \frac{u-t}{4} + \frac{|u+t|}{4} \right|^*_{\text{BMO}} + \left\| \frac{t}{2} - \frac{u-t}{4} - \frac{|u+t|}{4} \right\|^*_{\text{BMO}}$$
$$由（1） \leqslant \left| \frac{t}{2} + \frac{u-t}{4} + \frac{|u+t|}{4} \right|^*_{\text{BMO}} + \left| \frac{t}{2} - \frac{u-t}{4} - \frac{|u+t|}{4} \right|^*_{\text{BMO}}$$
$$= \left| \frac{u}{4} + \frac{|u+t|}{4} \right|^*_{\text{BMO}} + \left| \frac{u}{4} + \frac{|u+t|}{4} \right|^*_{\text{BMO}}$$
$$\leqslant \frac{1}{4}|u|^*_{\text{BMO}} + \frac{1}{4}\big\||u+t|\big\|^*_{\text{BMO}} + \frac{1}{4}|u|^*_{\text{BMO}} + \frac{1}{4}\big\||u+t|\big\|^*_{\text{BMO}}$$
$$再次由（1） \leqslant \frac{1}{4}|u|^*_{\text{BMO}} + \frac{1}{4}|u+t|^*_{\text{BMO}} + \frac{1}{4}|u|^*_{\text{BMO}} + \frac{1}{4}|u+t|^*_{\text{BMO}}$$
$$= \frac{1}{4}|u|^*_{\text{BMO}} + \frac{1}{4}|u|^*_{\text{BMO}} + \frac{1}{4}|u|^*_{\text{BMO}} + \frac{1}{4}|u|^*_{\text{BMO}} = |u|^*_{\text{BMO}}. \quad \square$$

定理 7.11： $\text{BMO}(\mathbb{R}^N)/\mathbb{R}$ 赋予范数$|\cdot|^*_{\text{BMO}}$ 是一个Banach空间.

证明 在定理7.9的基础上只需证明完备性. 设$\{f_m(x)\}$ 是$\text{BMO}(\mathbb{R}^N)/\mathbb{R}$中的Cauchy列，则任取$\mathbb{R}^N$中的方体$Q$, 当$m, n \to \infty$时都有

$$\frac{1}{\mu(Q)} \int_Q \big| [f_m(x) - (f_m)_Q] - [f_n(x) - (f_n)_Q] \big| \mathrm{d}x \leqslant |f_m - f_n|_{\text{BMO}} \leqslant 2|f_m - f_n|^*_{\text{BMO}} \to 0. \tag{7-17}$$

由此可知$\{f_m(x) - (f_m)_Q\}$ 是$L^1(Q)$ 中的Cauchy列，从而存在某个$g^Q(x) \in L^1(Q)$ 使得当$m \to \infty$时，

$$f_m(x) - (f_m)_Q \xrightarrow{L^1(Q)} g^Q(x). \tag{7-18}$$

于是可得

$$\int_Q g^Q(x)\mathrm{d}x = \int_Q [f_m(x) - (f_m)_Q]\mathrm{d}x = 0. \tag{7-19}$$

由Q的任意性，如果再任意取某个$Q' \supset Q$，则同样有当$m \to \infty$时，

$$f_m(x) - (f_m)_{Q'} \xrightarrow{L^1(Q')} g^{Q'}(x). \tag{7-20}$$

那自然也有当$m \to \infty$时，$f_m(x) - (f_m)_{Q'} \xrightarrow{L^1(Q)} g^{Q'}(x)$. 因此结合式(7-18)可知，当$m \to \infty$时，

$$(f_m)_Q - (f_m)_{Q'} \to C = C(Q, Q'). \tag{7-21}$$

而且利用$f_m(x)$在Q上的极限是唯一确定的可知

$$g^Q(x) - g^{Q'}(x) \equiv C(Q, Q'), x \in Q \subset Q'. \tag{7-22}$$

下面记Q_k为原点在中心，边长为k的方体，则首先有$\bigcup_{k=1}^{\infty} Q_k = \mathbb{R}^N$. 令

$$f(x) = g^{Q_k}(x) + C(Q_1, Q_k), \forall x \in Q_k. \tag{7-23}$$

则首先需要说明随着k变大，前面已经给出定义的x点具有相容性，即如果$x \in Q_k \subset Q_\ell$, $f(x)$的定义不依赖于k或者ℓ, 这样$f(x)$才是良定的. 即需要证明

$$g^{Q_k}(x) + C(Q_1, Q_k) = g^{Q_\ell}(x) + C(Q_1, Q_\ell), x \in Q_k \subset Q_\ell. \tag{7-24}$$

事实上前面已经讨论了

$$\begin{cases} g^{Q_\ell}(x) = g^{Q_k}(x) + C(Q_k, Q_\ell), x \in Q_k, \\ g^{Q_\ell}(x) = g^{Q_1}(x) + C(Q_1, Q_\ell), x \in Q_1, \\ g^{Q_k}(x) = g^{Q_1}(x) + C(Q_1, Q_k), x \in Q_1. \end{cases}$$

首先考虑$x \in Q_1$, 注意到此时也有$x \in Q_k$, 于是由式(7-22)有

$$x \in Q_1 \Rightarrow \begin{cases} g^{Q_1}(x) - g^{Q_k}(x) = C(Q_1, Q_k), \\ g^{Q_1}(x) - g^{Q_\ell}(x) = C(Q_1, Q_\ell), \\ g^{Q_k}(x) - g^{Q_\ell}(x) = C(Q_k, Q_\ell), \end{cases}$$

由此得到关系

$$C(Q_1, Q_k) + C(Q_k, Q_\ell) = C(Q_1, Q_\ell). \tag{7-25}$$

于是当 $x \in Q_k$ 时有

$$g^{Q_\ell}(x) + C(Q_1, Q_\ell) = g^{Q_\ell}(x) + C(Q_1, Q_k) + C(Q_k, Q_\ell) = g^{Q_k}(x) + C(Q_1, Q_k),$$

式(7-24)得证. 固定任意的方体 Q, 总可以取到充分大的 k 使得 $Q \subset Q_k$, 根据上面 f 的定义可得

$$(f)_Q = \frac{1}{\mu(Q)} \int_Q g^{Q_k} \mathrm{d}x + C(Q_1, Q_k). \tag{7-26}$$

进而 $\int_Q \left[-g^{Q_k}(x) - C(Q_1, Q_k) + (f)_Q \right] \mathrm{d}x = 0.$ 结合式(7-19) 有 $\int_Q \left[g^Q(x) - g^{Q_k}(x) - C(Q_1, Q_k) + (f)_Q \right] \mathrm{d}x = 0.$ 而需要指出的是 $g^Q(x) - g^{Q_k}(x) = C(Q, Q_k), x \in Q \subset Q_k$, 这表明了上面式子中的被积函数是一个常值积分，最后积分值为0说明了这个常值只能是零. 进而就有了

$$g^Q(x) \equiv C(Q_1, Q_k) + g^{Q_k}(x) - (f)_Q, x \in Q. \tag{7-27}$$

因此

$$\lim_{m \to \infty} \int_Q \left| (f_m - f)(x) - (f_m - f)_Q \right| \mathrm{d}x$$

$$= \lim_{m \to \infty} \int_Q \left| f_m(x) - g^{Q_k}(x) - C(Q_1, Q_k) - (f_m)_Q + (f)_Q \right| \mathrm{d}x$$

$$= \lim_{m \to \infty} \int_Q \left| f_m(x) - (f_m)_Q - g^Q(x) \right| \mathrm{d}x = 0.$$

由 Q 的任意性以及极大函数是由函数本身局部所决定的，可得

$$\lim_{m \to \infty} \|f_m - f\|_{\mathrm{BMO}}^* \leqslant \lim_{m \to \infty} \|f_m - f\|_{\mathrm{BMO}} = 0.$$

并且利用三角不等式可知显然 $f(x) \in \mathrm{BMO}/\mathbb{R}$. 这样就证明了完备性. □

第8章 全空间中的嵌入不等式续：$kp = N$ 的情形

8.1 $p = N$时的BMO嵌入不等式

当$1 \leqslant p < N$ 时，由前面学习的GNS不等式（见定理6.1）可知有不等式

$$\|u\|_{L^{p^*}(\mathbb{R}^N)} \leqslant C(p, N)\|Du\|_{L^p(\mathbb{R}^N)}, \ \forall u \in \dot{W}^{1,p}(\mathbb{R}^N).$$

其中$p^* = \dfrac{pN}{N - p}$. 由于$p \uparrow N$ 时有$p^* \to +\infty$，于是有一个很自然的猜测：当$u \in \dot{W}^{1,N}(\mathbb{R}^N)$ 时是否能导出它必定属于$L^\infty(\mathbb{R}^N)$ 呢？前面也已经知道了这个结论对$N = 1$确实是对的（见定理8.5），但是$N \geqslant 2$ 的时候就不再成立了（见注释9.2）. 因此是否能找到一个比$L^\infty(\mathbb{R}^N)$ 更大一点的空间，进而使得$W^{1,N}(\mathbb{R}^N)$ 能嵌入里面呢？结论是可以的，上一章节学习的BMO空间就是一个严格比$L^\infty(\mathbb{R}^N)$更大的空间（见定理7.8），这里将证明它就可以做到.

定理8.1： （空间$W^{1,N}(\mathbb{R}^N)$嵌入$\mathbf{BMO}(\mathbb{R}^N)$） 存在常数$C = C(N) > 0$ 使得

$$|u|_{\mathrm{BMO}(\mathbb{R}^N)} \leqslant C(N)\|\nabla u\|_{L^N(\mathbb{R}^N)}, \forall u \in \dot{W}^{1,N}(\mathbb{R}^N). \tag{8-1}$$

因此，特别地，有嵌入关系$W^{1,N}(\mathbb{R}^N) \hookrightarrow \mathrm{BMO}(\mathbb{R}^N)$.

证明 记Q_r是棱长为r各个面平行于对应轴的方体. 利用方体上的Poincaré 不等式（见注释7.2中的式(7-3)），有

$$\|u(x) - (u)_{Q_r}\|_{L^N(Q_r)} \leqslant N^{\frac{N-1}{N}} r\|\nabla u\|_{L^N(Q_r)} \leqslant N^{\frac{N-1}{N}} r\|\nabla u\|_{L^N(\mathbb{R}^N)}.$$

于是利用Hölder不等式可得

$$\int_{Q_r} |u(x) - (u)_{Q_r}|\mathrm{d}x \leqslant \left(\int_{Q_r} |u(x) - (u)_{Q_r}|^N \mathrm{d}x\right)^{\frac{1}{N}} \mu(Q_r)^{\frac{N-1}{N}}$$

$$= \|u(x) - (u)_{Q_r}\|_{L^N(Q_r)} \cdot r^{N-1} \leqslant N^{\frac{N-1}{N}} r^N \|\nabla u\|_{L^N(\mathbb{R}^N)},$$

两边同时除以$\mu(Q_r)$，即r^N，并对所有的方体Q_r 取上确界可得

$$|u|_{\mathrm{BMO}(\mathbb{R}^N)} \leqslant N^{\frac{N-1}{N}} \|\nabla u\|_{L^N(\mathbb{R}^N)}, \forall u \in \dot{W}^{1,N}(\mathbb{R}^N). \qquad \square$$

注释 8.1：

（1）利用变分方法处理一些涉及临界指标问题的时候，由于嵌入紧性的缺失，通常需要对相关能量做一些相对精确的估计，从而可以恢复紧性。在维数 $N \geqslant 3$ 时，$2^* = \dfrac{2N}{N-2}$（对于 p-Laplace 问题，$p^* = \dfrac{Np}{N-p}, N > 0$）。此时的临界嵌入可以由临界的 Sobolev 嵌入来刻画 $D_0^{1,2}(\Omega) \hookrightarrow L^{2^*}(\Omega)$，但这个嵌入不是紧的（**即使 Ω 是有界区域都不行**）。此时在很多实际问题处理中就需要做能量估计，跟 Sobolev 最佳常数 S 的达到函数有密切联系（**达到函数也见注释 6.5-(1)**）。为了方便查阅，这里记

$$U(x) := \frac{[N(N-2)]^{\frac{N-2}{4}}}{[1+|x|^2]^{\frac{N-2}{2}}}, \tag{8-2}$$

现在很多专著和文献中也称之为 Talenti bubble（**这个函数是一个径向对称单调递减的。在相差一个平移或者一个共形变换的意义下，Sobolev 最佳常数只能是由它达到**）。比如考虑 $\varepsilon > 0$ 并定义 $U_\varepsilon(x) := \varepsilon^{\frac{2-N}{2}} U(\dfrac{x}{\varepsilon})$，则当 ε 充分小时，会发现它的 $\|\cdot\|_{2^*}$ 以及 $\|\nabla \cdot\|_2$ 几乎集中到 0 点附近。因此在处理很多紧性问题的时候，可以采取一些截断的形式把它变成具有紧支集函数空间中的一个元素，从而可以用它来做一些估计。比如考虑 $0 \in \Omega, \psi \in \mathcal{D}(\Omega)$ 是一个非负光滑的截断函数使得在 $B(0,\rho), \rho > 0$ 上恒为 1。考虑 $u_\varepsilon(x) := \psi(x) U_\varepsilon(x)$，则 u_ε 继承了 U_ε 的大部分信息，并且它变成了一个有紧支集的函数。在很多专著或者文章中都能查到下面的估计结果：

$$\int_\Omega |\nabla u_\varepsilon|^2 = \int_{\mathbb{R}^N} |\nabla U_\varepsilon|^2 + O(\varepsilon^{N-2}) = S^{\frac{N}{2}} + O(\varepsilon^{N-2}),$$

$$\int_\Omega |u_\varepsilon|^{2^*} = \int_{\mathbb{R}^N} |U_\varepsilon|^{2^*} + O(\varepsilon^N) = S^{\frac{N}{2}} + O(\varepsilon^N),$$

$$\begin{aligned}
\int_\Omega |u_\varepsilon|^2 &= \int_{B(0,\rho)} |U_\varepsilon|^2 + O(\varepsilon^{N-2}) \\
&\geqslant \int_{B(0,\varepsilon)} \frac{[N(N-2)\varepsilon^2]^{\frac{N-2}{2}}}{[2\varepsilon^2]^{N-2}} + \int_{\varepsilon < |x| < \rho} \frac{[N(N-2)\varepsilon^2]^{\frac{N-2}{2}}}{[2|x|^2]^{N-2}} + O(\varepsilon^{N-2}) \\
&= \begin{cases} d\varepsilon^2 |\ln \varepsilon| + O(\varepsilon^2), & N = 4, \\ d\varepsilon^2 + O(\varepsilon^{N-2}), & N \geqslant 5. \end{cases}
\end{aligned}$$

（2）直接计算可知只有当 $p > \dfrac{N}{N-2}$ 时，U 才是 L^p 可积的，因此 $U(x) \notin L^1(\mathbb{R}^N), \forall N$. 尤其需要强调的一点就是当 $N \geqslant 5$ 时，$U \in H^1(\mathbb{R}^N)$. 但是 $N = 3, 4$ 时，$U \notin H^1(\mathbb{R}^N)$.

（3）在研究非线性薛定谔方程时，有时候做能量估计我们只需选取的试验函数属于 $H^1(\mathbb{R}^N)$ 即可，并不一定强求选取光滑函数来当试验函数. 因此也可以考虑对 Talenti bubble 进行适当的修正，比如在某个球外进行适当的修正将其变成一个单调递减的有紧支集的函数. 当然我们希望它在 L^2 范数意义下以及梯度的 L^2 范数意义下与 Talenti bubble 误差很小. 令 $r = |x|$，记 $C_N = [N(N-2)]^{\frac{N-2}{4}}$ 以及 $\varphi(r) := U(|x|) = C_N \dfrac{1}{[(1+r^2)^{\frac{N-2}{2}}]}$. 在半径 $0 \leqslant r < R_{1,n}$ 上可以构造函数 $U_n(x) = \varphi_n(r)$ 大致保持着 Talenti bubble 按 $\varepsilon = \dfrac{1}{n}$ 伸缩率挤压过来的信息，即定义为 $\varphi_n(r) = C_N(\dfrac{n}{1+n^2r^2})^{\frac{N-2}{2}}$. 可以选取 $R_{2,n} > R_{1,n} > 0$ 并构造 U_n 满足在环 $R_{1,n} \leqslant |x| \leqslant R_{2,n}$ 上是单调递减到 0 的（最简单即线性函数），从而具体构造表达式为

$$\varphi_n(r) = C_N \begin{cases} \left(\frac{n}{1+n^2r^2}\right)^{\frac{N-2}{2}}, & 0 \leqslant r < R_{1,n}; \\ \left(\frac{n}{1+n^2R_{1,n}^2}\right)^{\frac{N-2}{2}} \frac{R_{2,n}-r}{R_{2,n}-R_{1,n}}, & R_{1,n} \leqslant r < R_{2,n}; \\ 0, & r \geqslant R_{2,n}, \end{cases} \tag{8-3}$$

遇到具体问题时，应根据实际情况选择恰当的 $R_{1,n}, R_{2,n}$ 来控制误差. 特别是在涉及 Sobolev 临界指标的**规范化解问题**研究中，为了避免 $H^1(\mathbb{R}^N) \hookrightarrow L^{2^*}(\mathbb{R}^N)$ 不紧的麻烦，通常也需要做相应的能量先验估计来恢复紧性.

（3-1）考虑质量混合临界问题时，以局部极小元 $u_0 \neq 0$ 为基础来估计对应山路能量时，并不强求 φ_n 的 L^2 约束，只需考虑 $\dfrac{\sqrt{c}}{\|u_0 + tU_n\|_2}[u_0 + tU_n]$ 通常就可以获得满足预定质量约束的一条山路. 此时的 $R_{1,n}, R_{2,n}$ 的选择相对宽松很多. 比如通常为了简单起见直接可取 $R_{2,n} = 2, R_{1,n} = 1$，这样构造出来的试验函数在处理交叉项估计时，真正有贡献的只有 $r \leqslant 2$ 的时候，而此时通常可以利用 u_0 的信息（当 $u_0(0) \neq 0$ 时，大多数情形可以获得 $u_0(x)$ 相当于 $O(1)$，否则只需继续调整 $R_{2,n} > R_{1,n}$ 充分靠近 0 即可）获得便利.

（3-2）考虑纯质量超临界问题，通常对应的山路解本质上相当于从"虚拟 0 点"出发来构造，则此时 $R_{2,n}$ 显然不能取为一个有限值，否则将由

局部紧嵌入 $H^1(\mathbb{R}^N) \hookrightarrow\hookrightarrow L^2_{\text{loc}}(\mathbb{R}^N)$ 可得 $\|U_n\|_2 = o_n(1)$，从而 $\frac{\sqrt{c}}{\|U_n\|_2} \to +\infty$，则上面所构造出来满足预定质量约束的试验函数 $\frac{\sqrt{c}}{\|U_n\|_2} U_n$，它所对应梯度的 L^2 积分将会趋于无穷大，与我们能量估计的初衷相违背. 此外，为了将环形区域内的梯度 L^2 积分误差控制在相对合理的范围，$R_{1,n}$ 也不宜取得太小. 因此可以考虑 $\sigma > 0$ 并考虑 $R_{1,n} = n^\sigma$ （当 $N = 3$ 时要求 $\sigma < 1$），然后可以通过要求 $\|U_n\|_2^2 = c$ 来确定 $R_{2,n}$. 此时对应的表达式

$$\varphi_n(r) = C_N \begin{cases} \left(\frac{n}{1+n^2 r^2}\right)^{\frac{N-2}{2}}, & 0 \leqslant r < n^\sigma, \\ \left(\frac{n}{1+n^{2+2\sigma}}\right)^{\frac{N-2}{2}} \frac{R_{2,n}-r}{R_{2,n}-n^\sigma}, & n^\sigma \leqslant r < R_{2,n}, \\ 0, & r \geqslant R_{2,n}, \end{cases} \tag{8-4}$$

根据

$$\begin{aligned} \|U_n\|_2^2 &= \int_{\mathbb{R}^N} |U_n|^2 \mathrm{d}x = \omega_N \int_0^{+\infty} r^{N-1} |\varphi_n(r)|^2 \mathrm{d}r \\ &= \omega_N C_N^2 \left\{ \frac{1}{n^2} \int_0^{n^{1+\sigma}} \frac{s^{N-1}}{(1+s^2)^{N-2}} \mathrm{d}s + \left(\frac{n}{1+n^{2+2\sigma}}\right)^{N-2} \times \right. \\ &\left. \frac{2R_{2,n}^{N+2} - (N+1)(N+2)R_{2,n}^2 n^{N\sigma} + 2N(N+2)R_{2,n} n^{(N+1)\sigma} - N(N+1)n^{(N+2)\sigma}}{N(N+1)(N+2)(R_{2,n}-n^\sigma)^2} \right\} \\ &= c, \end{aligned} \tag{8-5}$$

可以隐性找到 $R_{2,n}$. 利用

$$\int_0^{n^{1+\sigma}} \frac{s^{N-1}}{(1+s^2)^{N-2}} \mathrm{d}s \begin{cases} = n^{1+\sigma} - \arctan(n^{1+\sigma}), & N = 3, \\ = \frac{1}{2}\left[\ln(1+n^{2+2\sigma}) - \frac{n^{2+2\sigma}}{1+n^{2+2\sigma}}\right], & N = 4, \\ \leqslant \frac{1}{N-4}\left[1 - \frac{1}{(1+n^{2+2\sigma})^{\frac{N-4}{2}}}\right], & N \geqslant 5, \end{cases} \tag{8-6}$$

可得

$$R_{2,n} \sim \left(\frac{N(N+1)(N+2)c}{2\omega_N C_N^2}\right)^{\frac{1}{N}} n^{\frac{N-2}{N}(1+2\sigma)}. \tag{8-7}$$

因此可以进一步有估计

$$
\begin{aligned}
\|\nabla U_n\|_2^2 &= \int_{\mathbb{R}^N} |\nabla U_n|^2 \mathrm{d}x = \omega_N \int_0^{+\infty} r^{N-1} |\varphi_n'(r)|^2 \mathrm{d}r \\
&= S^{\frac{N}{2}} - \omega_N (N-2)^2 n^{N+2} \int_{n^\sigma}^{+\infty} \left(\frac{1}{1+n^2 r^2}\right)^N r^{N+1} \mathrm{d}r + \\
&\quad \omega_N \left(\frac{n}{1+n^{2+2\sigma}}\right)^{N-2} \frac{1}{(R_{2,n} - n^\sigma)^2} \frac{1}{N} [R_{2,n}^N - n^{N\sigma}] \\
&= S^{\frac{N}{2}} + O\left(\frac{1}{n^{\frac{2(N-2)(1+2\sigma)}{N}}}\right), \quad \text{as } n \to \infty,
\end{aligned}
\tag{8-8}
$$

其中这里用到了 $\int_{n^\sigma}^{+\infty} \left(\frac{1}{1+n^2 r^2}\right)^N r^{N+1} \mathrm{d}r \leqslant \frac{1}{N-2} n^{(2-N)(1+\sigma)}$ 以及 $(N-2)(1+\sigma) >$ $\frac{2(N-2)(1+2\sigma)}{N}$ （注意当 $N = 3$ 时我们要求 $\sigma < 1$）.

对任意的 $c_1 > 0$ 以及 $0 < \sigma_1 < \min\{\sigma, 1\}$,

$$
\begin{aligned}
\int_{0<|x|<\frac{c_1}{n^{\sigma_1}}} |U_n(x)|^{2^*} \mathrm{d}x &= \omega_N C_N^{2^*} \int_0^{\frac{c_1}{n^{\sigma_1}}} r^{N-1} \left(\frac{n}{1+n^2 r^2}\right)^N \mathrm{d}r \\
&= S^{\frac{N}{2}} - \omega_N C_N^{2^*} \int_{\frac{c_1}{n^{\sigma_1}}}^{+\infty} r^{N-1} \left(\frac{n}{1+n^2 r^2}\right)^N \mathrm{d}r \\
&= S^{\frac{N}{2}} - \omega_N C_N^{2^*} \int_{c_1 n^{1-\sigma_1}}^{+\infty} \frac{s^{N-1}}{(1+s^2)^N} \mathrm{d}s \\
&= S^{\frac{N}{2}} - O\left(\frac{1}{n^{N(1-\sigma_1)}}\right),
\end{aligned}
\tag{8-9}
$$

以及对任意的 $\alpha \in (\frac{N}{N-2}, 2^*)$, 当 $n \to \infty$ 时,

$$
\begin{aligned}
\int_{0<|x|<\frac{c_1}{n^{\sigma_1}}} |U_n(x)|^\alpha \mathrm{d}x &= \omega_N C_N^\alpha \int_0^{\frac{c_1}{n^{\sigma_1}}} r^{N-1} \left(\frac{n}{1+n^2 r^2}\right)^{\frac{(N-2)\alpha}{2}} \mathrm{d}r \\
&= \omega_N C_N^\alpha n^{\frac{(\alpha-2)N-2\alpha}{2}} \int_0^{c_1 n^{1-\sigma_1}} \frac{s^{N-1}}{(1+s^2)^{\frac{\alpha(N-2)}{2}}} \mathrm{d}s \\
&= \omega_N C_N^\alpha n^{\frac{(\alpha-2)N-2\alpha}{2}} \left(\int_0^1 \frac{s^{N-1}}{(1+s^2)^{\frac{\alpha(N-2)}{2}}} \mathrm{d}s + \int_1^{c_1 n^{1-\sigma_1}} \frac{s^{N-1}}{(1+s^2)^{\frac{\alpha(N-2)}{2}}} \mathrm{d}s\right) \\
&= O\left(\frac{1}{n^{N-(N-2)\alpha/2}}\right).
\end{aligned}
\tag{8-10}
$$

对于具体问题根据误差估计主项阶的需要来选取恰当的 σ, σ_1 和 c_1.

（4）采取共形变换来寻找恰当的满足预定质量约束的试验函数也是一种

比较有效的方法. 在上面提到的纯质量超临界情形中，由于我们希望U_n能够保持Talenti 函数的大部分信息，比如$\|\nabla U_n\|_2^2 = \|\nabla U\|_2^2 + o_n(1), \|U_n\|_{2^*}^{2^*} = \|U\|_{2^*}^{2^*} = o_n(1)$，于是一个自然的想法就是考虑共形变换 $U_n(x) \mapsto \tau^{\frac{N-2}{2}} U_n(\tau x)$，当$\tau = \tau_n := \frac{\|U_n\|_2}{\sqrt{c}}$时，可把它拉到$S_c$这个质量约束流形上. 此时可知，如果最开始的$U_n$具有一致的紧支集（并且包含0点）的话，则利用$\|U_n\|_2 \to 0$可见$\tau_n^{\frac{N-2}{2}} U_n(\tau_n \cdot)$的支撑集将会趋于全空间$\mathbb{R}^N$. 可见这个本质上从属于与上面选取$R_{2,n} > R_{1,n} \uparrow +\infty$那样的操作。采取共形变换这种操作在处理多项式情形时是很方便的，这是因为涉及处理L^p积分时，变换后的L^p积分等价于原来L^p积分乘上τ_n的某个幂方，具体来说

$$\|\tau_n^{\frac{N-2}{2}} U_n(\tau_n \cdot)\|_p^p = \tau_n^{\frac{(N-2)p-2N}{2}} \|U_n\|_p^p. \tag{8-11}$$

另外，对应质量混合临界情形，可见当$\tau = \tau_n := \frac{\sqrt{c}}{\|u_0+tU_n\|_2}$时，也有$\tau^{\frac{N-2}{2}}(u_0 + tU_n)(\tau \cdot) \in S_c$，但采取这种共形变换将它拉到质量约束流形的方法，很多时候对一般的非线性项并不太友好。尤其是在研究系统情形的规范化解问题时，一旦碰到可能有多个分量同时发生集中时，很难保证存在一致的伸缩率τ_n使得各个分量恰好同时拉到对应的质量约束流形上.

注释 8.2： 当考虑N-Laplace问题时，$N^* = +\infty$. 但是前面已经说了$\dot{W}^{1,N}(\mathbb{R}^N)$并不能嵌入$L^\infty(\mathbb{R}^N)$中，而是嵌入一个更大一点的空间$\mathrm{BMO}(\mathbb{R}^N)$，那么此时的临界嵌入对应于临界Sobolev 嵌入不等式的角色由谁来扮演呢？答案是Moser-Trudinger不等式（也见后面的第9.2.2节）. 在全空间中，这个不等式的最佳常数不可达，它没有对应的达到函数. 那在处理带有指数临界增长的问题的时候，要类似通过能量估计来恢复紧性的话，Talenti bubble 的角色又由谁来扮演呢？由于没有达到元，所以不能奢望被某个具体的函数来代替. 由于上面应用的时候也是对U 进行截断得到一个序列u_ε 来实现很多估计的，因此同样可以寻找适当的逼近序列等同于上面的u_ε，这就是下面要补充的关于Moser序列的内容.

补充： （见参考文献[18–20]）如果$u \in H^1(\mathbb{R}^2)$，则对任意的$\alpha > 0$ 都有结论

$$\int_{\mathbb{R}^2} \left(e^{\alpha u^2} - 1\right) dx < \infty. \tag{8-12}$$

特别地，对任意给定的$\tau > 0$, 都存在某个常数$C > 0$ 使得

$$\sup_{u \in H^1(\mathbb{R}^2):\|\nabla u\|_2^2 + \tau\|u\|_2^2 \leqslant 1} \int_{\mathbb{R}^2} \left(e^{4\pi u^2} - 1 \right) \mathrm{d}x \leqslant C. \tag{8-13}$$

这里提一下 Moser 函数列

$$\bar{\omega}_n(x) = \frac{1}{\sqrt{2\pi}} \begin{cases} (\log n)^{\frac{1}{2}}, & 0 \leqslant |x| \leqslant \dfrac{1}{n}, \\[2mm] \dfrac{\log \frac{1}{|x|}}{(\log n)^{\frac{1}{2}}}, & \dfrac{1}{n} \leqslant |x| \leqslant 1, \\[2mm] 0, & |x| \geqslant 1. \end{cases}$$

此时，$\|\nabla \bar{\omega}_n\|_2^2 = 1$. 通过直接计算可得

$$\|\bar{\omega}_n\|_2^2 = \frac{\log n}{2n^2} + \frac{1}{\log n} \int_{\frac{1}{n}}^{1} x \log^2 x \, \mathrm{d}x$$

$$= \frac{\log n}{2n^2} + \frac{1}{\log n} \left(\frac{1}{4} - \frac{1}{4n^2} - \frac{\log n}{2n^2} - \frac{\log^2 n}{2n^2} \right) = \frac{1}{4\log n} + o\left(\frac{1}{\log^2 n} \right).$$

定义 $\omega_n = \dfrac{c\bar{\omega}_n}{\|\bar{\omega}_n\|_2}$, 则

$$\|\nabla \omega_n\|_2^2 = 4c^2 \log n \left(1 + o\left(\frac{1}{\log n} \right) \right), \tag{8-14}$$

以及

$$\omega_n(x) = \frac{\sqrt{2}c}{\sqrt{\pi}} \begin{cases} \log n \left(1 + o\left(\dfrac{1}{\log n} \right) \right), & 0 \leqslant |x| \leqslant \dfrac{1}{n}, \\[2mm] \log \dfrac{1}{|x|} \left(1 + o\left(\dfrac{1}{\log n} \right) \right), & \dfrac{1}{n} \leqslant |x| \leqslant 1, \\[2mm] 0, & |x| \geqslant 1. \end{cases} \tag{8-15}$$

对于一般的N维情形，当在空间$W^{1,N}(\mathbb{R}^N)$中考虑问题时，此时的Sobolev嵌入的临界指标也是指数临界情形的，它也没有达到函数来刻画最佳嵌入常数. 此时的Moser函数列为下面的形式：

$$\widetilde{m}_n(x, r) = w_{N-1}^{-\frac{1}{N}} \begin{cases} (\log n)^{\frac{N-1}{N}}, & |x| \leqslant \dfrac{r}{n}, \\[2mm] \log \left(\dfrac{r}{|x|} \right) / (\log n)^{\frac{1}{N}}, & \dfrac{r}{n} \leqslant |x| \leqslant r, \\[2mm] 0, & |x| \geqslant r. \end{cases}$$

$$\int_{\mathbb{R}^N} |\nabla \widetilde{m}_n(x, r)|^N \mathrm{d}x = \frac{1}{\log n} \int_{\frac{r}{n}}^r \Big|\big(\log \frac{r}{\rho}\big)'\Big|^N \rho^{N-1} \mathrm{d}\rho = \frac{1}{\log n} \int_{\frac{r}{n}}^r \frac{1}{\rho} \mathrm{d}\rho = 1.$$

当考虑n充分大时,

$$
\begin{aligned}
\int_{\mathbb{R}^N} |\widetilde{m}_n(x, r)|^N \mathrm{d}x &= \int_{|x| \leqslant \frac{r}{n}} (w_{N-1}^{-\frac{1}{N}})^N (\log n)^{N-1} \mathrm{d}x + \int_{\frac{r}{n} \leqslant |x| \leqslant r} (w_{N-1}^{-\frac{1}{N}})^N \Big(\frac{\log \frac{r}{|x|}}{(\log n)^{\frac{1}{N}}}\Big)^N \mathrm{d}x \\
&= \int_0^{\frac{r}{n}} (\log n)^{N-1} \rho^{N-1} \mathrm{d}\rho + \int_{\frac{r}{n}}^r \big(\frac{\log \frac{r}{\rho}}{(\log n)^{\frac{1}{N}}}\big)^N \rho^{N-1} \mathrm{d}\rho \\
&= (\log n)^{N-1} \frac{r^N}{n^N N} + \frac{1}{\log n} \int_{\frac{r}{n}}^r \big(\log \frac{r}{\rho}\big)^N \rho^{N-1} \mathrm{d}\rho \\
&= (\log n)^{N-1} \frac{r^N}{n^N N} + \frac{1}{\log n} \Big(I_N - \int_0^{\frac{r}{n}} \big(\log \frac{r}{\rho}\big)^N \rho^{N-1} \mathrm{d}\rho\Big) \\
&= (\log n)^{N-1} \frac{r^N}{n^N N} + \frac{1}{\log n} \Big(\frac{r^N N!}{N^{N+1}} - o\big(\frac{1}{\log n}\big)\Big) \\
&= \frac{r^N N!}{N^{N+1} \log n} \big(1 + o\big(\frac{1}{\log n}\big)\big)
\end{aligned}
$$

特别地,当研究规范解问题时,通常做变换 $m_n = \dfrac{c\widetilde{m}_n}{\|\widetilde{m}_n\|_N} \in S_c$,这里的$S_c$是约束$L^N$球面,它满足

$$\|\nabla m_n\|_N^N = \frac{c^N}{\|\widetilde{m}_n\|_N^N} \int_{\mathbb{R}^N} |\nabla \widetilde{m}_n|^N \mathrm{d}x = \frac{c^N N^{N+1} \log n}{r^N N!} \big(1 + o\big(\frac{1}{\log n}\big)\big) \tag{8-16}$$

以及

$$
m_n(x) = \frac{c w_{N-1}^{-\frac{1}{N}} N^{\frac{N+1}{N}}}{r (N!)^{\frac{1}{N}}}
\begin{cases}
(\log n)(1 + o(\frac{1}{\log n})), & |x| \leqslant \frac{r}{n}, \\
\log \big(\frac{r}{|x|}\big)(1 + o(\frac{1}{\log n})), & \frac{r}{n} \leqslant |x| \leqslant r, \\
0, & |x| \geqslant r.
\end{cases}
$$

特别地,要注意到

$$m_n^{\frac{N}{N-1}}(x) = \frac{c^{\frac{N}{N-1}} w_{N-1}^{-\frac{1}{N-1}} N^{\frac{N+1}{N-1}}}{r^{\frac{N}{N-1}} (N!)^{\frac{1}{N-1}}} (\log n)^{\frac{N}{N-1}} \big(1 + o\big(\frac{1}{\log n}\big)\big), \quad \forall \, |x| \leqslant \frac{r}{n}.$$

8.2　高阶导数情形$kp = N$时的BMO嵌入不等式

定理 8.2：　（高阶导数情形$W^{k,\frac{N}{k}}(\mathbb{R}^N)$嵌入$\mathbf{BMO}(\mathbb{R}^N)$）　$k \in \mathbb{N}, k \geqslant 2$，则对任意的$u \in \dot{W}^{k,\frac{N}{k}}(\mathbb{R}^N)$，存在某个（至多$k - 1$次）多项式$P_u$使得

$$|u - P_u|_{\mathrm{BMO}(\mathbb{R}^N)} \leqslant C\|\nabla^k u\|_{L^{\frac{N}{k}}(\mathbb{R}^N)} \tag{8-17}$$

以及

$$\|\nabla^m(u - P_u)\|_{L^{\frac{N}{m}}(\mathbb{R}^N)} \leqslant C\|\nabla^k u\|_{L^{\frac{N}{k}}(\mathbb{R}^N)}, \tag{8-18}$$

其中，$m = 1, 2, \cdots, k - 1$ 以及$C = C(N, k) > 0$不依赖于u的选取. 特别地，

$$W^{k,\frac{N}{k}}(\mathbb{R}^N) \hookrightarrow \mathrm{BMO}(\mathbb{R}^N) \cap W^{1,q_1}(\mathbb{R}^N) \cap \cdots \cap W^{k-1,q_{k-1}}(\mathbb{R}^N),$$

其中 $\frac{N}{k} \leqslant q_m \leqslant \frac{N}{m}, m = 1, 2, \cdots, k - 1.$

（**提示：注意当**$p = \frac{N}{k}$ **时**，$p_{k,m}^* = \frac{N}{m}$，**而当**$m \leqslant k - 1$ **时**，$mp = \frac{m}{k}N < N$，**可以用**$W^{m,p}(\mathbb{R}^N), mp < N$**时的Sobolev嵌入的结论.**）

证明　根据上面的提示，为了利用前面建立起来的Sobolev嵌入不等式，我们对$\partial_i u$ 来使用. 即对任意的$u \in \dot{W}^{k,\frac{N}{k}}(\mathbb{R}^N)$，有$\partial_i u \in \dot{W}^{k-1,\frac{N}{k}}, i = 1, 2, \cdots, N.$ 则此时可以利用齐次空间的嵌入不等式（见定理6.2），可知对$i = 1, 2, \cdots, N$，分别对应存在着某个至多$k - 2$次多项式$P_{u,i}$ 使得

$$\|\nabla^m(\partial_i u - P_{u,i})\|_{L^{\frac{N}{m+1}}(\mathbb{R}^N)} \leqslant C(N, k)\|\nabla^k u\|_{L^{\frac{N}{k}}(\mathbb{R}^N)}, \tag{8-19}$$

其中用到了$p = \frac{N}{k}, m = 0, 1, \cdots, k - 2$，以及 $p_{k-1,m}^* = \frac{Np}{N - (k - 1 - m)p} = p_{k,m+1}^* = \frac{N}{m + 1}$. 特别地，$P_{u,i} = \partial_i u - \sum_{|\alpha|=k-1} K_\alpha \star \partial^\alpha(\partial_i u)$. 由此有 $\partial_j P_{u,i} = \partial_i P_{u,j}$，故可以找到某个多项式$P_u$（至多$k - 1$次）使得 $\partial_i P_u = P_{u,i}$. 由于 $\partial_i(u - P_u) = \partial_i u - P_{u,i} \in L^N(\mathbb{R}^N)$，即$u - P_u \in \dot{W}^{1,N}(\mathbb{R}^N)$，于是由定理8.1可得

$$|u-P_u|_{\mathrm{BMO}(\mathbb{R}^N)} \leqslant C(N)\|\nabla(u-P_u)\|_{L^N(\mathbb{R}^N)} = C(N)\sum_{i=1}^N \|\partial_i u-P_{u,i}\|_{L^N(\mathbb{R}^N)} \leqslant C(N,k)\|\nabla^k u\|_{L^{\frac{N}{k}}(\mathbb{R}^N)},$$

这样就证明了不等式(8-17). 而由不等式(8-19)以及 $\partial_i u - P_{u,i} = \partial_i(u - P_u)$ 可得不等式(8-18)。结合插值不等式可得最后的嵌入关系.　　□

8.3 嵌入空间 $L^q(\mathbb{R}^N)$

定理 8.3： （$W^{k,\frac{N}{k}}(\mathbb{R}^N)$嵌入$L^q(\mathbb{R}^N)$） 假设$k, N \in \mathbb{N}, N > k$，则存在常数$C = C(N,k) > 0$ 使得对所有的$u \in W^{k,\frac{N}{k}}(\mathbb{R}^N)$, 都有

$$\|u\|_{L^q(\mathbb{R}^N)} \leqslant Cq^{1-\frac{k}{N}+\frac{1}{q}}\|u\|_{W^{k,\frac{N}{k}}(\mathbb{R}^N)}, \forall \frac{N}{k} < q < \infty, \tag{8-20}$$

以及

$$\|\nabla^m u\|_{L^{\frac{N}{m}}(\mathbb{R}^N)} \leqslant C\|\nabla^k u\|_{L^{\frac{N}{k}}(\mathbb{R}^N)}, \forall m = 1, 2, \cdots, k-1. \tag{8-21}$$

特别地，有嵌入关系 $W^{k,\frac{N}{k}}(\mathbb{R}^N) \hookrightarrow L^{q_0}(\mathbb{R}^N) \cap W^{1,q_1}(\mathbb{R}^N) \cap \cdots \cap W^{k-1,q_{k-1}}(\mathbb{R}^N)$，其中 $\frac{N}{k} \leqslant q_0 < \infty, \frac{N}{k} \leqslant q_m \leqslant \frac{N}{m}, m = 1, 2, \cdots, k-1.$

证明 在证明这个定理之前首先指出一个事实：**假设$\omega_n : \mathbb{R}^N \to \mathbb{R}$ 是可测函数列，$\omega(x) = \sum_{n=1}^{\infty} \omega_n(x)$，满足对任意的$x \in \mathbb{R}^N$，这个无穷级数求和最多只有有限$M$ 项非零，则利用凸函数性质**

$$\|\omega\|_p^p = \int_{\mathbb{R}^N} \left| \sum_{n=1}^{\infty} \omega_n(x) \right|^p \mathrm{d}x = M^p \int_{\mathbb{R}^N} \left| \frac{\sum_{n=1}^{\infty} \omega_n(x)}{M} \right|^p \mathrm{d}x$$

$$\leqslant M^p \int_{\mathbb{R}^N} \frac{\sum_{n=1}^{\infty} |\omega_n|^p}{M} \mathrm{d}x = M^{p-1} \sum_{n=1}^{\infty} \|\omega_n\|_p^p,$$

因此

$$\|\omega\|_{L^p(\mathbb{R}^N)} \leqslant M^{\frac{1}{p'}} \left(\sum_{n=1}^{\infty} \|\omega_n\|_{L^p(\mathbb{R}^N)}^p \right)^{\frac{1}{p}}. \tag{8-22}$$

另外只需证明不等式(8-20)，这是因为当$m = 1, 2, \cdots, k-1$ 时，$\nabla^m u \in W^{k-m,\frac{N}{k}}(\mathbb{R}^N)$，而此时考虑$p = \frac{N}{k}$，利用推论6.2的结论可得

$$\|\nabla^m u\|_{L^{p_{k-m,0}^*}(\mathbb{R}^N)} \leqslant C(N, k-m)\|\nabla^{k-m}\nabla^m u\|_{L^{\frac{N}{k}}(\mathbb{R}^N)} \leqslant C(N,k)\|\nabla^k u\|_{L^{\frac{N}{k}}(\mathbb{R}^N)},$$

而此时 $p_{k-m,0}^* = \frac{Np}{N-(k-m)p} = p_{k,m}^* = \frac{N}{m}$，即得不等式(8-21)。最后的嵌入关系也是自然的. 下面开始证明不等式(8-20)。

（1）首先对任意的$u \in C_c^{\infty}(\mathbb{R}^N)$，由引理6.1可得 $u = \sum_{|\alpha|=k} K_\alpha \star \partial^\alpha u$，其中 $K_\alpha(x) = \frac{k}{\omega_N \alpha!}\frac{x^\alpha}{\|x\|^N}, x \in \mathbb{R}^N \backslash \{0\}$. 因此，存在$C_0 = C_0(N,k)$ 使得 $|u(x)| \leqslant$

$\dfrac{C_0}{\omega_N} \sum\limits_{|\alpha|=k} \int_{B(x,d)} \dfrac{|\partial^\alpha u(y)|}{|x-y|^{N-k}} \mathrm{d}y$, 其中这里的 $d = \mathrm{diam}(\mathrm{supp}(u)) < \infty$. 现在对任意的 $\dfrac{N}{k} < q < \infty$, 则存在某个 $s > 1$ 使得 $\dfrac{k}{N} + \dfrac{1}{s} = 1 + \dfrac{1}{q}$. 于是由卷积版本的一般 Young 不等式（见定理 3.25）可得

$$\|u\|_{L^q(\mathbb{R}^N)} \leqslant \dfrac{C_0}{\omega_N} \left(\int_{B(0,d)} \dfrac{1}{|z|^{(N-k)s}} \mathrm{d}z \right)^{\frac{1}{s}} \|\nabla^k u\|_{L^{\frac{N}{k}}(\mathbb{R}^N)}$$

$$= C_0 \dfrac{1}{\omega_N^{1-\frac{1}{s}}} \dfrac{1}{[N-(N-k)s]^{\frac{1}{s}}} d^{\frac{[N-(N-k)s]}{s}} \|\nabla^k u\|_{L^{\frac{N}{k}}(\mathbb{R}^N)}.$$

根据指标的关系有 $\dfrac{[N-(N-k)s]}{s} = \dfrac{N}{q}$, $\dfrac{1}{[N-(N-k)s]} = \dfrac{q}{Ns}$, 修正常数 C_0, 最后可得 $\|u\|_{L^q(\mathbb{R}^N)} \leqslant C_0 q^{\frac{1}{s}} d^{\frac{N}{q}} \|\nabla^k u\|_{L^{\frac{N}{k}}(\mathbb{R}^N)}$.

（2）对每个 $z \in \mathbb{Z}^N$ 这样的整数格点，记 $Q(z, 2)$ 为中心在 z 点，棱长为 2 的方体，则 $\mathbb{R}^N = \bigcup_{z \in \mathbb{Z}^N} Q(z, 2)$. 记 $\{\psi_z\}z \in \mathbb{Z}^N$ 为从属于 $\left\{Q(z, 2)\right\}_{z \in \mathbb{Z}^N}$ 的单位分解. 因此可以找到某个 $C(N, k)$ 使得

$$\|\partial^\alpha \psi_z\|_{L^\infty(\mathbb{R}^N)} \leqslant C(N, k), \forall |\alpha| \leqslant k, \forall z \in \mathbb{Z}^N.$$

由于对每个 $x \in \mathbb{R}^N$ 来说，至多有 2^N 个上面的方体包含点 x，因此结合（1）的结论可有

$$\|u\|_{L^q(\mathbb{R}^N)} = \left\| \sum_{z \in \mathbb{Z}^N} (u\psi_z) \right\|_{L^q(\mathbb{R}^N)} \leqslant 2^{\frac{N}{q'}} \left(\sum_{z \in \mathbb{Z}^N} \|u\psi_z\|_{L^q(\mathbb{R}^N)}^q \right)^{\frac{1}{q}}$$

$$\leqslant 2^{\frac{N}{q'}} C_0 q^{\frac{1}{s}} (2\sqrt{N})^{\frac{N}{q}} \left(\sum_{z \in \mathbb{Z}^N} \|\nabla^k(u\psi_z)\|_{L^{\frac{N}{k}}(\mathbb{R}^N)}^q \right)^{\frac{1}{q}},$$

其中，用到了 $u\psi_z$ 的支集在 $Q(z, 2)$ 中，对应的直径 $d = 2\sqrt{N}$.

由于事实 $\left(\sum_{z \in \mathbb{Z}^N} a_z^q \right)^{\frac{1}{q}} \leqslant \left(\sum_{z \in \mathbb{Z}^N} a_z^{\frac{N}{k}} \right)^{\frac{k}{N}}, a_z \geqslant 0, q > \dfrac{N}{k}$, 所以有

$$\|u\|_{L^q(\mathbb{R}^N)} \leqslant C q^{\frac{1}{s}} \left(\sum_{z \in \mathbb{Z}^N} \|\nabla^k(u\psi_z)\|_{L^{\frac{N}{k}}(\mathbb{R}^N)}^{\frac{N}{k}} \right)^{\frac{k}{N}} \leqslant C q^{\frac{1}{s}} \left(\sum_{z \in \mathbb{Z}^N} \int_{Q(z,2)} |\nabla^k(u\psi_z)|^{\frac{N}{k}} \mathrm{d}x \right)^{\frac{k}{N}}$$

$$\leqslant Cq^{\frac{1}{s}}\left(\sum_{m=0}^{k}\int_{\mathbb{R}^N}|\nabla^m u|^{\frac{N}{k}}\mathrm{d}x\right)^{\frac{k}{N}} = Cq^{\frac{1}{s}}\|u\|_{W^{k,\frac{N}{k}}(\mathbb{R}^N)}.$$

$\square$

注释 8.3:

（1）这个跟 $kp < N$ 的情形不同，$kp < N$ 的时候不等式的右端只需用到 $\|\nabla^k u\|_{L^{\frac{N}{k}}(\mathbb{R}^N)}$，而上面 $kp = N$ 情形，右端各阶导数都涉及了，原因是计算 $\nabla^k(u\psi_z)$ 的时候用乘积函数求导的牛顿-莱布尼茨公式展开，它把所有更低阶导数都涉及了.

（2）在上面证明的（2）中利用中间导数的插值不等式（见第5.5.2节），可以得到更好的估计

$$\|u\|_{L^q(\mathbb{R}^N)} \leqslant Cq^{1-\frac{k}{N}+\frac{1}{q}}\left(\|u\|_{L^{\frac{N}{k}}(\mathbb{R}^N)} + \|\nabla^k u\|_{L^{\frac{N}{k}}(\mathbb{R}^N)}\right).$$

（3）对于 $kp = N$ 的情形，还可以引入 Orlicz 空间的概念，并且可以获得 $W^{k,\frac{N}{k}}(\mathbb{R}^N)$ 嵌入 Orlicz 空间的结论。这里就不再继续对 Orlicz 空间展开了，可参见参考文献[5]的第8章.

$$\text{定义 } \exp_\ell(s) := \sum_{n=\ell-1}^{\infty}\frac{1}{n!}s^n = \mathrm{e}^s - \sum_{n=0}^{\ell-2}\frac{1}{n!}s^n, s \in \mathbb{R}.$$

定理 8.4: $k, N \in \mathbb{N}, N > k$，则存在两个常数 $C_1, C_2 > 0$ 只依赖于 k, N 使得

$$\int_{\mathbb{R}^N}\exp_{\lfloor\frac{N}{k}\rfloor+1}\left(C_1\frac{|u(x)|^{(\frac{N}{k})'}}{\|u\|_{W^{k,\frac{N}{k}}(\mathbb{R}^N)}^{(\frac{N}{k})'}}\right)\mathrm{d}x \leqslant C_2 \tag{8-23}$$

对所有的 $u \in W^{k,\frac{N}{k}}(\mathbb{R}^N)\backslash\{0\}$ 成立.

证明 考虑 $p = \dfrac{N}{k}$，不失一般性归一化后不妨设 $\|u\|_{W^{k,\frac{N}{k}}(\mathbb{R}^N)} = 1$ 并考虑 $q = np'$，其中 $n \geqslant \lfloor p \rfloor$，则此时有 $q = np' = n\dfrac{p}{p-1} > p$，于是由定理8.3中的不等式(8-20)可得

$$\int_{\mathbb{R}^N}|u(x)|^{np'}\mathrm{d}x \leqslant C^{np'}(np')^{[1-\frac{k}{N}+\frac{1}{np'}]\cdot(np')} = C^{np'}(np')^{n+1},$$

进而

$$\int_{\mathbb{R}^N} \exp_{\lfloor p \rfloor + 1}(a|u(x)|^{p'})\mathrm{d}x = \sum_{n=\lfloor p \rfloor}^{\infty} \frac{a^n}{n!} \int_{\mathbb{R}^N} |u(x)|^{np'}\mathrm{d}x \leqslant \sum_{n=\lfloor p \rfloor}^{\infty} \frac{a^n C^{np'}}{n!}(np')^{n+1}.$$

利用级数收敛的达朗贝尔判别法，

$$\frac{\frac{a^{n+1}C^{(n+1)p'}}{(n+1)!}((n+1)p')^{n+2}}{\frac{a^n C^{np'}}{n!}(np')^{n+1}} = aC^{p'}p'(1 + \frac{1}{n})^{n+1} \to aC^{p'}p'\mathrm{e}.$$

故可以取适当小的$a < \dfrac{1}{C^{p'}p'\mathrm{e}}$，则上面的级数收敛. 由于上面的$C$只依赖于$k, N$，所以可以取到$C_1$只依赖于$k, N$（即为上面的$a$）以及$C_2$（即为上面的级数和$C_2 = \sum_{n=\lfloor p \rfloor}^{\infty} \frac{C_1^n C^{np'}}{n!}(np')^{n+1}$）使得不等式(8-23)成立. □

8.4　空间$W^{N,1}(\mathbb{R}^N)$

这一章都在讨论$kp = N$的情形，前面的内容都要求了$N > k$，即$p = \dfrac{N}{k} > 1$. 对于$p = 1$的情形，则对应着$k = N$，下面讨论空间$W^{N,1}(\mathbb{R}^N)$.

定理 8.5： （$W^{N,1}(\mathbb{R}^N)$**的嵌入**）有嵌入$W^{N,1}(\mathbb{R}^N) \hookrightarrow L^\infty(\mathbb{R}^N)$ 并且

$$\|u\|_{L^\infty(\mathbb{R}^N)} \leqslant \left\|\frac{\partial^N u}{\partial x_1 \cdots \partial x_N}\right\|_{L^1(\mathbb{R}^N)}, \forall u \in W^{N,1}(\mathbb{R}^N). \tag{8-24}$$

而对于齐次Sobolev空间，则有结论：对任意的$u \in \dot{W}^{N,1}(\mathbb{R}^N)$，存在着某个多项式$P_u$（至多$N - 1$次）使得

$$\|u - P_u\|_{L^\infty(\mathbb{R}^N)} \leqslant \left\|\frac{\partial^N u}{\partial x_1 \cdots \partial x_N}\right\|_{L^1(\mathbb{R}^N)}. \tag{8-25}$$

证明 利用光滑函数的稠密性，只需证明结论对$u \in C_c^\infty(\mathbb{R}^N)$ 成立即可. 对任意的$x = (x_1, x_2, \cdots, x_N) \in \mathbb{R}^N$，利用微积分基本定理有

$$|u(x)| = \left|\int_{-\infty}^{0} \frac{\mathrm{d}}{\mathrm{d}t}u(x_1 + t, x_2, \cdots, x_N)\mathrm{d}t\right| = \left|\int_{-\infty}^{x_1} D_1 u(s_1, x_2, \cdots, x_N)\mathrm{d}s_1\right|$$

$$\leqslant \int_{-\infty}^{x_1} |D_1 u(s_1, x_2, \cdots, x_N)|\mathrm{d}s_1$$

同理可得 $\leqslant \displaystyle\int_{-\infty}^{x_1} \int_{-\infty}^{x_2} |D_1 D_2 u(s_1, x_2, \cdots, x_N)|\mathrm{d}s_1 \mathrm{d}s_2$

$$\vdots$$

$$\leqslant \int_{-\infty}^{x_1} \int_{-\infty}^{x_2} \cdots \int_{-\infty}^{x_N} |D_1 D_2 \cdots D_N u(s_1, s_2, \cdots, s_N)| \mathrm{d}s_1 \mathrm{d}s_2 \cdots \mathrm{d}s_N$$

$$\leqslant \int_{\mathbb{R}^N} \left| \frac{\partial^N u}{\partial x_1 \cdots \partial x_N} \right| \mathrm{d}x = \left\| \frac{\partial^N u}{\partial x_1 \cdots \partial x_N} \right\|_{L^1(\mathbb{R}^N)},$$

由 x 的任意性可得 $\|u\|_{L^\infty(\mathbb{R}^N)} \leqslant \left\| \dfrac{\partial^N u}{\partial x_1 \cdots \partial x_N} \right\|_{L^1(\mathbb{R}^N)}$. 因此不等式(8-24)成立.

$\forall u \in \dot{W}^{N,1}(\mathbb{R}^N)$, 当 $N = 1$ 时 $u \in \dot{W}^{1,1}(\mathbb{R})$, 也就是说可以取一个绝对连续的代表元 $\tilde{u}(x)$, 使得 $\tilde{u}'(x) = u'(x) \in L^1(\mathbb{R})$, 则此时根据牛顿-莱布尼茨公式

$$\tilde{u}(x) = \tilde{u}(0) + \int_0^x \tilde{u}'(t) \mathrm{d}t$$

可得 $\tilde{u}(x)$ 有界并且连续。从而由 $\tilde{u}(x) = u(x)$ a.e. $x \in \mathbb{R}^N$ 可得 $u(x)$ 本性有界。因此可以取 $P_u(x) \equiv u(0)$（类似的也见定理8.1 的BMO嵌入不等式）.

下面考虑 $N \geqslant 2$, 此时，由稠密性定理可知存在 $\{u_n\}_n \subset C_c^\infty(\mathbb{R}^N)$ 使得，在 $L^1(\mathbb{R}^N)$ 中，

$$\partial^\alpha u_n \to \partial^\alpha u, \forall \alpha, |\alpha| = N.$$

特别地，$\left\{ \dfrac{\partial^N u_n}{\partial x_1 \cdots \partial x_N} \right\}_n$ 为 $L^1(\mathbb{R}^N)$ 中的一个Cauchy列。由于 $\forall \ell, n \in \mathbb{N}, u_n - u_\ell \in C_c^\infty(\mathbb{R}^N)$, 有

$$\|(u_n - u_\ell)\|_{L^\infty(\mathbb{R}^N)} \leqslant \left\| \frac{\partial^N (u_n - u_\ell)}{\partial x_1 \cdots \partial x_N} \right\|_{L^1(\mathbb{R}^N)}.$$

这表明了 $\{u_n\}_n$ 在 $L^\infty(\mathbb{R}^N)$ 中是一个Cauchy列，因此由完备性可知存在 $v \in L^\infty(\mathbb{R}^N)$ 使得在 $L^\infty(\mathbb{R}^N)$ 中 $u_n \to v$. 但是由于我们已知有结论，在 $L^1(\mathbb{R}^N)$ 中 $\nabla^N u_n \to \nabla^N u$, 所以 $\nabla^N u = \nabla^N v$ a.e. $x \in \mathbb{R}^N$。因此存在某个多项式 P_u（次数不超过 $N - 1$）使得

$$u(x) = v(x) + P_u(x) \text{ a.e. } x \in \mathbb{R}^N.$$

再次对 u_n 使用不等式(8-24)有 $\|u_n\|_{L^\infty(\mathbb{R}^N)} \leqslant \left\|\dfrac{\partial^N u_n}{\partial x_1 \cdots \partial x_N}\right\|_{L^1(\mathbb{R}^N)}$，两边同时令 $n \to \infty$，则左边的极限为 $\|v\|_{L^\infty(\mathbb{R}^N)}$，而右边的极限为 $\|\dfrac{\partial^N u}{\partial x_1 \cdots \partial x_N}\|_{L^1(\mathbb{R}^N)}$，即得到了

$$\|(u - P_u(x))\|_{L^\infty(\mathbb{R}^N)} \leqslant \left\|\frac{\partial^N u}{\partial x_1 \cdots \partial x_N}\right\|_{L^1(\mathbb{R}^N)}. \qquad \square$$

第9章　有界区域对应的$W^{k,p}(\Omega)$空间的嵌入和紧嵌入

9.1　嵌入定理

定理 9.1：　（**有界区域的Sobolev不等式**）　设$\Omega \subset \mathbb{R}^N$有界且$\partial\Omega \in C^1, 1 \leqslant p < N$, 则存在$C(N, p, \Omega)$ 使得对任意的$q \in [1, p^*]$,

$$\|u\|_{L^q(\Omega)} \leqslant C(N, p, \Omega)\|u\|_{W^{1,p}(\Omega)}, \ \forall \, u \in W^{1,p}(\Omega). \tag{9-1}$$

证明

（1）因为Ω 有界，利用Hölder不等式对任意的$q \in [1, p^*]$, 都有

$$\|u\|_{L^q(\Omega)} \leqslant C(q, \Omega)\|u\|_{L^{p^*}(\Omega)} \leqslant C(\Omega)\|u\|_{L^{p^*}(\Omega)},$$

其中，$C(\Omega)$ 可以取到不依赖于q, 而只依赖于Ω的测度大小，比如可取为$\max\{1, |\Omega|^{\frac{p^*-1}{p^*}}\}$. 因此只需对$q = p^*$ 证明即可.

（2）由于$\Omega \subset \mathbb{R}^N$有界且$\partial\Omega \in C^1$, 由延拓定理可知（见定理5.15和注释5.24），存在$C(N, p, \Omega)$ 使得

$$\|Eu\|_{W^{1,p}(\mathbb{R}^N)} \leqslant C(N, p, \Omega)\|u\|_{W^{1,p}(\Omega)}, \forall u \in W^{1,p}(\Omega), \tag{9-2}$$

并且 $Eu = u$ a.e. in Ω, $\text{supp}(Eu) \subset\subset \mathbb{R}^N$.

（3）记$u_n := \rho_n \star Eu$ 为 Eu的光滑化，则$\{u_n\} \subset C_0^\infty(\mathbb{R}^N)$ 并且, 当$n \to \infty$时，$\|u_n - Eu\|_{W^{1,p}(\mathbb{R}^N)} \to 0$. 于是有

$$\|u\|_{L^{p^*}(\Omega)} = \|Eu\|_{L^{p^*}(\Omega)} \leqslant \|Eu\|_{L^{p^*}(\mathbb{R}^N)} = \lim_{n\to\infty} \|u_n\|_{L^{p^*}(\mathbb{R}^N)}$$

（利用Gagliardo-Nirenberg-Sobolev不等式，见定理6.1）

$$\leqslant \liminf_{n\to\infty} C(N, p)\|Du_n\|_{L^p(\mathbb{R}^N)}$$

$$= C(N, p)\|D(Eu)\|_{L^p(\mathbb{R}^N)} \leqslant C(N, p)\|Eu\|_{W^{1,p}(\mathbb{R}^N)},$$

结合式(9-2), 可得 $\|u\|_{L^{p^*}(\Omega)} \leqslant C(N, p, \Omega)\|u\|_{W^{1,p}(\Omega)}, \forall u \in W^{1,p}(\Omega)$. $\qquad\square$

对于迹0空间，可以有下面更好控制估计的Poincáre 不等式.

定理 9.2: （迹0空间的**Poincaré 不等式**）设 $\Omega \subset \mathbb{R}^N$ 有界，$1 \leqslant p < N$，则存在 $C(N, p, \Omega)$ 使得对任意的 $q \in [1, p^*]$，

$$\|u\|_{L^q(\Omega)} \leqslant C(N, p, \Omega)\|Du\|_{L^p(\Omega)}, \ \forall \, u \in W_0^{1,p}(\Omega). \tag{9-3}$$

证明　因为 $u \in W_0^{1,p}(\Omega)$，所以存在 $u_n \in C_c^\infty(\Omega)$ 使得在 $W^{1,p}(\Omega)$ 中 $u_n \to u$. 此时由于没有必要对 u_n 做延拓，所以不需要边界具备任何正则性. 对每一个 u_n 使用定理6.1,有 $\|u_n\|_{L^{p^*}(\mathbb{R}^N)} \leqslant C(N, p)\|Du_n\|_{L^p(\mathbb{R}^N)}$，令 $n \to \infty$，可得 $\|u\|_{L^{p^*}(\Omega)} \leqslant C(N, p)\|Du\|_{L^p(\Omega)}$. 又 Ω 有界，利用Hölder不等式有 $\|u\|_{L^q(\Omega)} \leqslant C(N, p, \Omega)\|Du\|_{L^p(\Omega)}$. □

注释 9.1:

（1）因为对于固定的 n 来说，$u_n \in C_c^\infty(\Omega) \subset C_c^\infty(\mathbb{R}^N)$，所以 $u_n \in W^{1,p}(\mathbb{R}^N)$.

（2）注意到 $p^* = \frac{Np}{N-p} > p$，由定理9.2可知，当 Ω 有界时，$\|Du\|_{L^p(\Omega)}$ 和 $\|u\|_{W^{1,p}(\Omega)}$ 是等价范数. 这是因为一方面显然 $\|Du\|_{L^p(\Omega)} \leqslant \|u\|_{W^{1,p}(\Omega)}$；另一方面由定理9.2 可知存在 $C(N, p, \Omega)$ 使得 $\|u\|_{W^{1,p}(\Omega)} \leqslant C(N, p, \Omega)\|Du\|_{L^p(\Omega)}$.

例 9.1:　若 Ω 连通，任取一个球 $B \subset\subset \Omega$，并定义

$$\|u\|_{\dot{W}^{k,p}(\Omega)} := \sum_{i=0}^{k-1} \left\|\nabla^i u\right\|_{L^1(B)} + \left\|\nabla^k u\right\|_{L^p(\Omega)},$$

其中，$\nabla^0 u := u$，则可验证 $\|\cdot\|_{\dot{W}^{k,p}(\Omega)}$ 是一个范数.

证明　仅证明 $k = 1$ 的情形，对于球 B 来说，边界正则性是足够好的，因此利用定理9.2 可知，也见注释9.1-(2). 对于 $k > 1$ 的情形，结合一般的Poincaré不等式可知. □

前面已经学习了Gagliardo-Nirenberg-Sobolev不等式

$$\|u\|_{L^{p^*}(\mathbb{R}^N)} \leqslant C(p, N)\|Du\|_{L^p(\mathbb{R}^N)}, \ \forall u \in \dot{W}^{1,p}(\mathbb{R}^N),$$

其中，$p^* = \dfrac{Np}{N-p}$. 由于当 $p \to N^-$ 时，$p^* \to \infty$，所以就会自然去思考是不是如果 $u \in W^{1,N}(\mathbb{R}^N)$，则必然会导出 $u \in L^\infty(\mathbb{R}^N)$ 呢？事实上当 $N = 1$ 的时候这个结论是对的，但是对 $N \geqslant 2$，这个结论就不成立了.

注释 9.2: 比如 $N = 1, u \in \dot{W}^{1,1}(\mathbb{R})$, 此时由定理8.5可得 $u \in L^\infty(\mathbb{R})$. 但是当 $N > 1$ 时, 是可能有奇点出现的. 比如 $N > 1, u(x) = \log\log(1 + \dfrac{1}{|x|})$. 对于 $p = N$ 的情形, 有专门的一类不等式去刻画, 称之为 **Moser-Trudinger** 不等式, 存在 $\varepsilon = \varepsilon(N), C = C(N)$ 使得

$$\int_\Omega \exp\left(\frac{|u(x)|}{\varepsilon\|\nabla u\|_N}\right)^{\frac{N}{N-1}} \mathrm{d}x \leqslant C|\Omega|, \quad \text{对所有支撑集在}\Omega\text{上的}u\text{成立}.$$

它在正则性理论、爆破分析理论、几何分析、调和分析、椭圆偏微分方程的研究方面有很重要的地位, 有兴趣的读者可阅读相关文献.

回顾前面学习过的Sobolev不等式和Morrey不等式, 可以首先得到下面的嵌入关系:

（1）Ω 有界, 则 $L^{p_1}(\Omega) \hookrightarrow L^{p_2}(\Omega), p_1 > p_2 \geqslant 1$.

实际上利用Hölder不等式可得

$$\|u\|_{L^{p_2}(\Omega)} \leqslant C(\Omega)\|u\|_{L^{p_1}(\Omega)}, \forall u \in L^{p_1}(\Omega).$$

（2）对于 $W^{1,p}(\Omega)$ 这个空间来讲, 假设Ω有界并且$\partial\Omega$具备适当的正则性（目的是保证延拓, 比如$\partial\Omega \in C^1$时）, 有

（2-1）如果 $1 \leqslant p < N$, 则 $W^{1,p}(\Omega) \hookrightarrow L^{p^*}(\Omega) \hookrightarrow L^q(\Omega), \forall q \in [1, p^*]$, 其中 $p^* = \dfrac{Np}{N-p}$. 这个利用Sobolev不等式可得, 也见定理9.1.

（2-2）如果 $N < p < \infty$, 则 $W^{1,p}(\Omega) \hookrightarrow C^{0,\gamma}(\Omega), \gamma = 1 - \dfrac{N}{p} \in (0, 1)$. 这个利用Morrey不等式可得, 也见定理6.4.

（2-3）如果 $p = N$, 则利用上面的（1）和（2-1）可得

$$W^{1,N}(\Omega) \hookrightarrow W^{1,q}(\Omega) \hookrightarrow L^{q^*}(\Omega), \forall q \in [1, N).$$

此时可见 $q^* \to \infty$ as $q \to N$, 因此又可得

$$W^{1,N}(\Omega) \hookrightarrow L^q(\Omega), \forall q \in [1, +\infty).$$

以这些结论为基础, 可以得到下面更一般的嵌入定理。

定理 9.3:　（**Sobolev嵌入定理**）设 k 是非负整数，$p \geqslant 1, \Omega \subset \mathbb{R}^N$ 有界，$\partial\Omega$ 具备适当的正则性（目的是保证延拓，比如 $\partial\Omega \in C^1$ 时），

（1）如果 $kp < N$，则 $W^{k,p}(\Omega) \hookrightarrow L^q(\Omega) \hookrightarrow L^r(\Omega)$，其中 $q = \dfrac{Np}{N-kp}, r \in [1, q]$；

（2）如果 $kp = N$，则 $W^{k,p}(\Omega) \hookrightarrow L^q(\Omega), q \in [1, +\infty)$；

（3）如果 $kp > N$，则 $W^{k,p}(\Omega) \hookrightarrow C^{k-1-[\frac{N}{p}],\gamma}(\overline{\Omega})$，其中

$$
\gamma = \begin{cases} [\frac{N}{p}] + 1 - \frac{N}{p}, & \frac{N}{p} \text{ 为非整数,} \\ \forall 0 < \gamma < 1, & \frac{N}{p} \text{ 为整数.} \end{cases}
$$

证明

（1）$u \in W^{k,p}(\Omega) \Rightarrow \forall \beta \in \mathbb{Z}_N, |\beta| \leqslant k-1, D^\beta u \in W^{1,p}(\Omega)$. 于是利用上面的Sobolev不等式可得

$$
\|D^\beta u\|_{L^{p^*}(\Omega)} \leqslant C(N, p, \Omega)\|D^\beta u\|_{W^{1,p}(\Omega)} \leqslant C(N, p, \Omega)\|u\|_{W^{k,p}(\Omega)},
$$

由于 $p^* = \dfrac{Np}{N-p} \Leftrightarrow \dfrac{1}{p^*} = \dfrac{1}{p} - \dfrac{1}{N}$，因此有 $u \in W^{k-1,p^*}$ 且 $\|u\|_{W^{k-1,p^*}(\Omega)} \leqslant C(N, p, \Omega)\|u\|_{W^{k,p}(\Omega)}$. 这样以此类推便有

$$
W^{k,p}(\Omega) \hookrightarrow W^{k-1,p^*}(\Omega) \hookrightarrow W^{k-2,(p^*)^*}(\Omega) \hookrightarrow \cdots \hookrightarrow L^q(\Omega),
$$

其中 $\dfrac{1}{(p^*)^*} = \dfrac{1}{p^*} - \dfrac{1}{N} = \dfrac{1}{p} - \dfrac{2}{N}, \cdots, \dfrac{1}{q} = \dfrac{1}{p} - \dfrac{k}{N}$，即 $q = \dfrac{Np}{N-kp} = p^*_{k,0}$.

（2）如果 $p = 1$，对应的空间为 $W^{N,1}(\Omega)$，由定理8.5结合延拓定理可以证明 $p = 1$ 时的结论.

下面考虑 $p > 1$ 的情形. 由于 Ω 有界，所以有 $L^p(\Omega) \hookrightarrow L^{\bar{p}}(\Omega), \forall p > \bar{p} \geqslant 1$. 从而结合（1）的结论有 $W^{k,p}(\Omega) \hookrightarrow W^{k,\bar{p}}(\Omega) \hookrightarrow L^q(\Omega)$，其中 $q \in [1, \dfrac{N\bar{p}}{N-k\bar{p}}], \forall \bar{p} < p$，从而有 $W^{k,p}(\Omega) \hookrightarrow L^q(\Omega), \forall q \in [1, +\infty)$.

（3）如果 $\dfrac{N}{p}$ 为非整数，对任意的 $\ell \leqslant k, \ell p < N$，对于 $\forall \beta \in \mathbb{Z}_N, |\beta| \leqslant k - \ell$ 都有 $D^\beta u \in W^{\ell,p}(\Omega)$，结合（1）的结论 $W^{\ell,p}(\Omega) \hookrightarrow L^q(\Omega), \dfrac{1}{q} = \dfrac{1}{p} - \dfrac{\ell}{N}$，有 $u \in W^{k-\ell,q}(\Omega), \forall \ell < k, \ell p < N, q = \dfrac{Np}{N-\ell p}$ 且 $\|u\|_{W^{k-\ell,q}(\Omega)} \leqslant C(N, p, \Omega)\|u\|_{W^{k,p}(\Omega)}$. 由于 $\dfrac{N}{p}$ 为非整数，可以取 $\ell = [\dfrac{N}{p}]$，则有 $\ell < \dfrac{N}{p} < \ell + 1$，此时 $q = \dfrac{Np}{N-\ell p} > N$.

由Morrey不等式可得 $W^{1,q}(\Omega) \hookrightarrow C^{0,\gamma}(\overline{\Omega}), \gamma = 1 - \dfrac{N}{q} \in (0,1)$. 所以对任意的 $\alpha \in \mathbb{Z}_N, |\alpha| \leqslant k - \ell - 1$, 都有 $D^\alpha u \in W^{1,q}(\Omega) \hookrightarrow C^{0,\gamma}(\overline{\Omega})$. 因此 $u \in C^{k-\ell-1,\gamma}(\overline{\Omega}) = C^{k-1-[\frac{N}{p}],[\frac{N}{p}]+1-\frac{N}{p}}(\overline{\Omega})$, 且利用光滑逼近可得 $\|u\|_{C^{k-1-[\frac{N}{p}],[\frac{N}{p}]+1-\frac{N}{p}}(\overline{\Omega})} \leqslant C(N,p,\Omega)\|u\|_{W^{k-[\frac{N}{p}],q}(\Omega)} \leqslant C(N,p,\Omega)\|u\|_{W^{k,p}(\Omega)}$.

如果 $\dfrac{N}{p}$ 为整数, 记 $\ell = \dfrac{N}{p}$, 由 $kp > N$ 可得 $k > \ell$, 从而 $k \geqslant \ell + 1$. 利用 $(\ell-1) \cdot p < N$ 结合（1）的结论得 $W^{\ell-1,p}(\Omega) \hookrightarrow L^q(\Omega), q = \dfrac{Np}{N-(\ell-1)p} = N$. 此时由 $u \in W^{k,p}(\Omega)$ 可知 $\forall \alpha \in \mathbb{Z}_N, |\alpha| \leqslant k - \ell + 1$, 都有 $D^\alpha u \in W^{\ell-1,p}(\Omega) \hookrightarrow L^N(\Omega)$, 所以 $u \in W^{k-\ell+1,N}(\Omega)$. 结合 $W^{1,N}(\Omega) \hookrightarrow L^r(\Omega), \forall r \in [1,+\infty)$ 这个性质, 可得 $u \in W^{k-\ell,r}(\Omega), \forall r \in [1,+\infty)$. 特别地, 考虑 $r \in (N,+\infty)$, 则由Morrey不等式可知对 $\forall \beta \in \mathbb{Z}_N, |\beta| \leqslant k - \ell - 1$, 都有 $D^\beta u \in W^{1,r}(\Omega) \hookrightarrow C^{0,\gamma}(\overline{\Omega}), \gamma = 1 - \dfrac{N}{r}$. 利用 $r \in (N,+\infty)$ 的任意性可得 $\gamma \in (0,1)$ 的任意性, 所以 $u \in C^{k-\ell-1,\gamma}(\overline{\Omega}), \forall \gamma \in (0,1)$, 即最后可得 $W^{k,p}(\Omega) \hookrightarrow C^{k-[\frac{N}{p}]-1,\gamma}(\overline{\Omega}), \forall \gamma \in (0,1)$. $\qquad\square$

注释 9.3:

（1）当 $kp < N$ 时，Sobolev嵌入的本质是：**降低可微性，提高可积性。**

$$W^{k,p}(\Omega) \hookrightarrow L^q(\Omega) = W^{0,q}(\Omega),$$

$$\text{index} := k - \frac{N}{p} = 0 - \frac{N}{q} \Rightarrow q = \frac{1}{p} - \frac{k}{N}.$$

在保持这个index的情况下实际上

$$W^{k,p_k}(\Omega) \hookrightarrow W^{k-1,p_{k-1}}(\Omega) \hookrightarrow \cdots \hookrightarrow W^{1,p_1}(\Omega) \hookrightarrow W^{0,p_0}(\Omega),$$

满足关系 $\text{index} \equiv m - \dfrac{N}{p_m}, m = 0, 1, \cdots, k$.

（2）对于 $kp > N$ 且 $\dfrac{N}{p}$ 不为整数, 有类似的不变量,

$$\text{index} = k - [\frac{N}{p}] - 1 + \gamma = k - [\frac{N}{p}] - 1 + [\frac{N}{p}] + 1 - \frac{N}{p} = k - \frac{N}{p}.$$

9.2 位势理论及其应用

这一小节考虑 $|\Omega| < \infty$.

9.2.1 $1 \leqslant p < N/\alpha$的情形：再论Sobolev嵌入不等式

引理 9.1： 对$0 < \alpha < N, I_\alpha : L^1(\Omega) \to L^1(\Omega)$ 连续, 并且

$$I_\alpha \mathbf{1} \leqslant \frac{N}{\alpha} \varrho_N^{1-\frac{\alpha}{N}} |\Omega|^{\frac{\alpha}{N}}, \tag{9-4}$$

其中ϱ_N是$\mathbb{R}^N$空间中单位球体积（如果定义ω_N为单位球表面积，则有关系$\omega_N = N\varrho_N$）.

证明 选取$R > 0$使得 $|\Omega| = |B(x,R)| = \varrho_N R^N$. 于是由重排不等式（Hardy-Littlewood不等式）可得

$$I_\alpha \mathbf{1} := \int_\Omega |x-y|^{\alpha-N}\mathrm{d}y = \int_{\mathbb{R}^N} |x-y|^{N(\frac{\alpha}{N}-1)} \cdot \mathbf{1}_\Omega \mathrm{d}y \leqslant \int_{\mathbb{R}^N} |x-y|^{N(\frac{\alpha}{N}-1)} \cdot \mathbf{1}_{B(x,R)}\mathrm{d}y$$

$$= \int_{B(x,R)} |x-y|^{N(\frac{\alpha}{N}-1)}\mathrm{d}y = N\varrho_N \int_0^R r^{N(\frac{\alpha}{N}-1)} \cdot r^{N-1}\mathrm{d}r = N\varrho_N \frac{R^\alpha}{\alpha} = \frac{N}{\alpha}\varrho_N^{1-\frac{\alpha}{N}}|\Omega|^{\frac{\alpha}{N}}.$$

则$I_\alpha : L^1(\Omega) \to L^1(\Omega)$ 连续这个结论可以包含在下面更一般的结论中. □

引理 9.2： （位势估计基本定理） 对任意$1 \leqslant q \leqslant \infty$ 满足

$$0 \leqslant \delta = \delta(p,q) = \frac{1}{p} - \frac{1}{q} < \frac{\alpha}{N}, \tag{9-5}$$

$I_\alpha : L^p(\Omega) \to L^q(\Omega)$ 连续，满足

$$\|I_\alpha f\|_q \leqslant \left(\frac{1-\delta}{\frac{\alpha}{N}-\delta}\right)^{1-\delta} \varrho_N^{1-\frac{\alpha}{N}} |\Omega|^{\frac{\alpha}{N}-\delta}\|f\|_p. \tag{9-6}$$

证明 若$p\alpha < N$,则 $0 \leqslant \frac{1}{p}-\frac{1}{q} < \frac{\alpha}{N} \Leftrightarrow p \leqslant q < \frac{Np}{N-\alpha p}$. 由上面的注释7.11, 可知对$f \in L^p(\Omega)$, 有 $I_\alpha f \in L^{\frac{Np}{N-\alpha p}}(\Omega)$, 并且 $\|I_\alpha f\|_{\frac{Np}{N-\alpha p}} \leqslant C(N,p,\alpha)\|f\|_p$. 然后在$\Omega$上用Hölder不等式即可得 $\|I_\alpha f\|_q \leqslant C(N,p,\alpha,|\Omega|)\|f\|_p$. 但对于$p\alpha \geqslant N$这个证明并不适用. 下面用上面的不等式(9-4)给出一般的证明.

首先选取$r \geqslant 1$使得 $\frac{1}{r} = 1 + \frac{1}{q} - \frac{1}{p} = 1-\delta > \frac{N-\alpha}{N}$. 于是由$r(\alpha-N)+N > 0$ 可知 $h(x-y) := |x-y|^{\alpha-N} \in L^r(\Omega)$. 考虑 $\tilde{\alpha} := (\alpha-N)r + N \in (0,N)$, 于是由不等式(9-4)可得

$$\|h\|_r^r = \int_\Omega |x-y|^{(\alpha-N)r}\mathrm{d}y = \int_\Omega |x-y|^{\tilde{\alpha}-N}\mathrm{d}y = I_{\tilde{\alpha}}\mathbf{1} \leqslant \frac{N}{\tilde{\alpha}}\varrho_N^{1-\frac{\tilde{\alpha}}{N}}|\Omega|^{\frac{\tilde{\alpha}}{N}}$$

$$= \frac{1}{1-r(1-\frac{\alpha}{N})}\varrho_N^{(1-\frac{\alpha}{N})r}|\Omega|^{1-(1-\frac{\alpha}{N})r} = \frac{1}{r}\frac{1}{\frac{1}{r}-(1-\frac{\alpha}{N})}\varrho_N^{(1-\frac{\alpha}{N})r}|\Omega|^{1-(1-\frac{\alpha}{N})r}$$

$$= \frac{1-\delta}{\frac{\alpha}{N}-\delta}\varrho_N^{(1-\frac{\alpha}{N})r}|\Omega|^{1-(1-\frac{\alpha}{N})r}$$

因此可得

$$\|h\|_r \leqslant \left(\frac{1-\delta}{\frac{\alpha}{N}-\delta}\right)^{1-\delta}\varrho_N^{1-\frac{\alpha}{N}}|\Omega|^{\frac{\alpha}{N}-\delta}. \tag{9-7}$$

改写 $h|f| = h^{\frac{r}{q}}h^{r(1-\frac{1}{p})}|f|^{\frac{p}{q}}|f|^{p\delta}$, 于是由卷积版本的 Young 不等式以及 Hölder 不等式可得

$$|I_\alpha f(x)| \leqslant \int_\Omega h|f|\mathrm{d}y = \int_\Omega \left(h^{\frac{r}{q}}|f|^{\frac{p}{q}}\right)\left(h^{r(1-\frac{1}{p})}\right)\left(|f|^{p\delta}\right)\mathrm{d}y$$

$$\leqslant \left\{\int_\Omega h^r(x-y)|f(y)|^p\mathrm{d}y\right\}^{\frac{1}{q}}\cdot\left\{\int_\Omega h^r(x-y)\mathrm{d}y\right\}^{1-\frac{1}{p}}\cdot\left\{\int_\Omega |f(y)|^p\mathrm{d}y\right\}^\delta.$$

进而可得

$$\|I_\alpha f\|_q^q \leqslant \int_\Omega\left[\left(\int_\Omega h^r(x-y)|f(y)|^p\mathrm{d}y\right)\left(\int_\Omega h^r(x-y)\mathrm{d}y\right)^{q-\frac{q}{p}}\right]\mathrm{d}x\cdot\left\{\int_\Omega|f(y)|^p\mathrm{d}y\right\}^{q\delta}$$

$$\leqslant \sup_{x\in\Omega}\left\{\int_\Omega h^r(x-y)\mathrm{d}y\right\}^{1+q-\frac{q}{p}}\left\{\int_\Omega|f(y)|^p\mathrm{d}y\right\}^{1+q\delta},$$

所以

$$\|I_\alpha f\|_q \leqslant \sup_{x\in\Omega}\left\{\int_\Omega h^r(x-y)\mathrm{d}y\right\}^{1+\frac{1}{q}-\frac{1}{p}}\|f\|_p^{\frac{1}{q}+\delta}$$

$$= \sup_{x\in\Omega}\|h(x-y)\|_r\|f\|_p \leqslant \left(\frac{1-\delta}{\frac{\alpha}{N}-\delta}\right)^{1-\delta}\varrho_N^{1-\delta}|\Omega|^{\frac{\alpha}{N}-\delta}\|f\|_p. \qquad\Box$$

注释 9.4:　上面引理给出 $1 \leqslant p < \frac{N}{\alpha}$ 时, $I_\alpha : L^p(\Omega) \to L^q(\Omega)$ 连续, 其中 $p \leqslant q \leqslant \frac{Np}{N-\alpha p}$. 当 $p > \frac{N}{\alpha}$ 时, 对 $\forall x \in \Omega$,

$$|I_\alpha f(x)| = \left|\int_\Omega |x-y|^{\alpha-N}f(y)\mathrm{d}y\right| \leqslant \int_\Omega |x-y|^{\alpha-N}|f(y)|\mathrm{d}y$$

$$\leqslant \left(\int_\Omega |x-y|^{(\alpha-N)\frac{p}{p-1}}\mathrm{d}y\right)^{\frac{p-1}{p}}\|f\|_p$$

$$\leqslant \left(\int_{B(x,R)} |x-y|^{(\alpha-N)\frac{p}{p-1}}\mathrm{d}y\right)^{\frac{p-1}{p}} \|f\|_p \leqslant C(N,p,\alpha,|\Omega|)\|f\|_p,$$

其中 $|B(x,R)| = |\Omega|$. 这里用到了 $(\alpha-N)\dfrac{p}{p-1} + N > 0 \Leftrightarrow p > \dfrac{N}{\alpha}$, 从而 $|x-y|^{(\alpha-N)\frac{p}{p-1}} \in L^1(B(x,R))$. 因此 $\|I_\alpha f\|_\infty \leqslant C(N,p,\alpha,|\Omega|)\|f\|_p$. 下面我们考虑 $p = \dfrac{N}{\alpha}$ 的情形.

9.2.2　$p = N/\alpha$ 的情形以及 Moser-Trudinger 不等式

这里考虑 $p = \dfrac{N}{\alpha}$ 或者说 $\alpha = \dfrac{N}{p}$ 的情形。

引理 9.3:　令 $f \in L^p(\Omega)$ 以及 $g = I_{\frac{N}{p}}f$, 则存在常数 C_1, C_2 只依赖于 N, p 使得

$$\int_\Omega \exp\left(\frac{g}{C_1\|f\|_p}\right)^{p'}\mathrm{d}x \leqslant C_2|\Omega|,\ p' = \frac{p}{p-1}. \tag{9-8}$$

证明　当 $\alpha = \dfrac{N}{p}$ 时，相当于 $\dfrac{\alpha}{N} = \dfrac{1}{p}$ 时，对任意的 $q \geqslant p$, 都有 $\delta := \dfrac{1}{p} - \dfrac{1}{q} \in (0, \dfrac{\alpha}{N})$, 于是由引理 9.2, 可得

$$\|I_{\frac{N}{p}}f\|_q \leqslant \left(\frac{1-\delta}{\frac{\alpha}{N}-\delta}\right)^{1-\delta}\varrho_N^{1-\frac{\alpha}{N}}|\Omega|^{\frac{\alpha}{N}-\delta}\|f\|_p$$

$$= (q+1-\frac{q}{p})^{1-\frac{1}{p}+\frac{1}{q}}\varrho_N^{1-\frac{1}{p}}|\Omega|^{\frac{1}{q}}\|f\|_p \leqslant q^{1-\frac{1}{p}+\frac{1}{q}}\varrho_N^{1-\frac{1}{p}}|\Omega|^{\frac{1}{q}}\|f\|_p.$$

因此

$$\int_\Omega |g|^q\mathrm{d}x = \|g\|_q^q \leqslant q^{1+\frac{q}{p'}}\varrho_N^{\frac{q}{p'}}|\Omega|\|f\|_p^q. \tag{9-9}$$

于是对于 $q \geqslant p-1$ （**注意此时 $p'q \geqslant p$, 把 $p'q$ 替换 q 利用式(9-9)**），可得

$$\int_\Omega |g|^{p'q}\mathrm{d}x \leqslant p'q\left(\varrho_N p'q\|f\|_p^{p'}\right)^q|\Omega|. \tag{9-10}$$

记 $\ell = \lfloor p \rfloor$, 则 $\displaystyle\int_\Omega \sum_\ell^m \frac{1}{q!}\left(\frac{|g|}{C_1\|f\|_p}\right)^{p'q}\mathrm{d}x \leqslant p'|\Omega|\sum_\ell^m \left(\frac{p'\varrho_N}{C_1^{p'}}\right)^q \frac{q^q}{(q-1)!}$. 考虑右端

级数相邻两项的比值

$$\frac{\left(\frac{p'\varrho_N}{C_1^{p'}}\right)^{q+1}\frac{(q+1)^{q+1}}{q!}}{\left(\frac{p'\varrho_N}{C_1^{p'}}\right)^q\frac{q^q}{(q-1)!}} = (1+\frac{1}{q})^{q+1}\frac{p'\varrho_N}{C_1^{p'}} \to \frac{ep'\varrho_N}{C_1^{p'}} \text{ as } q \to \infty.$$

因此若取 $C_1 = C_1(N,p)$ 使得 $\dfrac{ep'\varrho_N}{C_1^{p'}} < 1$，则可由达朗贝尔判别法可知右端级数收敛。从而利用控制收敛定理可得存在 $C_2 = C_2(N,p)$ 使得 $\int_\Omega \sum_\ell^\infty \frac{1}{q!}\left(\frac{|g|}{C_1\|f\|_p}\right)^{p'q} dx \leqslant C_2|\Omega|$. 在 $|\Omega| < \infty$ 时，利用Hölder不等式可得

$|\Omega|^{-\frac{1}{q}}\|u\|_q$ 关于 q 是单增的. 因此容易得知 $\int_\Omega \sum_{q=0}^{\ell-1}\frac{1}{q!}\left(\frac{|g|}{C_1\|f\|_p}\right)^{p'q}dx \leqslant C_2|\Omega|$,

进而有 $\int_\Omega \exp\left(\frac{g}{C_1\|f\|_p}\right)^{p'} dx = \int_\Omega \sum_{q=0}^\infty \frac{1}{q!}\left(\frac{|g|}{C_1\|f\|_p}\right)^{p'q} dx \leqslant C_2|\Omega|.$ □

注释 9.5： 由引理6.1 有

$$u = \frac{1}{\omega_N}\frac{x}{|x|^N} \star \nabla u = \frac{1}{N\varrho_N}\frac{x}{|x|^N} \star \nabla u, \forall u \in C_0^1(\Omega).$$

根据稠密性可得位势理论和弱导数的联系

$$u(x) = \frac{1}{N\varrho_N}\int_\Omega \sum_{i=1}^N \frac{(x_i - y_i)D_iu(y)}{|x-y|^N}dy \text{ a.e. } x \in \Omega, \forall u \in W_0^{1,1}(\Omega). \tag{9-11}$$

由此可得

$$|u(x)| \leqslant \frac{1}{N\varrho_N}\int_\Omega |x-y|^{1-N}|Du(y)|dy = \frac{1}{N\varrho_N}I_1|Du|. \tag{9-12}$$

结合引理9.2, 可知

$$W_0^{1,p}(\Omega) \hookrightarrow L^q(\Omega), \delta := \delta(p,q) = \frac{1}{p} - \frac{1}{q} < \frac{1}{N}. \tag{9-13}$$

这是因为 $\|u\|_q \leqslant C(N)\||I_1|Du|\|_q \leqslant C(N,p,q,|\Omega|)\|Du\|_p \leqslant C(N,p,q,|\Omega|)\|u\|_{W_0^{1,p}(\Omega)}$.

定理 9.4： （迹0空间的**Morse-Trudinger不等式**）令 $u \in W_0^{1,N}(\Omega)$，则存在常数 C_1, C_2 只依赖于 N 使得

$$\int_\Omega \exp\left(\frac{|u|}{C_1\|Du\|_N}\right)^{\frac{N}{N-1}} dx \leqslant C_2|\Omega|. \tag{9-14}$$

证明 考虑 $p = N$, 以及 $\alpha = 1$, 取 $f = |Du|$, $g = I_1 f$, 由于 $|u(x)| \leqslant \dfrac{1}{N\varrho_N} I_1|Du| = \dfrac{1}{N\varrho_N}|g|$, 则由引理9.3可得

$$\int_\Omega \exp\left(\frac{|u|}{C_1\|Du\|_N}\right)^{\frac{N}{N-1}} \mathrm{d}x \leqslant \int_\Omega \exp\left(\frac{|g|}{N\varrho_N C_1\|f\|_N}\right)^{\frac{N}{N-1}} \mathrm{d}x \leqslant C_2|\Omega|. \qquad \square$$

定理 9.5: （迹0空间高阶的**Morse-Trudinger不等式**） 令 $u \in W_0^{k,\frac{N}{k}}(\Omega)$, 则存在常数 C_1, C_2 只依赖于 N, k 使得

$$\int_\Omega \exp\left(\frac{|u|}{C_1\|D^k u\|_{\frac{N}{k}}}\right)^{\frac{N}{N-k}} \mathrm{d}x \leqslant C_2|\Omega|. \tag{9-15}$$

证明 由引理6.1可以得到高阶的估计

$$|u| \leqslant \frac{1}{(k-1)!N\varrho_N} I_k |D^k u|. \tag{9-16}$$

考虑 $p = \dfrac{N}{k}$, 以及 $\alpha = k$, 取 $f = |D^k u|$, $g = I_k f$, 则式(9-16) 表明了 $|u| \leqslant \dfrac{1}{(k-1)!N\varrho_N}|g|$. 由引理9.3可得

$$\int_\Omega \exp\left(\frac{|u|}{C_1\|D^k u\|_{\frac{N}{k}}}\right)^{\frac{N}{N-k}} \mathrm{d}x \leqslant \int_\Omega \exp\left(\frac{|g|}{(k-1)!N\varrho_N C_1\|f\|_{\frac{N}{k}}}\right)^{\frac{N}{N-k}} \mathrm{d}x \leqslant C_2|\Omega|. \qquad \square$$

9.2.3 $p > N/\alpha$ 的情形：再论Morrey 不等式

引理 9.4: 考虑凸集 Ω 以及 $u \in W^{1,1}(\Omega)$, 则对任意的可测子集 $\Lambda \subset \Omega$, 都有

$$|u(x) - (u)_\Lambda| \leqslant \frac{(\operatorname{diam}\Omega)^N}{N|\Lambda|} \int_\Omega |x-y|^{1-N}|Du(y)|\mathrm{d}y \quad \text{a.e. } x \in \Omega, \tag{9-17}$$

其中, $(u)_\Lambda$ 表示 Λ 上 u 的积分平均.

证明 证明跟前面章节6.2类似. 首先利用稠密性可知只需证明结论对 $u \in C^1(\Omega)$ 成立即可. 对任意的 $x, y \in \Omega$, 有

$$u(x) - u(y) = -\int_0^{|x-y|} \frac{\mathrm{d}}{\mathrm{d}t} u(x+tw)\mathrm{d}t, \quad w = \frac{y-x}{|y-x|} \in \partial B(0,1).$$

两边同时对 y 在 Λ 上积分，可得 $|\Lambda|(u(x) - (u)_\Lambda) = -\int_\Lambda \int_0^{|x-y|} \dfrac{\mathrm{d}}{\mathrm{d}t} u(x + tw) \mathrm{d}t \mathrm{d}y.$

令 $v(x) = \begin{cases} |D_t u(x)|, & x \in \Omega, \\ 0, & x \notin \Omega, \end{cases}$ 并记 $d = \mathrm{diam}\,\Omega$，则有

$$|u(x) - (u)_\Lambda| \leqslant \frac{1}{|\Lambda|} \int_{|x-y|<d} \int_0^\infty v(x + tw)\mathrm{d}t\mathrm{d}y$$

$$\underline{\underline{\text{由Fubini定理交换积分顺序}}} \frac{1}{|\Lambda|} \int_0^\infty \int_{\partial B(0,1)} \int_0^d v(x+tw) r^{N-1} \mathrm{d}r\mathrm{d}w\mathrm{d}t$$

$$= \frac{d^N}{N|\Lambda|} \int_0^\infty \int_{\partial B(0,1)} v(x+tw)\mathrm{d}w\mathrm{d}t$$

$$= \frac{d^N}{N|\Lambda|} \int_0^\infty \int_{\partial B(0,1)} |x-y|^{1-N} v(x+tw)\mathrm{d}w |x-y|^{N-1}\mathrm{d}t$$

$$= \frac{d^N}{N|\Lambda|} \int_\Omega |x-y|^{1-N} |D_t u(y)|\mathrm{d}y. \qquad \square$$

注释 9.6：

（1）对迹 0 空间 $W_0^{1,p}(\Omega)$ 进行讨论时，若 $p \neq \infty$，则可利用紧支集光滑函数逼近，从而由引理 6.1 可得估计 $|u| \leqslant \dfrac{1}{(k-1)! N\varrho_N} I_k |D^k u|$，然后就可以借助位势估计的相关理论进行一些先验估计.

（2）当考虑一般的 $W^{1,p}(\Omega)$ 时（特别是做内部估计的时候），由于没有紧支集函数逼近的结论，因此不能借助引理 6.1 来与位势理论发生联系. 此时上面的引理 9-17 就显得很重要了，它告诉了我们与积分平均值的偏差可以与位势理论发生关系. 另外这个在后面对非迹 0 空间建立 Moser-Trudinger 不等式是非常关键的.

注释 9.7： 定义

$$\mathrm{osc}_\Omega u := \sup_{x \in \Omega} |u(x) - (u)_\Omega|, \tag{9-18}$$

其中这里的 osc 取自单词 "oscillation" 的前面三个英文字母，表示 u 在 Ω 的振幅。

定理 9.6: 令 $u \in W_0^{1,p}(\Omega), p > N$, 则 $u \in C^{0,\gamma}(\overline{\Omega})$, 其中 $\gamma := 1 - \dfrac{N}{p}$. 特别地, 对任意的球 $B = B(y, R)$, 都有

$$\operatorname{osc}_{\Omega \cap B(y,R)} u \leqslant CR^{\gamma} \|Du\|_p, \tag{9-19}$$

其中, $C = C(N, p)$.

证明 在引理 9.4 中考虑 $\Lambda = \Omega = B$, 可得

$$|u(x) - (u)_B| \leqslant \frac{(2R)^N}{N\omega_N R^N} \int_{\Omega \cap B} |x - z|^{1-N} |Du(z)| \mathrm{d}z \quad \text{a.e. } x \in \Omega \cap B.$$

此时, 由于 $p > N$, 取 $q = \infty, \alpha = 1$, 则 $\delta := \delta(p, 1) = \dfrac{1}{p} - \dfrac{1}{q} = \dfrac{1}{p} < \dfrac{1}{N} = \dfrac{\alpha}{N}$, 于是由引理 9.2 可得

$$|u(x) - (u)_B| \leqslant C(N) \int_{\Omega \cap B} I_1 |Du(z)| \mathrm{d}z \leqslant C(N, p) |\Omega \cap B|^{\frac{1}{N} - \frac{1}{p}} \|Du\|_p$$
$$\leqslant C(N, p) \cdot R^{1 - \frac{N}{p}} \|Du\|_p = C(N, p) R^{\gamma} \|Du\|_p.$$

进而 $|u(x) - u(z)| \leqslant |u(x) - (u)_B| + |u(z) - (u)_B| \leqslant 2C(N, p) R^{\gamma} \|Du\|_p, \forall x, z \in \Omega \cap B(y, R)$. $\qquad \square$

注释 9.8: （与定理 6.4 的比较：位势理论的优势）利用位势理论和弱导数的关系, 可得对任意的 $u \in W_0^{1,p}(\Omega)$ （也见式 (9-12)）$|u(x)| \leqslant \dfrac{1}{N\varrho_N} I_1 |Du|$. 当 $p > N$ 时, 可以取 $q = \infty, \alpha = 1$, 从而利用引理 9.2 可得 $\sup\limits_{x \in \Omega} |u(x)| \leqslant C |\Omega|^{\frac{1}{N} - \frac{1}{p}} \|Du\|_p$, 特别地, 上面的定理 9.6 表明了 $u \in C^{0,\gamma}(\overline{\Omega})$ 并且 $\|u\|_{C^{0,\gamma}(\Omega)} \leqslant C[1 + (\operatorname{diam} \Omega)^{\gamma}] \|Du\|_p$. 与定理 6.4 比较可见位势理论在讨论有界区域上嵌入问题的时候, 可以对边界的正则性没有要求, 因为不需要延拓.

注释 9.9: 对于迹 0 空间 $W_0^{1,p}(\Omega), 1 \leqslant p < \infty$, 首先有 $|u(x)| \leqslant \dfrac{1}{N\varrho_N} I_1 |Du|$. 如果取 $q = p$, 此时 $\delta = 0$, 利用引理 9.2 可得

$$\|u\|_p \leqslant \frac{1}{N\varrho_N} \||I_1|Du|\|_p \leqslant \left(\frac{|\Omega|}{\varrho_N} \right)^{\frac{1}{N}} \|Du\|_p. \tag{9-20}$$

而对于 $W^{1,p}(\Omega)$, 如果 Ω 为凸集，由引理9.4可得

$$|u(x) - (u)_\Lambda| \leqslant \frac{d^N}{N|\Lambda|} \int_{\Omega \cap \Lambda} |x - y|^{1-N} |Du(y)| \mathrm{d}y = \frac{d^N}{N|\Lambda|} I_1 |Du| \quad \text{a.e. } x \in \Omega.$$

取 $q = p$, 此时, $\delta = 0$, 利用引理9.2可得 Poincaré不等式:

$$\|u(x) - (u)_\Lambda\|_p \leqslant \frac{d^N}{N|\Lambda|} \|I_1|Du|\|_{L^p(\Lambda)} \leqslant \frac{d^N}{N|\Lambda|} N\varrho_N \left(\frac{|\Lambda|}{\varrho_N}\right)^{\frac{1}{N}} \|Du\|_{L^p(\Omega)} = \left(\frac{\varrho_N}{|\Lambda|}\right)^{1-\frac{1}{N}} d^N \|Du\|_p.$$

9.2.4　Morrey和John-Nirenberg估计

在上一小节中讨论过迹0空间，此时可以用紧支集光滑函数逼近，结合位势估计理论可以建立起一些嵌入关系以及Moser-Trudinger不等式. 在这一小节将讨论一般的 $W^{1,p}(\Omega)$ 空间中的估计. 这个在做内估计的时候是很重要的，因为做内估计的时候不满足迹0约束，此时引理9.4是产生与位势理论关系的重要依据（也见注释9.6）.

定义 9.1： （$M^p(\Omega)$的定义）　称一个可积函数 $f \in M^p(\Omega)$, $1 \leqslant p \leqslant \infty$, 如果存在常数 K 使得

$$\int_{\Omega \cap B(y,r)} |f| \mathrm{d}x \leqslant Kr^{N(1-\frac{1}{p})} = Kr^{\frac{N}{p'}} \tag{9-21}$$

对所有的球 $B(y, r)$ 均成立.

容易验证 $M^p(\Omega)$ 是一个线性空间。对于 $u \in M^p(\Omega)$, 定义它的范数为

$$\|u\|_{M^p(\Omega)} := \inf\left\{ K > 0 : \int_{\Omega \cap B(y,r)} |f| \mathrm{d}x \leqslant Kr^{N(1-\frac{1}{p})}, \forall B(y,r) \right\}, \tag{9-22}$$

即满足不等式(9-21)中的最小常数 K.

练习： 证明上面的定义(9-22)是线性空间 $M^p(\Omega)$ 上的一个范数.

注释 9.10： 根据定义结合Hölder不等式易见 $L^p(\Omega) \subset M^p(\Omega)$, 这是因为 $\int_{\Omega \cap B_r} |f| \mathrm{d}x \leqslant \|f\|_p |B_r|^{\frac{1}{p'}} = \varrho_N^{\frac{1}{p'}} \|f\|_p r^{\frac{N}{p'}}$. 而根据定义可见，特别地，$L^1(\Omega) = M^1(\Omega)$, $L^\infty(\Omega) = M^\infty(\Omega)$. 引入 $M^p(\Omega)$ 的定义的一个原因是在做内估计的时候，往往获得式(9-21)这样形式的结论，而这个结论即够我们使用，而不是必须要证明它属于 $L^p(\Omega)$.

前面的引理9.2是用 L^p 范数来控制的，相对于 M^p 范数，也可以有下面的基本引理.

引理 9.5：　考虑 $f \in M^p(\Omega), 1 \leqslant p \leqslant \infty$，取 $q = \infty, \alpha > \dfrac{N}{p}$，从而 $\delta := \delta(p, q) = \dfrac{1}{p} - \dfrac{1}{q} = \dfrac{1}{p} < \dfrac{\alpha}{N}$，则有不等式

$$|I_\alpha f(x)| \leqslant \frac{1 - \frac{1}{p}}{\frac{\alpha}{N} - \frac{1}{p}} (\operatorname{diam} \Omega)^{N(\frac{\alpha}{N} - \frac{1}{p})} \|f\|_{M^p(\Omega)} \quad \text{a.e.} \quad x \in \Omega. \tag{9-23}$$

证明　把 f 简单延拓到 Ω 的外部，都取值为0 并记

$$u(r) := \int_{B(x,r)} |f(y)| \mathrm{d}y = \int_0^r \int_{\partial B(0,1)} |f(x + tw)| t^{N-1} \mathrm{d}t \mathrm{d}w,$$

于是 $u'(r) = r^{N-1} \int_{\partial B(0,1)} |f(x + rw)| \mathrm{d}w$. 利用极坐标换元，并记 $d = \operatorname{diam} \Omega$，则有

$$|I_\alpha f(x)| = \left| \int_\Omega |x - y|^{\alpha-N} f(y) \mathrm{d}y \right| \leqslant \int_\Omega |x - y|^{\alpha-N} |f(y)| \mathrm{d}y$$

$$\leqslant \int_0^d \int_{\partial B(0,1)} t^{\alpha-1} |f(x + tw)| \mathrm{d}w \mathrm{d}t = \int_0^d t^{\alpha-N} u'(t) \mathrm{d}t.$$

由于 $p\alpha > N, f \in M^p(\Omega)$，有 $u(r) \leqslant K r^{N(1-\frac{1}{p})}$，从而 $u(t) t^{\alpha-N} \leqslant K t^{\alpha-\frac{N}{p}} \to 0$ as $t \to 0^+$. 因此利用分部积分公式可得

$$|I_\alpha f(x)| \leqslant d^{\alpha-N} u(d) + (N - \alpha) \int_0^d u(t) t^{\alpha-N-1} \mathrm{d}t$$

$$\leqslant d^{\alpha-N} K d^{N(1-\frac{1}{p})} + (N - \alpha) \int_0^d K t^{N(1-\frac{1}{p})} t^{\alpha-N-1} \mathrm{d}t$$

$$= K d^{\alpha-\frac{N}{p}} + K \frac{N - \alpha}{\alpha - \frac{N}{p}} d^{\alpha-\frac{N}{p}} = \frac{1 - \frac{1}{p}}{\frac{\alpha}{N} - \frac{1}{p}} d^{\alpha-\frac{N}{p}} K.$$

最后取最小的 K, i.e., $K = \|f\|_{M^p(\Omega)}$，代入即可得不等式(9-23).　□

注释 9.11：　尽管 $M^p(\Omega)$ 对 $p = \infty$ 有定义，并且引理9.5也包括了 $p = \infty$ 的情形，但是应用到Morrey不等式的时候，还是没有办法获得 $p = \infty$ 的结论. 比如 $u \in W_0^{1,p}(\Omega)$，对应有改写 $u(x) = \dfrac{1}{N\varrho_N} \dfrac{x}{|x|^N} \star \nabla u$，只能对 $1 \leqslant p < \infty$ 适用. 因为要利用 $C_0^1(\Omega)$ 的稠密性结合引理6.1来获得，而 $p = \infty$ 时并没有稠密性.

由此可以把前面的定理9.6更一般化成下面结论.

定理 9.7：

（1）考虑 $u \in W^{1,1}(\Omega)$, 并假设存在正常数 K, γ $\left(\dfrac{N-1}{N} < \gamma \leqslant 1\right)$ 使得

$$\int_{B(y,r)} |Du| \mathrm{d}x \leqslant K r^{N-1+\gamma}, \forall B(y,r) \subset \Omega. \tag{9-24}$$

则 $u \in C^{0,\gamma}$ 且对任意的 $B(y,r) \subset \Omega$, 都有

$$\mathrm{osc}_{B(y,r)} \leqslant C K r^{\gamma}, \tag{9-25}$$

其中，$C = C(N, \gamma)$.

（2）如果存在某个区域 $\tilde{\Omega} \subset \mathbb{R}^N$ 使得 $\Omega = \tilde{\Omega} \cap \mathbb{R}_+^N = \{x \in \tilde{\Omega} : x_N > 0\}$ 并且不等式(9-24) 对所有的 $B(y,r) \subset \tilde{\Omega}$ 均成立，则 $u \in C^{0,\gamma}(\overline{\Omega}) \cap \tilde{\Omega}$, 同时不等式(9-25) 对所有的 $B(y,r) \subset \tilde{\Omega}$ 均成立.

证 明

（1）由不等式(9-24)可得 $|\nabla u| \in M^p(\Omega), \||\nabla u|\|_{M^p(\Omega)} \leqslant K$, 其中 $p = \dfrac{N}{1-\gamma} \in (N, \infty]$. 记 $d = \mathrm{diam}\, \Omega$, 在引理9.4中考虑 $\Lambda = \Omega = B(y,r)$, 可得

$$|u(x) - (u)_{B(y,r)}| \leqslant \frac{(2r)^N}{N \varrho_N r^N} \int_{B(y,r)} |x-z|^{1-N} |Du(z)| \mathrm{d}z \quad \text{a.e. } x \in B(y,r).$$

因此对 $\forall B(y,r) \subset \Omega, \forall x, \tilde{x} \in B(y,r)$, 均有

$$|u(x) - u(\tilde{x})| \leqslant \frac{2^N}{N \varrho_N} \int_{B(y,r)} \left[|x-z|^{1-N} + |\tilde{x}-z|^{1-N} \right] |Du(z)| \mathrm{d}z. \tag{9-26}$$

在引理9.5中取 $\alpha = 1$, 则有

$$
\begin{aligned}
|u(x) - u(\tilde{x})| &\leqslant \frac{2^N}{N \varrho_N} \left[I_1 |\nabla u|(x) + I_1 |\nabla u|(\tilde{x}) \right] \leqslant \frac{2^{N+1}}{N \varrho_N} \frac{1 - \frac{1-\gamma}{N}}{\frac{1}{N} - \frac{1-\gamma}{N}} K r^{N\left(\frac{1}{N} - \frac{1-\gamma}{N}\right)} \\
&= \frac{2^{N+1}}{N \varrho_N} \frac{N-1+\gamma}{\gamma} K r^{\gamma}.
\end{aligned}
$$

由于 $|x - \tilde{x}| \leqslant 2r$, 所以由此式可得 $|u(x) - u(\tilde{x})| \leqslant C(N, \gamma) K |x - \tilde{x}|^{\gamma}$. 因此 $u \in C^{0,\gamma}(\Omega)$. 并且对任意的 $B(y,r) \subset \Omega$, 都有

$$\mathrm{osc}_{B(y,r)} u = \sup_{x, \tilde{x} \in B(y,r)} |u(x) - u(\tilde{x})| \leqslant C(N, \gamma) K r^{\gamma}.$$

（2）由于不等式(9-24)对所有的 $B(y,r) \subset \tilde{\Omega}$ 均成立，所以在（1）的论证过程中对所有的 $B(y,r) \subset \tilde{\Omega}$ 以及 $x, \tilde{x} \in B(y,r) \cap \Omega$ 都适用，因此可得类似结论.

$$\square$$

在引理9.5的基础上，可以得到下面的结论.

引理 9.6：　考虑 $f \in M^p(\Omega), p > 1$，令 $g = I_\alpha f, \alpha = \dfrac{N}{p}$，则存在常数 C_1, C_2 只依赖于 N, p 使得

$$\int_\Omega \exp\left(\frac{|g|}{C_1 K}\right) \mathrm{d}x \leqslant C_2 (\operatorname{diam} \Omega)^N, \tag{9-27}$$

其中，　$K = \|f\|_{M^p(\Omega)}$.

证明　对任意的 $q \geqslant 1$，可以改写 $|x - y|^{\alpha - N} = |x - y|^{(\frac{\alpha}{q} - N)\frac{1}{q}}|x - y|^{(\frac{(q+1)\alpha}{q} - N)\frac{q-1}{q}}$，因此，利用Hölder不等式可得

$$|g(x)| = |I_\alpha f| = \left|\int_\Omega |x - y|^{\alpha - N} f(y)\mathrm{d}y\right| \leqslant \int_\Omega |x - y|^{\alpha - N} |f(y)|\mathrm{d}y$$

$$= \int_\Omega \left(|x - y|^{(\frac{\alpha}{q} - N)\frac{1}{q}}|f(y)|^{\frac{1}{q}}\right) \cdot \left(|x - y|^{(\frac{(q+1)\alpha}{q} - N)\frac{q-1}{q}}|f(y)|^{\frac{q-1}{q}}\right)\mathrm{d}y$$

$$\leqslant \left(\int_\Omega |x - y|^{\frac{\alpha}{q} - N}|f(y)|\mathrm{d}y\right)^{\frac{1}{q}} \cdot \left(\int_\Omega |x - y|^{\frac{(q+1)\alpha}{q} - N}|f(y)|\mathrm{d}y\right)^{\frac{q-1}{q}}$$

$$= \left(I_{\frac{\alpha}{q}}|f|\right)^{\frac{1}{q}} \cdot \left(I_{\alpha + \frac{\alpha}{q}}|f|\right)^{1 - \frac{1}{q}}.$$

由于此时 $\dfrac{1}{p} = \dfrac{\alpha}{N} < \dfrac{\alpha + \frac{\alpha}{q}}{N}$，所以由引理9.5，记 $d = \operatorname{diam} \Omega$，可得

$$I_{\alpha + \frac{\alpha}{q}}|f|(x) \leqslant \frac{1 - \frac{1}{p}}{\frac{\alpha + \frac{\alpha}{q}}{N} - \frac{1}{p}} d^{N(\frac{\alpha + \frac{\alpha}{q}}{N} - \frac{1}{p})} K = (p - 1)q d^{\frac{N}{pq}} K, \text{a.e.}\ \ x \in \Omega.$$

另外，应用引理9.2（在该引理中考虑 $p = q = 1$ 的情形），则有

$$\int_\Omega I_{\frac{\alpha}{q}}|f|\mathrm{d}x \leqslant \frac{1}{\alpha/(qN)} \varrho_N^{1 - \frac{\alpha}{Nq}} |\Omega|^{\frac{\alpha}{Nq}} \|f\|_1 = pq\varrho_N^{1 - \frac{1}{pq}} |\Omega|^{\frac{1}{pq}} \|f\|_1$$

$$(\text{由} f \in M^p(\Omega)) \leqslant pq\varrho_N^{1 - \frac{1}{pq}}\left(\varrho_N d^N\right)^{\frac{1}{pq}} K d^{N(1 - \frac{1}{p})} = pq\varrho_N d^{N(1 - \frac{1}{p} + \frac{1}{pq})} K,$$

因此

$$\int_\Omega |g|^q \mathrm{d}x \leqslant \int_\Omega \left(I_{\frac{\alpha}{q}}|f|\right)\left(I_{\alpha+\frac{\alpha}{q}}|f|\right)^{q-1} \mathrm{d}x \leqslant \left[(p-1)qd^{\frac{N}{pq}}K\right]^{q-1} \int_\Omega I_{\frac{\alpha}{q}}|f|\mathrm{d}x$$

$$\leqslant \left[(p-1)qd^{\frac{N}{pq}}K\right]^{q-1} pq\varrho_N d^{N(1-\frac{1}{p}+\frac{1}{pq})}K$$

$$=p(p-1)^{q-1}q^q\varrho_N d^N K^q = p'\varrho_N d^N \left[(p-1)qK\right]^q.$$

这样可得

$$\int_\Omega \sum_{m=0}^n \frac{1}{m!}\left(\frac{|g|}{C_1 K}\right)^m \mathrm{d}x = \sum_{m=0}^n \frac{1}{m!}\frac{1}{(C_1 K)^m}\int_\Omega |g|^m \mathrm{d}x$$

$$\leqslant \sum_{m=0}^n \frac{1}{m!}\frac{1}{(C_1 K)^m}p'\varrho_N d^N \left[(p-1)mK\right]^m = p'\varrho_N d^N \sum_{m=0}^n \left(\frac{p-1}{C_1}\right)^m \frac{m^m}{m!}.$$

利用达朗贝尔判别法, 如果

$$\frac{\left(\frac{p-1}{C_1}\right)^{m+1}\frac{(m+1)^{m+1}}{(m+1)!}}{\left(\frac{p-1}{C_1}\right)^m \frac{m^m}{m!}} = \frac{p-1}{C_1}(1+\frac{1}{m})^m \to \frac{(p-1)e}{C_1} < 1,$$

即 $C_1 > (p-1)e$ 时, 可得级数收敛 $\sum_{m=0}^\infty \left(\frac{p-1}{C_1}\right)^m \frac{m^m}{m!} < \infty$. 故可以取 $C_1 > (p-1)e$

以及 $C_2 \geqslant p'\varrho_N \sum_{m=0}^\infty \left(\frac{p-1}{C_1}\right)^m \frac{m^m}{m!}$, 从而令 $n \to \infty$ 可得

$$\int_\Omega \exp\left(\frac{|g|}{C_1 K}\right)\mathrm{d}x = \lim_{n\to\infty}\int_\Omega \sum_{m=0}^n \frac{1}{m!}\left(\frac{|g|}{C_1 K}\right)^m \mathrm{d}x \leqslant C_2 d^N. \qquad \square$$

下面我们给出非迹0空间情形的Moser-Trudinger型定理.

定理 9.8: （**非迹0空间情形的Moser-Trudinger不等式**） 考虑 $u \in W^{1,1}(\Omega)$, 其中 Ω 是凸的, 并假设 $|Du| \in M^N(\Omega)$, 记 $K = \|Du\|_{M^N(\Omega)}$, 则存在正常数 C_1 和 C_2, 只依赖于 N, 使得

$$\int_\Omega \exp\left(\frac{\sigma}{K}|u - (u)_\Omega|\right)\mathrm{d}x \leqslant C_2(diam\,\Omega)^N, \tag{9-28}$$

其中, $\sigma := \frac{N|\Omega|}{C_1}d^{-N}$.

证明 因 为 $Du \in M^N(\Omega), K = \|Du\|_{M^N(\Omega)}$, 所 以 $\int_{\Omega \cap B(y,r)} |Du| \mathrm{d}x \leqslant$ $Kr^{N-1}, \forall B(y,r)$. 此时由于考虑的不是迹0空间, 无法利用紧支集函数来逼近, 也就是无法直接与位势理论联系起来. 考虑 Ω 是凸集, 可以利用引理9.4（在该引理中取 $\Lambda = \Omega$）, 则有

$$|u(x) - (u)_\Omega| \leqslant \frac{d^N}{N|\Omega|} I_1 |Du| \quad \text{a.e.} \quad x \in \Omega. \tag{9-29}$$

考虑 $\alpha = 1$, 由 $p = N$ 可得 $\alpha = \dfrac{N}{p}$, 于是由引理9.6可知存在 C_1, C_2 只依赖于 N 使得 $\int_\Omega \exp\left(\dfrac{I_1|Du|}{C_1 K}\right) \mathrm{d}x \leqslant C_2 d^N$. 考虑指数函数 e^t 是单增的, 有 $\exp\left(\dfrac{\sigma}{K}|u - (u)_\Omega|\right) \leqslant \exp\left(\dfrac{\sigma}{K}\dfrac{d^N}{N|\Omega|} I_1 |Du|\right)$, 所以只需取 $\sigma = \dfrac{N|\Omega|}{C_1} d^{-N}$, 则有

$$\int_\Omega \exp\left(\frac{\sigma}{K}|u - (u)_\Omega|\right) \mathrm{d}x \leqslant \int_\Omega \exp\left(\frac{\sigma}{K}\frac{d^N}{N|\Omega|} I_1 |Du|\right) \mathrm{d}x = \int_\Omega \exp\left(\frac{I_1|Du|}{C_1 K}\right) \mathrm{d}x \leqslant C_2 d^N.$$

$\square$

9.3 紧嵌入

$I_d : X \to Y$ 是紧嵌入, 即恒等算子是一个紧算子, 此时它把 X 中的有界集映成 Y 中的列紧集. 或者等价刻画为: 如果 $\{x_n\} \subset X$ 为有界集, 则 $\{x_n\}$ 在 Y 中有Cauchy 子列. 特别地, 如果 Y 是Banach空间, 则 $\{x_n\}$ 在 Y 中有强收敛子列.

定理 9.9: （**Rellich-Kondrachov 紧性定理**）假设 Ω 是有界区域, $\partial\Omega$ 具有适当的正则性（目的是保证延拓, 比如 $\partial\Omega \in C^1$ 时）. 假设 $1 \leqslant p < N$, 则有下面紧嵌入成立

$$W^{1,p}(\Omega) \hookrightarrow\hookrightarrow L^q(\Omega), \forall q \in [1, p^*).$$

证明 首先前面已经证明过了这个是一个嵌入, 因此下面只需证明这个嵌入是紧的即可, 即假设 $\{u_n\} \subset W^{1,p}(\Omega)$ 是一个有界序列, 需要证明它在 $L^q(\Omega)$ 中有一个强收敛子列 $\{u_{n_j}\}$, 下面固定 $1 \leqslant q < p^*$ 进行讨论.

（1）**延拓：**　利用延拓定理不妨以 $\Omega = \mathbb{R}^N$ 并假定 $\{u_n\}$ 具有共同的紧支集 V 来进行讨论，i.e., $\operatorname{supp}(u_n) \subset\subset V, \forall n$ 并且

$$\sup_n \|u_n\|_{W^{1,p}(V)} < \infty. \tag{9-30}$$

（2）**光滑化：**　利用软化子进行磨光，记 $u_n^\varepsilon := \rho_\varepsilon \star u_n$ （$\varepsilon > 0, n = 1, 2, \cdots$）. 根据卷积支集的关系（见定理3.27），考虑 ε 充分小的情况下，不失一般性，不妨设 $\{u_n^\varepsilon\}_{n=1}^\infty$ 同样满足关系 $\operatorname{supp}(u_n^\varepsilon) \subset\subset V$.

（3）**证明：**　当 $\varepsilon \to 0$ 时，在 $L^q(V)$ 中对 n 一致成立：

$$u_n^\varepsilon \to u_n. \tag{9-31}$$

首先如果 u_n 是光滑的话，则

$$u_n^\varepsilon(x) - u_n(x) = \int_{B(0,\varepsilon)} u_n(x-y)\rho_\varepsilon(y)\mathrm{d}y - u_n(x)$$

$$= \int_{B(0,1)} u_n(x-\varepsilon y)\rho(y)\mathrm{d}y - \int_{B(0,1)} u_n(x)\rho(y)\mathrm{d}y = \int_{B(0,1)} \rho(y)[u_n(x-\varepsilon y) - u_n(x)]\mathrm{d}y$$

$$= \int_{B(0,1)} \rho(y) \int_0^1 \frac{\mathrm{d}}{\mathrm{d}t} u_n(x-\varepsilon ty)\mathrm{d}t\mathrm{d}y = -\varepsilon \int_{B(0,1)} \rho(y) \int_0^1 Du_n(x-\varepsilon ty) \cdot y\mathrm{d}t\mathrm{d}y.$$

因此

$$\int_V |u_n^\varepsilon(x) - u_n(x)|\mathrm{d}x \leqslant \varepsilon \int_{B(0,1)} \rho(y) \int_0^1 \int_V |Du_n(x-\varepsilon ty)|\mathrm{d}x\mathrm{d}t\mathrm{d}y \leqslant \varepsilon \int_V |Du_n(z)|\mathrm{d}z.$$

利用光滑函数的稠密性可得上面的估计公式对所有的 $u_n \in W^{1,p}(\Omega)$ 都成立. 于是利用 V 的有界性，有 $W^{1,p}(V) \hookrightarrow W^{1,1}(V)$，进而可得 $\|u_n^\varepsilon - u\|_{L^1(V)} \leqslant \varepsilon\|Du_n\|_{L^1(V)} \leqslant \varepsilon C(\Omega, N, p)\|Du_n\|_{L^p(V)}$. 则当 $\varepsilon \to 0^+$ 时，在 $L^1(V)$ 中对 n 一致成立

$$u_n^\varepsilon \to u_n. \tag{9-32}$$

最后利用插值不等式（见定理3.18），可得

$$\|u_n^\varepsilon - u\|_{L^q(V)} \leqslant \|u_n^\varepsilon - u\|_{L^1(V)}^\theta \cdot \|u_n^\varepsilon - u\|_{L^{p^*}(V)}^{1-\theta}, \tag{9-33}$$

其中 $\dfrac{1}{q} = \theta + (1-\theta)\dfrac{1}{p^*}, \theta \in (0,1)$. 这样结合GNS不等式（见定理6.1）和不等式(9-30) 可得 $\|u_n^\varepsilon - u\|_{L^q(V)} \leqslant C\|u_n^\varepsilon - u\|_{L^1(V)}^\theta$. 因此结合结论(9-32)就证明了结论(9-31).

（4）**证明对 $\forall \varepsilon > 0$ 固定，光滑函数列 $\{u_n^\varepsilon\}_{n=1}^\infty$ 一致有界并且是等度连续的.**

事实上，对任意的 $x \in \mathbb{R}^N$，都有

$$|u_n^\varepsilon(x)| \leqslant \int_{B(x,\varepsilon)} |\rho_\varepsilon(x-y)u_n(y)|\mathrm{d}y = \int_{B(x,\varepsilon)} |\varepsilon^{-N}\rho(\frac{x-y}{\varepsilon})u_n(y)|\mathrm{d}y$$

$$\leqslant \frac{1}{\varepsilon^N}\|\rho\|_{L^\infty(\mathbb{R}^N)} \int_{B(x,\varepsilon)} |u_n(y)|\mathrm{d}y \leqslant \frac{1}{\varepsilon^N}\|\rho\|_{L^\infty(\mathbb{R}^N)}\|u_n\|_{L^1(V)} \leqslant \frac{C}{\varepsilon^N}, \forall n = 1, 2, \cdots,$$

一致有界性得证. 为了证明等度连续，只需证明 $|Du_n^\varepsilon|$ 一致有界即可，根据卷积的正则化作用（见定理3.29），有

$$|Du_n^\varepsilon(x)| = \left| \int_{B(x,\varepsilon)} D\rho_\varepsilon(x-y)u(y)\mathrm{d}y \right| \leqslant \int_{B(x,\varepsilon)} |D\rho_\varepsilon(x-y)||u_n(y)|\mathrm{d}y$$

$$\leqslant \|D\rho_\varepsilon\|_{L^\infty(\mathbb{R}^N)}\|u_n\|_{L^1(V)} \leqslant \frac{C}{\varepsilon^{N+1}}.$$

（5）**对任意 $\varepsilon > 0$ 固定，应用Arzela-Ascoli定理（见定理2.32）.** 由于 V 的有界性，对任意固定的 $\varepsilon > 0$, $\{u_n^\varepsilon\}_{n=1}^\infty$ 可以看作 $C(\bar{V})$ 上的一个函数列，由（4）中证明了它是一列一致有界的等度连续的函数列，因此由Arzela-Ascoli 定理可知 $\{u_n^\varepsilon\}$ 在 $C(\bar{V})$ 中是自列紧的，即有Cauchy子列.

（6）对任意给定的 $\delta > 0$, 根据（3）的结论，可以选取 $\varepsilon > 0$ 足够小使得 $\|u_n^\varepsilon - u_n\|_{L^q(V)} < \dfrac{\delta}{2}$ 关于 n 一致成立. 对于这个固定的 ε 来说，应用（5）的结论，存在子列 $\{u_{n_j}^\varepsilon\}_{j=1}^\infty \subset \{u_n^\varepsilon\}$ 为 $C(\bar{V})$ 中的Cauchy 列，i.e., $\lim\limits_{j,\ell\to\infty} \sup\limits_{x\in\bar{V}} \|u_{n_j}^\varepsilon(x) - u_{n_\ell}^\varepsilon(x)\| \to 0$. 由于 V 有界，结合Hölder不等式，可得

$$\lim_{j,\ell\to\infty} \int_V |u_{n_j}^\varepsilon(x) - u_{n_\ell}^\varepsilon(x)|^q \mathrm{d}x = 0. \text{ 因此}$$

$$\lim_{j,\ell\to\infty} \|u_{n_j} - u_{n_\ell}\|_{L^q(V)} \leqslant \lim_{j,\ell\to\infty} \left[\|u_{n_j} - u_{n_j}^\varepsilon\|_{L^q(V)} + \|u_{n_j}^\varepsilon - u_{n_\ell}^\varepsilon\|_{L^q(V)} + \|u_{n_\ell}^\varepsilon - u_{n_\ell}\|_{L^q(V)} \right]$$

$$\leqslant \frac{\delta}{2} + 0 + \frac{\delta}{2} = \delta.$$

（7）**利用对角线技巧构造Cauchy列。**

根据（6）的结论，对任意的 $\delta > 0$ 都可以找到一个子列 $\{u_{n_j}\}$ 使得 $\lim\limits_{j,\ell\to\infty}\|u_{n_j} - u_{n_\ell}\|_{L^q(V)} \leqslant \delta$. 于是首先考虑 $\delta = 1$, 则可以找到这样的子列，为了便于归纳叙

述，不妨记这个子列为

$$\{u_{1,n}\}_{n=1}^{\infty} \subset \{u_n\}_{n=1}^{\infty} : \lim_{n,m \to \infty} \|u_{1,n} - u_{1,m}\|_{L^q(V)} \leqslant 1.$$

对于这个序列 $\{u_{1,n}\}_{n=1}^{\infty}$，重复上面的过程，并考虑 $\delta = \frac{1}{2}$，则同样可以选出它的一个子列，记为

$$\{u_{2,n}\}_{n=1}^{\infty} \subset \{u_{1,n}\}_{n=1}^{\infty} : \lim_{n,m \to \infty} \|u_{2,n} - u_{2,m}\|_{L^q(V)} \leqslant \frac{1}{2}.$$

以此类推，对 $\ell = 2, 3, \cdots$，都可以取到

$$\{u_{\ell,n}\}_{n=1}^{\infty} \subset \{u_{\ell-1,n}\}_{n=1}^{\infty} : \lim_{n,m \to \infty} \|u_{\ell,n} - u_{\ell,m}\|_{L^q(V)} \leqslant \frac{1}{\ell}.$$

最后考虑序列 $\{u_{j,j}\}_{j=1}^{\infty}$，根据规则易知它为 $\{u_n\}_{n=1}^{\infty}$ 的一个子列，并且对固定的 t 来说，对于充分大的 j, $u_{j,j}$ 来自于 $\{u_{t,n}\}_{n=1}^{\infty}$，从而必定存在某个 t_j 使得 $u_{j,j} = u(t, t_j)$，并且 $t_j \to \infty$ as $j \to \infty$. 因此有

$$\lim_{j,\ell \to \infty} \|u_{j,j} - u_{\ell,\ell}\|_{L^q(V)} = \lim_{j,\ell \to \infty} \|u_{t,t_j} - u_{t,t_\ell}\|_{L^q(V)} \leqslant \frac{1}{t}.$$

由 t 的任意性，有 $\lim_{j,\ell \to \infty} \|u_{j,j} - u_{\ell,\ell}\|_{L^q(V)} = 0$, 即 $\{u_{j,j}\}$ 是一个 Cauchy 列，这样就证明了 $\{u_n\}_{n=1}^{\infty}$ 在 $L^q(V)$ 中是列紧的.

（8）**结论.** 对于 $W^{1,p}(V)$ 中的有界序列 $\{u_n\}_{n=1}^{\infty}$，如果 $q \in [1, p^*)$，则它在 $L^q(V)$ 中是列紧的. 因此恒等算子 $I_d : W^{1,p}(V) \to L^q(V)$ 是紧的，从而 $W^{1,p}(V) \hookrightarrow\hookrightarrow L^q(V)$. □

注释 9.12： 上面的证明过程表明了只需 $\|Du_n\|_{L^p(\Omega)}$ 有界即可. 这个观察在很多问题的研究中都很重要.

利用嵌入的传递关系（见注释 6.2）以及上面的 Rellich-Kondrachov 定理 9.9, 可得下面有界区域的一般性紧嵌入定理.

定理 9.10： （有界区域的一般紧嵌入）设 k 是非负整数，$p \geqslant 1, \Omega \subset \mathbb{R}^N$ 有界，$\partial\Omega$ 具备适当的正则性（目的是保证延拓，比如 $\partial\Omega \in C^1$ 时），

（1）如果 $kp < N$, 则 $W^{k,p}(\Omega) \hookrightarrow\hookrightarrow L^r(\Omega)$, 其中 $r \in [1, \frac{Np}{N-kp})$;

（2）如果 $kp = N$, 则 $W^{k,p}(\Omega) \hookrightarrow\hookrightarrow L^q(\Omega), q \in [1, +\infty)$;

（3）如果 $kp > N$, 则 $W^{k,p}(\Omega) \hookrightarrow\hookrightarrow C^{k-1-[\frac{N}{p}],\gamma_1}(\overline{\Omega})$, 其中

$$\gamma_1 \begin{cases} < \gamma := [\frac{N}{p}] + 1 - \frac{N}{p}, & \frac{N}{p} \text{ 为非整数}, \\ \forall 0 < \gamma_1 < 1, & \frac{N}{p} \text{ 为整数}. \end{cases}$$

证明

（1）回顾 Sobolev 嵌入定理（见定理 9.3）的证明，对于 $r \in [1, \frac{Np}{N-kp}]$, 得到了结论

$$W^{k,p}(\Omega) \hookrightarrow W^{k-1,\frac{Np}{N-p}}(\Omega) \hookrightarrow W^{k-2,\frac{Np}{N-2p}}(\Omega) \hookrightarrow \cdots \hookrightarrow W^{1,\frac{Np}{N-(k-1)p}}(\Omega) \hookrightarrow L^r(\Omega).$$

特别地，当 $r \in [1, \frac{Np}{N-kp})$ 时，由 Rellich-Kondrachov 定理 9.9 可知上面最后一步的嵌入是紧的，i.e., $W^{1,\frac{Np}{N-(k-1)p}}(\Omega) \hookrightarrow\hookrightarrow L^r(\Omega)$, 因此最后得 $W^{k,p}(\Omega) \hookrightarrow\hookrightarrow L^r(\Omega), \forall r \in [1, \frac{Np}{N-kp})$.

（2）类似定理 9.3 中那样我们也仅仅对 $p > 1$ 的情形进行证明。对于 $p = 1$ 时对应的空间 $W^{N,1}(\Omega)$, 由延拓定理和定理 8.5 可知 $W^{N,1}(\Omega) \hookrightarrow L^\infty(\Omega)$, 结合插值定理可得紧嵌入的结论. 对任意的 $q \in [1, +\infty)$, 总可以找到某个 $1 \leqslant p' < p$ 使得 $\frac{Np'}{N-kp'} > q$. 此时由于 $kp' < N$, 利用（1）的结论，可得结论.

（3）若 $\frac{N}{p}$ 不为整数，可以找到某个整数 ℓ 使得 $\ell < \frac{N}{p} < \ell + 1$, 此时必然成立 $p > 1$. 回顾定理 9.3 中实际证明了 $W^{k,p}(\Omega) \hookrightarrow W^{k-\ell,q}(\Omega) \hookrightarrow C^{k-\ell-1,\gamma}(\overline{\Omega})$, 其中 $q = \frac{Np}{N-\ell p}, \gamma = 1 - \frac{N}{q} \in (0, 1)$. 因此，对任意的 $\gamma_1 \in (0, \gamma)$, 可以取适当的 q_1 使得 $\gamma_1 = 1 - \frac{N}{q_1} < \gamma = 1 - \frac{N}{q}$, 可见 $1 \leqslant q_1 < q$, 于是由（1）的结论有 $W^{k,p}(\Omega) \hookrightarrow\hookrightarrow W^{k-\ell,q_1}(\Omega) \hookrightarrow C^{k-\ell-1,\gamma_1}(\overline{\Omega})$, 进而得最后结论 $W^{k,p}(\Omega) \hookrightarrow\hookrightarrow C^{k-[\frac{N}{p}]-1,\gamma_1}(\overline{\Omega}), \forall \gamma_1 \in (0, [\frac{N}{p}] + 1 - \frac{N}{p})$.

当 $\frac{N}{p} = \ell$ 为整数时，首先对 $\forall \gamma_1 \in (0, 1)$ 固定，可以找到 $r > N$ 使得 $\gamma_1 = 1 - \frac{N}{r}$. 利用（2）的结论有 $W^{1,N}(\Omega) \hookrightarrow\hookrightarrow L^r(\Omega)$, 从而我们由 Sobolev 不等式和 Morrey 不等式可得 $W^{k,p}(\Omega) \hookrightarrow W^{k-\ell+1,N}(\Omega) \hookrightarrow\hookrightarrow W^{k-\ell,r}(\Omega) \hookrightarrow C^{k-\ell-1,\gamma_1}(\overline{\Omega})$, 所以可得最后结论 $W^{k,p}(\Omega) \hookrightarrow\hookrightarrow C^{k-\frac{N}{p}-1,\gamma_1}(\overline{\Omega}), \forall \gamma_1 \in (0, 1)$. $\qquad\square$

注释 9.13： 对于 $kp > N$ 的情形，由于 γ_1 严格正，而 Ω 是有界的，所以可以得嵌入Hölder连续空间. 由于Hölder连续空间可以紧嵌入任意的 $L^q(\Omega), q \in [1, \infty]$ 空间中，比如对任意的 $\gamma \in (0, 1]$ 和任意的固定的 $q \in [1, \infty]$，考虑 $\{u_n\}$ 为 $C^{0,\gamma}(\overline{\Omega})$ 中的有界序列，则可知它是 $C(\overline{\Omega})$ 上的一列一致有界的等变连续函数列，于是由Arzela-Ascoli紧性定理可知 $\{u_n\}$ 在 $C(\overline{\Omega})$ 中是列紧的。因此如果 $q = \infty$，则已经完成证明. 如果 $1 \leqslant q < \infty$，考虑 Ω 的有界性，可知 $C(\overline{\Omega})$ 上的Cauchy列通过积分之后仍为 $L^p(\Omega)$ 中的Cauchy列。类似证明在下面推论9.1中也可看到细节. 也就是说如果考虑嵌入 $L^q(\Omega)$ 的话，有结论：

$$kp > N \Rightarrow W^{k,p}(\Omega) \hookrightarrow\hookrightarrow L^q(\Omega), \forall q \in [1, \infty].$$

注释 9.14： 以上的嵌入定理以及紧嵌入定理，在 Ω 有界的情况下，如果把空间 $W^{k,p}(\Omega)$ 换成迹0空间 $W_0^{k,p}(\Omega)$，则不需要对边界有什么条件要求，这是因为根据定义可知 $C_c^\infty(\Omega) \subset C_c^\infty(\mathbb{R}^N)$ 在空间 $W_0^{k,p}(\Omega)$ 中稠密，不需要边界的正则性来保证延拓. 也就是如果把空间 $W^{k,p}(\Omega)$ 换成迹0空间 $W_0^{k,p}(\Omega)$，以上建立的（紧）嵌入定理对任何有界区域有效.

推论 9.1： Ω 为有界开集，$\partial\Omega$ 具有适当的正则性（目的是保证延拓，比如 $\partial\Omega \in C^1$ 时），则对任意的 $1 \leqslant p \leqslant \infty$，都有 $W^{1,p}(\Omega) \hookrightarrow\hookrightarrow L^p(\Omega)$. 特别地，对任意的有界开集 Ω，有 $W_0^{1,p}(\Omega) \hookrightarrow\hookrightarrow L^p(\Omega)$.

证明 如果 $1 \leqslant p < N$，利用 $p^* = \dfrac{Np}{N-p} > p$，由定理9.10-(1) 可得紧嵌入结论。如果 $p = N$，由定理9.10-(2)可得紧嵌入结论. 如果 $N < p \leqslant \infty$，由Morrey 不等式我们有 $W^{1,p}(\Omega) \hookrightarrow C^{0,\gamma}(\overline{\Omega})$，其中这里的 $\gamma \in (0, 1]$. 考虑 $\{u_n\} \subset W^{1,p}(\Omega)$ 有界序列，则有 $\sup\limits_{n} \|u_n\|_{C^{0,\gamma}(\overline{\Omega})} \leqslant C \sup\limits_{n} \|u_n\|_{W^{1,p}(\Omega)} < \infty$. 这里包含两个信息：

（1）$\sup\limits_{n} \|u_n\|_{C(\overline{\Omega})} = \sup\limits_{n} \sup\limits_{x\in\overline{\Omega}} \|u_n\| < \infty$，所以 $\{u_n\}$ 为 $C(\overline{\Omega})$ 上的一致有界序列；

（2）$\sup\limits_{n} [u_n]_{C^{0,\gamma}(\overline{\Omega})} = \sup\limits_{n} \sup\limits_{\substack{x,y\in\Omega \\ x\neq y}} \dfrac{|u_n(x) - u_n(y)|}{|x-y|^\gamma} < \infty$，这表明了 $|u_n(x) - u_n(y)| \leqslant$

$C|x-y|^\gamma$ 对所有的 n 一致成立，所以 $\{u_n\}$ 是一族等度连续的序列.

故 由Arzela-Ascoli紧性定理可知 $\{u_n\}$ 在 $C(\overline{\Omega})$ 中是列紧的，即它有一个Cauchy子列 $\{u_{n_j}\}$，$\lim\limits_{j,\ell\to\infty} \sup\limits_{x\in\overline{\Omega}} \|u_{n_j}(x) - u_{n_\ell}(x)\| = 0$. 于是利用 Ω 的有界性可

得 $\displaystyle\lim_{j,\ell\to\infty}\int_\Omega |u_{n_j}(x) - u_{n_\ell}(x)|^p \mathrm{d}x = 0$, 这表明了 $\{u_n\}$ 在 $L^p(\Omega)$ 中是列紧的, 所以 $W^{1,p}(\Omega) \hookrightarrow\hookrightarrow L^p(\Omega)$. □

第 10 章　二阶椭圆型方程的 L^2-理论

（1）线性椭圆算子与边值问题。

$$Lu = -\sum_{i,j=1}^{N} a^{ij}(x)u_{x_i x_j} + \sum_{i=1}^{N} b^i(x)u_{x_i} + c(x)u \tag{10-1}$$

称为非散度形式的二阶偏微分算子.

$$Lu = -\sum_{i=1}^{N} \frac{\partial}{\partial x_i}\left(\sum_{j=1}^{N} a^{ij}(x)u_{x_j}\right) + \sum_{i=1}^{N} b^i(x)u_{x_i} + c(x)u \tag{10-2}$$

称为散度形式的二阶偏微分算子.

关系： 散度形式 $\xrightarrow{\;a^{ij}(x)\;有弱导数\;}$ 非散度形式.

来源：

线性方程：$-\Delta u = \lambda u$, 或 $-\Delta u + v(x) \cdot \nabla u + \lambda(x)u = f(x)$ 等.

非线性方程：$\Delta(u^2) = f$ 或者改写成 $-2u\Delta u - 2\nabla u \cdot \nabla u = f$ 等.

（2）$a^{ij}(x), b^i(x), c(x)$ 都是已知的函数. 如果 $[a^{ij}(x)]_{N \times N}$ 在 Ω 中是正定（或负定）的，则称 Lu 在 Ω 中为椭圆的. 如果 $[a^{ij}(x)]_{N \times N}$ 在 Ω 中是半正定的，称 Lu 在 Ω 中为退化椭圆的.

（2.1）$\exists \lambda_0 > 0$ 使得 $a^{ij}\xi_i\xi_j \geqslant \lambda_0|\xi|^2, \forall \xi \in \mathbb{R}^N, x \in \Omega$ （严格椭圆，一致椭圆）.

（2.2）**问题：** 求 $u \in H^1(\Omega)$ 使得 $Lu = f$, 其中 $f \in L^2(\Omega)$ $(H^{-1}(\Omega))$.

定解条件：

Dirichlet 型边界条件：$u = g, x \in \partial\Omega$;

Neumann 型边界条件：$\frac{\partial u}{\partial \vec{n}} = g, x \in \partial\Omega$, 即 $\nabla u \cdot \vec{n}$;

混合型边界条件：$\nabla u \cdot \overrightarrow{\beta(x)} + u = g, x \in \partial\Omega$.

注释 10.1： $g \equiv 0$ 时又称为齐次边界条件. 对于线性算子问题，非齐次情形 $\Rightarrow$ 齐次情形：具体做法可以通过扩充 g 到 Ω 使得 Lg 有意义

（$\in L^2(\Omega), (H^{-1}(\Omega))$），令$\omega = u - g$, 则

$$
\begin{cases} Lu = f, \ x \in \Omega, \\ u = g, \ x \in \partial\Omega, \end{cases} \Leftrightarrow \begin{cases} L\omega = f - g_1, x \in \Omega, g_1 = Lg \\ \omega = 0, \ x \in \partial\Omega. \end{cases}
$$

（2.3）为了简化，假定$a^{ij}(x), b^i(x), c(x) \in L^\infty(\Omega)$. 求$u \in H^1(\Omega)$ 使得

$$
\begin{cases} Lu = f, x \in \Omega, \\ u|_{\partial\Omega} = 0, \end{cases} \Leftrightarrow \begin{cases} Lu = f, x \in \Omega, \\ u \in H_0^1(\Omega). \end{cases} \tag{10-3}
$$

10.1　椭圆型方程的弱解

为了方便起见，在这一章中约定$N \geqslant 3$，Ω 是$\mathbb{R}^N$中的**有界开区域**. 研究L为Ω上的散度型椭圆算子，具有形式(10-2)，也简记为

$$
Lu = -D_j(a^{ij}D_iu) + (b^iD_iu + cu) = f, \tag{10-4}
$$

这里包括往后各处尽量都采取的类似黎曼几何中大家习惯的求和约定，对重复的脚标i, j都将从1 到N求和，$D_i = \dfrac{\partial}{\partial x_i}$.

(10-3) 的解的定义：在弱导数的意义下$Lu = f$ 即$\forall \phi \in C_0^\infty(\Omega)$ 都有$\int_\Omega Lu\phi = \int_\Omega f\phi := \langle f, \phi \rangle$，它等价于

$$
\int_\Omega \sum_{i,j=1}^N a^{ij}(x)u_{x_j}\phi_{x_i} + \sum_{i=1}^N b^i(x)u_{x_i}\phi + c(x)u\phi = \int_\Omega f\phi.
$$

因为$C_0^\infty(\Omega)$在$H_0^1(\Omega)$ 中稠密，故

$$
B(u, v) := \int_\Omega \sum_{i,j=1}^N a^{ij}(x)u_{x_j}v_{x_i} + \sum_{i=1}^N b^i(x)u_{x_i}v + c(x)uv = \int_\Omega fv, \forall v \in H_0^1(\Omega),
$$

把它记为$B_L(u, v)$（没有歧义时可省略下标L），它是定义在$H^1(\Omega) \times H^1(\Omega)$ 上的由L决定的双线性泛函.

定义 10.1：　若$u \in H_0^1(\Omega)$ 满足$B(u, v) = \langle f, v \rangle, \forall v \in H_0^1(\Omega)$, 则称$u$是方程(10-3)的弱解。

注释 10.2:

（1）当 $f \in L^2(\Omega)$ 时，$\langle f, v \rangle = \int_\Omega fv$.

（2）$f \in H^{-1}(\Omega) = (H_0^1(\Omega))'$，根据 H^{-1} 空间的构造，即 $f = f_0 - \sum_{i=1}^{N} (f^i)_{x_i} = f_0 - \mathrm{div}\vec{f}$，注意当 f^i 都有弱导数的时候，可以写成非散度的情形，此时由于 $f^i \in H^1(\Omega)$，所以 $(f^i)_{x_i} \in L^2(\Omega)$，因此它等价于只含有 $f_0 \in L^2(\Omega)$. 对于散度情形，

$$\langle f, v \rangle = \int_\Omega f_0 v + \sum_{i=1}^{N} f_i v_{x_i},$$

$$\vec{f} = (f_1, \cdots, f_N) \in \ell^2, f_0 \in L^2(\Omega).$$

接下来研究 Dirichlet 问题弱解的存在唯一性.

第一步： 回顾 Lax-Milgram 定理（见定理 2.72），假设 $B(u, v)$ 是 Hilbert 空间 H 的有界的强制的双线性泛函，即满足

（1）$\exists C > 0, \forall u, v \in H, |B(u, v)| \leqslant C\|u\|_H \|v\|_H$；

（2）$\exists \alpha > 0$ s.t. $B(u, u) \geqslant \alpha\|u\|_H^2$；

（3）$B(u, v)$ 分别是 u 与 v 的线性泛函.

则 $\forall f \in H', \exists! \omega \in H$ s.t. $B(\omega, v) = \langle f, v \rangle$.

证明　证明思路也很简单：

（1-1）用 Riesz 表示定理，$\exists! \omega \in H$ s.t. $\langle f, v \rangle = \langle \omega, v \rangle_H$. 对任意固定的 u，由 $B(u, v)$ 确定了对 v 的一个有界线性泛函，再次用 Riesz 表示定理，可知 $\exists! \omega_u \in H$ 使得 $B(u, v) = \langle \omega_u, v \rangle_H$.

（1-2）定义 $A : H \to H, u \mapsto \omega_u$，由（2）强制条件可知 A 是一一映射. □

注释 10.3:　基于上面的分析，为了利用 Lax-Milgram 定理来证明 Dirichlet 问题弱解的存在唯一性，只需验证 $B(u, v)$ 是 Hilbert 空间 H 的有界的强制的双线性泛函即可. 下面取 Hilbert 空间 $H = H_0^1(\Omega)$ 来研究学习.

第二步： 能量估计. 设 $\Omega \subset \mathbb{R}^N$ 有界，$a^{ij}(x), b^i(x), c(x) \in L^\infty(\Omega)$，$\exists \lambda_0 > 0$ 使得 $a^{ij}\xi_i\xi_j \geqslant \lambda_0|\xi|^2, \forall \xi \in \mathbb{R}^N, x \in \Omega$. 则

（1）　$\exists C = C(\Omega, L) > 0$ 使得$\forall u, v \in H$, $|B(u, v)| \leqslant C\|u\|_{H_0^1(\Omega)}\|v\|_{H_0^1(\Omega)}$;

（2）　$\forall \varepsilon > 0$, $\exists \lambda(\varepsilon)$ s.t. $\forall u \in H_0^1(\Omega)$,

$$B(u, u) \geqslant \varepsilon \lambda_0 \|Du\|_{L^2(\Omega)}^2 - \lambda(\varepsilon)\|u\|_{L^2(\Omega)}^2.$$

证明

（1）　因为

$$|B(u, v)| \leqslant \max_{1 \leqslant i, j \leqslant N} \|a^{ij}\|_\infty \|Du\|_2 \|Dv\|_2 + \max_{1 \leqslant i \leqslant N} \|b^i\|_\infty \|Du\|_2 \|v\|_2 + \|c\|_\infty \|u\|_2 \|v\|_2$$

$$\leqslant C(L)\|u\|_{H_0^1(\Omega)}\|v\|_{H_0^1(\Omega)}.$$

所以这个双线性泛函是有界的.

（2）利用不等式 $ab \leqslant M(1 - \varepsilon)a^2 + \dfrac{b^2}{4M(1 - \varepsilon)}$, 可得

$$B(u, u) \geqslant \lambda_0 \|Du\|_2^2 - \max_{1 \leqslant i \leqslant N} \|b^i\|_\infty \|Du\|_2 \|u\|_2 - \|c\|_\infty \|u\|_2^2$$

$$\geqslant \varepsilon \lambda_0 \|Du\|_2^2 - \left(\|c\|_\infty + \frac{(\max_{1 \leqslant i \leqslant N} \|b^i\|_\infty)^2}{4(1 - \varepsilon)\lambda_0} \right) \|u\|_2^2.$$

其中，取$M = \dfrac{\lambda_0}{\max_{1 \leqslant i \leqslant N} \|b^i\|_\infty}$. □

推论 10.1：　$\exists \lambda_1, \lambda_2 > 0$ s.t. $B(u, u) \geqslant \lambda_1 \|u\|_{H_0^1(\Omega)}^2 - \lambda_2 \|u\|_2^2, \forall u \in H_0^1(\Omega)$. 也就是说当$\lambda > \lambda_2$ 时，$B_{L_\lambda}(u, v)$ 满足强制性，其中$L_\lambda u = Lu + \lambda u$, 对应地，这里 $B_{L_\lambda}(u, v) := B(u, v) + \lambda \displaystyle\int_\Omega uv$.

证明　在上面能量估计的（2）的基础上，由于Ω 是有界开集，$\|Du\|$ 是$H_0^1(\Omega)$中的一个等价范数，因此存在符合推论要求的λ_1, λ_2. 事实上对无界区域这个结论也成立. 这是因为

$$B(u, u) \geqslant \varepsilon \lambda_0 \|Du\|_{L^2(\Omega)}^2 - \lambda(\varepsilon)\|u\|_{L^2(\Omega)}^2$$

$$\Rightarrow B(u, u) \geqslant \varepsilon \lambda_0 \|u\|_{H_0^1(\Omega)}^2 - [\lambda(\varepsilon) + \varepsilon \lambda_0]\|u\|_{L^2(\Omega)}^2.$$

所以可以取$\lambda_1 := \varepsilon \lambda_0$和$\lambda_2 := \lambda(\varepsilon) + \varepsilon \lambda_0$. 特别地，当$\lambda > \lambda_2$ 时，可有$B_{L_\lambda}(u, u) \geqslant \lambda_1 \|u\|_{H_0^1(\Omega)}^2$ 满足强制性. □

第三步： 结论. 存在 $\lambda_2 \geqslant 0$ 使得对任意的 $\lambda \geqslant \lambda_2$, 问题

$$\begin{cases} Lu + \lambda u = f, \ x \in \Omega, \\ u\big|_{\partial\Omega} = 0 \end{cases} \tag{10-5}$$

在 $H_0^1(\Omega)$ 中存在唯一的解，其中 $f \in H^{-1}(\Omega)$.

证明 利用上面的推论10.1 可知，存在 $\lambda_2 \geqslant 0$ 使得当 $\lambda \geqslant \lambda_2$ 时，$B_{L_\lambda}(u, v)$ 是强制的。于是对于 $B_{L_\lambda}(u, v)$ 来说，它是一个有界的强制的双线性泛函，从而利用Lax-Milgram 定理可知 $L_\lambda : H_0^1(\Omega) \to H^{-1}(\Omega)$ 有有界逆 $L_\lambda^{-1} : H^{-1}(\Omega) \to H_0^1(\Omega)$. □

注释 10.4： （子空间的对偶空间与全空间的对偶空间的关系）

（1）从弱解的角度来说，为什么不假定 $f \in (H^1(\Omega))'$, 而假定 $f \in (H_0^1(\Omega))'$ 呢？这是因为当 $f \in (H^1(\Omega))'$ 时，$H_0^1(\Omega) \subset H^1(\Omega)$, 所以对 $(H^1(\Omega))'$ 上的元素，可以把它看作 $(H_0^1(\Omega))'$ 上的元素

（2）一般来说如果 $X \subset Y$ 是 Y 的子空间，则对任意的 $L \in Y'$, 有 $|Ly| \leqslant C\|y\|, \forall y \in Y$. 由于 X 是子空间，所以 Lx 有意义，特别地，$|Lx| \leqslant C\|x\|, \forall x \in X$. 因此也可以把 L 看作 X' 上的元素. **但是这并不意味着有包含关系** $Y' \subset X'$. 这是因为这种等同看法并不保证一定是单射，而实际上是在商空间的意义下来看的. 因此可以说 $Y'\big|_X \subset X'$, 但不可以说 $Y' \subset X'$.

（3）归根到底，本质上是应用了定理5.4，也就是说对任意的 $f \in (H^1(\Omega))'$, 一定存在某个广义函数 $T \in \mathscr{D}'(\Omega)$ 使得 f 是 T 在 $H^1(\Omega)$ 上的延拓. 所以把 f 当作 $(H_0^1(\Omega))'$ 中的元素来看，即 $f \in H^{-1}(\Omega)$ 是合理的.

10.2　二择一定理

为了方便完整地给出二择一定理的证明逻辑，首先补充一点关于紧算子的相关性质结论，具体证明也可以参见参考文献[1].

定理 10.1： （紧算子的一个重要性质）X 是复Banach空间，$A \in C(X)$, 则对于任意的非零复数 λ, $\mathrm{Ran}(\lambda I - A)$ 是闭子空间.

定理 10.2： （紧算子的谱）X 是 Banach 空间，$A \in C(X)$，则

（1）如果 $\dim X = \infty$，则必定 $0 \in \sigma(A)$；

（2）$\sigma(A) \backslash \{0\} \subset \sigma_p(A)$；

（3）$0 \neq \lambda \in \sigma_p(A)$ 时，$\dim \mathrm{Ker}(\lambda I - A) < +\infty$；

（4）$\sigma(A)$ 的聚点只可能是 0.

由于 Banach 空间 X 上的有界线性算子 $T \in B(X)$ 和共轭算子 $T^* \in B(X^*)$ 的谱之间关系有 $\sigma(T) = \sigma(T^*)$，所以可以给出下面关于共轭算子的结论.

定理 10.3： X 是一个复 Banach 空间，$A \in C(X), \lambda \neq 0$，则

（1）$\mathrm{Ran}\,(\lambda I - A) = \mathrm{Ker}(\lambda I - A^*)^\perp$；

（2）$\mathrm{Ran}\,(\lambda I - A^*) = {}^\perp\mathrm{Ker}(\lambda I - A)$；

（3）$\dim \mathrm{Ker}(\lambda I - A) = \dim \mathrm{Ker}(\lambda I - A^*)$；

（4）$\mathrm{codim}\,\mathrm{Ran}\,(\lambda I - A) = \dim \mathrm{Ker}(\lambda I - A)$.

定理 10.4： 设 H 是 Hilbert 空间，$K \in C(H)$，则

（1）下面之一成立

（1.1）或者 $\forall f \in H^*, u - Ku = f$ 存在唯一解，即 $1 \in \rho(K)$，$I - K$ 可逆.

（1.2）或者 $u - Ku = 0$ 有非零解，即 $1 \in \sigma_p(K)$，1 为 K 的特征值.

（2）若（1.2）成立，则 $\dim \mathrm{Ker}\,(I - K) = \dim \mathrm{Ker}\,(I - K^*) < \infty$.

（3）$f \in H^*(= H), u - Ku = f \Leftrightarrow f \in \mathrm{Ker}\,(I - K^*)^\perp$，因为 $\mathrm{Ran}(I - K) = \mathrm{Ker}\,(I - K^*)^\perp$.

证明

（1）由于 $K \in C(H)$，所以有 $\sigma(K) \backslash \{0\} \subset \sigma_p(K)$（见定理 10.2-(2)），因此有 $1 \in \rho(K)$（此时 $I - K$ 可逆，$\forall f \in H^*, u - Ku = f$ 存在唯一解），或者 $1 \in \sigma(K)$（此时 $1 \in \sigma_p(K)$ 为特征值，从而 $u - Ku = 0$ 有非零解）.

（2）特别地，当（1.2）成立时，1 为 K 的特征值，此时考虑 $T = I - K$，则由定理 10.3-(3) 可得 $\dim \mathrm{Ker}\,(I - K) = \dim \mathrm{Ker}\,(I - K^*)$，维数有限可由定理 10.2-(3) 可得.

（3）由定理 10.1 可知 $\mathrm{Ran}(I - K)$ 是闭子空间，另外由定理 10.3-(1) 可得 $\mathrm{Ran}(I - K) = \mathrm{Ker}\,(I - K^*)^\perp$. □

应用： 当考虑$Lu = f$时，考虑λ_2如前面所讨论的那样使得$L_{\lambda_2} := L + \lambda_2 : H_0^1(\Omega) \to H^{-1}(\Omega)$ 是可逆的，即 $L_{\lambda_2}^{-1} : H^{-1}(\Omega) \to H_0^1(\Omega)$ 是一个有界线性算子. 记 $I : H_0^1(\Omega) \to L^2(\Omega)$的嵌入映射，并记$P : L^2(\Omega) \to H^{-1}(\Omega)$为投影映射. 则此时

$$Lu = f \Leftrightarrow Lu + \lambda_2 PIu = f + \lambda_2 PIu$$

$$\Leftrightarrow u = L_{\lambda_2}^{-1} f + \lambda_2 L_{\lambda_2}^{-1} PIu$$

$$\Leftrightarrow u - \lambda_2 L_{\lambda_2}^{-1} PIu = L_{\lambda_2}^{-1} f.$$

此时记$K := \lambda_2 L_{\lambda_2}^{-1} PI$, 则 $K : H_0^1(\Omega) \to H_0^1(\Omega)$ 是一个有界线性算子. 由于Ω 是一个有界区域，$H_0^1(\Omega) \hookrightarrow\hookrightarrow L^2(\Omega)$ 是一个紧嵌入（见定理9.10），因此$K : H_0^1(\Omega) \to H_0^1(\Omega)$ 是一个紧算子.

于是考虑$H = H_0^1(\Omega)$,并记$h := L_{\lambda_2}^{-1} f$, 则

$$Lu = f \Leftrightarrow u - Ku = h \text{ 在} H_0^1(\Omega) \text{中有解}.$$

因此可以应用二择一定理，$Lu = f$ 可解当且仅当$h \in \mathrm{Ran}(I - K)$, 又当且仅当$h \in \mathrm{Ker}(I - K^*)^\perp$.

定理 10.5： 考虑L同上面所假设，则对于$\lambda \in \mathbb{R}$, 问题

$$\begin{cases} Lu + \lambda u = f, \ x \in \Omega, \\ f = g, \ x \in \partial\Omega. \end{cases} \tag{10-6}$$

只有下面两种可能：

（1）对任意的$f \in H^{-1}(\Omega)$, 问题(10-6)有唯一解；

（2）存在非零$u \in H_0^1(\Omega)$ 使得$Lu + \lambda u = 0$.

证明　同注释10.1那样，不妨设$g \equiv 0$. 记 $I : H_0^1(\Omega) \to L^2(\Omega)$ 为嵌入映射，$P : L^2(\Omega) \to H^{-1}(\Omega)$ 为投影映射，则

$$Lu + \lambda u = f \Leftrightarrow Lu + \lambda PIu = f, u \in H_0^1(\Omega), f \in H^{-1}(\Omega).$$

前面已经证明了存在λ_2 使得$L + \lambda_2 PI$ 可逆，且

$$A := (L + \lambda_2 PI)^{-1} : H^{-1}(\Omega) \to H_0^1(\Omega)$$

是一个有界线性算子. 则有

$$Lu + \lambda u = f \Leftrightarrow Lu + \lambda PIu = f$$

$$\Leftrightarrow u - (\lambda_2 - \lambda)APIu = Af.$$

此时由于 Ω 有界，$I : H_0^1(\Omega) \to L^2(\Omega)$ 嵌入为紧嵌入，所以

$$K := (\lambda_2 - \lambda)API : H_0^1(\Omega) \to H_0^1(\Omega)$$

是紧算子. 记 $h = Af$, 并对 $u - Ku = h$ 使用二择一定理可得

（1）或者 $u - Ku = h$ 有唯一解，此时对应着 $Lu + \lambda u = f$ 在 $H_0^1(\Omega)$ 上有唯一解.

（2）或者 $u - Ku = 0$ 有非零解 u, 令 $h = Af = 0$, 利用 A 的可逆性可得 $f = 0$, 这样就对应着 $Lu + \lambda u = 0$ 有非零解. □

注释 10.5： 由于 $Lu + \lambda u = 0$ 要么有非零解，要么只有零解. 如果有非零解，则对应的 $-\lambda$ 为 L 的特征值. 如果只有零解，则由上面的定理 10.5 可知 $Lu + \lambda u = f$ 在 $H_0^1(\Omega)$ 上存在唯一弱解. 特别地，如果 $c \geqslant 0$, 则结合定理 10.5 和后面的推论 10.3 可得 $Lu = f$ 存在唯一的弱解.

10.3　弱解的正则性

10.3.1　内正则性

内正则性指的是在紧子集（loc）意义上获得一些更高的正则性结论.

假定 $\Omega \subset \mathbb{R}^N$ 是一个有界开集，假设 $u \in H^1(\Omega)$ 是

$$Lu = f, \ x \in \Omega$$

的一个弱解，其中 L 具有散度形式

$$Lu = -D_j(a^{ij}D_iu) + (b^iD_iu + cu), \tag{10-7}$$

对于**散度形式的基本要求**，假设 $a^{ij} \in W^{1,\infty}(\Omega)$，而对于能量估计的需要则假设 $b^i, c \in L^\infty(\Omega)$.

定理 10.6: （弱解的内正则性，也称弱解的可微性） 假设

$$a^{ij} \in W^{1,\infty}(\Omega), b^i, c \in L^\infty(\Omega), f \in L^2(\Omega),$$

若$u \in H^1(\Omega)$ 是椭圆方程

$$Lu = f, \ x \in \Omega$$

的一个弱解，其中L如上面所述，则$u \in H^2_{\text{loc}}(\Omega)$，并且对任意的$\Omega_1 \subset\subset \Omega$, 都存在着常数$C = C(L, \Omega, \Omega_1)$ 使得

$$\|u\|_{H^2(\Omega_1)} \leqslant C \left(\|f\|_{L^2(\Omega)} + \|u\|_{L^2(\Omega)} \right). \tag{10-8}$$

证明

（1）固定任意开集$\Omega_1 \subset\subset \Omega$, 为了避免边界积分的干扰，可以选择开集$\Omega_2$ 使得 $\Omega_1 \subset\subset \Omega_2 \subset\subset \Omega$. 同时可以选择截断函数$\xi \in C^\infty(\mathbb{R}^N)$ 满足

$$\begin{cases} \xi \equiv 1, & x \in \Omega_1, \\ \xi \equiv 0, & x \in \mathbb{R}^N \backslash \Omega_2, \\ 0 \leqslant \xi \leqslant 1. \end{cases}$$

注意ξ为截断函数时, ξ^2 同样是截断函数.

（2）采取前面的双线性泛函的记号$B(u, v)$, 则此时u是一个弱解当且仅当

$$B(u, v) = \langle f, v \rangle, \forall v \in C^\infty_c(\Omega).$$

因此，整理之后可得

$$\sum_{i,j=1}^N \int_\Omega a^{ij} D_i u D_j v \mathrm{d}x = \int_\Omega \tilde{f} v \mathrm{d}x, \tag{10-9}$$

其中， $\tilde{f} := f - \sum_{i=1}^N b^i D_i u - cu$.

（3）差商 $\Delta_i^h u(x) := \frac{u(x+he_i)-u(x)}{h}$ $(\equiv D_i^h u)$, 选择$k \in \{1, 2, \cdots, N\}$ 并取

$$v := -D_k^{-h}(\xi^2 D_k^h u) \tag{10-10}$$

为试验函数，代入式(10-9)中得$A = B$, 其中

$$
\begin{cases}
A := \sum_{i,j=1}^{N} \int_{\Omega} a^{ij} D_i u D_j v \,\mathrm{d}x, \\
B := \int_{\Omega} \tilde{f} v \,\mathrm{d}x.
\end{cases}
$$

（4）对A进行能量估计. 首先注意到广义导数其实就是差商的弱极限，所以这里先补充一点差商和弱导数之间关系的性质定理，具体证明细节可参见参考文献[3].

定理 10.7：　（**差商与弱导数**）　设$\Omega \subset \mathbb{R}^N, 1 \leqslant p < +\infty$.

（i）若$u \in W^{1,p}(\Omega)$, 则对$\forall h > 0$, 均有

$$
\|D^h u\|_{L^p(\Omega_h)} \leqslant C(N) \|Du\|_{L^p(\Omega)}.
$$

（ii）若$u \in L^p_{\mathrm{loc}}(\Omega), p > 1$, 且$\|D^h u\|_{L^p(\Omega_1)} \leqslant C_1, \Omega_1 \subset\subset \Omega, \forall |h| > 0$ 且$|h| < \mathrm{dist}(\Omega_1, \partial\Omega)$, 则$u \in W^{1,p}(\Omega_1)$ 且 $\|Du\|_{L^p(\Omega_1)} \leqslant C_1$.

所以为了得到二阶广义导数，可对一阶导数做差商进行讨论. 由导数跟差商运算性质有 $D_j(D_k^h w) = D_k^h(D_j w)$, 即求导和差商运算可以交换顺序.

由于$v \in C_c^\infty(\Omega)$, 所以当h充分小时, $(\mathrm{supp}\, v) + he_k \subset\subset \Omega$, 此时有分部积分公式 $\int_{\Omega} v D_k^{-h} w \,\mathrm{d}x = -\int_{\Omega} w D_k^h v \,\mathrm{d}x$. 另外还有 $D_k^h(vw) = \tau_{he_k} v D_k^h w + w D_k^h v$, 其中$(\tau_{he_k} v)(x) = v(x + he_k)$. 这是因为

$$
\begin{aligned}
D_k^h(vw)(x) &:= \frac{(\tau_{he_k} v)(x)(\tau_{he_k} w)(x) - v(x)w(x)}{h} \\
&= \frac{(\tau_{he_k} v)(x)(\tau_{he_k} w)(x) - (\tau_{he_k} v)(x)w(x)}{h} + \frac{(\tau_{he_k} v)(x)w(x) - v(x)w(x)}{h} \\
&= (\tau_{he_k} v)(x) D_k^h w(x) + w(x) D_k^h v(x).
\end{aligned}
$$

因此

$$
A = -\sum_{i,j=1}^{N} \int_{\Omega} a^{ij} D_i u \left[D_j \left(D_k^{-h}(\xi^2 D_k^h u) \right) \right] \mathrm{d}x
$$

$$
\underline{\text{交换差商和求导顺序}} -\sum_{i,j=1}^{N} \int_{\Omega} a^{ij} D_i u \left[D_k^{-h} \left(D_j(\xi^2 D_k^h u) \right) \right] \mathrm{d}x
$$

利用差商的分部积分公式 $\displaystyle\sum_{i,j=1}^{N} \int_{\Omega} \left[D_k^h \left(a^{ij} D_i u \right) \right] \left(D_j (\xi^2 D_k^h u) \right) \mathrm{d}x$

$$= \sum_{i,j=1}^{N} \int_{\Omega} \left(\tau_{he_k} a^{ij} \right) \left(D_k^h D_i u \right) \left(D_j (\xi^2 D_k^h u) \right) \mathrm{d}x +$$

$$\sum_{i,j=1}^{N} \int_{\Omega} \left(D_k^h a^{ij} \right) (D_i u) \left(D_j (\xi^2 D_k^h u) \right) \mathrm{d}x.$$

继续展开整理有

$$A = \sum_{i,j=1}^{N} \int_{\Omega} \left(\tau_{he_k} a^{ij} \right) \left(D_k^h D_i u \right) \left(D_k^h D_j u \right) \xi^2 \mathrm{d}x +$$

$$\sum_{i,j=1}^{N} \int_{\Omega} \Big[\left(\tau_{he_k} a^{ij} \right) \left(D_k^h D_i u \right) \left(D_k^h u \right) 2\xi D_j \xi + \left(D_k^h a^{ij} \right) (D_i u) \left(D_k^h D_j u \right) \xi^2 +$$

$$\left(D_k^h a^{ij} \right) (D_i u) \left(D_k^h u \right)) 2\xi D_j \xi \Big] \mathrm{d}x$$

$$:= A_1 + A_2.$$

其中由一致椭圆条件可知 $A_1 \geqslant \lambda_0 \displaystyle\int_{\Omega} \xi^2 |D_k^h Du|^2 \mathrm{d}x$. 同时在系数假设条件下，存在某个适当的常数 $C > 0$ 使得

$$|A_2| \leqslant C \int_{\Omega} \Big[\xi \, |D_k^h Du| \, |D_k^h u| + \xi \, |D_k^h Du| \, |Du| + \xi \, |D_k^h u| \, |Du| \Big] \mathrm{d}x.$$

进而由带 ε 的 Young 不等式（见定理 3.10）可得

$$|A_2| \leqslant \varepsilon \int_{\Omega} |D_k^h Du|^2 \xi^2 \mathrm{d}x + \frac{C}{\varepsilon} \int_{\mathrm{supp}\,\xi} (|D_k^h u|^2 + |Du|^2) \mathrm{d}x.$$

再结合定理 10.7-(i)，有 $\displaystyle\int_{\mathrm{supp}\,\xi} |D_k^h u|^2 \mathrm{d}x = \int_{\Omega_2} |D_k^h u|^2 \mathrm{d}x \leqslant C \int_{\Omega} |Du|^2 \mathrm{d}x$, 所以综合起来即 $|A_2| \leqslant \varepsilon \int_{\Omega} |D_k^h Du|^2 \xi^2 \mathrm{d}x + \frac{C}{\varepsilon} \int_{\Omega} |Du|^2 \mathrm{d}x$. 取 $\varepsilon = \frac{\lambda_0}{2}$, 则可得

$$A = A_1 + A_2 \geqslant A_1 - |A_2| \geqslant \frac{\lambda_0}{2} \int_{\Omega} \xi^2 |D_k^h Du|^2 \mathrm{d}x - C \int_{\Omega} |Du|^2 \mathrm{d}x.$$

（5）对 B 进行能量估计. 结合系数的条件假设，再次利用带 ε 的 Young 不等

式（见定理3.10）可得

$$|B| \leqslant C \int_{\Omega} (|f| + |Du| + |u|) |v| \mathrm{d}x \leqslant \varepsilon \int_{\Omega} |v|^2 \mathrm{d}x + \frac{C}{\varepsilon} \int_{\Omega} [|f|^2 + |Du|^2 + |u|^2] \mathrm{d}x.$$

而由定理10.7-(i)又有

$$\int_{\Omega} |v|^2 \mathrm{d}x = \int_{\Omega} |D_k^{-h}(\xi^2 D_k^h u)|^2 \mathrm{d}x = \int_{\Omega_2} |D_k^{-h}(\xi^2 D_k^h u)|^2 \mathrm{d}x$$

$$\leqslant C \int_{\Omega} |D(\xi^2 D_k^h u)|^2 \mathrm{d}x = C \int_{\Omega} |(D_k^h Du)\xi^2 + 2D_k^h u \xi D\xi|^2 \mathrm{d}x$$

$$\leqslant C \int_{\Omega_2} |(D_k^h Du)|^2 \xi^2 + |D_k^h u|^2 \mathrm{d}x \leqslant C \int_{\Omega} |(D_k^h Du)|^2 \xi^2 + |Du|^2 \mathrm{d}x,$$

所以相当于有

$$|B| \leqslant \varepsilon \int_{\Omega} |(D_k^h Du)|^2 \xi^2 \mathrm{d}x + \frac{C}{\varepsilon} \int_{\Omega} [|f|^2 + |Du|^2 + |u|^2] \mathrm{d}x.$$

取 $\varepsilon = \dfrac{\lambda_0}{4}$，即得到了

$$|B| \leqslant \frac{\lambda_0}{4} \int_{\Omega} |(D_k^h Du)|^2 \xi^2 \mathrm{d}x + C \int_{\Omega} [|f|^2 + |Du|^2 + |u|^2] \mathrm{d}x.$$

（6）综合 A, B 的估计有

$$\frac{\lambda_0}{2} \int_{\Omega} \xi^2 |D_k^h Du|^2 \mathrm{d}x - C \int_{\Omega} |Du|^2 \mathrm{d}x \leqslant A = B$$

$$\leqslant \frac{\lambda_0}{4} \int_{\Omega} |(D_k^h Du)|^2 \xi^2 \mathrm{d}x + C \int_{\Omega} [|f|^2 + |Du|^2 + |u|^2] \mathrm{d}x,$$

进而可得

$$\int_{\Omega_1} |D_k^h Du|^2 \mathrm{d}x \leqslant \int_{\Omega} |(D_k^h Du)|^2 \xi^2 \mathrm{d}x \leqslant C \int_{\Omega} [|f|^2 + |Du|^2 + |u|^2] \mathrm{d}x.$$

这个结论对所有的 $k = 1, 2, \cdots, N$ 以及在 $|h|$ 充分小时都成立，因此由定理10.7-(ii) 可得 $Du \in W^{1,2}(\Omega_1)$ 并且

$$\|Du\|_{W^{1,2}(\Omega_1)} \leqslant \int_{\Omega} |(D_k^h Du)|^2 \xi^2 \mathrm{d}x \leqslant C \int_{\Omega} [|f|^2 + |Du|^2 + |u|^2] \mathrm{d}x.$$

因此 $u \in H^2_{\mathrm{loc}}(\Omega)$ 并且

$$\|u\|_{H^2(\Omega_1)} \leqslant C \left(\|f\|_{L^2(\Omega)} + \|u\|_{H^1(\Omega)} \right). \tag{10-11}$$

（7）细化加强。既然$\Omega_1 \subset\subset \Omega$ 的时候就有上面的估计公式(10-11)，则对于Ω_2 来说，由于同样有$\Omega_1 \subset\subset \Omega_2$，所以修正常数$C$后同样有估计

$$\|u\|_{H^2(\Omega_1)} \leqslant C \left(\|f\|_{L^2(\Omega_2)} + \|u\|_{H^1(\Omega_2)} \right). \tag{10-12}$$

需要把$\int_{\Omega_2} |Du|^2 \mathrm{d}x$ 这一项展开能量估计，思路与前面类似，也是采用差商来逼近$\int_{\Omega} |D_k^h u|^2 \xi^2 \mathrm{d}x$. 所以为了获得$\Omega_2$上的积分估计，重新选取截断函数$\xi \in C_c^\infty(\Omega)$ 使得$\xi \equiv 1$ on Ω_2. 于是取 $v = \xi^2 u$ 为试验函数代入A, B中展开估计，则有

$$
\begin{aligned}
A &= \sum_{i,j=1}^N \int_\Omega \left(a^{ij} D_i u \right) D_j (\xi^2 u) \mathrm{d}x \\
&= \sum_{i,j=1}^N \int_\Omega a^{ij} D_i u D_j u \xi^2 \mathrm{d}x + \sum_{i,j=1}^N \int_\Omega a^{ij} D_i u u \left(2\xi D_j \xi \right) \mathrm{d}x \\
&\geqslant \lambda_0 \int_\Omega |Du|^2 \xi^2 \mathrm{d}x - C \int_\Omega |Du|\, |u| \xi \mathrm{d}x,
\end{aligned}
$$

而 $\int_\Omega |Du|\, |u| \xi \mathrm{d}x \leqslant \varepsilon \int_\Omega |Du|^2 \xi^2 \mathrm{d}x + \dfrac{C}{\varepsilon} \int_\Omega |u|^2 \mathrm{d}x$, 特别地，取$\varepsilon = \dfrac{\lambda_0}{2}$ 可得 $A \geqslant \dfrac{\lambda_0}{2} \int_\Omega |Du|^2 \xi^2 \mathrm{d}x - C \int_\Omega |u|^2 \mathrm{d}x$. 另外

$$
\begin{aligned}
|B| &\leqslant C \int_\Omega (|f| + |Du| + |u|)\, |\xi^2 u| \mathrm{d}x \\
&\leqslant C \int_\Omega \left(|f|^2 + |u|^2 \right) \mathrm{d}x + \varepsilon \int_\Omega |Du|^2 \xi^2 \mathrm{d}x + \dfrac{C}{\varepsilon} \int_\Omega |u|^2 \mathrm{d}x.
\end{aligned}
$$

特别地，取 $\varepsilon = \dfrac{\lambda_0}{4}$, 则可得

$$|B| \leqslant \frac{\lambda_0}{4} \int_\Omega |Du|^2 \xi^2 \mathrm{d}x + C \int_\Omega \left(|f|^2 + |u|^2 \right) \mathrm{d}x.$$

于是由

$$\frac{\lambda_0}{2} \int_\Omega |Du|^2 \xi^2 \mathrm{d}x - C \int_\Omega |u|^2 \mathrm{d}x \leqslant A = B \leqslant \frac{\lambda_0}{4} \int_\Omega |Du|^2 \xi^2 \mathrm{d}x + C \int_\Omega \left(|f|^2 + |u|^2 \right) \mathrm{d}x,$$

可得 $\int_{\Omega} |Du|^2 \xi^2 \mathrm{d}x \leqslant C \int_{\Omega} \left(|f|^2 + |u|^2 \right) \mathrm{d}x.$ 所以

$$\int_{\Omega_2} |Du|^2 \mathrm{d}x \leqslant \int_{\Omega} |Du|^2 \xi^2 \mathrm{d}x \leqslant C \int_{\Omega} \left(|f|^2 + |u|^2 \right) \mathrm{d}x. \qquad (10\text{-}13)$$

（8）得出最后结论. 结合式(10-12)和式(10-13)的结论，最后得 $\|u\|_{H^2(\Omega_1)} \leqslant$
$C \int_{\Omega} \left(|f|^2 + |u|^2 \right) \mathrm{d}x.$ $\qquad\qquad\qquad\qquad\qquad\qquad\qquad\qquad\qquad\qquad\Box$

注释 10.6： 综 合 上 面 的 论 证 过 程， 实 际 上 C 依 赖
于 $|a^{ij}|_{W^{1,\infty}(\Omega)}, |b^i|_{L^{\infty}(\Omega)}, |c|_{L^{\infty}(\Omega)}$，也依赖于一致椭圆条件中的 λ_0，也依赖于
截断函数的 $|D\xi|_{L^{\infty}}$，而这个值依赖于 $\mathrm{dist}(\Omega_1, \partial\Omega)$ 和 Ω 的体积（见命题4.3），所
以综合起来即相当于依赖于 L, Ω, Ω_1，即 $C = C(L, \Omega, \Omega_1)$.

当 f 以及 L 的系数具备更高的正则性时，对应可以获得高阶正则性结论.

定理 10.8： **（高阶内正则性）** 令 $k \in \mathbb{N}$，假设

$$a^{ij}, b^i, c \in C^{k+1}(\Omega), \quad i, j = 1, 2, \cdots, N \qquad (10\text{-}14)$$

以及 $f \in H^k(\Omega)$. 假设 $u \in H^1(\Omega)$ 是椭圆方程

$$Lu = f, \ x \in \Omega$$

的一个弱解，则 $u \in H_{\mathrm{loc}}^{k+2}(\Omega)$. 特别地，对任意的 $\Omega_1 \subset\subset \Omega$，存在常数 $C =$
$C(k, L, \Omega, \Omega_1)$ 使得

$$\|u\|_{H^{k+2}(\Omega_1)} \leqslant C \left(\|f\|_{H^k(\Omega)} + \|u\|_{L^2(\Omega)} \right).$$

证明

（1）对 k 采取数学归纳法来证明，当 $k = 0$ 时，即上面定理10.6所给出的结
论.

（2）现在假设针对 k 时结论已经成立，下面往证结论针对 $k+1$ 时也成立. 接
下来假设

$$a^{ij}, b^i, c \in C^{k+2}(\Omega), \quad i, j = 1, 2, \cdots, N \qquad (10\text{-}15)$$

以及 $f \in H^{k+1}(\Omega)$, 以及 $u \in H^1(\Omega)$ 是椭圆方程

$$Lu = f, \; x \in \Omega$$

的一个弱解. 则根据归纳假设可得 $u \in H^{k+2}_{\text{loc}}(\Omega)$ 并且

$$\|u\|_{H^{k+2}(\Omega_2)} \leqslant C(L, \Omega, \Omega_2)\big(\|f\|_{H^k(\Omega)} + \|u\|_{L^2(\Omega)}\big), \forall \Omega_2 \subset\subset \Omega. \tag{10-16}$$

下面固定

$$\Omega_1 \subset\subset \Omega_2 \subset\subset \Omega.$$

（3）考虑任意的多重指标 α 满足 $|\alpha| = k + 1$, 对任意的 $\tilde{v} \in C_c^\infty(\Omega_2)$, 令

$$v := (-1)^{|\alpha|} D^\alpha \tilde{v},$$

代入等式 $B(u, v) = \langle f, v \rangle$ 中，即得

$$\sum_{i,j=1}^N \int_\Omega a^{ij} D_i u D_j \big((-1)^{|\alpha|} D^\alpha \tilde{v}\big) + \sum_{i=1}^N \int_\Omega b^i D_i u \big((-1)^{|\alpha|} D^\alpha \tilde{v}\big) \mathrm{d}x + \int_\Omega cu \big((-1)^{|\alpha|} D^\alpha \tilde{v}\big) \mathrm{d}x$$

$$= \int_\Omega f \big((-1)^{|\alpha|} D^\alpha \tilde{v}\big) \mathrm{d}x,$$

利用分部积分公式逐项打开可得

$$\sum_{i,j=1}^N \int_\Omega a^{ij} D_i u D_j \big((-1)^{|\alpha|} D^\alpha \tilde{v}\big) \mathrm{d}x$$

$$= \sum_{i,j=1}^N \int_\Omega D^\alpha \big(a^{ij} D_i u\big) D_j \tilde{v} \mathrm{d}x$$

$$= \sum_{i,j=1}^N \int_\Omega \sum_{\beta \leqslant \alpha} \binom{\alpha}{\beta} \big(D^{\alpha-\beta} a^{ij}\big) \big(D^\beta D_i u\big) D_j \tilde{v} \mathrm{d}x$$

$$= \sum_{i,j=1}^N \int_\Omega a^{ij} D_i D^\alpha u D_j \tilde{v} \mathrm{d}x + \sum_{\substack{\beta \leqslant \alpha \\ \beta \neq \alpha}} \sum_{i,j=1}^N \int_\Omega \binom{\alpha}{\beta} \big(D^{\alpha-\beta} a^{ij}\big) \big(D^\beta D_i u\big) D_j \tilde{v} \mathrm{d}x$$

$$= \sum_{i,j=1}^N \int_\Omega a^{ij} D_i D^\alpha u D_j \tilde{v} \mathrm{d}x - \sum_{\substack{\beta \leqslant \alpha \\ \beta \neq \alpha}} \sum_{i,j=1}^N \int_\Omega \binom{\alpha}{\beta} D_j \big[\big(D^{\alpha-\beta} a^{ij}\big) \big(D^\beta D_i u\big)\big] \tilde{v} \mathrm{d}x,$$

$$\sum_{i=1}^{N} \int_{\Omega} b^i D_i u \left((-1)^{|\alpha|} D^\alpha \tilde{v} \right) \mathrm{d}x$$

$$= \sum_{i=1}^{N} \int_{\Omega} D^\alpha \left(b^i D_i u \right) \tilde{v} \mathrm{d}x$$

$$= \sum_{i=1}^{N} \int_{\Omega} \sum_{\beta \leqslant \alpha} \binom{\alpha}{\beta} \left(D^{\alpha-\beta} b^i \right) \left(D^\beta D_i u \right) \tilde{v} \mathrm{d}x$$

$$= \sum_{i=1}^{N} \int_{\Omega} b^i D_i \left(D^\alpha u \right) \tilde{v} \mathrm{d}x + \sum_{i=1}^{N} \int_{\Omega} \sum_{\substack{\beta \leqslant \alpha \\ \beta \neq \alpha}} \binom{\alpha}{\beta} \left(D^{\alpha-\beta} b^i \right) \left(D^\beta D_i u \right) \tilde{v} \mathrm{d}x,$$

$$\int_{\Omega} cu \left((-1)^{|\alpha|} D^\alpha \tilde{v} \right) \mathrm{d}x$$

$$= \int_{\Omega} D^\alpha (cu) \tilde{v} \mathrm{d}x$$

$$= \int_{\Omega} \sum_{\beta \leqslant \alpha} \binom{\alpha}{\beta} \left(D^{\alpha-\beta} c \right) \left(D^\beta u \right) \tilde{v} \mathrm{d}x$$

$$= \int_{\Omega} c D^\alpha u \tilde{v} \mathrm{d}x + \int_{\Omega} \sum_{\substack{\beta \leqslant \alpha \\ \beta \neq \alpha}} \binom{\alpha}{\beta} \left(D^{\alpha-\beta} c \right) \left(D^\beta u \right) \tilde{v} \mathrm{d}x,$$

以及

$$\int_{\Omega} f \left((-1)^{|\alpha|} D^\alpha \tilde{v} \right) \mathrm{d}x = \int_{\Omega} D^\alpha f \tilde{v} \mathrm{d}x.$$

代入整理可得

$$B(\tilde{u}, \tilde{v}) = \langle \tilde{f}, \tilde{v} \rangle, \forall \tilde{v} \in C_c^\infty(\Omega_2),$$

其中，这里的 $\tilde{u} = D^\alpha u$ 以及

$$\tilde{f} := D^\alpha f + \sum_{\substack{\beta \leqslant \alpha \\ \beta \neq \alpha}} \sum_{i,j=1}^{N} \binom{\alpha}{\beta} D_j \left[\left(D^{\alpha-\beta} a^{ij} \right) \left(D^\beta D_i u \right) \right] -$$

$$\sum_{i=1}^{N} \sum_{\substack{\beta \leqslant \alpha \\ \beta \neq \alpha}} \binom{\alpha}{\beta} \left(D^{\alpha-\beta} b^i \right) \left(D^\beta D_i u \right) - \sum_{\substack{\beta \leqslant \alpha \\ \beta \neq \alpha}} \binom{\alpha}{\beta} \left(D^{\alpha-\beta} c \right) \left(D^\beta u \right).$$

这表明了 $\tilde{u} = D^\alpha u$ 为

$$L\tilde{u} = \tilde{f}, \quad x \in \Omega_2$$

的一个弱解. 由 $\Omega_2 \subset\subset \Omega$ 以及根据归纳假设已经获得的结论 $u \in H^{k+2}_{\text{loc}}(\Omega)$, 可知上面 $\tilde{f}$ 等式中出现的求和中每一项都是属于 $L^2(\Omega_2)$ 的, 从而可得 $\tilde{f} \in L^2(\Omega_2)$, 特别地, 利用三角不等式可得

$$\|\tilde{f}\|_{L^2(\Omega_2)} \leq |f|_{k+1,2,\Omega_2} + C\|u\|_{H^{k+2}(\Omega_2)}.$$

利用归纳假设已经获得的结论(10-16), 我们最后可得

$$\|\tilde{f}\|_{L^2(\Omega_2)} \leq C\left(\|f\|_{H^{k+1}(\Omega)} + \|u\|_{L^2(\Omega)}.\right) \tag{10-17}$$

于是由定理10.6 可得 $\tilde{u} = D^\alpha u \in H^2_{\text{loc}}(\Omega_2)$ 并且对任意的 $\Omega_1 \subset\subset \Omega_2$, 有估计

$$\begin{aligned}
\|D^\alpha u\|_{H^2(\Omega_1)} &= \|\tilde{u}\|_{H^2(\Omega_1)} \leq C(L, \Omega_2, \Omega_1)\left(\|\tilde{f}\|_{L^2(\Omega_2)} + \|\tilde{u}\|_{L^2(\Omega_2)}\right)\\
&\leq C(L, \Omega_2, \Omega_1)\left(\|\tilde{f}\|_{L^2(\Omega_2)} + \|u\|_{H^{k+1}(\Omega_2)}\right)\\
&\leq C(L, \Omega, \Omega_2, \Omega_1)\left(\|f\|_{H^{k+1}(\Omega)} + \|u\|_{L^2(\Omega)}\right).
\end{aligned} \tag{10-18}$$

由 α 的任意性, 结合归纳假设可得 $u \in H^{k+3}(\Omega_1)$ 并且

$$\|u\|_{H^{k+3}(\Omega_1)} \leq C\left(\|f\|_{H^{k+1}(\Omega)} + \|u\|_{L^2(\Omega)}\right).$$

这样就完成了归纳法的证明.

特别地, 实际上这里的常数 $C(L, \Omega_2, \Omega_1)$ 如前面提到的依赖于 $|\Omega_2|$ 以及 $\text{dist}(\Omega_1, \partial\Omega_2)$, 类似地, $C(L, \Omega, \Omega_2)$ 依赖于 $|\Omega|$ 以及 $\text{dist}(\Omega_2, \partial\Omega)$, 而关于区域测度的大小是正相关的关系（见命题4.3）, 所以对于 $|\Omega_i|$ 都可以放大成 $|\Omega|$. 而对于 $\text{dist}(\Omega_\ell, \partial\Omega_{\ell+1})$ 我们可以根据迭代的次数需要对 $\text{dist}(\Omega_1, \partial\Omega)$ 来做适当的等分来取 Ω_ℓ, 所以相当于最后获得的常数

$$C = C(k, L, \Omega, \Omega_1)$$

使得

$$\|u\|_{H^{k+2}(\Omega_1)} \leq C\left(\|f\|_{H^k(\Omega)} + \|u\|_{L^2(\Omega)}\right). \qquad \square$$

推论 10.2: （内部无穷次可微）假设 $a^{ij}, b^i, c \in C^\infty(\Omega)$ 以及 $f \in C^\infty(\Omega)$，若 $u \in H^1(\Omega)$ 是椭圆方程

$$Lu = f, \ x \in \Omega$$

的一个弱解，则 $u \in C^\infty(\Omega)$.

证明　利用定理10.8可得 $u \in H^k_{\text{loc}}(\Omega), \forall k \in \mathbb{N}$. 于是利用嵌入定理（见定理9.3-(3)）可得 $u \in C^m(\Omega), \forall m \in \mathbb{N}$. □

10.3.2　正则到边界

在上一小节中已经学习了局部的正则性，对这种局部信息的获取，截断函数起到了非常关键的作用，它使得我们可以抛开边界积分的干扰，所以局部正则性结果对边界是没有什么要求的. 不过如果想要把正则性结果推广到整个区域，就需要对边界附近做进一步的深化研究才行.

通常手段就是对边界借助边界拉直进行变量替换，所以一般步骤如下：

（1）首先要对边界是平的（直的）研究清楚；

（2）其他的情形，如边界具备一定的光滑性，可以利用边界拉直函数进行坐标变换，通过边界是直的情形的结论，再通过变量逆变换反馈回去；

（3）利用有限覆盖定理再对边界选择有限个适当的局部进行边界拉直；

（4）对边界的有限多个局部信息，结合上一小节中学习的内部正则性结果，进行整合即可获得全局正则性结果.

定理 10.9: （边界的H^2-正则性）假设

$$a^{ij} \in W^{1,\infty}(\Omega), b^i, c \in L^\infty(\Omega),$$

若 $u \in H^1_0(\Omega)$ 是下面椭圆边值问题

$$\begin{cases} Lu = f, \ x \in \Omega, f \in L^2(\Omega), \\ u = 0, \ x \in \partial\Omega \end{cases} \tag{10-19}$$

的一个弱解，最后还假定 $\partial\Omega \in C^2$，则 $u \in H^2(\Omega)$ 并且

$$\|u\|_{H^2(\Omega)} \leqslant C(\|f\|_{L^2(\Omega)} + \|u\|_{L^2(\Omega)}), \tag{10-20}$$

其中，$C = C(L, \Omega)$，只依赖于 Ω 和算子 L 的系数.

证明

（1）首先研究 Ω 是半空间中的单位球这个特殊的情形，即

$$\Omega = B^o(0, 1) \cap \mathbb{R}^N_+.$$

这里想获取平坦边界附近的局部正则性结论，为将来的局部边界拉直做准备. 由于已经知道 $u \in H^1_0(\Omega)$，此时取 $\Omega_1 := B^o(0, \frac{1}{2}) \cap \mathbb{R}^N_+$，并选择光滑截断函数 ξ 使得

$$\begin{cases} \xi \equiv 1, \ x \in B(0, \frac{1}{2}), \\ \xi \equiv 0, \ x \in \mathbb{R}^N \backslash B(0, 1), \\ 0 \leqslant \xi \leqslant 1. \end{cases}$$

由此可见 $\xi(x) \equiv 1, x \in \Omega_1$，特别地，在靠近 $\partial\Omega$ 曲线那一部分 ξ 都恒为 0. 要得到 $u \in H^2(\Omega_1)$ 这样的边界局部正则性结论，只需证明

$$D_i D_j u \in L^2(\Omega_1), i, j = 1, 2, \cdots, N.$$

当 $i \neq N, j \neq N$ 时，也是用差商的极限来逼近二阶导数 $D_i D_j u$，与前面研究内正则性方法类似，此时我们的平移方向并没有涉及 e_N 这个方向，完全局限在 $\{(x', x_N) : x_N = 0\}$ 这个超平面内，结合边界条件，具体处理跟之前研究内正则性方面完全是一致的. 当 i, j 中其中之一等于 N 的时候，由于弱导数可以交换顺序总有

$$D_i D_N = D_N D_i.$$

所以利用 $u \in H^1_0(\Omega)$ 可得 $D_N u \in L^2(\Omega)$，然后利用 e_i 方向上的 $D_N u$ 差商来逼近 $D_i D_N u$ 和 $D_N D_i u$，此时由于平移方向同样还是落在 $\{(x', x_N) : x_N = 0\}$ 这个超平面内，所以具体细节处理跟上面可以说是完全一样的. 最后只需特殊处理一下 $D_N D_N u$ 即可.

（2）由于 u 是方程(10-19)的一个弱解，同前面记号类似，有

$$B(u, v) = \langle f, v \rangle, \forall v \in H_0^1(\Omega).$$

于是有

$$\sum_{i,j=1}^{N} \int_{\Omega} a^{ij} D_i u D_j v \mathrm{d}x = \int_{\Omega} \tilde{f} v \mathrm{d}x, \tag{10-21}$$

其中

$$\tilde{f} := f - \sum_{i=1}^{N} b^i D_i u - cu.$$

（3）选择 $k \in \{1, 2, \cdots, N-1\}$ 以及充分小的 $h > 0$，令

$$v := -D_k^{-h}(\xi^2 D_k^h u),$$

由于可以认定 u 在 $\{x_N = 0\}$ 这个超平面上总是恒为 0，此时

$$
\begin{aligned}
v(x) &= -D_k^{-h}(\xi^2 D_k^h u) \\
&= -D_k^{-h}(\xi^2 \frac{u(x + he_k) - u(x)}{h}) \\
&= -\frac{\xi^2(x - he_k)[u(x) - u(x - he_k)] - \xi^2(x)[u(x + he_k) - u(x)]}{-h^2} \\
&= \frac{1}{h^2}\left(\xi^2(x - he_k)[u(x) - u(x - he_k)] - \xi^2(x)[u(x + he_k) - u(x)]\right)
\end{aligned}
$$

因此 $v \in H_0^1(\Omega)$. 取 v 为试验函数代入式(10-21)，同之前类似记为 $A = B$, 其中

$$
\begin{cases}
A := \sum_{i,j=1}^{N} \int_{\Omega} a^{ij} D_i u D_j v \mathrm{d}x, \\
B := \int_{\Omega} \tilde{f} v \mathrm{d}x.
\end{cases}
$$

（4）重复内正则性研究时候的能量估计过程，可得

$$A \geqslant \frac{\lambda_0}{2} \int_{\Omega} \xi^2 |D_k^h Du|^2 \mathrm{d}x - C \int_{\Omega} |Du|^2 \mathrm{d}x.$$

以及

$$|B| \leqslant \frac{\lambda_0}{4} \int_{\Omega} |(D_k^h Du)|^2 \xi^2 \mathrm{d}x + C \int_{\Omega} [|f|^2 + |Du|^2 + |u|^2] \mathrm{d}x.$$

因此利用$\xi \equiv 1$ on Ω_1, 最后可得

$$\int_{\Omega_1} |D_k^h Du|^2 \mathrm{d}x \leqslant C \int_\Omega [|f|^2 + |u|^2 + |Du|^2]\mathrm{d}x, \forall k = 1, 2, \cdots, N-1,$$

这表明了$D_k u \in H^1(\Omega_1), k = 1, 2, \cdots, N-1$, 并且结合下面的注释10.7, 可得

$$\sum_{\substack{k,\ell=1 \\ k+\ell<2N}}^N \|D_k D_\ell u\|_{L^2(\Omega_1)} \leqslant C\left(\|f\|_{L^2(\Omega)} + \|u\|_{H^1(\Omega)}\right) \leqslant C\left(\|f\|_{L^2(\Omega)} + \|u\|_{L^2(\Omega)}\right). \quad (10\text{-}22)$$

（5）还需要估计$\|D_N D_N u\|_{L^2(\Omega_1)}$. 利用$Lu = f$可得

$$a^{NN} D_N D_N u = -\sum_{\substack{i,j=1 \\ i+j<2N}}^N a^{ij} D_i D_j u + \sum_{i=1}^N \left(b^i - \sum_{j=1}^N D_j a^{ij}\right) D_i u + cu - f.$$

利用一致椭圆性条件我们可得

$$a^{NN}(x) \geqslant \lambda_0 > 0 \text{ a.e. } x \in \Omega. \quad (10\text{-}23)$$

因此有

$$|D_N D_N u| \leqslant C\left(\sum_{\substack{i,j=1 \\ i+j<2N}}^N |D_i D_j u| + |Du| + |u| + |f|\right),$$

从而有

$$\|D_N D_N u\|_{L^2(\Omega_1)} \leqslant C\left(\sum_{\substack{i,j=1 \\ i+j<2N}}^N \|D_i D_j u\|_{L^2(\Omega_1)} + \|Du\|_{L^2(\Omega_1)} + \|u\|_{L^2(\Omega_1)} + \|f\|_{L^2(\Omega_1)}\right).$$

结合式(10-22)和注释10.7, 可得

$$\|D_N D_N u\|_{L^2(\Omega_1)} \leqslant C\left(\|f\|_{L^2(\Omega)} + \|u\|_{L^2(\Omega)}\right).$$

综合上面的结论，最后可得结论$u \in H^2(\Omega_1)$以及

$$\|u\|_{H^2(\Omega_1)} \leqslant C\left(\|f\|_{L^2(\Omega)} + \|u\|_{L^2(\Omega)}\right). \quad (10\text{-}24)$$

（6）对一般的有界区域Ω, 假设$\partial\Omega \in C^2$ （为了保证坐标变换公式求导有意义），对$\forall x_0 \in \partial\Omega$, 则存在某个$r > 0$以及某个可逆的$C^2$函数$\varphi: \mathbb{R}^{N-1} \to \mathbb{R}$使

得

$$\Omega \cap B(x^0, r) = \{x \in B(x^0, r) : x_N > \varphi(x_1, \cdots, x_{N-1})\}.$$

考虑坐标变换

$$y = \Phi(x), x = \Psi(y),$$

其中

$$\begin{cases} y_i = \Phi_i(x_i), i = 1, 2, \cdots, N-1; \\ y_N = x_N - \varphi(x_1, \cdots, x_{N-1}). \end{cases}$$

这样 $\partial\Omega \cap B(x^0, r)$ 这部分就映射到了 $\{y_N = 0\}$ 这个超平面中去，即被拉直（拉平）了.

（7）我们选择 $s > 0$ 足够小使得

$$\Psi(B^0(0, s) \cap \{y_N > 0\}) \subset \Omega \cap B(x^0, r).$$

记

$$\tilde{\Omega} = B^0(0, s) \cap \{y_N > 0\}, \tilde{\Omega}_1 = B^0(0, \frac{s}{2}) \cap \{y_N > 0\}.$$

在相对应的坐标变换下，记

$$\tilde{u}(y) = u(\Psi(y)), y \in \tilde{\Omega}.$$

通过坐标变换公式可以直接验证 $\tilde{u} \in H^1(\tilde{\Omega})$ 并且 $\tilde{u} = 0, y \in \partial\tilde{\Omega} \cap \{y_N = 0\}$。

（8）考察通过变量代换后得到的 $\tilde{u}(y)$ 在新坐标空间中所满足的方程. 在这里为了区分求偏导是针对原来坐标系 x_i 或者对新坐标系 y_i，下面会采取 D_{x_i}, D_{y_i} 来进行区分. $u(x)$ 满足的方程为

$$\begin{cases} -\sum_{i,j=1}^{N} D_{x_j}\left(a^{ij}(x)D_{x_i}u(x)\right) + \sum_{i=1}^{N} b^i(x)D_{x_i}u(x) + c(x)u(x) = f(x), \ x \in \Omega, \\ u(x) = 0, \ x \in \partial\Omega. \end{cases}$$

由于 $y = \Phi(x), x = \Psi(y), u(x) = \tilde{u}(y)$，所以根据链式法则我们有

$$D_{x_i} = \sum_{k=1}^{N} D_{y_k} \frac{\partial y_k}{\partial x_i}(x) = \sum_{k=1}^{N} \frac{\partial \Phi_k}{\partial x_i}(\Psi(y)) D_{y_k}. \tag{10-25}$$

在散度意义下，比如说我们在原来坐标系中取$h(x)$为试验函数时，则对应地在新坐标系中相当于$h(\Psi(y)) := \tilde{h}(y)$为试验函数。在散度意义下利用分部积分公式可得

$$
\langle - \sum_{i,j=1}^{N} D_{x_j} \left(a^{ij}(x) D_{x_i} u(x) \right), h(x) \rangle
$$

$$
= \langle \sum_{i,j=1}^{N} \left(a^{ij}(x) D_{x_i} u(x) \right), D_{x_j} h(x) \rangle
$$

$$
= \langle \sum_{i,j=1}^{N} a^{ij}(\Psi(y)) \sum_{k=1}^{N} \frac{\partial \Phi_k}{\partial x_i}(\Psi(y)) D_{y_k} \tilde{u}(y), \sum_{\ell=1}^{N} \frac{\partial \Phi_\ell}{\partial x_j}(\Psi(y)) D_{y_\ell} \tilde{h}(y) \rangle
$$

$$
= \langle \sum_{\ell=1}^{N} \sum_{i,j=1}^{N} a^{ij}(\Psi(y)) \sum_{k=1}^{N} \frac{\partial \Phi_k}{\partial x_i}(\Psi(y)) \frac{\partial \Phi_\ell}{\partial x_j}(\Psi(y)) D_{y_k} \tilde{u}(y), D_{y_\ell} \tilde{h}(y) \rangle
$$

$$
= \langle - \sum_{k,\ell=1}^{N} D_{y_\ell} \left(\sum_{i,j=1}^{N} a^{ij}(\Psi(y)) \frac{\partial \Phi_k}{\partial x_i}(\Psi(y)) \frac{\partial \Phi_\ell}{\partial x_j}(\Psi(y)) D_{y_k} \tilde{u}(y) \right), \tilde{h}(y) \rangle.
$$

若引入

$$
\tilde{a}^{k\ell}(y) := \sum_{i,j=1}^{N} a^{ij}(\Psi(y)) \frac{\partial \Phi_k}{\partial x_i}(\Psi(y)) \frac{\partial \Phi_\ell}{\partial x_j}(\Psi(y)), \tag{10-26}
$$

则可得$\tilde{u}(y)$满足方程

$$
\begin{cases} \tilde{L}\tilde{u} = \tilde{f}, \ x \in \tilde{\Omega}, \\ \tilde{u} \in H^1(\tilde{\Omega}), \end{cases} \tag{10-27}
$$

其中

$$
\tilde{L}\tilde{u} = - \sum_{k,\ell=1}^{N} D_{y_\ell} \left(\tilde{a}^{k\ell}(y) D_{y_k} \tilde{u}(y) \right) + \sum_{k=1}^{N} \tilde{b}^k(y) D_{y_k} \tilde{u}(y) + \tilde{c}(y) \tilde{u}(y),
$$

这里出现的系数$\tilde{a}^{k\ell}$由关系(10-26)给出，另外

$$
\tilde{b}^k(y) := \sum_{i=1}^{N} b^i(\Psi(y)) \frac{\partial \Phi_k}{\partial x_i}(\Psi(y)), k = 1, 2, \cdots, N, \tag{10-28}
$$

$$
\tilde{c}(y) := c(\Psi(y)), \tilde{f}(y) := f(\Psi(y)). \tag{10-29}
$$

（9）验证$\tilde{L}$在$\tilde{\Omega}$上满足一致椭圆性条件。事实上对任意的$y \in \tilde{\Omega}$和$\xi \in \mathbb{R}^N$，令

$$\eta_i = \sum_{k=1}^{N} \frac{\partial \Phi_k}{\partial x_i} \xi_k, i = 1, 2, \cdots, N,$$

即坐标变化$\eta := \xi D\Phi$. 于是有

$$\sum_{k,\ell=1}^{N} \tilde{a}^{k\ell}(y)\xi_k\xi_\ell = \sum_{k,\ell=1}^{N} \sum_{i,j=1}^{N} a^{ij}(\Psi(y))\frac{\partial \Phi_k}{\partial x_i}(\Psi(y))\frac{\partial \Phi_\ell}{\partial x_j}(\Psi(y))\xi_k\xi_\ell$$

$$= \sum_{i,j=1}^{N} a^{ij}(\Psi(y))\left(\sum_{k=1}^{N} \frac{\partial \Phi_k}{\partial x_i}\xi_k\right)\left(\sum_{\ell=1}^{N} \frac{\partial \Phi_\ell}{\partial x_j}\xi_\ell\right)$$

$$= \sum_{i,j=1}^{N} a^{ij}(\Psi(y))\eta_i\eta_j \geqslant \lambda_0|\eta|^2.$$

因为这个变换可逆, $D\Phi D\Psi = I$, 所以有$\xi = \eta D\Psi$, 也就是说存在某个常数$C > 0$使得$|\xi| \leqslant C|\eta|$, 这样我们可找到某个$\tilde{\lambda}_0 > 0$使得

$$\sum_{k,\ell=1}^{N} \tilde{a}^{k\ell}(y)\xi_k\xi_\ell \geqslant \tilde{\lambda}_0|\xi|^2,$$

一致椭圆性条件得证.

（10）验证$\tilde{L}$系数的条件，由于$\Phi, \Psi \in C^2$,所以可得

$$\tilde{a}^{k\ell} \in W^{1,\infty}(\tilde{\Omega}), \tilde{b}^k, \tilde{c} \in L^{\infty}(\tilde{\Omega}),$$

另外$\tilde{f} \in L^2(\tilde{\Omega})$.

（11）应用（1）－（5）中获得的结论，可得结论$\tilde{u} \in H^2(\tilde{\Omega}_1)$, 并且

$$\|\tilde{u}\|_{H^2(\tilde{\Omega}_1)} \leqslant C\left(\|\tilde{f}\|_{L^2(\tilde{\Omega})} + \|\tilde{u}\|_{L^2(\tilde{\Omega})}\right).$$

对应地反演回去可得

$$\|u\|_{H^2(\Omega_1)} \leqslant C\left(\|f\|_{L^2(\Omega)} + \|u\|_{L^2(\Omega)}\right). \tag{10-30}$$

其中，$\Omega_1 := \Psi(\tilde{\Omega}_1)$.

（12）得出最后结论。对应一般的有界开区域Ω, 当$\partial\Omega \in C^2$ 时，由于$\partial\Omega$ 是一个紧集，可以获得有限多个$\Omega_{1,m}, m = 1, 2, \cdots, M$ 个如上的集合覆盖了$\partial\Omega$. 最后结合前面定理10.6的内正则性结论，最后可得$u \in H^2(\Omega)$, 并且

$$\|u\|_{H^2(\Omega)} \leqslant C(\|f\|_{L^2(\Omega)} + \|u\|_{L^2(\Omega)}).$$

这样就完成了全局正则性定理的证明. □

注释 10.7:　当$u \in H_0^1(\Omega)$ 是(10-19)的一个弱解时，有

$$\|\nabla u\|_{L^2(\Omega)} \leqslant C\left(\|f\|_{L^2(\Omega)} + \|u\|_{L^2(\Omega)}\right),$$

从而

$$\|u\|_{H^1(\Omega)} \leqslant C\left(\|f\|_{L^2(\Omega)} + \|u\|_{L^2(\Omega)}\right).$$

这是因为利用一致椭圆性条件有

$$\lambda_0 \|\nabla u\|_{L^2(\Omega)}^2 \leqslant \sum_{i,j=1}^N \int_\Omega a^{ij} D_i u D_j u \mathrm{d}x$$

$$= \left\langle f - \sum_{i=1}^N b^i D_i u - cu, u \right\rangle$$

$$\leqslant \frac{C}{\varepsilon} \left(\|f\|_{L^2(\Omega)}^2 + \|u\|_{L^2(\Omega)}^2\right) + \varepsilon \|\nabla u\|_{L^2(\Omega)}^2,$$

当取$\varepsilon = \dfrac{\lambda_0}{2}$ 时可得

$$\|\nabla u\|_{L^2(\Omega)} \leqslant C\left(\|f\|_{L^2(\Omega)} + \|u\|_{L^2(\Omega)}\right).$$

同局部正则性一样，当L的系数以及$\partial\Omega$的光滑性足够好时，也可以获得更高的全局正则性结论.

定理 10.10:　（高阶全局（边界）正则性）　令$k \in \mathbb{N}$, 假设

$$a^{ij}, b^i, c \in C^{k+1}(\overline{\Omega}), \quad i, j = 1, 2, \cdots, N \tag{10-31}$$

以及$f \in H^k(\Omega)$, 再假设$u \in H_0^1(\Omega)$是椭圆方程

$$\begin{cases} Lu = f, \ x \in \Omega, \ f \in L^2(\Omega), \\ u = 0, \ x \in \partial\Omega \end{cases} \tag{10-32}$$

的一个弱解，另外还假设

$$\partial\Omega \in C^{k+2},$$

则$u \in H^{k+2}(\Omega)$并且

$$\|u\|_{H^{k+2}(\Omega)} \leqslant C(\|f\|_{H^k(\Omega)} + \|u\|_{L^2(\Omega)}), \tag{10-33}$$

其中，$C = C(L, \Omega)$, 只依赖于Ω和算子L的系数.

证明

（1）这里研究的方式跟前面类似，先考虑特殊情形$\Omega = B^o(0, s) \cap \mathbb{R}_+^N$, 其中这里的$s > 0$. 对任意固定的$0 < t < s$, 记$\Omega_1 := B^o(0, t) \cap \mathbb{R}_+^N$.

（2）采取数学归纳法证明边界局部正则性结论，具体来说是证明$u \in H^{k+2}(\Omega_1)$以及对应的能量估计

$$\|u\|_{H^{k+2}(\Omega_1)} \leqslant C(\|f\|_{H^k(\Omega)} + \|u\|_{L^2(\Omega)}), \tag{10-34}$$

其中这里的$C = C(L, \Omega, \Omega_1)$.

首先$m = 0$时，在定理10.9的证明过程中的（1）-（5）中已经证明。现在假定$m \leqslant k - 1$时结论已经得证，由t的任意性，对任意的$0 < t < r < s$, 定义$\Omega_2 := B^o(0, r) \cap \mathbb{R}_+^N$, 根据归纳假设相当于已经证明了$u \in H^{m+2}(\Omega_2)$并且

$$\|u\|_{H^{m+2}(\Omega_2)} \leqslant C(\|f\|_{H^m(\Omega)} + \|u\|_{L^2(\Omega)}). \tag{10-35}$$

特别地，需要强调一下，利用上一节中的内正则性定理可知$u \in H_{\text{loc}}^{k+2}(\Omega)$. 由于$m < k$, 所以当然有$u \in H_{\text{loc}}^{m+3}(\Omega)$.

（3）考虑任意的多重指标$\alpha, |\alpha| = m + 1$并且$\alpha_N = 0$, 同定理10.8中研究高阶内正则性那样，定义

$$\tilde{u} = D^\alpha u,$$

则 $\tilde{u}$ 满足方程

$$L\tilde{u} = \tilde{f},$$

其中$\tilde{f}$的形式前面已经推导过，具体为

$$\tilde{f} := D^\alpha f + \sum_{\substack{\beta \leqslant \alpha \\ \beta \neq \alpha}} \sum_{i,j=1}^{N} \binom{\alpha}{\beta} D_j \left[\left(D^{\alpha-\beta} a^{ij} \right) \left(D^\beta D_i u \right) \right] -$$

$$\sum_{i=1}^{N} \sum_{\substack{\beta \leqslant \alpha \\ \beta \neq \alpha}} \binom{\alpha}{\beta} \left(D^{\alpha-\beta} b^i \right) \left(D^\beta D_i u \right) -$$

$$\sum_{\substack{\beta \leqslant \alpha \\ \beta \neq \alpha}} \binom{\alpha}{\beta} \left(D^{\alpha-\beta} c \right) \left(D^\beta u \right).$$

由于$f \in H^k(\Omega), u \in H^{m+2}(\Omega_2), k > m$，所以有 $\tilde{f} \in L^2(\Omega_2)$ 并且结合归纳假设的结论(10-35)可得

$$\|\tilde{f}\|_{L^2(\Omega_2)} \leqslant C \left(\|f\|_{H^{m+1}(\Omega_2)} + \|u\|_{H^{m+2}(\Omega_2)} \right) \leqslant C \left(\|f\|_{H^{m+1}(\Omega)} + \|u\|_{L^2(\Omega)} \right), \quad (10\text{-}36)$$

于是由定理10.9，可得 $\tilde{u} \in H^2(\Omega_1)$ 并且

$$\|\tilde{u}\|_{H^2(\Omega_1)} \leqslant C(L, \Omega_2, \Omega_1) \left(\|\tilde{f}\|_{L^2(\Omega_2)} + \|\tilde{u}\|_{L^2(\Omega_2)} \right)$$

$$\leqslant C \left(\|f\|_{H^{m+1}(\Omega)} + \|u\|_{L^2(\Omega)} \right).$$

这表明了对任意的多重指标$|\beta| = m + 3$ 并且$\beta_N \in \{0, 1, 2\}$，都有

$$\|D^\beta u\|_{L^2(\Omega_1)} \leqslant C \left(\|f\|_{H^{m+1}(\Omega)} + \|u\|_{L^2(\Omega)} \right). \quad (10\text{-}37)$$

（为了完成这部分的归纳证明，还需要把$\beta_N \in \{0, 1, 2\}$这个约束条件去掉.）

（4）用归纳法来证明可以把这个约束条件去掉. 假设已经证明了对任意的多重指标$|\beta| = m + 3$并且

$$\beta_N = 0, 1, 2, \cdots, \ell, 2 \leqslant \ell \leqslant m + 2 \quad (10\text{-}38)$$

都有结论(10-37)成立.

下面考虑 $|\beta| = m + 3$ 并且 $\beta_N = \ell + 1$ 的情形. 为了方便归纳, 记

$$\beta = \gamma + \delta, \delta := (0, \cdots, 0, 2), |\gamma| = m + 1.$$

由于高阶的内正则性结论已经告诉我们结论 $u \in H^{m+3}_{\mathrm{loc}}(\Omega)$ 并且 $Lu = f, x \in \Omega$, 所以有

$$D^\gamma Lu = D^\gamma f \text{ a.e. } x \in \Omega.$$

通过整理有

$$D^\gamma f = D^\gamma Lu = a^{NN}(x) D^\beta u + \text{其他项},$$

由一致椭圆性条件可得 $a^{NN}(x) \geqslant \lambda_0 > 0$, 所以

$$|D^\beta u| \leqslant \frac{1}{\lambda_0} \left(|D^\gamma f| + |\text{其他项}| \right),$$

由于上面所谓的"**其他项**"中涉及 u 求导的阶数至多为 $m + 3$, 特别是对 x_N 这个分量的偏导阶数至多为 ℓ 次, 因此由归纳假设(10-37)对 $\beta_N \leqslant \ell$ 成立, 可得式(10-37) 对 $\beta_N = \ell + 1$ 也成立。这样就证明了对所有的 $|\beta| = m + 3$, 都有结论(10-37). 即证明了 $u \in H^{m+3}(\Omega_1)$ 并且

$$\|u\|_{H^{m+3}(\Omega_1)} \leqslant C \left(\|f\|_{H^{m+1}(\Omega)} + \|u\|_{L^2(\Omega)} \right). \tag{10-39}$$

这样就完成了（3）需要的归纳法证明, 从而证明了（2）中的结论(10-34).

（5）对一般的有界区域 Ω, 如果 $\partial\Omega \in C^{k+2}$, 接下来跟定理10.9 中类似, 对 $\partial\Omega$ 进行坐标变换和局部边界拉直, 结合有限覆盖定理和高阶的内正则性结论, 可得最后结论. □

同样类似地, 利用这种归纳迭代, 可得下面光滑到边界的结论.

定理 10.11: （光滑到边界） 假设 $a^{ij}, b^i, c, f \in C^\infty(\overline{\Omega})$, 若 $u \in H^1_0(\Omega)$ 是下面椭圆边值问题

$$\begin{cases} Lu = f, \ x \in \Omega, f \in L^2(\Omega), \\ u = 0, \ x \in \partial\Omega \end{cases} \tag{10-40}$$

的一个弱解，最后还假定$\partial\Omega \in C^\infty(\overline\Omega)$，则有结论

$$u \in C^\infty(\overline\Omega).$$

证明　利用归纳法，借助定理10.10，可得$u \in H^k(\Omega), \forall k = 1, 2, 3, \cdots$. 于是由Sobolev 嵌入（见定理9.3-(3)），可得$u \in C^m(\overline\Omega), \forall m = 1, 2, \cdots$.　□

10.4　调和函数及其相关性质简介

注释 10.8：　（**调和函数**）$u \in C^2(\Omega)$满足$-\Delta u = 0(\leqslant, \geqslant)0$，则称为$\Omega$上的调和（下调和、上调和）函数.

（1）对任意的$y \in \Omega$以及$B = B(y, R) \subset\subset \Omega$，调和（下调和、上调和）函数$u$满足球面平均值关系

$$u(y) = (\leqslant, \geqslant)\frac{1}{N\omega_N R^{N-1}}\int_{\partial B} u\mathrm{d}s \tag{10-41}$$

和球平面值关系

$$u(y) = (\leqslant, \geqslant)\frac{1}{\omega_N R^N}\int_B u\mathrm{d}x. \tag{10-42}$$

（2）作为特例，应用定理10.15 可得：Ω有界，下调和（上调和）函数u满足

$$\sup_\Omega u = \sup_{\partial\Omega} u \; (\inf_\Omega u = \inf_{\partial\Omega} u). \tag{10-43}$$

特别地，对调和函数u来说成立

$$\inf_{\partial\Omega} u \leqslant u(x) \leqslant \sup_{\partial\Omega} u, x \in \Omega. \tag{10-44}$$

定理 10.12：　（**Laplace方程解的唯一性**）假设$u, v \in C^2(\Omega) \cap C(\overline\Omega)$满足$\Delta u = \Delta v, x \in \Omega$并且$u = v, x \in \partial\Omega$，则$u \equiv v, x \in \Omega$.

证明　令$w = u - v$，则它满足

$$\begin{cases} \Delta w = 0, & x \in \Omega, \\ w = 0, & x \in \partial\Omega. \end{cases}$$

所以由极值原理可得$w \equiv 0, x \in \Omega.$　　　　　　　　　　　　　$\square$

注释 10.9：　考虑Laplace方程

$$\begin{cases} \Delta u = 0, & x \in \Omega, \\ u = g, & x \in \partial\Omega. \end{cases} \qquad (10\text{-}45)$$

如果它可解，则上面的定理10.12 表明了这个解是唯一的，因此存在唯一解表明了一种双射关系，所以解u应该能被g唯一确定下来，这个就是所谓Possion 积分表示. Possion 积分表示依赖于Green函数，大家可以查阅相关椭圆书籍. Green 函数是Laplace方程的基本解，它在做解的先验估计，包括梯度估计、二阶导数估计、解的集中速度估计等方面都起到非常重要的作用. 显然Green函数依赖于区域Ω, 通常Green函数的具体表达式是写不出来的，但是它的一些渐近行为大家还是可以搞清楚的，所以在做很多数学不等式估计的时候，利用阶来进行无穷小分析要求要很熟练。

定理 10.13：　　（**非负调和函数的Harnack不等式**）　假设$0 \leqslant u$为Ω上的调和函数, 则对任意的有界子区域$\Omega_1 \subset\subset \Omega$, 我们都有

$$\sup_{\Omega_1} u \leqslant C \inf_{\Omega_1} u,$$

其中，$C = C(N, \Omega_1, \Omega).$

证明　考虑$y \in \Omega, R > 0$ 使得$B(y, 4R) \subset \Omega$, 现在对任意的$x_1, x_2 \in B(y, R)$, 则有

$$u(x_1) = \frac{1}{\omega_N R^N} \int_{B(x_1, R)} u \mathrm{d}x \leqslant \frac{1}{\omega_N R^N} \int_{B(y, 2R)} u \mathrm{d}x,$$

而由于$B(y, 2R) \subset B(x_2, 3R) \subset B(y, 4R) \subset \Omega$, 所以

$$u(x_2) = \frac{1}{\omega_N (3R)^N} \int_{B(x_2, 3R)} u \mathrm{d}x \geqslant \frac{1}{\omega_N (3R)^N} \int_{B(y, 2R)} u \mathrm{d}x.$$

综合起来可得

$$u(x_1) \leqslant 3^N u(x_2), \forall x_1, x_2 \in B(y, R).$$

因此对任意的

$$\Omega_1 \subset\subset \Omega,$$

令 x_1, x_2 分别为 u 在 Ω_1 上的最大值点和最小值点（不唯一时，随便取一个）. 令 $\Gamma \subset \Omega$ 为连接 x_1, x_2 的一条曲线，取 $0 < R < \frac{1}{4}\mathrm{dist}(\Gamma, \partial\Omega)$, 利用有限覆盖定理可知 Γ 可以被有限多个半径为 R 的开球所覆盖. 记为

$$x_1 \in B_1, B_2, \cdots, B_M \ni x_2,$$

其中个数 M（虽然最佳个数依赖于 u, 但是上界仅）由 Ω, Ω_1 所确定. 因此取 $y_i \in B_i \cap B_{i+1}, i = 1, 2, \cdots, M-1$, 则有

$$u(x_1) \leqslant 3^N u(y_1) \leqslant 3^{2N} u(y_2) \leqslant \cdots \leqslant 3^{(M-1)N} u(y_{M-1}) \leqslant 3^{MN} u(x_1).$$

所以可以在 Harnack 不等式中取 $C = 3^{MN}$ 仅依赖于 N, Ω, Ω_1. □

注释 10.10： 利用平移不变性，不妨设 $0 \in \Omega_1 \subset\subset \Omega$. 假设对于常数 $t > 0$, 仍然有

$$\frac{\Omega_1}{t} \subset\subset \Omega, \tag{10-46}$$

则利用上面的 Harnack 不等式可得

$$\sup_{\frac{\Omega_1}{t}} u \leqslant C \inf_{\frac{\Omega_1}{t}} u.$$

需要指出的是这里的 $C(N, \frac{\Omega_1}{t}, \Omega) = C(N, \Omega_1, \Omega)$, 即不依赖于 t（前提是关系 (10-46) 要满足）. 因此一个简单的推论是全空间中的 Liouville 定理.

定理 10.14： （**Liouville 定理**）假设 $\Delta u = 0, x \in \mathbb{R}^N$ 且 u 下有界（或者上有界），则 $u \equiv \mathrm{const}, x \in \mathbb{R}^N$.

证明 假设 u 下有界，不失一般性可假设 $\inf_{\mathbb{R}^N} u = 0$. 此时若 $u \not\equiv 0$, 则对任意充分小的 $\varepsilon > 0$, 存在某个 $x_1 \in \mathbb{R}^N$ 使得 $u(x_1) = \varepsilon$. 利用 Harnack 不等式可知存在 $C > 0$ 使得

$$\sup_{B(x_1, t)} u \leqslant C \inf_{B(x_1, t)} u \leqslant C\varepsilon,$$

特别是这里的 C 不依赖于 t, 从而有

$$\sup_{\mathbb{R}^N} u \leqslant C\varepsilon.$$

由 $\varepsilon > 0$ 的任意小性, 得 $u \equiv 0$. □

10.5　弱极值原理

在前面正则性理论的基础上, 当获得了弱解的一些正则性结论之后, 在系数满足一定光滑性条件下, 可得它也是经典解（即点态意义下的解）. 同数学分析中大家所熟知那样, 如果一个函数 $u(x) \in C^2(\Omega)$ 在某个内点 $x_0 \in \Omega$ 处达到极值, 则可知必定有 $Du(x_0) = 0$; 特别地, 如果 $u(x_0)$ 为极大值点, 则有 $D^2 u(x_0) \leqslant 0$. 其中, $D^2 u(x) = \left(\dfrac{\partial^2 u}{\partial x_i \partial x_j} \right)$ 为 u 的 Hessian 矩阵, $D^2 u(x_0) \leqslant 0$ 意味着 $-D^2 u(x_0) \geqslant 0$, 即 $-D^2 u(x_0)$ 是一个半正定矩阵. 这个也是研究极值原理的基本出发点, 所以要求椭圆算子 L 的系数具备足够的正则性条件, 因此在这一小节中考虑 L 为下面非散度形式

$$Lu = -\sum_{i,j=1}^{N} a^{ij} u_{x_i x_j} + \sum_{i=1}^{N} b^i u_{x_i} + cu, \tag{10-47}$$

其中, a^{ij}, b^i, c 都是连续的并且满足一致椭圆性条件. 不失一般性, 还可以假定 $a^{ij} = a^{ji}$（由于当解 $u \in C^2$ 时, $u_{x_i x_j} = u_{x_j x_i}$, 所以只需适当修正一下即可）.

10.5.1　经典解的弱极值原理

定义 10.2:　（上下解）　如果 $Lu \leqslant 0$, $x \in \Omega$, 则称 u 为一个下解; 如果 $Lu \geqslant 0$, $x \in \Omega$, 则称 u 为一个上解.

注释 10.11:　利用 L 的线性性质可知, 当 u 为一个下解时, $-u$ 就对应是一个上解.

弱极值原理描述的是下解的最大值（或者上解的最小值）一定在边界上达到.（对比后面即将学习的强极值原理, 描述的是下解（上解）在同一个连通分支的内点上不能达到最大值（最小值）, 相当于只能在边界上

达到，否则它就是常值函数.） 换一句话说，若Ω连通，以非常值下解为例，极值原理说的是它的最大值能在边界上且只能在边界上取到. **能在边界上取到即弱极值原理描述的内容，只能在边界上取到即强极值原理描述的内容.**

定理 10.15： （$c \equiv 0$**时经典解的弱极值原理**）　假设$u \in C^2(\Omega) \cap C(\overline{\Omega})$并且$c \equiv 0$, $x \in \Omega$.

（1）如果u是一个下解，则

$$\max_{\overline{\Omega}} u = \max_{\partial\Omega} u.$$

（2）如果u是一个上解，则

$$\min_{\overline{\Omega}} u = \min_{\partial\Omega} u.$$

证明　由上面的注释10.11，只需证明u是下解的情形.

（1）先考虑严格不等式成立的情形

$$Lu < 0, \ x \in \Omega.$$

由于$u \in C(\overline{\Omega})$，所以在$\overline{\Omega}$上$u$的最大值一定是可达的. 若在$\Omega$的内部有某点$x_0$达到了它的最大值，i.e.,

$$u(x_0) = \max_{\overline{\Omega}} u.$$

则有$Du(x_0) = 0, D^2 u(x_0) \leqslant 0$.

（2）根据一致椭圆性条件，$A := \left(a^{ij}(x_0)\right)$是一个对称正定矩阵，所以存在正交矩阵$O$使得

$$OAO^{\mathrm{T}} = \mathrm{diag}(d_1, \cdots, d_N), OO^{\mathrm{T}} = I, \tag{10-48}$$

其中，$d_k > 0, k = 1, 2, \cdots, N$. 这表明了

$$\sum_{i,j=1}^{N} o_{ki} a^{ij} o_{\ell j} = \delta_{k\ell} d_k, k, \ell = 1, 2, \cdots, N. \tag{10-49}$$

考虑坐标变换（用列向量的观点来看）

$$y = x_0 + O(x - x_0), \text{i.e.}, y_k = x_{0,k} + \sum_{\ell=1}^{N} o_{k\ell}(x_\ell - x_{0,\ell}),$$

则根据链式法则可得

$$u_{x_i} = \sum_{k=1}^{N} u_{y_k} \frac{\partial y_k}{\partial x_i} = \sum_{k=1}^{N} u_{y_k} o_{ki},$$

$$u_{x_i x_j} = \sum_{\ell=1}^{N} \frac{\partial \left(\sum_{k=1}^{N} u_{y_k} o_{ki} \right)}{\partial y_\ell} \frac{\partial y_\ell}{\partial x_j} = \sum_{k,\ell=1}^{N} u_{y_k y_\ell} o_{ki} o_{\ell j}, \quad i, j = 1, 2, \cdots, N.$$

因此

$$
\begin{aligned}
\sum_{i,j=1}^{N} a^{ij} u_{x_i x_j} &= \sum_{i,j=1}^{N} a^{ij} \sum_{k,\ell=1}^{N} u_{y_k y_\ell} o_{ki} o_{\ell j} \\
&= \sum_{k,\ell=1}^{N} u_{y_k y_\ell} \left(\sum_{i,j=1}^{N} a^{ij} o_{ki} o_{\ell j} \right) \\
&\xlongequal{\text{由式}(10\text{-}49)} \sum_{k,\ell=1}^{N} u_{y_k y_\ell} \delta_{k\ell} d_k \\
&= \sum_{k=1}^{N} d_k u_{y_k y_k}.
\end{aligned}
$$

由$D^2 u(x_0) \leqslant 0$, 可得 $u_{y_k y_k} \leqslant 0$, 而$d_k > 0$, 所以有

$$\sum_{i,j=1}^{N} a^{ij} u_{x_i x_j} = \sum_{k=1}^{N} d_k u_{y_k y_k} \leqslant 0.$$

（3）因此在x_0点处，

$$Lu(x_0) = -\sum_{i,j=1}^{N} a^{ij} u_{x_i x_j} + \sum_{i=1}^{N} b^i u_{x_i} \geqslant 0,$$

矛盾. 这表明了x_0不可以是内点，从而可得$x_0 \in \partial\Omega$，即此时证明了u的最大值在边界上达到.

（4）对于一般的情形，考虑u的一个小扰动

$$u^\varepsilon(x) := u(x) + \varepsilon e^{\lambda x_1}, x \in \Omega,$$

其中，$\lambda > 0$ 待定. 直接计算

$$\begin{aligned}
Lu^\varepsilon &= Lu + \varepsilon L(e^{\lambda x_1}) \\
&\leqslant \varepsilon L(e^{\lambda x_1}) \\
&= \varepsilon e^{\lambda x_1}\left[-\lambda^2 a^{11} + \lambda b^1\right] \\
&\leqslant \varepsilon \lambda e^{\lambda x_1}\left[-\lambda a^{11} + b^1\right],
\end{aligned}$$

利用一致椭圆性条件有$a^{11}(x) \geqslant \lambda_0 > 0$ in Ω, 所以当取λ 充分大时，可保证

$$-\lambda a^{11} + b^1 \leqslant -\lambda a^{11} + \|b^1\|_\infty < 0,$$

从而

$$Lu^\varepsilon < 0 \text{ in } \Omega.$$

于是利用上面证明的结论可知存在$x^\varepsilon \in \partial\Omega$ 使得

$$u(x^\varepsilon) + \varepsilon e^{\lambda x_1^\varepsilon} = u^\varepsilon(x^\varepsilon) = \max_{\overline{\Omega}} u^\varepsilon.$$

此时固定λ, 考虑$\varepsilon \to 0$, 利用$\partial\Omega$ 是紧集，在子列意义下，不妨设$x^\varepsilon \to x_0 \in \partial\Omega$, 则有

$$u(x^\varepsilon) + \varepsilon e^{\lambda x_1^\varepsilon} \to u(x_0).$$

而

$$\max_{\overline{\Omega}} u^\varepsilon \to \max_{\overline{\Omega}} u,$$

因此

$$u(x_0) = \max_{\overline{\Omega}} u,$$

这样就证明了u在边界上达到了最大值. □

定理 10.16: （$c \geqslant 0$ 时经典解的弱极值原理） 假设 $u \in C^2(\Omega) \cap C(\overline{\Omega})$ 并且 $c \geqslant 0, x \in \Omega$.

（1）如果 u 是一个下解，则

$$\max_{\overline{\Omega}} u = \max_{\partial \Omega} u^+.$$

（2）如果 u 是一个上解，则

$$\min_{\overline{\Omega}} u = -\min_{\partial \Omega} u^-.$$

证明 类似地，这里也是只需证明（1）即可. 考虑 $\Lambda := \{x \in \Omega : u(x) > 0\}$, 记

$$Ku := Lu - cu \leqslant -cu \leqslant 0 \text{ in } \Lambda,$$

所以 u 为 K 在 Λ 上的一个下解，由于对椭圆算子 K 来讲，没有零阶项，故由定理 10.15 可得

$$\max_{\overline{\Omega}} u = \max_{\overline{\Lambda}} u = \max_{\partial \Lambda} u \leqslant \max_{\partial \Omega} u^+.$$

（**最后一个不等式的原因是当 $\partial \Lambda$ 上取到最大值的那个点在 Ω 的内部时，蕴含了 $u = 0$.**） 所以当 $\Lambda \neq \emptyset$ 时，就完成了证明. 若 $\Lambda = \emptyset$, i.e., $u \leqslant 0, x \in \Omega$, 则当然结论也成立. □

注释 10.12: 当 L 含有零阶项，对应系数 $c \geqslant 0$ 时，比较一下与 $c \equiv 0$ 时的情形，可以发现 u 可以在内部达到最大值，但是只能是非正的最大值，即对应了上面 $\Lambda = \emptyset$ 的情形，此时在内部可以允许达到负的最大值. 也就是说，当 $c \geqslant 0$ 时的弱极值原理用一句话描述即**不允许在内部达到正的最大值（后面学完强极值原理之后会知道 Ω 连通时不允许在内部达到非负的最大值）**. 因此有正的最大值则必须在边界上达到.

例 10.1: 考虑 $\Omega = (-1, 1), u(x) = -x^2 - 2$, 考虑 $a \equiv 1, b \equiv 0, c \equiv 1$, 则有

$$Lu = -u'' + u = 2 - x^2 - 2 = -x^2 \leqslant 0, x \in \Omega.$$

此时可见 u 是一个下解，但在 $x = 0$ 这个内点处达到最大值，不过这个最大值是负的.

注释 10.13：　对于 $c \geqslant 0$ 的情形，若 $Lu = 0$，$x \in \Omega$，则有

$$\max_{\overline{\Omega}} |u| = \max_{\partial\Omega} |u|.$$

这是因为 $Lu = 0$ 的时候既可以把它看作上解，也可以把它看作下解，因此由上面定理 10.16，可得

$$\max_{\overline{\Omega}} u = \max_{\partial\Omega} u^+$$

且

$$\min_{\overline{\Omega}} u = -\min_{\partial\Omega} u^-.$$

综合两个方面可得

$$\max_{\overline{\Omega}} |u| \leqslant \max_{\partial\Omega} |u|.$$

比如说，不妨假设 $|u|$ 的最大值由某个最小值（取值为负的）处取到，因此由 $\min_{\overline{\Omega}} u = -\min_{\partial\Omega} u^-$ 可知在 $\partial\Omega$ 上可取到最小值.

10.5.2　弱解的弱极值原理

注释 10.14：　特征值问题一般来说是比较本质的问题，很多情形下并不容易具体求解. 所以这一小节通过建立弱极值原理来证明在某些条件下 $Lu = 0$ 只有零解，从而可得出弱解的存在唯一性结论（见注释 10.5）.

上一小节讨论的是解的正则性足够好的情况下，从经典解的角度去建立起来的弱极值原理，如果解的正则性不够，其实也是有类似的结论的. 比如考虑

$$Lu = -D_j(a^{ij}D_iu) + (b^iD_iu + cu) = f, \tag{10-50}$$

其中

$$f = f_0 - \sum_{i=1}^{N} D_if_i \in H^{-1}(\Omega). \tag{10-51}$$

注释 10.15: （弱解、弱上解、弱下解） 在弱解意义下称 $Lu = 0 (\geqslant 0, \leqslant 0)$, 指的是对应的双线性泛函

$$B(u, v) = 0 (\geqslant 0, \leqslant 0)$$

对任意的 $0 \leqslant v \in C_0^1(\Omega)$ 均成立.

定理 10.17: （弱解的弱极值原理） 假设 $u \in W^{1,2}(\Omega)$，如果

$$c(x) \geqslant 0, \ x \in \Omega. \tag{10-52}$$

（1） $Lu \leqslant 0, x \in \Omega$, 则

$$\sup_{\Omega} u \leqslant \sup_{\partial\Omega} u^+.$$

（2） $Lu \geqslant 0, x \in \Omega$, 则

$$\inf_{\Omega} u \geqslant \inf_{\partial\Omega} u^-.$$

证明　类似地只需证明（1），用 $-u$ 代替 u 来讨论即可得（2）. 首先对任意的 $v \in W_0^{1,2}(\Omega)$, 利用 Hölder 不等式容易证明 $uv \in W_0^{1,1}(\Omega)$ 并且 $D(uv) = vDu + uDv$. 由 $Lu \leqslant 0$ 结合稠密性可得，对任意的 $0 \leqslant v \in W_0^{1,2}(\Omega)$, 都有

$$0 \geqslant B(u, v) = \int_{\Omega} \sum_{i,j=1}^{N} a^{ij}(x) D_j u D_i v + \sum_{i=1}^{N} b^i(x)(D_i u) v + c(x) uv$$

则相当于可得

$$\int_{\Omega} \left[\sum_{i,j=1}^{N} a^{ij}(x) D_j u D_i v + \sum_{i=1}^{N} b^i(D_i u) v \right] \mathrm{d}x \leqslant - \int_{\Omega} c(uv) \mathrm{d}x \leqslant 0, \tag{10-53}$$

对所有的 $v \geqslant 0, uv \geqslant 0$ （由条件 (10-52) 可得）. 进而

$$\int_{\Omega} \sum_{i,j=1}^{N} a^{ij}(x) D_j u D_i v \mathrm{d}x \leqslant \int_{\Omega} \sum_{i=1}^{N} b^i(D_i u) v \mathrm{d}x \leqslant C \int_{\Omega} v|Du| \mathrm{d}x, \quad \forall v \geqslant 0, uv \geqslant 0. \tag{10-54}$$

记

$$M := \sup_{\partial\Omega} u^+ \geqslant 0,$$

如果 $\sup_\Omega u \leqslant M$, 则完成了证明. 如果 $M < \sup_\Omega u$, 可以取

$$M \leqslant k < \sup_\Omega u,$$

并定义 $v = (u-k)^+$, 可知 $0 \leqslant v \in W_0^{1,2}(\Omega)$, 此时有 $uv \geqslant 0$ in Ω 并且

$$Dv = \begin{cases} Du, & u > k, \ (\text{i.e.,} \ \text{当} \ v \neq 0) \\ 0, & u \leqslant k, \ (\text{i.e.,} \ \text{当} \ v = 0) \end{cases}$$

因此代入式(10-54)可得

$$\int_\Omega \sum_{i,j=1}^N a^{ij}(x) D_j v D_i v \, \mathrm{d}x \leqslant C \int_\Lambda v|Dv|\mathrm{d}x, \Lambda := \mathrm{supp}\, Dv \subset \mathrm{supp}\, v. \tag{10-55}$$

由一致椭圆性条件以及 Hölder 不等式可得

$$\lambda_0 \|Dv\|_{L^2(\Omega)}^2 \leqslant C\|v\|_{L^2(\Lambda)} \|Dv\|_{L^2(\Omega)},$$

进而由 Sobolev 不等式以及 Hölder 不等式可得

$$\|v\|_{L^{2^*}(\Omega)} \leqslant C\|Dv\|_{L^2(\Omega)} \leqslant C\|v\|_{L^{2^*}(\Lambda)} |\Lambda|^{\frac{1}{N}},$$

故

$$|\Lambda| \geqslant C^{-N}.$$

特别需要指出的是, 这里的 C 并不依赖于 k 的值. 因此对这个公式令 $k \to \sup_\Omega u$, 由 $\Lambda := \mathrm{supp}\, Dv \subset \mathrm{supp}\, v$, 最后可得 $\mathrm{supp}\, (u - \sup_\Omega u)^+$ 的测度有正下界 C^{-N}. 但是 $(u - \sup_\Omega u)^+ \equiv 0$ in Ω, 矛盾. 因此必定成立 $\sup_\Omega u \leqslant M$. □

推论 10.3: 假设 L 如式(10-50)所示满足一致椭圆性条件, 并且系数有界, $c(x) \geqslant 0$ in Ω, 则

$$\begin{cases} Lu = 0, \ x \in \Omega, \\ u \in H_0^1(\Omega), \end{cases}$$

只有零解 $u \equiv 0$.

证明　因为$u\big|_{\partial\Omega}=0$, 由弱极值原理可得 $0\leqslant u\leqslant 0\Rightarrow u\equiv 0$. $\qquad\square$

注释 10.16:　假设L如式(10-50)所示满足一致椭圆性条件，并且系数有界，$c(x)\geqslant 0, Lu=f, f\in L^2(\Omega)$, 推论10.3结合二择一定理（见定理10.5）可知$L:$ $H_0^1(\Omega)\to H^{-1}(\Omega)$ 是可逆的，记$u=L^{-1}f$. 特别地，当$f\in L^2(\Omega)\subset H^{-1}(\Omega)$ 时，可得 $\|u\|_{H_0^1(\Omega)}\leqslant C\|f\|_{L^2(\Omega)}$，此时定理10.9中的估计公式(10-20)

$$\|u\|_{H^2(\Omega)}\leqslant C(\|f\|_{L^2(\Omega)}). \tag{10-56}$$

10.6　解的L^∞模估计（先验估计）

10.6.1　经典解的弱极值原理的推广：经典解的点态估计

考虑Ω 是$\mathbb{R}^N$的有界开集，L由式(10-47)给出，即

$$Lu=-\sum_{i,j=1}^N a^{ij}u_{x_ix_j}+\sum_{i=1}^N b^i u_{x_i}+cu=\left(-a^{ij}D_{ij}+b^iD_i+c\right)u,$$

其中$a^{i,j},b^i,c$ 都是连续的并且满足一致椭圆性条件：$\exists\lambda_0>0$ 使得 $a^{ij}\xi_i\xi_j\geqslant$ $\lambda_0|\xi|^2,\forall\xi\in\mathbb{R}^N,x\in\Omega$. 另外还假设$a^{ij}=a^{ji}$. 经典解的弱极值原理在解的点态估计方面（先验估计方面）提供了一个工具，下面定理10.18也可以看作弱极值原理10.16的一个推广.

定理 10.18:　（$c\geqslant 0$时经典解的先验估计）　假设$u\in C^2(\Omega)\cap C(\overline{\Omega})$ 并且$c\geqslant 0, x\in\Omega$.

（1）如果u是一个下解，$Lu\leqslant f$, 则

$$\max_{\overline{\Omega}}u\leqslant\max_{\partial\Omega}u^++C\sup_{\Omega}\frac{|f^+|}{\lambda_0},$$

其中，C只依赖于Ω的直径$\mathrm{diam}\,\Omega$和$\beta:=\sup\dfrac{|\vec{b}|}{\lambda_0}$. 特别地，如果$\Omega$ 介于两个平行的超平面之间，距离为d, 则常数C 可以取为$e^{(\beta+1)d}-1$.

（2）如果u是一个上解，$Lu\geqslant f$, 则

$$\min_{\overline{\Omega}}u\geqslant-\inf_{\partial\Omega}u^--C\min_{\Omega}\frac{f^-}{\lambda_0},$$

其中，C只依赖于Ω的直径diam Ω和$\beta := \sup \dfrac{|\vec{b}|}{\lambda_0}$. 特别地，如果$\Omega$介于两个平行的超平面之间，距离为$d$, 则常数$C$可以取为$e^{(\beta+1)d} - 1$.

证明 只需证明（1）. 不妨设Ω介于$0 < x_1 < d$这样的一个带状区域内，记

$$L_0 = -a^{ij}D_{ij} + b^iD_i,$$

则对$\alpha \geqslant \beta + 1$, 有

$$L_0 e^{\alpha x_1} = (-\alpha^2 a^{11} + \alpha b^1)e^{\alpha x_1} \leqslant -\lambda_0(\alpha^2 - \alpha\beta)e^{\alpha x_1} \leqslant -\lambda_0.$$

记

$$v = \sup_{\partial\Omega} u^+ + (e^{\alpha d} - e^{\alpha x_1}) \sup_\Omega \frac{|f^+|}{\lambda_0},$$

则

$$Lv = L_0 v + cv \geqslant L_0 v = -\sup_\Omega \frac{|f^+|}{\lambda_0} L_0 e^{\alpha x_1} \geqslant \lambda_0 \sup_\Omega \frac{|f^+|}{\lambda_0},$$

从而

$$L(u - v) \leqslant f - \lambda_0 \sup_\Omega \frac{|f^+|}{\lambda_0} = \lambda_0 \left(\frac{f}{\lambda_0} - \sup_\Omega \frac{|f^+|}{\lambda_0} \right) \leqslant 0, \ x \in \Omega,$$

并且

$$u - v \leqslant -(e^{\alpha d} - e^{\alpha x_1}) \sup_\Omega \frac{|f^+|}{\lambda_0} \leqslant 0, \ x \in \partial\Omega.$$

于是由弱极值原理10.16可得

$$u \leqslant v = \sup_{\partial\Omega} u^+ + (e^{\alpha d} - e^{\alpha x_1}) \sup_\Omega \frac{|f^+|}{\lambda_0}, \ x \in \Omega.$$

故可以取$C = e^{\alpha d} - 1$, 其中$\alpha \geqslant \beta + 1$, 从而$\sup_\Omega u \leqslant \sup_{\partial\Omega} u^+ + C \sup_\Omega \dfrac{|f^+|}{\lambda_0}$.　$\square$

10.6.2　弱解的L^∞模估计：基于迭代

考虑Ω是$\mathbb{R}^N$的有界开集，L由式(10-50)给出，即

$$Lu = -D_j(a^{ij}D_i u) + (b^iD_i u + cu),$$

L中的系数$a^{i,j}, b^i, c \in L^\infty(\Omega)$并且$L$满足一致椭圆性条件

$$a^{ij}(x)\xi_i\xi_j \geqslant \lambda_0|\xi|^2, \forall x \in \Omega, \forall \xi \in \mathbb{R}^N,$$

且

$$\sum |a^{ij}(x)|^2 \leqslant \Lambda^2, \frac{1}{\lambda_0^2}\sum |b^i(x)|^2 + \frac{1}{\lambda_0}|c(x)| \leqslant \nu^2,$$

另外

$$f = f_0 - \sum_{i=1}^N D_i f^i \in H^{-1}(\Omega).$$

最终的目的是针对弱解也能建立起形如定理10.18那样的结论，见后面定理10.24，这一节先基于迭代做一些L^∞模估计的准备.

定理 10.19:　（**弱解的L^∞模估计**）　假设存在某个$q > N$使得$f_0 \in L^{\frac{q}{2}}(\Omega), f^i \in L^q(\Omega), i = 1, 2, \cdots, N$.

（1）如果$u \in H^1(\Omega)$满足

$$\begin{cases} Lu \leqslant f, & x \in \Omega, \\ u \leqslant 0, & x \in \partial\Omega, \end{cases}$$

则

$$\sup_\Omega u \leqslant C(\|u^+\|_{L^2(\Omega)} + k), \tag{10-57}$$

其中

$$k = \frac{1}{\lambda_0}(\|f_0\|_{L^{\frac{q}{2}}(\Omega)} + \sum_{i=1}^N \|f^i\|_{L^q(\Omega)}), C = C(N, L, q, |\Omega|).$$

（2）如果$u \in H^1(\Omega)$满足

$$\begin{cases} Lu \geqslant f, & x \in \Omega, \\ u \geqslant 0, & x \in \partial\Omega, \end{cases}$$

则

$$\sup_{\Omega}(-u) \leqslant C(\|u^-\|_{L^2(\Omega)} + k), \tag{10-58}$$

其中

$$k = \frac{1}{\lambda_0}(\|f_0\|_{L^{\frac{q}{2}}(\Omega)} + \sum_{i=1}^{N} \|f^i\|_{L^q(\Omega)}), C = C(N, L, q, |\Omega|).$$

证明　只需证明上述定理（1）.

（1）对 $\beta \geqslant 1, M > k$, 定义

$$h(t) = \begin{cases} t^\beta - k^\beta, & t \in [k, M], \\ \beta M^{\beta-1}t - (\beta-1)M^\beta - k^\beta, & t > M. \end{cases} \tag{10-59}$$

可见 $h(t) \in C^1[k, \infty)$.

（2）定义 $w = u^+ + k \geqslant k$ 以及

$$v = G(w) := \int_k^w |h'(s)|^2 \mathrm{d}s, \tag{10-60}$$

则 $v = G(w) \geqslant 0$ 且当 $v = G(w) > 0$ 时 $Dw = Du$. 特别地，

$$G(s) \leqslant sG'(s), s \in [k, \infty). \tag{10-61}$$

这是因为

$$G'(s) = |h'(s)|^2 = \begin{cases} \beta^2 s^{2\beta-2}, & s \in [k, M], \\ \beta^2 M^{2\beta-2}, & s > M. \end{cases}$$

从而

$$G(s) = \begin{cases} \frac{\beta^2}{2\beta-1}\left[s^{2\beta-1} - k^{2\beta-1}\right], & s \in [k, M], \\ \frac{\beta^2}{2\beta-1}\left[M^{2\beta-1} - k^{2\beta-1}\right] + \beta^2 M^{2\beta-2}(s - M), & s > M \end{cases}$$

和

$$sG'(s) = \begin{cases} \beta^2 s^{2\beta-1}, & s \in [k, M], \\ \beta^2 M^{2\beta-2}s, & s > M. \end{cases}$$

由于 $\beta \geqslant 1$, 所以式(10-61)成立. 尤其是当 $x \in \partial\Omega$, $u \leqslant 0$ 时, 有 $w \equiv k$, $x \in \partial\Omega$, 从而 $v \equiv 0$, $x \in \partial\Omega$, 因此 $0 \leqslant v \in C_0^1(\Omega)$.

（3）由一致椭圆性条件可得

$$
\int_\Omega \sum_{i,j=1}^N a^{ij} D_j u D_i v \mathrm{d}x = \int_{\{v>0\}} \sum_{i,j=1}^N a^{ij} D_j w G'(w) D_i w \mathrm{d}x
$$

$$
= \int_\Omega \sum_{i,j=1}^N a^{ij} D_j w D_i w G'(w) \mathrm{d}x
$$

$$
\geqslant \lambda_0 \int_\Omega |Dw|^2 G'(w) \mathrm{d}x,
$$

上面用到了链式求导法则以及 $G'(w) = |h'(w)|^2 \geqslant 0$. 当 $G'(w) \geqslant 0$ 时, 用Schwarz不等式可得

$$
\left| \int_\Omega \sum_{i=1}^N D_i f^i v \mathrm{d}x \right| = \left| \int_\Omega - \sum_{i=1}^N f^i D_i v \mathrm{d}x \right|
$$

$$
\leqslant \int_{\{v>0\}} \sum_{i=1}^N |f^i| |D_i v| \mathrm{d}x
$$

$$
= \int_\Omega \sum_{i=1}^N |f^i| |D_i w| G'(w) \mathrm{d}x
$$

$$
\leqslant \frac{\lambda_0}{2} \int_\Omega |Dw|^2 G'(w) \mathrm{d}x + \frac{1}{2\lambda_0} \sum_{i=1}^N \int_\Omega |f^i|^2 G'(w) \mathrm{d}x.
$$

因此

$$
\int_\Omega \sum_{i,j=1}^N a^{ij} D_j u D_i v \mathrm{d}x - \int_\Omega f^i D_i v \mathrm{d}x
$$

$$
\geqslant \frac{\lambda_0}{2} \int_\Omega |Dw|^2 G'(w) \mathrm{d}x - \frac{1}{2\lambda_0} \sum_{i=1}^N \int_\Omega |f^i|^2 G'(w) \mathrm{d}x. \tag{10-62}
$$

另外,

$$
\int_\Omega \left(f_0 - \sum_{i=1}^N b^i D_i u - cu \right) v \mathrm{d}x = \int_{\{v>0\}} \left(f_0 - \sum_{i=1}^N b^i D_i w - cu \right) G(w) \mathrm{d}x
$$

$$
\leqslant \int_\Omega |f_0| w G'(w) \mathrm{d}x + \sum_{i=1}^N \int_\Omega |b^i| |D_i w| w G'(w) \mathrm{d}x + \int_{\{v>0\}} |cu| w G'(w) \mathrm{d}x
$$

$$\leqslant \int_\Omega |f_0| w G'(w) \mathrm{d}x + \sum_{i=1}^N \int_\Omega |b^i| |D_i w| w G'(w) \mathrm{d}x + \int_\Omega |c| w^2 G'(w) \mathrm{d}x,$$

其中用到了$v > 0$时, $w > k$, 从而$u > 0$, 所以此时$|u| = u < w$. 利用Schwarz不等式，可以整理得

$$\int_\Omega \left(f_0 - \sum_{i=1}^N b^i D_i u - cu \right) v \mathrm{d}x \leqslant \frac{\lambda_0}{4} \int_\Omega |Dw|^2 G'(w) \mathrm{d}x + \frac{1}{\lambda_0} \int_\Omega \sum_{i=1}^N |b^i|^2 w^2 G'(w) \mathrm{d}x +$$
$$\int_\Omega \left(\frac{|f_0|}{k} + |c| \right) w^2 G'(w) \mathrm{d}x. \tag{10-63}$$

（4）由于$Lu \leqslant f, 0 \leqslant v \in C_0^1(\Omega)$, 结合式(10-62)和式(10-63), 由$w \geqslant k$可得

$$\int_\Omega |Dw|^2 G'(w) \mathrm{d}x \leqslant \frac{C}{\lambda_0} \int_\Omega \left[\frac{|f_0|}{k} + \sum_{i=1}^N \left(\frac{|b^i|^2}{\lambda_0} + \frac{|f^i|^2}{\lambda_0 k^2} \right) \right] w^2 G'(w) \mathrm{d}x, \tag{10-64}$$

即

$$\int_\Omega |Dh(w)|^2 \mathrm{d}x \leqslant \frac{C}{\lambda_0} \int_\Omega \left[\frac{|f_0|}{k} + \sum_{i=1}^N \left(\frac{|b^i|^2}{\lambda_0} + \frac{|f^i|^2}{\lambda_0 k^2} \right) \right] (h'(w)w)^2 \, \mathrm{d}x. \tag{10-65}$$

若$h(w) = 0, x \in \partial\Omega$, 利用Sobolev不等式和Hölder不等式可得

$$\|h(w)\|_{L^{2^*}(\Omega)}^2 \leqslant C \|Dh(w)\|_{L^2(\Omega)}^2$$
$$\leqslant \frac{C}{\lambda_0} \left\| \frac{|f_0|}{k} + \sum_{i=1}^N \left(\frac{|b^i|^2}{\lambda_0} + \frac{|f^i|^2}{\lambda_0 k^2} \right) \right\|_{L^{\frac{q}{2}}(\Omega)} \| (h'(w)w)^2 \|_{L^{\frac{q}{q-2}}(\Omega)},$$

因此由k的定义可得

$$\frac{\|f_0\|_{L^{\frac{q}{2}}(\Omega)}}{\lambda_0 k} \leqslant 1, \quad \frac{\||\vec{f}|^2\|_{L^{\frac{q}{2}}(\Omega)}}{\lambda_0^2 k^2} = \frac{\|\vec{f}\|_{L^q(\Omega)}^2}{\lambda_0^2 k^2} \leqslant 1,$$

以及由条件

$$\frac{|b^i|^2}{\lambda_0^2} \leqslant v^2,$$

所以

$$\|h(w)\|_{L^{2^*}(\Omega)} \leqslant C \left\|\frac{|f_0|}{\lambda_0 k} + \sum_{i=1}^{N} \left(\frac{|b^i|^2}{\lambda_0^2} + \frac{|f^i|^2}{\lambda_0 k^2}\right)\right\|_{L^{\frac{q}{2}}(\Omega)}^{\frac{1}{2}} \|h'(w)w\|_{L^{\frac{2q}{q-2}}(\Omega)} \tag{10-66}$$

$$\leqslant C(\nu, |\Omega|) \|h'(w)w\|_{L^{\frac{2q}{q-2}}(\Omega)}.$$

（若 $N = 2$，取任意 $r \in (2, q)$ 来代替 2^*，可得到类似估计.）

（5）由式(10-66)中的 C 不依赖于 M，因此可以令 $M \to \infty$，此时，$h(w) \to w^\beta - k^\beta, h'(w)w \to \beta w^\beta$，所以式(10-66)的右端趋于 $C\beta\|w\|_{L^{\frac{2\beta q}{q-2}}(\Omega)}^{\beta}$，结合左端的极限，相当于可得

$$w \in L^{\frac{2\beta q}{q-2}}(\Omega) \Rightarrow w \in L^{2^*\beta}(\Omega),$$

由式(10-66)有

$$\left(\int_{\{w \leqslant M\}} (w^\beta - k^\beta)^{2^*} \mathrm{d}x\right)^{\frac{1}{2^*}} \leqslant C \left(\int_{\Omega} (\beta w^\beta)^{\frac{2q}{q-2}} \mathrm{d}x\right)^{\frac{q-2}{2q}}, \tag{10-67}$$

从而

$$\left(\int_{\{w \leqslant M\}} (w^\beta)^{2^*} \mathrm{d}x\right)^{\frac{1}{2^*}} \leqslant \left(\int_{\{w \leqslant M\}} (k^\beta)^{2^*} \mathrm{d}x\right)^{\frac{1}{2^*}} + C\beta \left(\int_{\Omega} (w^\beta)^{\frac{2q}{q-2}} \mathrm{d}x\right)^{\frac{q-2}{2q}}. \tag{10-68}$$

但是由于

$$\left(\int_{\Omega} (w^\beta)^{\frac{2q}{q-2}} \mathrm{d}x\right)^{\frac{q-2}{2q}} \geqslant \left(\int_{\{w \leqslant M\}} (k^\beta)^{\frac{2q}{q-2}} \mathrm{d}x\right)^{\frac{q-2}{2q}} = k^\beta |\{w \leqslant M\}|^{\frac{q-2}{2q}},$$

而

$$\left(\int_{\{w \leqslant M\}} (k^\beta)^{2^*} \mathrm{d}x\right)^{\frac{1}{2^*}} = k^\beta |\{w \leqslant M\}|^{\frac{1}{2^*}}$$

$$= k^\beta |\{w \leqslant M\}|^{\frac{q-2}{2q}} \cdot |\{w \leqslant M\}|^{\frac{1}{2^*} - \frac{q-2}{2q}},$$

注意到指标 $\dfrac{1}{2^*} - \dfrac{q-2}{2q} < 0$，而当取 M 足够大时，集合 $\{w \leqslant M\}$ 有严格正测度下界，从而有

$$\left(\int_{\{w \leqslant M\}} (k^\beta)^{2^*} \mathrm{d}x\right)^{\frac{1}{2^*}} \leqslant C(q, |\Omega|) \left(\int_{\Omega} (w^\beta)^{\frac{2q}{q-2}} \mathrm{d}x\right)^{\frac{q-2}{2q}}.$$

于是结合式(10-68)有

$$\left(\int_{\{w\leqslant M\}}(w^\beta)^{2^*}\,\mathrm{d}x\right)^{\frac{1}{2^*}}\leqslant C(1+\beta)\left(\int_\Omega(w^\beta)^{\frac{2q}{q-2}}\,\mathrm{d}x\right)^{\frac{q-2}{2q}}\leqslant 2C\beta\left(\int_\Omega(w^\beta)^{\frac{2q}{q-2}}\,\mathrm{d}x\right)^{\frac{q-2}{2q}}.$$

$$(10\text{-}69)$$

重新定义C, 则相当于得到了

$$\|w\|_{L^{2^*\beta}(\Omega)}\leqslant(C\beta)^{\frac{1}{\beta}}\|w\|_{L^{\frac{2\beta q}{q-2}}(\Omega)}.$$

为了方便，记

$$\bar{q}:=\frac{2q}{q-2},\quad 2^*:=\chi\bar{q},$$

其中

$$\chi:=\frac{N(q-2)}{(N-2)q}>1\quad（因为$q>N$）.$$

于是相当于获得了可积性的提升

$$\|w\|_{L^{\chi\beta\bar{q}}(\Omega)}\leqslant(C\beta)^{\frac{1}{\beta}}\|w\|_{L^{\beta\bar{q}}(\Omega)},\qquad(10\text{-}70)$$

其中，$C=C(N,L,q,|\Omega|)$, 与β无关.

（6）在（5）的基础上，通过迭代可得 $w\in\cap_{1\leqslant p<\infty}L^p(\Omega)$. 特别地，取 $\beta=\chi^m,m=0,1,2,\cdots$, 则由式(10-70)可得

$$\|w\|_{L^{\chi^K\bar{q}}(\Omega)}\leqslant(C\chi^{K-1})^{\chi^{1-K}}\|w\|_{L^{\chi^{K-1}\bar{q}}(\Omega)}$$

$$\leqslant\cdots$$

$$\leqslant\prod_{m=0}^{K-1}(C\chi^m)^{\chi^{-m}}\|w\|_{L^{\bar{q}}(\Omega)}$$

$$\leqslant C^{\sigma_K}\chi^{\tau_K}\|w\|_{L^{\bar{q}}(\Omega)},$$

其中

$$\sigma_K=\sum_{m=0}^{K-1}\chi^{-m},\quad \tau_K=\sum_{m=0}^{K-1}m\chi^{-m}.$$

由于$\chi > 1$，所以级数$\sum_{m=0}^{\infty} \chi^{-m}$ 和$\sum_{m=0}^{\infty} m\chi^{-m}$ 均收敛（利用达朗贝尔判别法即可得）．因此令$K \to \infty$，可知存在某个$C = C(N, q, L, |\Omega|)$ 使得

$$\sup_{\Omega} w = \lim_{K \to \infty} \|w\|_{L^{\chi^K \bar{q}}(\Omega)} \leqslant \lim_{K \to \infty} C^{\sigma_K} \chi^{\tau_K} \|w\|_{L^{\bar{q}}(\Omega)} \leqslant C\|w\|_{L^{\bar{q}}(\Omega)}.$$

结合

$$\|u\|_{L^{\bar{q}}(\Omega)}^{\bar{q}} \leqslant \|u\|_{\infty}^{\bar{q}-2} \|u\|_{L^2(\Omega)}^2,$$

所以可找到适当的$C > 0$ 使得

$$\|w\|_{\infty} = \sup_{\Omega} w \leqslant C\|w\|_{L^2(\Omega)}. \tag{10-71}$$

于是由式(10-71) 和$w = u^+ + k$ 可得结论(10-57).　　　　　　　□

注释 10.17：　当上面的定理10.19条件中$u \leqslant 0, x \in \partial\Omega$ 一般化到$u \leqslant \ell, x \in \partial\Omega$时，可以引入$\tilde{u} := u - \ell$，则$\tilde{u} \leqslant 0$ on $\partial\Omega$, 此时

$$L\tilde{u} = Lu - L\ell = Lu - c\ell \leqslant f - c\ell := \tilde{f}_0 - \sum_{i=1}^{N} D_i f^i,$$

其中$\tilde{f}_0 = f_0 - c\ell$. 对$\tilde{u}$和$\tilde{f}_0$ 应用定理10.19可得

$$\sup_{\Omega} \tilde{u} \leqslant C(\|\tilde{u}\|_{L^2(\Omega)} + \tilde{k}),$$

其中

$$\tilde{k} = \frac{1}{\lambda_0}(\|\tilde{f}_0\|_{L^{\frac{q}{2}}(\Omega)} + \sum_{i=1}^{N} \|f^i\|_{L^q(\Omega)}),$$

即

$$\tilde{k} = k + \frac{|\ell|}{\lambda_0}\|c\|_{L^{\frac{q}{2}}(\Omega)}.$$

代入整理可得

$$\sup_{\Omega} u \leqslant C(\|u\|_{L^2(\Omega)} + \tilde{k} + |\ell|). \tag{10-72}$$

类似地，当上解$Lu \geqslant f$并且$u \geqslant \ell, x \in \partial\Omega$时可类似得结论

$$\sup_{\Omega}(-u) \leqslant C(\|u\|_{L^2(\Omega)} + \tilde{k} + |\ell|). \tag{10-73}$$

注释 10.18： 关于解的L^∞估计、L^p估计、Hölder估计、Schauder估计、Moser迭代、Digoge迭代、Nash迭代、靴带法等，内容非常丰富全面，不是这里简单一小节内容能讲得清楚的，关于标准的椭圆估计所涉及的内容，会有专门开的课程继续讨论。下面考虑

$$L = -a^{ij}D_{ij} + b^i D_i + c$$

是一致椭圆的，具有L^∞系数，实数$p > 1$. 直接给出L^p估计和**Schaduer估计**的相关定理，方便大家查阅，但是证明过程不展开细讲了.

定理 10.20： （L^p-内估计）设Ω为有界开集，并且有部分边界$\Gamma \subset \partial\Omega$使得$\Gamma \in C^{0,1}$. 算子$L$是一致椭圆的，$c \leqslant 0, c \in C(\overline{\Omega})$且$a^{ij}, b^i \in C^{0,1}(\overline{\Omega})$. 又设$f \in L^p(\Omega)$. 若$u \in W^{2,p}$满足

$$\begin{cases} Lu = f, & x \in \Omega, \\ u = 0 & x \in \Gamma. \end{cases}$$

则对任意的子区域Ω_1满足$\overline{\Omega} \subset \Omega \cup \Gamma^o$, 有

$$\|u\|_{2,p,\Omega_1} \leqslant C\left(\|u\|_{p,\Omega} + \|f\|_{p,\Omega}\right),$$

其中，C仅依赖于$N, p, \Omega, \Omega_1, \Gamma$以及$L$的系数.

定理 10.21： （L^p-全局估计）设L是$C^{0,1}$区域Ω上的一致椭圆算子，其系数连续，且$a^{ij}, b^i \in C^{0,1}(\overline{\Omega}), c \leqslant 0, f \in L^p(\Omega)$. 若$u \in W^{2,p}(\Omega) \cap H_0^1(\Omega)$满足$Lu = f$, $x \in \Omega$, 则

$$\|u\|_{2,p,\Omega} \leqslant C\left(\|u\|_{p,\Omega} + \|f\|_{p,\Omega}\right),$$

其中，C仅依赖于N, p, Ω以及L的系数.

下面罗列**Schauder估计**的定理。

假设L的系数都是Ω上指数为γ的Hölder连续函数，且存在正常数λ_0, Λ使得

$$a^{ij}(x)\xi_i\xi_j \geqslant \lambda(x)|\xi|^2 \geqslant \lambda_0|\xi|^2 \tag{10-74}$$

以及

$$\max\{\|a^{ij}\|, \|b^i\|, \|c\|\}_{C^{0,\gamma}} \leqslant \Lambda. \tag{10-75}$$

定理 10.22： （**Schauder 内估计**） 设Ω 是有界开集，具有部分$C^{2,\gamma}$ 边界$\Gamma \subset \partial\Omega$. 算子$L$的系数满足条件(10-74)和(10-75). 设$u \in C^{2,\gamma}(\Omega \cup \Gamma), f \in C^{0,\gamma}(\overline{\Omega})$ 满足

$$\begin{cases} Lu = f, \ x \in \Omega, \\ u = 0, \ x \in \Gamma, \end{cases}$$

则对任意的子区域Ω_1 使得$\overline{\Omega_1} \subset \Omega \cup \Gamma^o$, 有

$$\|u\|_{2,\gamma,\overline{\Omega_1}} \leqslant C \left(\|u\|_{C(\overline{\Omega})} + \|f\|_{C^{0,\gamma}(\Omega)} \right),$$

其中，常数$C = C(N, \gamma, \lambda_0, \Lambda, \Omega_1)$.

定理 10.23： （**Schauder 全局估计**） 设Ω 是有界开集，具有$C^{2,\gamma}$ 边界。算子L的系数满足条件(10-74)和(10-75). 设$u \in C^{2,\gamma}(\Omega), f \in C^{0,\gamma}(\overline{\Omega})$ 满足

$$\begin{cases} Lu = f, \ x \in \Omega, \\ u = 0, \ x \in \partial\Omega, \end{cases}$$

则有

$$\|u\|_{2,\gamma,\overline{\Omega}} \leqslant C \left(\|u\|_{C(\overline{\Omega})} + \|f\|_{C^{0,\gamma}(\Omega)} \right),$$

其中，常数$C = C(N, \gamma, \lambda_0, \Lambda, \Omega)$.

注释 10.19: 利用 Schauder 先验估计, 在定理 10.23 的条件下, 并且 $c \geqslant 0$, 则 Dirichlet 边值问题

$$Lu = f, \ x \in \Omega, u = 0, \ x \in \partial\Omega$$

有唯一解 $u \in C^{2,\gamma}(\overline{\Omega})$. 其中, 唯一性可以考虑 $f = 0$, 由上面先验估计可得. 至于存在性, 可以用连续性方法获得.

注释 10.20: "靴带法" (bootstrapping) 主要是用来处理非线性方程解的**正则性问题**的, 实际上就是重复

$$L^p \text{估计} \to \text{Sobolev 嵌入} \to L^p \text{估计},$$

反复迭代, 不断抬高解的可积性, 直到获得解 $u \in C^{0,\gamma}(\overline{\Omega})$, 然后转向开始 Schauder 估计进行迭代, 逐步抬高非线性方程解的光滑性, 直到边界和系数许可的程度. **注意这个迭代的起点要求非线性是 Sobolev 次临界的才能启动, 当涉及临界情形时需要另外特殊处理。** 此时需要用到下面的 Brezis-Kato 引理.

引理 10.1: (**Brezis-Kato 引理**) Ω 是 $\mathbb{R}^N$ 的有界开集, $N \geqslant 3, h \in L^{\frac{N}{2}}(\Omega)$, 若 $u \in H_0^1(\Omega)$ 满足

$$-\Delta u = hu, \ x \in \Omega,$$

则对任意的 $q \geqslant 1$, 都有 $u \in L^q(\Omega)$.

10.6.3 弱解的弱极值原理的推广: 弱解 L^∞ 模先验估计

基本条件同前一小节, 考虑 Ω 是 $\mathbb{R}^N$ 的有界开集, L 由式 (10-50) 给出, 即

$$Lu = -D_j(a^{ij}D_i u) + (b^i D_i u + cu),$$

L 中的系数 $a^{i,j}, b^i, c \in L^\infty(\Omega)$ 并且 L 满足一致椭圆性条件: $\exists \lambda_0 > 0$ 使得 $a^{ij}\xi_i\xi_j \geqslant \lambda_0|\xi|^2, \forall \xi \in \mathbb{R}^N, x \in \Omega$. 另外

$$f = f_0 - \sum_{i=1}^N D_i f^i \in H^{-1}(\Omega).$$

由于能量估计的过程是标准的，为了便利，下面引入记号

$$A^i(x, z, p) = a^{i,j}(x)p_j - f^i(x), B(x, z, p) = b^i(x)p_i + c(x)z - f_0(x), \quad (x, z, p) \in \Omega \times \mathbb{R} \times \mathbb{R}^N,$$
(10-76)

则 $Lu = (\geqslant, \leqslant)f$ 对应可简单表述为

$$-D_i A^i(x, u, Du) + B(x, u, Du) = (\geqslant, \leqslant)0.$$
(10-77)

又等价描述为

$$\int_\Omega \Big(D_i v A^i(x, u, Du) + v B(x, u, Du) \Big) \, \mathrm{d}x = (\geqslant, \leqslant)0, \forall 0 \leqslant v \in C_0^1(\Omega).$$
(10-78)

则在一致椭圆性条件下，有估计

$$\begin{cases} p_i A^i(x, z, p) \geqslant \frac{\lambda_0}{2}|p|^2 - \frac{1}{2\lambda_0}|\vec{f}|^2, \\ |B(x, z, p)| \leqslant |\vec{b}||p| + |cz| + |f_0|. \end{cases}$$
(10-79)

具体细节前面已经证明过了，为了完整性，便于学习，再补充一下：

$$\begin{aligned} p_i A^i(x, z, p) &= a^{i,j}(x)p_j p_i - f^i(x)p_i \\ &\geqslant \lambda_0|p|^2 - \left(\frac{\lambda_0}{2}|p|^2 + \frac{1}{2\lambda_0}|\vec{f}|^2 \right) \\ &= \frac{\lambda_0}{2}|p|^2 - \frac{1}{2\lambda_0}|\vec{f}|^2. \end{aligned}$$

而 $|B(x, z, p)| \leqslant |\vec{b}||p| + |cz| + |f_0|$ 显然成立.

定理 10.24: **（弱解的弱极值原理的推广）** 假设存在某个 $q > N$ 使得 $f_0 \in L^{\frac{q}{2}}(\Omega), f^i \in L^q(\Omega), i = 1, 2, \cdots, N$. 特别地，

$$c(x) \geqslant 0.$$

（1）如果 $u \in H^1(\Omega)$ 满足

$$Lu \leqslant f, \ x \in \Omega,$$

则

$$\sup_\Omega u \leqslant \sup_{\partial\Omega} u^+ + Ck,$$
(10-80)

其中，

$$k = \frac{1}{\lambda_0}(\|f_0\|_{L^{\frac{q}{2}}(\Omega)} + \sum_{i=1}^{N} \|f^i\|_{L^q(\Omega)}), C = C(N, L, q, |\Omega|).$$

（2）如果 $u \in H^1(\Omega)$ 满足

$$Lu \geqslant f, \ x \in \Omega,$$

则

$$\inf_{\Omega}(-u) \leqslant \sup_{\partial\Omega} u^- + Ck, \tag{10-81}$$

其中，

$$k = \frac{1}{\lambda_0}(\|f_0\|_{L^{\frac{q}{2}}(\Omega)} + \sum_{i=1}^{N} \|f^i\|_{L^q(\Omega)}), C = C(N, L, q, |\Omega|).$$

证明 只需证明（1）. 假设 u 为一个下解，记 $\ell := \sup_{\partial\Omega} u^+ \geqslant 0$，则有

$$L(u - \ell) = Lu - c\ell \leqslant Lu,$$

所以不妨设 $\ell = 0$，即 $u \leqslant 0, x \in \partial\Omega$. 重复定理10.17的证明过程，可得下面结论（类似参考前面的公式）

$$\int_{\Omega} \left(a^{ij}(x)D_juD_iv + b^i(D_iu)v\right)dx \leqslant \int_{\Omega} \left(f^iD_iv + f_0v\right)dx, \quad \forall 0 \leqslant v \in H_0^1(\Omega), uv \geqslant 0. \tag{10-82}$$

假设 $k > 0$，令 $M = \sup_{\Omega} u^+$，取试验函数

$$0 \leqslant v = \frac{u^+}{M + k - u^+} \in H_0^1(\Omega),$$

由于 $v \equiv 0, x \in \{u \leqslant 0\}$，所以 supp $Dv \subset \{u > 0\}$，且此时 $v = \frac{u}{M + k - u}$，所以可以认为

$$Dv = \frac{M + k}{(M + k - u^+)^2}Du^+, \ x \in \Omega.$$

利用性质(10-79), 可得

$$\int_{\Omega} \left(a^{ij}(x) D_j u D_i v - f^i D_i v \right) \mathrm{d}x$$

$$\geqslant \frac{\lambda_0}{2}(M+k) \int_{\Omega} \frac{|Du^+|^2}{(M+k-u^+)^2}\mathrm{d}x - \frac{M+k}{2\lambda_0} \int_{\Omega} \frac{|\vec{f}|^2}{(M+k-u^+)^2}\mathrm{d}x. \tag{10-83}$$

代入式(10-82)可得

$$\frac{\lambda_0}{2} \int_{\Omega} \frac{|Du^+|^2}{(M+k-u^+)^2}\mathrm{d}x \leqslant \frac{1}{M+k} \int_{\Omega} \left(\frac{|b||u^+||Du|}{(M+k-u^+)} + \right.$$

$$\left. \frac{u^+|f_0|}{(M+k-u^+)} + \frac{M+k}{2\lambda_0} \frac{|\vec{f}|^2}{(M+k-u^+)^2} \right) \mathrm{d}x.$$

由k的定义，利用Hölder不等式可得

$$\int_{\Omega} \frac{2u^+|f_0|}{\lambda_0(M+k)(M+k-u^+)}\mathrm{d}x \leqslant \int_{\Omega} \frac{2|f_0|}{\lambda_0 k}\mathrm{d}x \leqslant C\frac{1}{\lambda_0}. \tag{10-84}$$

$$\int_{\Omega} \frac{1}{\lambda_0^2} \frac{|\vec{f}|^2}{(M+k-u^+)^2}\mathrm{d}x \leqslant \int_{\Omega} \frac{1}{\lambda_0^2} \frac{|\vec{f}|^2}{k^2}\mathrm{d}x \leqslant C\frac{1}{\lambda_0^2}. \tag{10-85}$$

于是有

$$\int_{\Omega} \frac{|Du^+|^2}{(M+k-u^+)^2}\mathrm{d}x \leqslant C\left(\frac{1}{\lambda_0} + \frac{1}{\lambda_0^2}\right) + \frac{2}{\lambda_0} \int_{\Omega} \frac{|b||Du^+|}{(M+k-u^+)}\mathrm{d}x \tag{10-86}$$

利用Young不等式继续放缩

$$\int_{\Omega} \frac{|b||Du^+|}{(M+k-u^+)}\mathrm{d}x \leqslant \int_{\Omega} \left(\frac{1}{2\lambda_0\varepsilon}|b|^2 + \frac{\lambda_0\varepsilon}{2} \frac{|Du^+|^2}{(M+k-u^+)^2} \right)\mathrm{d}x,$$

从而

$$\int_{\Omega} \frac{|Du^+|^2}{(M+k-u^+)^2}\mathrm{d}x \leqslant C\left(\frac{1}{\lambda_0} + \frac{1}{\lambda_0^2}\right) + \frac{C}{\lambda_0^2} \int_{\Omega} |b|^2\mathrm{d}x \leqslant C(L, |\Omega|). \tag{10-87}$$

记

$$w = \log \frac{M+k}{M+k-u^+},$$

则有$w \geqslant 0, x \in \Omega$ 并且$w \equiv 0, x \in \partial\Omega$, 特别地,

$$Dw = \frac{Du^+}{M+k-u^+},$$

所以式(10-87) 等价于

$$\int_\Omega |Dw|^2 \mathrm{d}x \leqslant C(L, |\Omega|),$$

于是由Sobolev不等式可得

$$\|w\|_{L^2(\Omega)} \leqslant C(N, L, |\Omega|). \tag{10-88}$$

下面将证明w满足某个椭圆方程的下解$\tilde{L}w \leqslant \tilde{f}$.

事实上，如果取$\eta \in C_0^1(\Omega), \eta \geqslant 0, \eta u \geqslant 0, x \in \Omega$, 同时取

$$v = \frac{\eta}{M + k - u^+}$$

为试验函数，此时$D_i v = \dfrac{D_i \eta}{M + k - u^+} + \dfrac{\eta D_i u^+}{(M + k - u^+)^2}$ 代入式(10-82) 中（**注意这个公式中用u^+代替u结论仍成立**）可得

$$\int_\Omega \left(a^{ij}D_j w D_i \eta + \eta a^{ij}D_i w D_j w + b^i \eta D_i w\right)\mathrm{d}x$$
$$\leqslant \int_\Omega \left(\frac{\eta f_0}{(M + k - u^+)} + \frac{(D_i \eta + \eta D_i w)f^i}{(M + k - u^+)}\right)\mathrm{d}x.$$

于是利用一致椭圆性条件以及Young不等式有

$$\int_\Omega \left(a^{ij}D_j w D_i \eta + b^i \eta D_i w\right)\mathrm{d}x + \lambda_0 \int_\Omega \eta |Dw|^2 \mathrm{d}x$$
$$\leqslant \int_\Omega \left(a^{ij}D_j w D_i \eta + \eta a^{ij}D_i w D_j w + b^i \eta D_i w\right)\mathrm{d}x$$
$$\leqslant \int_\Omega \left(\frac{\eta f_0}{(M + k - u^+)} + \frac{(D_i \eta + \eta D_i w)f^i}{(M + k - u^+)}\right)\mathrm{d}x$$
$$\leqslant \int_\Omega \left\{\left(\frac{|f_0|}{k} + \frac{|\vec{f}|^2}{2\lambda_0 k^2}\right)\eta + \frac{f^i D_i \eta}{(M + k - u^+)}\right\}\mathrm{d}x + \frac{\lambda_0}{2}\int_\Omega \eta |Dw|^2 \mathrm{d}x,$$

这表明了

$$\int_\Omega \left(a^{ij}D_j w D_i \eta + b^i \eta D_i w\right)\mathrm{d}x \leqslant \int_\Omega \left(\tilde{f}_0 \eta + \tilde{f}^i D_i \eta\right)\mathrm{d}x, \tag{10-89}$$

其中$\tilde{f}_0 = \dfrac{|f_0|}{k} + \dfrac{|\vec{f}|^2}{2\lambda_0 k^2}, \tilde{f}^i = \dfrac{f^i}{(M + k - u^+)}$. 这表明了$w$为下面椭圆方程的下解

$$-D_i\left(a^{ij}D_j w\right) + b^i D_i w \leqslant \tilde{f}_0 - D_i \tilde{f}^i, x \in \Omega, \tag{10-90}$$

并且 $w \equiv 0, x \in \partial\Omega$. 特别地，此时

$$\|\tilde{f}_0\|_{L^{\frac{q}{2}}(\Omega)} \leqslant 2\lambda_0, \|\vec{\tilde{f}}\|_{L^q(\Omega)} \leqslant \lambda_0,$$

因此应用定理10.19，结合式(10-88)可得

$$\sup_{\Omega} w \leqslant C(1 + \|w\|_2) \leqslant C. \tag{10-91}$$

由 w 的定义可知

$$\|w\|_{\infty} = \frac{M + k}{k},$$

因此式(10-91)蕴含着 $\dfrac{M + k}{k} \leqslant C$, 从而可得

$$M \leqslant Ck,$$

这样就证明了式(10-80)成立（**注意已经假定了** $\ell := \sup_{\partial\Omega} u^+ = 0$）。　　□

注释 10.21：　当 $f = 0$ 时，根据定义可得 $k = 0$, 所以上面的定理10.24 是定理10.17的一个推广.

10.7　强极值原理

10.7.1　Hopf 引理

Hopf 引理是非常重要的一个引理，它的一个直接应用就是用来证明强极值原理，在椭圆PDE研究中，它在移动平面法、爆破分析等方面都起着关键的作用.

例 10.2：　若 $\lambda > 0, W(x) = e^{-\lambda(|x-x_0|^2-r^2)} - 1$ in $\Omega \equiv B(x_0, r)$, 则下面结论成立：

（1）$W(x) > 0 = W\big|_{\partial\Omega}, \forall x \in \Omega$;

（2）$LW \leqslant 0$ in $B(x_0, r)\backslash B(x_0, \dfrac{r}{2}), \forall \lambda \gg 1$;

（3）$\dfrac{\partial W}{\partial \vec{v}} < 0$, 其中夹角 $\langle \vec{v}, \vec{n} \rangle < \dfrac{\pi}{2}$, 这里的 $\vec{n}$ 表示单位外法向量.

证明

（1）由于$\lambda > 0$, 所以对$x \in \Omega$, 有$|x - x_0|^2 - r^2 < 0$, 从而

$$W(x) = e^{\lambda(|x-x_0|^2 - r^2)} - 1 > e^0 - 1 = 0.$$

（2）由于

$$W_{x_i} = -2\lambda e^{-\lambda(|x-x_0|^2 - r^2)}(x_i - x_{0,i}), W_{x_i x_j}$$
$$= 4\lambda^2 e^{-\lambda(|x-x_0|^2 - r^2)}(x_i - x_{0,i})(x_j - x_{0,j}) - 2\lambda e^{-\lambda(|x-x_0|^2 - r^2)}\delta_{ij},$$

当$x \in B(x_0, r) \backslash B(x_0, \frac{r}{2})$时，有$-\frac{3r^2}{4} \leqslant |x - x_0|^2 - r^2 < 0$, 此时

$$LW(x) = e^{-\lambda(|x-x_0|^2 - r^2)}\left(-\sum_{i,j=1}^{N} a^{ij}(x)4\lambda^2(x_i - x_{0,i})(x_j - x_{0,j}) + \right.$$
$$\left. \sum_{i=1}^{N} 2\lambda a^{ii}(x) - \sum_{i=1}^{N} 2\lambda b^i(x_i - x_{0,i}) + c\right) - c$$

利用一致椭圆性条件可得

$$\sum_{i,j=1}^{N} a^{ij}(x)(x_i - x_{0,i})(x_j - x_{0,j}) \geqslant \lambda_0 |x - x_0|^2 \geqslant \frac{\lambda_0 r^2}{4} > 0.$$

由$b^i, c \in L^\infty$, 可知当$\lambda \gg 1$时，可得

$$LW \leqslant 0 \text{ in } B(x_0, r) \backslash B(x_0, \frac{r}{2}).$$

（3）由于W的对称性，所以

$$\frac{\partial W}{\partial \vec{n}} = -2\lambda e^{-\lambda(|x-x_0|^2 - r^2)}(x - x_0).$$

所以当$x \in \partial\Omega$时，有

$$\left.\frac{\partial W}{\partial \vec{n}}\right|_{\partial\Omega} = -2\lambda r\vec{n}.$$

因此当夹角$\theta := \langle \vec{v}, \vec{n} \rangle < \frac{\pi}{2}$时，

$$\frac{\partial W}{\partial \vec{v}} = \frac{\partial W}{\partial \vec{n}} \cdot \vec{v} = -2\lambda r\vec{n} \cdot \vec{v} = -2\lambda r\cos\theta < 0. \qquad \square$$

引理 10.2： **（Hopf 引理）** 假设 $c \equiv 0$, $x \in \Omega$, 若 u 为 L 在 Ω 上的一个下解（i.e., $Lu \leqslant 0$），并且存在 $y_0 \in \partial\Omega$ 且 $\partial\Omega$ 在 y_0 处满足内部球条件（即存在某个开球 $B \subset \Omega$, 并且 $y_0 \in \partial B$, 简单描述即 B 内切 Ω 于 y_0），且存在 $\delta > 0$ 使得

$$u \in C^2(\Omega \cap B(y_0, \delta)) \cap C(\overline{\Omega \cap B(y_0, \delta)}),$$

$$Lu \leqslant 0 \text{ in } \Omega \cap B(y_0, \delta).$$

如果

$$u(y_0) > u(x), \forall x \in \Omega \cap B(y_0, \delta), \tag{10-92}$$

（1）则有结论

$$\frac{\partial u}{\partial \vec{v}}(y_0) > 0,$$

这里的 $\vec{v}$ 与 y_0 处相对于 B 的单位外法向量 $\vec{n}$ 的夹角小于 $\frac{\pi}{2}$.

（2）如果 $c \geqslant 0$, $x \in \Omega$, 若还有结论 $u(y_0) \geqslant 0$, 则（1）的结论仍成立.

证明　因为 $\partial\Omega$ 在 y_0 处有内部球条件，所以 $\exists x_0 \in \Omega, r > 0$ 使得

$$B(x_0, r) \subset \Omega, \text{ 且 } \overline{B(x_0, r)} \cap \partial\Omega = \{y_0\}.$$

不妨设 $B(x_0, r) \subset B(y_0, \delta)$, 考虑

$$\phi(x) \equiv u(x) + \varepsilon W(x),$$

其中 $W(x)$ 如上面的例题 10.2 所示，但是 λ, ε 待定，若能保证

$$\phi(x) \leqslant \phi(y_0) = u(y_0), \forall x \in B(x_0, r) \backslash B(x_0, \frac{r}{2}), \tag{10-93}$$

则自然有结论

$$\frac{\partial \phi}{\partial \vec{v}}(y_0) = \nabla\phi \cdot \vec{v} \geqslant 0,$$

从而

$$\frac{\partial u}{\partial \vec{v}}(y_0) \geqslant -\varepsilon \frac{\partial W}{\partial \vec{v}}(y_0) > 0.$$

因此下面只需找到合适的λ和ε使得式(10-93)成立即可.

（1）首先根据$W(x)\big|_{\partial B(x_0,r)} \equiv 0$, 可得

$$\phi\big|_{\partial B(x_0,r)} = u(x)$$

所以

$$\phi(y_0) = u(y_0), \phi(x) = u(x) < u(y_0) = \phi(y_0), \forall x \in \partial B(x_0,r)\backslash\{y_0\}. \tag{10-94}$$

可以取$\lambda \gg 1$使得$LW \leqslant 0$ in $B(x_0,r)\backslash B(x_0,\frac{r}{2})$, 从而

$$L\phi = Lu + \varepsilon LW \leqslant Lu \leqslant 0 \text{ in } \Lambda := B(x_0,r)\backslash B(x_0,\frac{r}{2}).$$

于是利用弱极值原理（见定理10.15），可得

$$\max_{\overline{\Lambda}} \phi(x) = \max_{\partial\Lambda} \phi(x). \tag{10-95}$$

由于

$$u\big|_{\partial B(x_0,\frac{r}{2})} < u(y_0),$$

所以固定λ, 可以取$\varepsilon > 0$充分小使得

$$\phi\big|_{\partial B(x_0,\frac{r}{2})} < u(y_0) = \phi(y_0). \tag{10-96}$$

综合上面的式(10-94) 至 (10-96), 得

$$\max_{\overline{\Lambda}} \phi(x) = \max_{\partial\Lambda} \phi(x) = \phi(y_0),$$

从而

$$\phi(x) \leqslant \phi(y_0), x \in \Lambda,$$

所以式(10-93)成立.

注意当$c \geqslant 0$ in Ω 时，自然有$c(x) \geqslant 0$ in Λ, 所以如果还有$\phi(y_0) = u(y_0) \geqslant 0$ 时，同样有式(10-96)成立（否则ϕ在Λ的内部取到正的最大值，与定理10.16矛盾，见注释10.12）.　　　　$\square$

10.7.2　经典解的强极值原理

定理 10.25：　（经典解的强极值原理）　$\Omega \subset \mathbb{R}^N$为有界连通开集，　L由式(10-47)给出，$u \in C^2(\Omega) \cap C(\overline{\Omega})$, $c \equiv 0$.

（1）　u为一个下解，并且在内部x_0处达到最大值，i.e.,

$$x_0 \in \Omega, u(x_0) = \max_{\overline{\Omega}} u,$$

则u在Ω上恒为常数，$u(x) \equiv u(x_0)$. 特别地，如果$c \geqslant 0, x \in \Omega$, 并且

$$x_0 \in \Omega, u(x_0) = \max_{\overline{\Omega}} u \geqslant 0,$$

则同样有$u(x) \equiv u(x_0)$ in Ω.

（2）　u为一个上解，并且在内部x_0处达到最小值，i.e.,

$$x_0 \in \Omega, u(x_0) = \min_{\overline{\Omega}} u,$$

则u在Ω上恒为常数，$u(x) \equiv u(x_0)$. 特别地，如果$c \geqslant 0, x \in \Omega$, 并且

$$x_0 \in \Omega, u(x_0) = \min_{\overline{\Omega}} u \leqslant 0,$$

则同样有$u(x) \equiv u(x_0), x \in \Omega$.

证明　同前面类似，只需证明（1），用$(-u)$来讨论即可得到（2）. 现在假设u为一个下解，并且

$$x_0 \in \Omega, u(x_0) = \max_{\overline{\Omega}} u =: M.$$

记$\Xi := \{x \in \Omega : u(x) = M\} \neq \emptyset$, 采取反证法，假设$u(x) \not\equiv M$,则

$$\Lambda := \{x \in \Omega : u(x) < M\}$$

为一个非空开集. 因此可以取到某点$y \in \Omega$使得

$$\text{dist}(y, \Xi) < \text{dist}(y, \partial\Omega).$$

于是可以取到某个以y为球心的最大球$B(y, r)$使得

$$B(y, r) \subset \Lambda$$

并且存在某点 $y_0 \in \Xi \cap \partial B(y, r)$. 由于此时的 Λ 在 y_0 处满足内部球条件, $u(x) < u(y_0), x \in \Lambda$, 所以利用 Hopf 引理可得 $\dfrac{\partial u}{\partial \vec{\nu}}(y_0) > 0$. 特别地, 如果 $c \geqslant 0$ 并且 $u(y_0) \geqslant 0$ 时, 同样由 Hopf 引理可得 $\dfrac{\partial u}{\partial \vec{\nu}}(y_0) > 0$.

但是另外, 由 y 的选取 $\mathrm{dist}(y, \Xi) < \mathrm{dist}(y, \partial\Omega)$ 可知 $y_0 \in \Omega$ 同样为内点, 并且 $u(y_0) = M = \max\limits_{\overline{\Omega}} u$, 所以有 $Du(y_0) = 0$, 矛盾.　　　　□

10.7.3　弱解的强极值原理

此书的初衷是给著者的研究生作为工具书来使用, 为了方便查阅, 倾向于把弱解的强极值原理放在强解的强极值原理后面. 但是, 弱解的强极值原理需要用到弱解的局部行为, 所以这里先暂且承认它, 后面将会证明它.

定理 10.26: 考虑

$$Lu = -D_j(a^{ij}D_i u) + (b^i D_i u + cu),$$

其中

$$a^{ij}(x)\xi_i\xi_j \geqslant \lambda_0|\xi|^2, \forall x \in \Omega, \forall \xi \in \mathbb{R}^N, \tag{10-97}$$

$$\sum |a^{ij}(x)|^2 \leqslant \Lambda^2, \frac{1}{\lambda_0^2}\sum |b^i(x)|^2 + \frac{1}{\lambda_0}|c(x)| \leqslant \nu^2, \tag{10-98}$$

$$c(x) \geqslant 0. \tag{10-99}$$

假设 $u \in H^1(\Omega)$ 为一个下解, i.e., $Lu \leqslant 0, x \in \Omega$, 则有强极值原理: 如果存在某个内球 $B \subset\subset \Omega$ 使得

$$\sup_B u = \sup_\Omega u \geqslant 0, \tag{10-100}$$

则 u 在 Ω 上必为常值函数并且如果还有 $u \equiv C \neq 0$, 则 $c(x) \equiv 0$.

证明　记 $B = B(y, R)$, 不失一般性, 不妨假设 $B(y, 4R) \subset \Omega$ (否则调整 R 变小来讨论即可). 令 $M = \sup\limits_{\Omega} u$, 对非负上解 $M - u$ 使用弱 Harnack 不等式 (考虑 $p = 1$, 见后面的定理 10.30), 得

$$R^{-N} \int_{B(y, 2R)} (M - u)\mathrm{d}x \leqslant C \inf_B (M - u) = 0.$$

因此 $u \equiv M$ in $B(y, 2R)$. 这表明了 y 为集合 $\Omega_M := \{x \in \Omega : u(x) = M\}$ 的内点. 由此可得 Ω_M 为 Ω 的相对开集, 从而它是一个既开又闭的集合, 所以 $\Omega_M = \Omega$. 特别地, $M \geqslant 0$ 显然成立. 如果 $M \neq 0$, 则由 $Lu \equiv c(x)M \equiv 0 \Rightarrow c(x) \equiv 0$ in Ω. □

注释 10.22:　弱解的强极值原理用一句话描述, 即非常值下解不能在内部达到非负最大值. 因此, 类似地可有非常值上解不能在内部达到非正的最小值.

10.8　Harnack 不等式

10.8.1　经典解的局部性质

考虑 L 为下面的非散度形式

$$Lu = -\sum_{i,j=1}^{N} a^{ij} u_{x_i x_j},$$

其中, $a^{i,j}$ 都是连续的并且满足一致椭圆性条件而且 $a^{ij} = a^{ji}$,

$$\lambda_0 |\xi|^2 \leqslant a^{ij}(x)\xi_i \xi_j \leqslant \Lambda |\xi|^2. \tag{10-101}$$

定理 10.27:　(经典解的局部行为)　假设 $0 \leqslant u \in C^2(\Omega)$ 在 $\Omega := B(x_0, R)$ 上满足

$$Lu \equiv -a^{ij} D_{ij} u = 0, i, j = 1, 2, \cdots, N, \tag{10-102}$$

其中 L 的系数连续并且满足

$$\frac{\Lambda}{\lambda_0} \leqslant \mu, \text{这里的} \mu \text{为常数}, \tag{10-103}$$

则对任意的$z \in B(x_0, \dfrac{R}{4})$，都有不等式

$$Ku(x_0) \leqslant u(z) \leqslant K^{-1}u(x_0), \tag{10-104}$$

其中这里的K为一个仅依赖于μ的常数.

证明　利用平移不变性，不妨设$x_0 = 0$. 根据L的定义可得做适当的伸缩变换之后μ值并没有改变. 具体来说，比如考虑$u(x) = u(Ry) = \phi(y), y \in B(0, 1)$, 假设

$$L\phi \equiv -a^{ij}(y)D_{y_iy_j}\phi = 0,$$

则对应地有

$$\tilde{L}u = -\tilde{a}^{ij}(x)D_{x_ix_j}u = 0,$$

其中

$$\tilde{a}^{ij}(x) = R^2 a^{ij}(y) = R^2 a^{ij}(\frac{x}{R}),$$

约掉R^2, 可得在$x_0 = 0$处$Lu = 0$. 因此不妨设$R = 1$, 即考虑$\Omega = B(0, 1)$. 因为$u \geqslant 0$, 所以由极值原理可知$u \equiv 0, x \in \Omega$, 或者$u > 0$ in Ω. 若$u \equiv 0$, 则结论对所有的K 都成立. 因此下面只讨论$u > 0$ in Ω的情形.

（1）令$G := \{x \in \Omega : u(x) > \dfrac{u(0)}{2}\}$, 则它为一个非空开集. 记$G' \subset G$为包含$x = 0$这个点所在的连通分支，则由强极值原理可知$\partial G' \cap \partial \Omega \neq \emptyset$. 否则，$\partial G'$都是$\Omega$的内点，即$\partial G' \subset \Omega$, 可得$G' \subset\subset \Omega$, 进而有

$$u > \frac{u(0)}{2}, x \in G' \text{ 且 } u \equiv \frac{u(0)}{2}, x \in \partial G'.$$

在G'上运用强极值原理可得

$$u(0) \leqslant \sup_{G'} u = \sup_{\partial G'} u = \frac{u(0)}{2} < u(0),$$

矛盾。

（2）在（1）已经证得的结论$\partial G' \cap \partial \Omega \neq \emptyset$基础上，不失一般性，不妨设$(0, 0, \cdots, 0, 1) \in \partial G'$，定义

$$\phi_{\pm}(x', x_N) = \pm |x'| + \frac{3}{4} - k\left(x_N - \frac{1}{2}\right)^2, \quad x' \in \mathbb{R}^{N-1}, k > 0.$$

定义$\Gamma_{\pm} := \{x \in \mathbb{R}^N : \phi_{\pm} = 0\}$，注意到$\{(x', \frac{1}{2}) : |x'| = \frac{3}{4}\} \subset \Omega$，且它们都落在超平面$\{x = (x', x_N) : x_N = \frac{1}{2}\}$中。令$\mathcal{P}_{\pm} := \{x \in \Omega : \phi_{\pm} > 0\}$，则$\mathcal{P}_+ \cap \mathcal{P}_-$即由$\Gamma_+$和$\Gamma_-$相交所围成的区域，当考虑$k$充分大时，$\mathcal{P}_+ \cap \mathcal{P}_-$完全落在$\Omega^+ := \{x \in \Omega : x_N > 0\}$内，即在$\{x : x' = 0\}$这个超平面的上方（事实上，由$\frac{1}{2} - \sqrt{\frac{3}{4k}} \geqslant 0$知只需取$k \geqslant 3$）．此外，在$\mathcal{P}_{\pm}$中$0 < \phi_{\pm} < \frac{7}{4}$．

第三步：令$E_{\pm} = e^{\alpha \phi_{\pm}}, \alpha > 0$待定，则

$$D_i E_{\pm} = e^{\alpha \phi_{\pm}} \alpha D_i \phi_{\pm} = \begin{cases} E_{\pm} \alpha \left(\pm \frac{x_i}{|x'|}\right), & 1 \leqslant i \leqslant N-1, \\ E_{\pm} \alpha (-2k)(x_N - \frac{1}{2}), & i = N. \end{cases} \tag{10-105}$$

于是

$$D_{ij} E_{\pm} = E_{\pm} \alpha^2 \frac{x_i}{|x'|} \frac{x_j}{|x'|} + E_{\pm} \alpha \left[\pm \left(\frac{\delta_{ij}}{|x'|} - \frac{x_i x_j}{|x'|^3}\right)\right], \ 1 \leqslant i, j \leqslant N-1,$$

$$D_{iN} E_{\pm} = D_{Ni} E_{\pm} = E_{\pm} \alpha^2 \left(\pm \frac{x_i}{|x'|}\right)(-2k)(x_N - \frac{1}{2}), \ 1 \leqslant i \leqslant N-1,$$

$$D_{NN} E_{\pm} = E_{\pm} \alpha^2 \left[(-2k)(x_N - \frac{1}{2})\right]^2 - E_{\pm}(2k\alpha).$$

为了方便，记$\tilde{x}_i = \pm \frac{x_i}{|x'|}, 1 \leqslant i \leqslant N-1, \tilde{x}_N = (-2k)(x_N - \frac{1}{2})$，即相当于有

$$\begin{cases} D_{ij} E_{\pm} = E_{\pm} \left\{\alpha^2 \tilde{x}_i \tilde{x}_j + \alpha \frac{1}{|x'|} \left[\delta_{ij} - \tilde{x}_i \tilde{x}_j\right]\right\}, & 1 \leqslant i, j \leqslant N-1, \\ D_{iN} E_{\pm} = D_{Ni} E_{\pm} = E_{\pm} \alpha^2 \tilde{x}_i \tilde{x}_N, & 1 \leqslant i \leqslant N-1, \\ D_{NN} E_{\pm} = E_{\pm} \left(\alpha^2 \tilde{x}_N^2 - 2k\alpha\right). \end{cases} \tag{10-106}$$

因此

$$-a^{ij}D_{ij}E_{\pm} = -E_{\pm}\left\{\alpha^2 a^{ij}\tilde{x}_i\tilde{x}_j\right\} - E_{\pm}\alpha\left\{\frac{1}{|x'|}\left[\sum_{i=1}^{N-1}a^{ii} - \sum_{i,j=1}^{N-1}a^{ij}\tilde{x}_i\tilde{x}_j\right] - 2ka^{NN}\right\}.$$

利用一致椭圆性条件可得

$$\sum_{i=1}^{N-1}a^{ii} - \sum_{i,j=1}^{N-1}a^{ij}\tilde{x}_i\tilde{x}_j \geqslant 0,$$

所以

$$LE_{\pm} = -a^{ij}D_{ij}E_{\pm} \leqslant -E_{\pm}\left\{\alpha^2 a^{ij}\tilde{x}_i\tilde{x}_j - \alpha 2ka^{NN}\right\}$$

$$\leqslant -E_{\pm}\left[\alpha^2\lambda_0\left(1 + 4k^2(x_N - \frac{1}{2})^2\right) - \alpha 2k\Lambda\right]$$

$$\leqslant -E_{\pm}\left[\alpha^2\lambda_0 - \alpha 2k\Lambda\right]$$

$$\leqslant 0 \text{ in } \Omega, \ \alpha \geqslant 2k\frac{\Lambda}{\lambda_0} = 2k\mu.$$

（4）记

$$w_{\pm} := \frac{E_{\pm} - 1}{e^{\frac{7}{4}\alpha} - 1},$$

则 $Lw_{\pm} = \dfrac{1}{e^{\frac{7}{4}\alpha} - 1}LE_{\pm} \leqslant 0, x \in \Omega, w_{\pm} = 0, x \in \Gamma_{\pm}, 0 < w_{\pm} < 1, x \in \mathcal{P}_{\pm}.$ 考虑任意一点 $z \in \mathcal{P}_+ \cap \mathcal{P}_-$，则要么 $z \in \overline{G}$，要么 $z \notin \overline{G}$. 如果 $z \in \overline{G}$，则有

$$u(z) \geqslant \frac{u(0)}{2} > \frac{1}{2}u(0)w_{\pm}. \tag{10-107}$$

如果 $z \notin \overline{G}$，则下面之一成立：

（1）存在 $\mathcal{P}_-\backslash\overline{G}$ 的某个连通分支 U_- 使得 $z \in U_-, \partial U_- \subset \Gamma_- \cup \partial G$；

（2）存在 $\mathcal{P}_+\backslash\overline{G}$ 的某个连通分支 U_+ 使得 $z \in U_+, \partial U_+ \subset \Gamma_+ \cup \partial G$.

注意到在 $\partial G \cap \partial U_{\pm}$ 上，

$$\frac{1}{2}u(0)w_{\pm} - u = \frac{1}{2}u(0)(w_{\pm} - 1) < 0.$$

同时，在 $\Gamma_{\pm} \cap \partial U_{\pm}$ 上，也有

$$\frac{1}{2}u(0)w_{\pm} - u = -u < 0.$$

因此

$$\frac{1}{2}u(0)w_\pm - u < 0, \ x \in \partial U_\pm.$$

而

$$L(\frac{1}{2}u(0)w_\pm - u) = \frac{1}{2}u(0)Lw_\pm \leqslant 0,$$

所以由极值原理可得

$$\frac{1}{2}u(0)w_\pm - u \leqslant 0, \ \ x \in (\mathcal{P}_+ \cap \mathcal{P}_-)\backslash\overline{G}. \tag{10-108}$$

综合式(10-107)和式(10-108)，则有

$$u(z) > \frac{1}{2}u(0)\min\{w_+(z), w_-(z)\}, \forall z \in \mathcal{P}_+ \cap \mathcal{P}_-. \tag{10-109}$$

特别地，当 $|x'| < \frac{1}{2}, x_N = \frac{1}{2}$ 时，有 $(x', \frac{1}{2}) \in \mathcal{P}_+ \cap \mathcal{P}_-$，由于

$$\begin{aligned}
\frac{1}{2}\inf_{|x'|\leqslant\frac{1}{2}}\left\{w_+(x', \tfrac{1}{2}), w_-(x', \tfrac{1}{2})\right\} &= \frac{1}{2}\inf_{|x'|\leqslant\frac{1}{2}}\left\{\frac{E_+(x', \tfrac{1}{2}) - 1}{e^{\frac{7}{4}\alpha} - 1}, \frac{E_-(x', \tfrac{1}{2}) - 1}{e^{\frac{7}{4}\alpha} - 1}\right\} \\
&\geqslant \frac{1}{2}\frac{e^{\frac{\alpha}{4}} - 1}{e^{\frac{7}{4}\alpha} - 1} =: K_1,
\end{aligned}$$

则有

$$u(x', \frac{1}{2}) > K_1 u(0), \ \forall|x'| \leqslant \frac{1}{2}. \tag{10-110}$$

（5）定义另外一个函数

$$\psi(x) = \psi(x', x_N) = x_N + 1 - 6|x'|^2,$$

考虑区域

$$\mathcal{P} = \{x \in \Omega : \psi(x) > 0, x_N < \frac{1}{2}\},$$

于是可见 $\mathcal{P}$ 在由 $-1 \leqslant x_N \leqslant \frac{1}{2}, |x'| \leqslant \frac{1}{2}$ 所约束的区域内，令

$$\Gamma := \{x \in \Omega : \psi(x) = 0\},$$

则Γ有顶点$(0,0,\cdots,0,-1)$并且$\{(x',\frac{1}{2}) \in \Omega : |x'| = \frac{1}{2}\} \subset \Gamma$. 注意到$0 < \psi < \frac{3}{2}$, 同上面类似可以找到合适的$\beta$（仅依赖于$\mu$）以及函数

$$w := \frac{e^{\beta\psi} - 1}{e^{\frac{3}{2}\beta} - 1},$$

则w满足

$$Lw \leqslant 0, \ x \in \Omega, w = 0, \ x \in \Gamma, 0 < w < 1, x \in \mathcal{P}.$$

由式(10-110)有$K_1 u(0)w - u < 0, x \in \partial\mathcal{P}$, 并且

$$L(K_1 u(0)w - u) = K_1 u(0)L(w) \leqslant 0, x \in \mathcal{P},$$

因此由极值原理可得

$$u(z) > K_1 u(0)w(z), \ \forall z \in \mathcal{P}. \tag{10-111}$$

（6）注意到$B(0, \frac{1}{3}) \subset \mathcal{P}$, 记$K_2 = \inf\limits_{B(0,\frac{1}{3})} w$, 则有

$$u(z) > K_1 u(0)w(z) \geqslant K_1 K_2 u(0) =: Ku(0), \ \forall z \in B(0, \frac{1}{3}). \tag{10-112}$$

显然这里的K仅依赖于μ.

现在对任意的$z \in B(0, \frac{1}{4})$, 回顾上面的证明过程, 讨论涉及的最大范围其实不超过$\frac{3}{4}$, 而此时$B(z, \frac{3}{4}) \subset \Omega$, 利用上面的$K$仅仅依赖于$\mu$, 同样可得

$$u(0) > Ku(z), \ \forall z \in B(0, \frac{1}{4}). \tag{10-113}$$

结合式(10-112)和式(10-113), 可得

$$Ku(0) < u(z) < \frac{1}{K}u(0), \forall z \in B(0, \frac{1}{4}). \tag{10-114}$$

$\square$

注释 10.23: 由式(10-114)可得

$$\sup_{B(0,\frac{1}{4})} u \leqslant \kappa \inf_{B(0,\frac{1}{4})} u, \tag{10-115}$$

其中$\kappa = \dfrac{1}{K^2}$. 与注释10.10类似，有结论

$$\sup_{B(x_0, \frac{R}{4})} u \leqslant \kappa \inf_{B(x_0, \frac{R}{4})} u, \tag{10-116}$$

只要$B(x_0, R) \subset \Omega$.

10.8.2　经典解的Harnack不等式

Harnack不等式描述的是在紧子集区域上，最大值和最小值是可以比较的. 经典解的强极值原理在经典解的Harnack不等式证明中起到非常关键的作用， Harnack不等式在证明一些Liouville定理方面非常重要.

推论 10.4:　(局部**Harnack 不等式**) 在定理10.27的条件下，对任意的连通紧子集$\Omega_1 \subset\subset \Omega$, 存在常数$C = C(N, \Omega_1, \Omega, \mu)$ 使得

$$\sup_{\Omega_1} u \leqslant C \inf_{\Omega_1} u. \tag{10-117}$$

证明　首先对Ω_1假设 y_1, y_2 这两点分别取到u的最大值和最小值. 由Ω_1是连通的，可取$\Gamma \in \Omega_1$ 为连接y_1, y_2的一条曲线，记$R = \mathrm{dist}(\Gamma, \partial\Omega)$. 利用有限覆盖定理，$\Gamma$可以被有限个球

$$B\left(\bar{x}_i, \frac{R}{4}\right), \bar{x}_i \in \Gamma, 1 \leqslant i \leqslant M$$

所覆盖。调整标记顺序不妨设$y_1 \in B(\bar{x}_1, \frac{R}{4}), y_2 \in B(\bar{x}_M, \frac{R}{4})$, 另取$x_i \in B(x_i, \frac{R}{4}) \cap B(x_{i+1}, \frac{R}{4}), 1 \leqslant i \leqslant M - 1$. 对每个$B(\bar{x}_i, \frac{R}{4})$ 应用上面定理的结论，可得

$$u(y_1) \leqslant \kappa u(x_1) \leqslant \kappa^2 u(x_2) \leqslant \cdots \leqslant \kappa^{M-1} u(x_{M-1}) \leqslant \kappa^M u(y_2).$$

故取$C = \kappa^M$ 即可.　　　　　　　　　　　　　　　　　　　□

对于一致椭圆算子来说，全空间上同样可以建立Liouville定理.

定理 10.28:　（**一致椭圆算子的Liouville定理**）　假设$Lu = -a^{ij}D_{ij}u = 0$, $x \in \Omega = \mathbb{R}^N$, 并且$L$是一致椭圆算子。若$u$ 下有界或者上有界，则u 必为常值函数.

证明   以u下有界为例证明，不妨设$\inf_{\mathbb{R}^N} u = 0$（否则用$\bar{u} := u - \inf_{\mathbb{R}^N} u$来讨论即可），则对任意的$\varepsilon > 0$, 可以找到某个点$x_0 \in \mathbb{R}^N$使得$u(x_0) < \varepsilon$. 在$B(x_0, 4R)$上使用定理10.27可得 $u(x) < Ku(x_0) < K\varepsilon$, 对$\forall x \in B(x_0, R)$成立。尤其是这里的$K$仅依赖于$\mu$, 而不依赖于$R$和$x_0$, 只要$B(x_0, 4R) \subset \Omega$即可。由于$\Omega = \mathbb{R}^N$, 所以对任意的$R > 0$都成立，于是

$$u(x) < K\varepsilon, \forall x \in \mathbb{R}^N.$$

由于ε的任意性，以及K不依赖于ε, 可以考虑令$\varepsilon \to 0$, 即可马上得出结论$u \equiv 0, x \in \mathbb{R}^N$. □

注释 10.24：   当L中包含有一阶项$b^i D_i u$和零阶项cu时，如果对Ω倍乘R, 通过坐标变换，对应新的数值Λ, λ_0与R^2成正比关系，而一阶项是与R成正比关系，零阶项则与R无关，所以有$\mu := \dfrac{\Lambda}{\lambda_0}$与$R$无关，但含有一阶项和零阶项的时，新的数值

$$\frac{|b^i|_\infty}{\lambda_0}, \frac{|c|_\infty}{\lambda_0}$$

都将依赖于R（也见后面的式(10-121)），所以上面进行经典解的讨论时为了便利，不考虑含有一阶项和零阶项的情形. 后续学习弱解的情形时，会把一般情况加入进来讨论（自然经典解也会满足相应的结论）.

10.8.3   弱解的局部性质

对方程$Lu = f$两边同时除以$\dfrac{\lambda_0}{2}$, 不妨假设L满足一致椭圆性条件中的$\lambda_0 = 2$, 同前面一样记

$$A^i(x, z, p) = a^{i,j}(x)p_j - f^i(x), B(x, z, p) = b^i(x)p_i + c(x)z - f_0(x), \quad (x, z, p) \in \Omega \times \mathbb{R} \times \mathbb{R}^N,$$

则同前面式(10-77)指出的那样， $Lu = (\geqslant, \leqslant) f$分别对应了

$$-D_i A^i(x, u, Du) + B(x, u, Du) = (\geqslant, \leqslant)0. \tag{10-118}$$

有估计

$$|\vec{A}(x, z, p)| \leqslant \left|\left(a^{ij}\right)\right| |p| + |\vec{b} z| + |\vec{f}|. \tag{10-119}$$

另外，重复前面的估计技巧有下面的结论

$$\begin{cases} |\vec{A}(x,z,p)| \leqslant \left|\left(a^{ij}\right)\right| |p| + 2(\bar{\tau})^{\frac{1}{2}}\bar{z}, \\ p \cdot \vec{A}(x,z,p) \geqslant |p|^2 - 2\bar{\tau}\bar{z}^2, \\ |\bar{z}B(x,z,p)| \leqslant \varepsilon|p|^2 + \frac{1}{\varepsilon}\bar{\tau}\bar{z}^2, \end{cases} \tag{10-120}$$

其中，$\varepsilon \in (0,1), \bar{z} = z + k, k > 0$, 以及

$$\bar{\tau}(x) := \lambda_0^{-2}\left(|\vec{b}|^2 + \frac{|\vec{f}|^2}{k^2}\right) + \lambda_0^{-1}\left(|c| + \frac{|f_0|}{k}\right) = \frac{1}{4}\left(|\vec{b}|^2 + \frac{|\vec{f}|^2}{k^2}\right) + \frac{1}{2}\left(|c| + \frac{|f_0|}{k}\right).$$

为了获取区域倍乘后的相关估计（注意由于此时b^i, c^i一阶项和零阶项存在，所做的估计将会依赖于倍乘的系数R,也见注释10.24），定义

$$k = k(R) = \lambda_0^{-1}\left(R^\delta\|\vec{f}\|_{L^q(\Omega)} + R^{2\delta}\|f_0\|_{L^{\frac{q}{2}}(\Omega)}\right), \tag{10-121}$$

其中，$R > 0, \delta = 1 - \dfrac{N}{q}$. 我们可以建立起类似定理10.19的结论.

定理 10.29： （弱解的局部性质）假设$Lu = -D_j(a^{ij}D_iu) + (b^iD_iu + cu)$, 其中椭圆算子$L$的系数满足

$$a^{ij}(x)\xi_i\xi_j \geqslant \lambda_0|\xi|^2, \forall x \in \Omega, \forall \xi \in \mathbb{R}^N, \tag{10-122}$$

$$\sum |a^{ij}(x)|^2 \leqslant \Lambda^2, \quad \frac{1}{\lambda_0^2}\sum |b^i(x)|^2 + \frac{1}{\lambda_0}|c(x)| \leqslant \nu^2, \tag{10-123}$$

$$f = f_0 - D_if_i,$$

其中存在某个$q > N$使得$f_0 \in L^{\frac{q}{2}}(\Omega), f^i \in L^q(\Omega), i = 1, 2, \cdots, N$. 则

（1）若$u \in H^1(\Omega)$ 为一个下解，i.e., $Lu \leqslant f$, 则对任意的球$B(y, 2R) \subset \Omega$ 以及$p > 1$, 都有

$$\sup_{B(y,R)} u \leqslant C\left(R^{-\frac{N}{p}}\|u^+\|_{L^p(B(y,2R))} + k(R)\right), \tag{10-124}$$

其中，$C = C(N, \frac{\Lambda}{\lambda_0}, \nu R, q, p)$.

（2）若 $u \in H^1(\Omega)$ 为一个上解，i.e., $Lu \geqslant f$，则对任意的球 $B(y, 2R) \subset \Omega$ 以及 $p > 1$，都有

$$\sup_{B(y,R)} (-u) \leqslant C \left(R^{-\frac{N}{p}} \|u^-\|_{L^p(B(y,2R))} + k(R) \right), \tag{10-125}$$

其中，$C = C(N, \frac{\Lambda}{\lambda_0}, \nu R, q, p)$.

定理 10.30： （非负上解的弱**Harnack**不等式） 条件同上面的定理10.29。假设 $u \in H^1(\Omega)$ 为一个上解， i.e., $Lu \geqslant f$，且

$$u \geqslant 0 \in B(y, 4R) \subset \Omega$$

以及

$$1 \leqslant p < \frac{N}{N-2},$$

则有结论

$$R^{-\frac{N}{p}} \|u\|_{L^p(B(y,2R))} \leqslant C \left(\inf_{B(y,R)} u + k(R) \right), \tag{10-126}$$

其中，$C = C(N, \frac{\Lambda}{\lambda_0}, \nu R, q, p)$.

注释 10.25： 对于上面的两个定理，我们一起来证明. 对于定理10.29，只需证明（1）. 而此时只需证明 $u \geqslant 0$ 的情形. 否则，若 $u^+ \equiv 0$ 则结论自动成立. 当 $u^+ \not\equiv 0$ 时，用 u^+ 来代替 u 论证. 所以下面不妨统一假设 $u \geqslant 0$，证明方法基于Moser 迭代. 下面简记 B_R 表示 $B(y, R)$.

证明　先证明 $R = 1, k > 0$ 的情形，其他情形在后面将通过坐标变换 $x \mapsto \frac{x}{R}$ 以及令 $k \to 0$ 得到.

（1）做一些能量估计准备.

对于 $\beta \neq 0$ 以及 $\eta \in C_0^1(B_4)$，定义试验函数

$$v = \eta^2 \bar{u}^\beta, \quad \bar{u} := u + k, \tag{10-127}$$

则 $0 \leqslant v \in C_0^1(\Omega)$ 并且

$$Dv = 2\eta D\eta \bar{u}^\beta + \beta \eta^2 \bar{u}^{\beta-1} Du. \tag{10-128}$$

所以代入式(10-118)中有

$$\beta \int_\Omega \eta^2 \bar{u}^{\beta-1} Du \cdot \vec{A}(x,u,Du)\mathrm{d}x + 2\int_\Omega \eta D\eta \cdot \vec{A}(x,u,Du)\bar{u}^\beta \mathrm{d}x +$$

$$\int_\Omega \eta^2 \bar{u}^\beta B(x,u,Du)\mathrm{d}x \tag{10-129}$$

$$\leqslant 0, \ \text{若} u \text{是下解},$$

$$\geqslant 0, \ \text{若} u \text{是上解}。$$

利用不等式性质(10-120),可得对任意的 $0 < \varepsilon \leqslant 1$,

$$\eta^2 \bar{u}^{\beta-1} Du \cdot \vec{A}(x,u,Du) \geqslant \eta^2 \bar{u}^{\beta-1}|Du|^2 - 2\bar{\tau}\eta^2 \bar{u}^{\beta+1},$$

$$\left| \eta D\eta \cdot \vec{A}(x,u,Du)\bar{u}^\beta \right| \leqslant \left|(a^{ij})\right| \eta |D\eta| \bar{u}^\beta |Du| + 2\bar{\tau}^{\frac{1}{2}}\eta |D\eta| \bar{u}^{\beta+1}$$

$$\leqslant \frac{\varepsilon}{2}\eta^2 \bar{u}^{\beta-1}|Du|^2 + \left(1 + \frac{|(a^{ij})|^2}{2\varepsilon}\right)|D\eta|^2 \bar{u}^{\beta+1} + \bar{\tau}\eta^2 \bar{u}^{\beta+1}$$

$$\left| \eta^2 \bar{u}^\beta B(x,u,Du) \right| \leqslant \varepsilon \eta^2 \bar{u}^{\beta-1}|Du|^2 + \frac{1}{\varepsilon}\bar{\tau}\eta^2 \bar{u}^{\beta+1}.$$

为了方便统一讨论,接下来假设

$$\begin{cases} \beta > 0, & \text{若} u \text{是一个下解}, \\ \beta < 0, & \text{若} u \text{是一个上解}. \end{cases}$$

选取 $\varepsilon = \min\{1, \frac{|\beta|}{4}\}$,则由上面的估计公式代入式(10-129)中整理可得

$$\int_\Omega \eta^2 \bar{u}^{\beta-1}|Du|^2 \mathrm{d}x \leqslant C(|\beta|)\int_\Omega \left(\bar{\tau}\eta^2 + (1 + |(a^{ij})|^2)|D\eta|^2\right)\bar{u}^{\beta+1}\mathrm{d}x, \tag{10-130}$$

其中当 $|\beta|$ 远离0点时,$C(|\beta|)$ 有一致的上界.

接下来引入

$$w = \begin{cases} \bar{u}^{\frac{\beta+1}{2}}, & \beta \neq -1, \\ \log \bar{u}, & \beta = -1, \end{cases}$$

并令 $\gamma = \beta + 1$,则式(10-130) 可以重新改写成

$$\int_\Omega |\eta Dw|^2 \mathrm{d}x \leqslant \begin{cases} C(|\beta|)\gamma^2 \int_\Omega \left(\bar{\tau}\eta^2 + (1 + |(a^{ij})|^2)|D\eta|^2\right)w^2 \mathrm{d}x, & \beta \neq -1, \\ C \int_\Omega \left(\bar{\tau}\eta^2 + (1 + |(a^{ij})|^2)|D\eta|^2\right), & \beta = -1. \end{cases} \tag{10-131}$$

（2）迭代的依据.

当$N \geqslant 3$时，由Sobolev嵌入不等式可得

$$\|\eta w\|_{L^{2^*}(\Omega)}^2 \leqslant C \int_\Omega \left(|\eta Dw|^2 + |wD\eta|^2\right) \mathrm{d}x. \tag{10-132}$$

（当$N = 2$时由于$2^* = \infty$, 只需取随便一个数值$\kappa > \dfrac{2q}{q-2}$来代替2^*讨论即可.）

$$\int_\Omega \bar{\tau}(\eta w)^2 \mathrm{d}x \leqslant \|\bar{\tau}\|_{L^{\frac{q}{2}}(\Omega)} \|\eta w\|_{L^{\frac{2q}{q-2}}(\Omega)}^2 \quad (\text{由Hölder不等式})$$

$$\leqslant \|\bar{\tau}\|_{L^{\frac{q}{2}}(\Omega)} \left(\varepsilon \|\eta w\|_{L^{2^*}(\Omega)} + \varepsilon^{-\sigma} \|\eta w\|_{L^2(\Omega)}\right)^2 \quad (\text{由插值不等式结合Young不等式})$$

$$\leqslant 2\|\bar{\tau}\|_{L^{\frac{q}{2}}(\Omega)} \left(\varepsilon^2 \|\eta w\|_{L^{2^*}(\Omega)}^2 + \varepsilon^{-2\sigma} \|\eta w\|_{L^2(\Omega)}^2\right)$$

$$\leqslant 2\|\bar{\tau}\|_{L^{\frac{q}{2}}(\Omega)} \left\{C\varepsilon^2 \int_\Omega \left(|\eta Dw|^2 + |wD\eta|^2\right) \mathrm{d}x + \varepsilon^{-2\sigma} \|\eta w\|_{L^2(\Omega)}^2\right\}$$

其中 $\sigma = \dfrac{N}{q-N}$. 因此当选取恰当的ε, 可得

$$C(|\beta|)\gamma^2 \int_\Omega \bar{\tau}(\eta w)^2 \mathrm{d}x \leqslant \frac{1}{2} \int_\Omega |\eta Dw|^2 \mathrm{d}x + \frac{1}{2} \int_\Omega |wD\eta|^2 \mathrm{d}x +$$
$$\left(2C(|\beta|)\|\bar{\tau}\|_{L^{\frac{q}{2}}(\Omega)}\right)^{1+\sigma} \gamma^{2(1+\sigma)} C^\sigma \|\eta w\|_{L^2(\Omega)}^2.$$

代入式(10-131), 整理可得

$$\int_\Omega |\eta Dw|^2 \mathrm{d}x \leqslant C(|\beta|)\gamma^2 \int_\Omega (1 + |(a^{ij})|^2)|wD\eta|^2 \mathrm{d}x + \int_\Omega |wD\eta|^2 \mathrm{d}x +$$
$$2\left(2C(|\beta|)\|\bar{\tau}\|_{L^{\frac{q}{2}}(\Omega)}\right)^{1+\sigma} \gamma^{2(1+\sigma)} C^\sigma \|\eta w\|_{L^2(\Omega)}^2$$

代入式(10-132)可得

$$\|\eta w\|_{L^{2^*}(\Omega)} \leqslant C(1 + |\gamma|)^{\sigma+1} \|(\eta + |D\eta|)w\|_{L^2(\Omega)}, \tag{10-133}$$

其中，$C = C(N, |\beta|, \Lambda, \nu, q)$ 且当$|\beta|$ 远离0点时，它一致有界（因为上面的$C(|\beta|)$ 满足这个性质）.

（3）选取适当的截断函数以便迭代.

考虑$1 \leqslant r_1 < r_2 \leqslant 3$, 选取截断函数$\eta$满足

$$\begin{cases} \eta \equiv 1, x \in B_{r_1}, \\ \eta \equiv 0, x \in \Omega \backslash B_{r_2}, \\ 0 \leqslant \eta \leqslant 1, x \in \Omega, \\ |D\eta| \leqslant \dfrac{C}{r_2 - r_1}, x \in \Omega. \end{cases}$$

记$\chi = \dfrac{N}{N-2}$　（当$N = 2$时取$\chi = \dfrac{\kappa}{2}$），则上面的式(10-133)蕴含了

$$\|w\|_{L^{2\chi}(B_{r_1})} \leqslant \frac{C(1 + |\gamma|)^{\sigma+1}}{r_2 - r_1} \|w\|_{L^2(B_{r_2})}. \tag{10-134}$$

注意这个不等式对所有的$1 \leqslant r_1 < r_2 \leqslant 3$都成立，所以下面开始围绕它做文章. 首先对$r < 4, p \neq 0$, 定义一些量

$$\Phi(p, r) = \left(\int_{B_r} |\bar{u}|^p \mathrm{d}x \right)^{\frac{1}{p}}, \tag{10-135}$$

（这里不以范数形式简写的原因是某些p定义出来的不是一个范数.）

则利用$L^p(\Omega)$的一些性质（见章节3.9），有

$$\begin{cases} \Phi(\infty, r) = \lim_{p \to \infty} \Phi(p, r) = \sup_{B_r} \bar{u}, \\ \Phi(-\infty, r) = \lim_{p \to -\infty} \Phi(p, r) = \inf_{B_r} \bar{u}. \end{cases} \tag{10-136}$$

于是由式(10-134)结合w的定义相当于有

$$\begin{cases} \Phi(\chi\gamma, r_1) \leqslant \left(\dfrac{C(1+|\gamma|)^{\sigma+1}}{r_2 - r_1} \right)^{\frac{2}{|\gamma|}} \Phi(\gamma, r_2), & \gamma > 0, \\ \Phi(\gamma, r_2) \leqslant \left(\dfrac{C(1+|\gamma|)^{\sigma+1}}{r_2 - r_1} \right)^{\frac{2}{|\gamma|}} \Phi(\chi\gamma, r_1). & \gamma < 0. \end{cases} \tag{10-137}$$

（4）开始迭代.

情形一：u是一个下解. 此时有$\beta > 0$从而$\gamma > 1$. 因此对于$p > 1$, 定义$\gamma = \gamma_m = \chi^m p$以及$r_m = 1 + 2^{-m}, m = 0, 1, 2, \cdots$. 于是由式(10-137), 有

$$\begin{aligned} \Phi(\chi^{j+1}p, 1 + 2^{-(j+1)}) &\leqslant \left(\frac{C(1 + |\chi^j p|)^{\sigma+1}}{2^{-(j+1)}} \right)^{\frac{2}{\chi^j p}} \Phi(\chi^j p, 1 + 2^{-j}) \\ &\leqslant (C\chi)^{\frac{2}{p}(\sigma+1)j\chi^{-j}} \Phi(\chi^j p, 1 + 2^{-j}), \end{aligned}$$

把 $j = 0, 1, 2, \cdots, m-1$ 进行迭代可得

$$\Phi(\chi^m p, 1) \leqslant \Phi(\chi^m p, 1 + 2^{-m}) \leqslant \prod_{j=0}^{m-1} (C\chi)^{\frac{2}{p}(\sigma+1)j\chi^{-j}} \Phi(p, 2)$$

$$= (C\chi)^{\frac{2}{p}(\sigma+1) \sum_{j=0}^{m-1} j\chi^{-j}} \Phi(p, 2).$$

由于 $\chi > 1$，利用达朗贝尔判别法可知级数 $\sum_{j=0}^{\infty} j\chi^{-j} < \infty$，因此令 $m \to \infty$ 可得

$$\sup_{B_1} \leqslant C\|\bar{u}\|_{L^p(B_2)}. \tag{10-138}$$

最后再做对应的变量代换 $x \mapsto \dfrac{x}{R}$ 即可得到不等式(10-124)，从而完成定理10.29 的证明.

情形二：u是一个上解. 此时 $\beta < 0$ 从而 $\gamma < 1$，对任意的 $0 < p_0 < p < \chi$，利用上面的迭代方法可得

$$\begin{cases} \Phi(p, 2) \leqslant C\Phi(p_0, 3), \\ \Phi(-p_0, 3) \leqslant C\Phi(-\infty, 1), \quad C = C(N, \Lambda, q, p, p_0). \end{cases} \tag{10-139}$$

（取 $\gamma_m = \chi^m p_0 > 0, r_m = 2 + 2^{-m}$，重复上面的迭代结合插值不等式可得第一个不等式；以 $\gamma_0 = -p_0 < 0$开始迭代，利用的是式(10-137)中的第二个不等式进行迭代.） 接下来只需找到某个适当的 $p_0 \in (0, p)$满足不等式

$$\Phi(p_0, 3) \leqslant C\Phi(-p_0, 3). \tag{10-140}$$

则可以借助式(10-139) 过渡可得

$$\Phi(p, 2) \leqslant C\Phi(-\infty, 1) = C \inf_{B(0,1)} \bar{u}.$$

最后再做对应的变量代换 $x \mapsto \dfrac{x}{R}$ 即可得到不等式(10-126)，从而完成定理10.30 的证明.

（5）寻找 p_0 使得式(10-140) 成立.

对任意的球 $B(z, 2r) \subset B(y, 4) \subset \Omega$, 选取截断函数 η 使得

$$
\begin{cases}
\eta \equiv 1, \ x \in B(z, r), \\
\eta \equiv 0, \ x \in \Omega \backslash B_4, \\
|D\eta| \leqslant \dfrac{2}{r},
\end{cases}
$$

则有

$$
\int_{B(z,r)} |Dw| \mathrm{d}x \leqslant Cr^{\frac{N}{2}} \left(\int_{B(z,r)} |Dw|^2 \mathrm{d}x \right)^{\frac{1}{2}} \leqslant Cr^{N-1}, \tag{10-141}
$$

其中，$C = C(N, \Lambda, \nu)$（由式(10-131)可得）. 于是由定理9.8 可知存在某个 $p_0 > 0$, 依赖于 N, Λ 和 ν, 使得

$$
\int_{B_3} e^{p_0 |w - w_0|} \mathrm{d}x \leqslant C(N, \Lambda, \nu), \tag{10-142}
$$

其中

$$
w_0 := \frac{1}{|B_3|} \int_{B_3} w \mathrm{d}x.
$$

由此利用指数函数的单调性以及 B_3 的有界性，可得

$$
\begin{cases}
\int_{B_3} e^{p_0 (w - w_0)} \mathrm{d}x \leqslant \int_{B_3} e^{p_0 |w - w_0|} \mathrm{d}x \leqslant C(N, \Lambda, \nu), \\
\int_{B_3} e^{p_0 (w_0 - w)} \mathrm{d}x \leqslant \int_{B_3} e^{p_0 |w - w_0|} \mathrm{d}x \leqslant C(N, \Lambda, \nu),
\end{cases}
$$

即

$$
\begin{cases}
\int_{B_3} e^{p_0 w} \mathrm{d}x \leqslant C(N, \Lambda, \nu) e^{p_0 w_0}, \\
\int_{B_3} e^{-p_0 w} \mathrm{d}x \leqslant C(N, \Lambda, \nu) e^{-p_0 w_0},
\end{cases}
$$

从而

$$
\int_{B_3} e^{p_0 w} \mathrm{d}x \int_{B_3} e^{-p_0 w} \mathrm{d}x \leqslant C e^{p_0 w_0} e^{-p_0 w_0} = C,
$$

这个即式(10-140). $\qquad\qquad\qquad\qquad\qquad\qquad\qquad\qquad\qquad\qquad\qquad \square$

10.8.4　弱解的Harnack不等式

综合弱解的局部行为的两个定理结论，可以得到下面结论.

定理 10.31：　考虑

$$Lu = -D_j(a^{ij}D_iu) + (b^iD_iu + cu),$$

其中

$$a^{ij}(x)\xi_i\xi_j \geqslant \lambda_0|\xi|^2, \forall x \in \Omega, \forall \xi \in \mathbb{R}^N,$$

$$\sum |a^{ij}(x)|^2 \leqslant \Lambda^2, \frac{1}{\lambda_0^2}\sum|b^i(x)|^2 + \frac{1}{\lambda_0}|c(x)| \leqslant \nu^2,$$

现在假设$0 \leqslant u \in H^1(\Omega)$为$Lu = 0$ in Ω的一个解，则对任意的球$B(y, 4R)$，都有

$$\sup_{B(y,R)} \leqslant C \inf_{B(y,R)} u, \tag{10-143}$$

其中，$C = C(N, \frac{\Lambda}{\lambda_0}, \nu R)$.

证明　由于此时的$f_0, \vec{f}$均为0, 所以式(10-121)所定义的

$$k = k(R) = \lambda_0^{-1}\left(R^\delta\|\vec{f}\|_{L^q(\Omega)} + R^{2\delta}\|f_0\|_{L^{\frac{q}{2}}(\Omega)}\right) = 0.$$

由于$u \geqslant 0$, 于是由定理10.29可得

$$\sup_{B(y,R)} u \leqslant CR^{-\frac{N}{p}}\|u\|_{L^p(B(y,2R))}.$$

另外利用定理10.30, 又有

$$R^{-\frac{N}{p}}\|u\|_{L^p(B(y,2R))} \leqslant C \inf_{B(y,R)} u.$$

综合两方面可得 $\sup\limits_{B(y,R)} \leqslant C \inf\limits_{B(y,R)} u.$ □

注释 10.26：　如果仔细研究式(10-143)中常数C对Λ的依赖关系，可以由式(10-133)和式(10-141), 得知依赖关系

$$C \leqslant C_0^{\frac{\Lambda}{\lambda_0}+\nu R}, C_0 = C_0(N).$$

有了这个控制结论之后, 利用有限覆盖定理, 可得下面的Harnack不等式.

推论 10.5: **（弱解的Harnack不等式）** 在定理10.31的条件下, 对任意的连通紧子集$\Omega_1 \subset\subset \Omega$, 都有

$$\sup_{\Omega_1} u \leqslant C \inf_{\Omega_1} u, \tag{10-144}$$

其中, $C = C(N, \dfrac{\Lambda}{\lambda_0}, \nu, \Omega_1, \Omega)$.

10.9　特征值问题

问题: 求$u \not\equiv 0, \lambda \in \mathbb{R}$ 使得

$$Lu = \lambda u, \ u \in H_0^1(\Omega),$$

其中, L是一个线性偏微分算子.

考虑自共轭算子（对称算子）的情形:

$$Lu = -\sum_{i,j=1}^N (a^{ij}u_{x_j} + b^j u)_{x_i} + \sum_{i=1}^N b^i u_{x_i} + cu. \tag{10-145}$$

对任意的$v \in H_0^1(\Omega)$, 因为

$$\langle Lu, v\rangle_{L^2} = \int_\Omega \left[\sum_{i,j=1}^N (a^{ij}u_{x_j} + b^j u)v_{x_i} + \sum_{i=1}^N b^i u_{x_i} v + cuv\right]$$

$$= \int_\Omega \left[\sum_{i,j=1}^N a^{ij}u_{x_i}v_{x_j} + \sum_{i=1}^N b^i(uv)_{x_i} + cuv\right]$$

$$:= B_L(u, v)$$

$$= \langle Lv, u\rangle_{L^2} = \langle u, Lv\rangle_{L^2},$$

所以$L = L^*$ 是自共轭算子.

寻找$u \in H_0^1(\Omega)$ 使得

$$Lu = \lambda u$$

$$\Leftrightarrow B_L(u, v) = \lambda \langle u, v \rangle_{L^2}, \forall v \in H_0^1(\Omega),$$

$$\Leftrightarrow \lambda = \frac{B_L(u, v)}{\langle u, v \rangle_{L^2}}, \forall v \in H_0^1(\Omega).$$

记

$$J(v) = \frac{B_L(v, v)}{\|v\|_2^2}, \ (v \neq 0). \tag{10-146}$$

令

$$\lambda_1 := \inf_{0 \neq v \in H_0^1(\Omega)} J(v). \tag{10-147}$$

由推论10.1, 可知λ_1 是良定的.

引理 10.3: （**极小元的存在性**） 存在$u \in H_0^1(\Omega)$ 使得$\lambda_1 = J(u)$.

证明 可以取

$$\{v_k\} \subset H_0^1(\Omega), \|v_k\|_2 = 1, J(v_k) \to \lambda_1,$$

则此时$\{v_k\}$ 是$H_0^1(\Omega)$ 中的一个有界序列, 因此在子列意义下（仍记为本身）使得

$$在 H_0^1(\Omega)中 \ v_k \rightharpoonup u.$$

利用紧嵌入定理

$$H_0^1(\Omega) \hookrightarrow\hookrightarrow L^2(\Omega),$$

可得

$$在 L^2(\Omega) 中 v_k \to u.$$

从而$\|u\|_2 = 1$. 利用$B_L(u, v)$的定义有

$$B_L(\frac{v_m + v_n}{2}) + B_L(\frac{v_m - v_n}{2}) = \frac{1}{2}B_L(v_m) + \frac{1}{2}B_L(v_n).$$

于是有

$$B_L(\frac{v_m - v_n}{2}) = \frac{1}{2}B_L(v_m) + \frac{1}{2}B_L(v_n) - B_L(\frac{v_m + v_n}{2})$$

$$\leqslant \frac{1}{2}B_L(v_m) + \frac{1}{2}B_L(v_n) - \lambda_1\|\frac{v_m + v_n}{2}\|_2^2$$

$$\to \frac{1}{2}\lambda_1 + \frac{1}{2}\lambda_1 - \lambda_1\|u\|_2^2 = 0.$$

于是由推论10.1，可取适当的$\lambda > 0$使得$B_{L_\lambda}(u, u) := B_L(u, u) + \lambda\|u\|_2^2$这个双线性泛函是强制的，进而可得

$$\alpha\|\frac{v_m - v_n}{2}\|_{H^1}^2 \leqslant B_L(\frac{v_m - v_n}{2}) + \lambda\|\frac{v_m - v_n}{2}\|_2^2 \to 0,$$

这蕴含了$v_m \to u$ in $H_0^1(\Omega)$. 因此$u \in H_0^1(\Omega)$满足$\|u\|^2 = 1$且$J(u) = \lim_{k\to\infty} J(v_k) = \lambda_1$. □

注释 10.27：　事实上，利用双线性泛函$B_L(u, v)$的定义可以验证

$$B_L(v_k - u) = B_L(v_k) + B_L(u) - 2B_L(v_k, u).$$

而由于$v_k \to u$, 所以，当$k \to \infty$时，

$$B_L(v_k, u) \to B_L(u, u).$$

所以

$$\lim_{k\to\infty} B_L(v_k) = \lim_{k\to\infty} [B_L(v_k - u) - B_L(u) + 2B_L(v_k, u)]$$

$$利用强制性 \geqslant \lim_{k\to\infty} 2B_L(v_k, u) - B_L(u)$$

$$= B_L(u),$$

从而$B_L(u)$是满足弱下半连续性的. 这样由$v_k \to u$以及$\|u\|_2 = 1$马上可得

$$J(u) = B_L(u) \leqslant \lim_{k\to\infty} B_L(v_k) = \lambda_1.$$

另外根据λ_1的定义又有反过来的不等式关系

$$J(u) \geqslant \lambda_1.$$

综合两方面也可得$J(u) = \lambda_1$.

引理 10.4： （极小元对应着特征函数）　令$u \in H_0^1(\Omega)$为泛函$J(v)$中达到最小值λ_1的极小元，则u为L对应于特征值λ_1的一个特征函数，i.e.,

$$Lu = \lambda_1 u. \tag{10-148}$$

反之，若$0 \neq u \in H_0^1(\Omega)$满足式(10-148)，则$u$为$J(v)$的极小元.

证明　令$u \in H_0^1(\Omega)$为泛函$J(v)$中达到最小值λ_1的极小元. 对任意的$v \in H_0^1(\Omega)$，引入函数

$$f(t) := B_L(u+tv) - \lambda_1 \|u+tv\|_2^2. \tag{10-149}$$

则根据λ_1的定义可知$f(t) \geq 0$. 又由u的定义可知$f(0) = 0$, 因此$f(t)$在$t = 0$处取到最小值，可知$f'(0) = 0$, 从而

$$Lu = \lambda_1 u.$$

反之，若$0 \neq u \in H_0^1(\Omega), Lu = \lambda_1 u$, 取$u$为试验函数，可得

$$B_L(u) = \lambda_1 \|u\|_2^2 \Rightarrow J(u) = \lambda_1,$$

即u为$J(v)$的极小元.　　　　　　　　　　　　　　　　　□

引理 10.5： （第一特征函数的保号性）　假设u为L的第一特征值λ_1对应的特征函数，则$u > 0$或者$u < 0$ in Ω.

证明　令$u \in H_0^1(\Omega)$为L的第一特征值λ_1所对应的特征函数，i.e., $0 \neq u \in H_0^1(\Omega)$, 并且

$$Lu = \lambda_1 u.$$

假设$u_+ \neq 0$, 则取u_+为试验函数，由于

$$B_L(u, u_+) = B_L(u_+, u_+) =: B_L(u_+),$$

因此有

$$B_L(u_+) = \lambda_1 \|u_+\|_2^2 \Rightarrow J(u_+) = \lambda_1.$$

于是由引理10.4 可知u_+也为λ_1对应的特征函数. 类似地，若$u_- \neq 0$，则u_-也是λ_1 对应的特征函数. 特别地，有$|u|$为λ_1的特征函数. 即

$$L|u| = \lambda_1|u|, |u| \geqslant 0, \ x \in \Omega,$$

由此可得$u > 0 \ \text{in} \ \Omega$ 或者$u < 0 \ \text{in} \ \Omega$. 否则，存在$\Omega_1 \subset\subset \Omega$ 使得$\inf_{\Omega_1} |u| = 0$, 这样将与Harnack不等式矛盾（见推论10.5）.　　　□

注释 10.28：　注意由于不知道$c(x)$的保号性，我们不能用弱解的极值原理（见定理10.17）直接来判断$|u| > 0 \ \text{in} \ \Omega$, 而是采用Harnack不等式来获得. 另外在系数函数满足适当光滑性时，也可以通过标准的椭圆估计来证明特征函数是对应特征方程的经典解，然后利用经典解的极值原理这样也是一个可行的方法. 比如当$N \geqslant 3$时由著名的Brezis-Kato 引理（见引理10.1）可知 $u \in W^{2,q}(\Omega), \forall q \geqslant 1$。所以由嵌入定理可知$u \in C^{0,\gamma}(\Omega), \gamma \in (0,1)$. 在系数$a^{ij}, b^i(x), c(x)$的正则性足够的情况下，可以再用Shauder 估计可得$u \in C^{2,\gamma}(\Omega)$. 从而$0 \leqslant |u| \in C^{2,\gamma}(\Omega)$ 也为$L|u| = \lambda_1|u|$的一个经典解. 此时假设$|u| = 0$在内部某点x_0 处取到，在该点处有$c(x_0)|u|(x_0) = 0$和$\nabla u(x_0) = 0$, 从而可以在没有$c(x)$保号的情况下，利用极值原理来证明$|u| > 0$. 但显然这套方法对系数$a^{ij}, b^i(x), c(x)$的正则性要求比较高.

引理 10.6：　（第一特征值的单重性）L的第一特征值是单重的，即若存在非零函数$u, v \in H_0^1(\Omega)$ 使得$Lu = \lambda_1 u, Lv = \lambda_1 v$, 则存在某个常数$\kappa \neq 0$ 使得

$$u = \kappa v.$$

证明　由引理10.5, 不妨设$u > 0, v > 0$ 并且归一化后满足$\|u\|_2 = \|v\|_2 = 1$. 记$w = u - v$, 则同样有$Lw = \lambda_1 w$. 若$w = 0$, 则结论成立. 若$w \neq 0$, 则w也为λ_1所对应的特征函数，于是再次由引理10.5可知w保号. 以$w > 0$ 为例，则有

$$1 = \int_\Omega u^2 \mathrm{d}x = \int_\Omega (v + w)^2 \mathrm{d}x > \int_\Omega v^2 \mathrm{d}x = 1,$$

矛盾. 若$w < 0$, 则类似可得$\|u\|_2 < \|v\|_2$, 同样产生矛盾. 即存在

$$\kappa = \mathrm{sign}(uv)\frac{\|u\|_2}{\|v\|_2},$$

使得$u = \kappa v$.　　　□

根据上面几个引理可以整理出关于第一特征值的重要定理.

定理 10.32： 假设L是自共轭算子，并且满足

$$a^{ij}(x)\xi_i\xi_j \geqslant \lambda_0|\xi|^2, \forall x \in \Omega, \forall \xi \in \mathbb{R}^N, \tag{10-150}$$

$$\sum|a^{ij}(x)|^2 \leqslant \Lambda^2, \frac{1}{\lambda_0^2}\sum|b^i(x)|^2 + \frac{1}{\lambda_0}|c(x)| \leqslant \nu^2, \tag{10-151}$$

则L第一特征值λ_1是单重的，并且存在正的特征函数.

记

$$V_1 = \{u \in H_0^1(\Omega) : Lu = \lambda_1 u\},$$

令

$$\lambda_m := \inf\{J(v) : v \neq 0, v \perp \{V_1, \cdots, V_{m-1}\}\},$$

$$V_m := \left\{u \in H_0^1(\Omega) : Lu = \lambda_m u\right\}.$$

则有下面定理.

定理 10.33： 假设L是自共轭算子，并且满足式(10-150)和式(10-151)，则L的特征值是可数集$\{\lambda_k\}_{k=1}^\infty$，满足
（1）$\lambda_1 < \lambda_2 \leqslant \lambda_3 \leqslant \cdots \leqslant \lambda_k \leqslant \lambda_{k+1} \leqslant \cdots$，且当$k \to \infty$时, $\lambda_k \to +\infty$.
（2）对应的特征子空间V_m满足$V_i \perp V_j$ $(i \neq j)$且$\exists w_{k,1}, \cdots, w_{k,\dim V_k} \in V_k$使得$\{w_{k,j}, 1 \leqslant j \leqslant \dim V_k\}_{k=1}^\infty$为$H_0^1(\Omega)$的一组正交基.
（3）$\dim V_1 = 1$.

注释 10.29： 这个定理的结论说明了下面一些事实:
（1）每个特征值的重数都是有限的，即每个特征子空间V_m都是有限维的（由$\lambda_k \to \infty$可知）;
（2）特别是第一特征值是单重的（由$\lambda_1 < \lambda_2$可知），对应的V_1的维数为1;
（3）不同特征值对应的特征函数是正交的（由$V_i \perp V_j$ $(i \neq j)$可知）.

证明　首先根据 λ_k 的定义，可知它是一个单增数列. 根据上面的定理10.32，我们不需要证明（3）以及 $\lambda_1 < \lambda_2$ 了. □

（1）证明 V_m 有限维.

下面证明每个特征值 λ_k 都是有限重的，否则假设存在某个 V_m 它的维数是无穷维的. 根据定理2.33可知，V_m 中的单位球非紧，所以可以取到 $\{w_j\} \subset V_m, \|w_j\|_2 = 1$，但是 $\{w_j\}$ 并没有强收敛子列. 但是另外由 $Lw_j = \lambda_m w_j$ 可得 w_j 为 $H_0^1(\Omega)$ 中的有界集，于是由紧嵌入 $H_0^1(\Omega) \hookrightarrow\hookrightarrow L^2(\Omega)$ 可知在子列意义下，w_j 在 $H_0^1(\Omega)$ 中弱收敛到 w，在 $L^2(\Omega)$ 中强收敛到 w. 因此

$$B_L(w) \leqslant \liminf_{j\to\infty} B_L(w_j) = \lambda_m, \|w\|_2 = 1.$$

此外对任意的 $v \in V_i, i = 1, 2, \cdots, m-1$，都有

$$\langle w, v \rangle = \lim_{j\to\infty} \langle w_j, v \rangle = 0.$$

因此 $w \in V_m$，这与 $\{w_j\}$ 在 V_m 中非紧矛盾，因此 V_m 必定是有限维的（本质上由定理10.2的(3)可得出）.

（2）证明不同特征值对应的特征向量是正交的.

假设 $Lu = \mu u, Lv = \lambda v, \mu \neq \lambda$，则由 L 的自共轭性可得

$$\mu\langle u, v \rangle = \langle Lu, v \rangle = \langle u, Lv \rangle = \lambda\langle u, v \rangle.$$

所以

$$(\mu - \lambda)\langle u, v \rangle = 0 \Rightarrow u \perp v.$$

（3）正交化.

利用线性代数知识，对每一个 V_m 可以选取出一组单位正交基，$\{w_{k,j}\}, 1 \leqslant j \leqslant \dim V_k$. 利用（2）的结论可知，$\{w_{k,j}, 1 \leqslant j \leqslant \dim V_k\}_{k=1}^{\infty}$ 这些单位基合并起来可以构成 $H_0^1(\Omega)$ 的一组单位正交基.

（4）证明 $\lambda_k \to +\infty$.

假设u_k为λ_k所对应的一个特征函数，且$\|u_k\|_{H_0^1(\Omega)} = 1$. 对任意的$v \in H_0^1(\Omega)$, 记

$$v = \sum_{i=1}^{\infty} a_k u_k,$$

则

$$\langle \nabla v, \nabla u_k \rangle + \langle v, u_k \rangle = \langle v, u_k \rangle_{H_0^1(\Omega)} = a_k \to 0.$$

由v的任意性可知$u_k \rightharpoonup 0$ in $H_0^1(\Omega)$. 而利用紧嵌入$H_0^1(\Omega) \hookrightarrow\hookrightarrow L^2(\Omega)$, 可得

$$\lim_{k \to \infty} \|u_k\|_2 = 0,$$

从而由推论10.1可知存在$C_2 > 0$使得

$$\lambda_k = \frac{B_L(u_k)}{\|u_k\|_2^2} \geqslant \alpha \frac{\|u_k\|_{H_0^1(\Omega)}^2}{\|u_k\|_2^2} - C_2 = \frac{\alpha}{\|u_k\|_2^2} - C_2 \to +\infty. \qquad \square$$

参考文献

[1]   童裕孙. 泛函分析教程[M].2版.上海:复旦大学出版社, 2008.

[2]   BREZIS H. Functional analysis, Sobolev spaces and partial differential equations[M].Newyork: Springer, New York, 2010: xiv+599.

[3]   EVANS L C. Partial differential equations[M]. Second ed. Providence, RI: American Mathematical Society, 2010: xxii+749.

[4]   ADAMS R A, FOURIER J J F. Sobolev spaces[M]. Second ed. Amsterdam: Elsevier/Academic Press, 2003: xiv+305.

[5]   ADAMS. 索伯列夫空间. 叶其孝,王耀东,应隆安,等译. 北京:人民教育出版社, 1983.

[6]   LEONI G. A first course in Sobolev spaces[M].Providence, RI:American Mathematical Society, 2009: xvi+607.

[7]   CHANG K C. Methods in nonlinear analysis[M]. Berlin: Springer-Verlag, 2006:x+439.

[8]   熊金城. 点集拓扑讲义[M].3版.北京:高等教育出版社,2003.

[9]   王术. Sobolev空间与偏微分方程引论[M].北京:科学出版社,2009.

[10] WILLEM M. Minimax theorems[M].Boston: Birkhäuser-Verlag Springer,1996.

[11] STRUWE M. Variational methods: applications to nonlinear partial differential equations and Hamiltonian systems[M]. Berlin: Springer, 2008.

[12] LIEB E H, LOSS M. Analysis[M]. Second ed. Providence, RI: American Mathematical Society, 2001: xxii+346.

[13] GRAFAKOS L. Classical Fourier analysis[M].Second ed. New York: Springer, 2008:xvi+489.

[14] HÖRMANDER L. The analysis of linear partial differential operators I[M]. Berlin: Springer-Verlag, 2003: x+440.

[15] STEIN E M, STRÖMBERG J O. Behavior of maximal functions in $\mathbf{R}^n$ for large n[J]. Arkîv För Mathematik, 1983, 21(1): 259–269.

[16] MELAS A D. The best constant for the centered Hardy-Littlewood maximal inequality[J]. Annals of Mathematics, 2003, 157(2):647–688.

[17] ALDAZ J M. The weak type (1, 1) bounds for the maximal function associated to cubes grow to infinity with the dimension[J]. Annals of Mathematics, 2011, 173(2):1013–1023.

[18] DO Ó J M. N-Laplacian equations in $\mathbf{R}^N$ with critical growth[J]. Abstract and Applied Analysis, 1997, 2(3-4): 301–315.

[19] RUF B. A sharp Trudinger-Moser type inequality for unbounded domains in $\mathbb{R}^2$[J]. J. Funct. Anal., 2005, 219(2): 340–367.

[20] RUF B, SANI F. Ground states for elliptic equations in $\mathbb{R}^2$ with exponential critical growth. Proceedings of Geometric Properties for Parabolic and Elliptic PDE's[M]. Milan: Springer, 2013: 251–267.